实施绿色照明
保护生态环境
周光召

中国科学技术协会名誉主席
中国科学院院士

周光召

编好照明工程年鉴
贡献照明工程事业

王锦燧

# 中国照明工程年鉴 2019

组　　编：中国照明学会
主　　编：王锦燧　高　飞
副 主 编：徐　华　常志刚　荣浩磊
参　　编：牟宏毅　张亚婷　郑炳松

机械工业出版社

本年鉴是延续《中国照明工程年鉴 2017》的内容基础上编辑出版的，全面反映 2018—2019 年国家照明相关的法律法规、照明产品及工程标准、照明规划、重要的照明工程案例，特别是反映中国照明学会主办的 2018 年和 2019 年“中照照明奖”的优秀获奖项目。本年鉴汇集了近两年最新的照明工程相关的重要文献和典型照明工程案例，向国内外展示了中国照明工程设计水平，并对半导体照明技术的发展加以重点论述。

本年鉴可供相关政府职能机构、市政建设部门、各类相关建筑企事业单位和检测认证机构，以及相关高等院校、研究院所和照明工程技术人员参考。

**图书在版编目（CIP）数据**

中国照明工程年鉴. 2019/中国照明学会组编. —3 版. —北京：机械工业出版社，2020. 5

ISBN 978-7-111-65561-9

Ⅰ. ①中…　Ⅱ. ①中…　Ⅲ. ①照明设计－中国－2019－年鉴
Ⅳ. ①TU113. 6-54

中国版本图书馆 CIP 数据核字（2020）第 076579 号

机械工业出版社（北京市百万庄大街 22 号　邮政编码 100037）
策划编辑：付承桂　责任编辑：付承桂　闫洪庆　杨　琼　朱　林
李小平　翟天睿
责任校对：王　欣　封面设计：马精明
责任印制：李　昂
北京瑞禾彩色印刷有限公司印刷
2020 年 8 月第 3 版第 1 次印刷
210mm×285mm · 20. 5 印张 · 2 插页 · 829 千字
标准书号：ISBN 978-7-111-65561-9
定价：398. 00 元

电话服务　　网络服务
客服电话：010-88361066　　机　工　官　网：www. cmpbook. com
010-88379833　　机　工　官　博：weibo. com/cmp1952
010-68326294　　金　书　网：www. golden-book. com
**封底无防伪标均为盗版**　　机工教育服务网：www. cmpedu. com

# 中国照明学会简介

中国照明学会（China Illuminating Engineering Society，CIES）成立于1987年6月1日，是中国科学技术协会所属全国性一级学会。学会于成立当年，即以中国国家照明委员会（China National Commission on Illumination）的名义加入国际照明委员会（CIE），是在国际照明委员会中代表中国的唯一组织。

中国照明学会拥有一批国内照明领域的专家、学者，主要从事照明技术的科研、教学、设计、生产、开发以及推广应用工作。学会的宗旨是：组织和团结广大照明科技工作者及会员，积极开展学术交流活动；关心和维护照明科技工作者及会员的合法权益，为繁荣和发展我国照明事业，加速实现我国社会主义现代化建设做出贡献。主要任务是：在照明领域开展学术交流、技术咨询、技术培训，编辑出版照明科学技术书刊、普及照明科技知识，促进国内外照明领域的学术交流活动和加强科技工作者之间的联系，并通过科技项目评估论证和举办照明科技博览会，积极为企事业服务。

经国家科技奖励工作办公室正式批准，学会从2006年开始进行“中照照明奖”的评选工作。中照照明奖现设：①中照照明科技创新奖；②中照照明工程设计奖；③中照照明教育与学术贡献奖；④中照城市照明建设奖。该奖项旨在奖励国内外照明领域中，在科学研究、技术创新、科技及设计成果推广应用、实现高新技术产业化、照明工程和照明教育方面做出杰出贡献的个人和组织。

经原国家劳动和社会保障部批准，学会从2008年开始进行照明设计师、照明行业特有工种从业人员职业资格认证和职业培训的工作，对经过培训、考试合格的人员颁发国家认可的职业资格证书。

学会现有普通会员4200多名，高级会员600多名，团体会员1200多个，设立“中国照明网”网站，以加强信息交流。《照明工程学报》《中国照明工程年鉴》为其主办的刊物，面向全国发行。

学会设有10个工作委员会和16个专业委员会，即组织工作委员会，学术工作委员会，国际交流工作委员会，编辑工作委员会，科普工作委员会，咨询工作委员会，教育培训工作委员会，照明设计师工作委员会，专家工作委员会，标准化工作委员会；以及视觉和颜色专业委员会，计量测试专业委员会，室内照明专业委员会，交通运输照明和光信号专业委员会，室外照明专业委员会，光生物和光化学专业委员会，电光源专业委员会，灯具专业委员会，舞台、电影、电视照明专业委员会，图像技术专业委员会，装饰照明专业委员会，新能源照明专业委员会，农业照明专业委员会，智能控制专业委员会，半导体照明技术与应用专业委员会，照明系统建设运营专业委员会。

学会成立之后，经过30多年的艰苦奋斗和探索，坚持民主办会的原则，调整和健全了组织机构，完善了规章制度，建立了精干、高效、团结的常设办事机构，充分发挥学会集体领导和学会群体的作用，按照自主活动、自我发展、自我约束的改革思路，牢牢抓住机遇，在竞争中求生存、求发展，积极开展学会业务范围内的各项活动，使学会工作步入良性循环的轨道。由于多年来对我国照明科技事业做出了卓有成就的贡献，学会曾经被中国科协授予“先进学会”及第六届中国科协先进学会“会员工作奖”荣誉称号。2014年中国照明学会被中华人民共和国民政部评为全国学术类社团4A级社会组织。

# 编 委 会

**鸣谢：**

BPI 照明设计有限公司

豪尔赛科技集团股份有限公司

北京清华同衡规划设计研究院有限公司

陕西天和照明设备工程有限公司

天津华彩信和电子科技集团股份有限公司

上海光联照明有限公司

南京市路灯管理处

# 序　　言

2019年是中华人民共和国成立70周年。作为国民经济中的重要组成部分，照明行业在中国共产党的坚强领导下，在这壮丽的70年里，特别是改革开放40年来，在利好政策、经济发展、市场需求驱动下，不忘初心，砥砺奋进，蓬勃有序发展，产业规模不断扩大，科技与工程设计水平不断攀升，国际影响力不断增强，为满足人民美好生活需要、节能减排、经济社会发展贡献了重要的力量。党的十九大以来，经济高质量发展已成为社会各界共识，照明行业积极践行新发展理念，坚持创新驱动，加快行业转型升级。当前，我国正处于从照明产业大国转向照明产业强国的关键阶段，创新是发展的第一引擎，节约能源、保护环境仍是照明工程建设的重点，半导体照明、健康照明、智慧照明等成为热点。这些都有力地推动着我国照明工程设计与建设高质量发展。

开拓我国照明事业发展新局面，持续推进我国照明工程设计与建设的进步是中国照明学会的职责所在。中国照明学会在过去编纂《中国照明工程年鉴》的基础上，组织编写的《中国照明工程年鉴2019》与大家见面了。本年鉴总结了我国近两年来在照明工程设计与建设方面的成就与经验，尤其是半导体照明的推广与智能照明技术的应用，使城市照明发生了日新月异的变化，通过照明科技工作者对光环境的设计和照明工程的实施，让城市的照明变得更加绚丽多彩。年鉴为今后我国照明工程设计与建设的高质量发展提供了宝贵的参考资料。

本年鉴主要内容包括综述篇、政策法规标准篇、照明工程篇、地区照明建设发展篇、照明工程企事业篇、国际资料篇以及附录。这些内容将给大家带来崭新的印象，并可作为政府管理部门、高等院校、建筑设计院所、科研机构、照明工程设计公司和照明企事业单位中从事照明规划、照明设计、照明工程施工、照明建设管理等有关人员重要的参考资料。

本年鉴编纂工作的圆满完成，得益于中国照明学会的重视和组织，得益于编委会有关成员的潜心谋划、亲力亲为，得益于有关照明工程设计公司、省市照明学会、照明企事业单位的大力支持。在本年鉴付梓之际，我们在此一并表示衷心的感谢。

《中国照明工程年鉴2019》编委会

2019年12月

# 编 辑 说 明

《中国照明工程年鉴 2019》即将出版了，从 2006 年中国照明学会编辑出版年鉴伊始，我们就一直秉持着一个目标，为大家提供中国优秀的照明工程案例，及时提供照明领域的最新法规和标准，提供中国照明领域学术和产业的最新发展动态，展示中国照明领域取得的成就。

2018—2019 年是中国照明领域发展的辉煌时期，各地迎来了文旅照明发展的元年。半导体照明技术不断提高，智慧照明、文旅照明、创新应用搭建了跨界的桥梁，涌现出大量的城市景观照明优秀项目。

本年鉴从室内、室外、道路街区、智慧城市等角度全面涵盖 2018—2019 年中国照明工程所取得的优秀项目案例，以及政策、标准、法规等照明工程相关的资料，具有极大参考和收藏价值，供照明科技工作者、大专院校、照明生产企业和工程企业参考。

本年鉴的不当之处，我们将不断修正，编辑出版让大家满意的作品。

高飞

2020 年元月

# 目　　录



## 第一篇　综　述　篇



## 第二篇　政策、法规、标准篇



## 第三篇　照明工程篇

# 第四篇 地区照明建设发展篇



# 第五篇 国际资料篇

## 第六篇　照明工程企事业篇



## 第七篇　附　　录

# 第一篇　综述篇

# 中国照明产业改革发展四十年

高 飞
（中国照明学会）

照明产品是国民经济发展和人民生活的必需品，中国照明产业经过40年的改革发展，从一个灯泡都需要按票供应，发展到目前世界上的照明产品生产大国、消费大国、出口大国，中国照明产业的发展令人瞩目，为满足人民对美好生活的向往、为带动国家经济发展做出了积极的贡献。

## 一、改革开放前中国照明产业奠基创业时期

### 1. 产业基本情况

1949年，我国只有8家灯泡厂，年生产能力1250万只，全行业职工2000余人，其中技术人员仅有10余人。

新中国成立后，全行业实行计划经济，国家统配统销，电光源产业原属电子工业部，1969年划归轻工业部，一直到改革开放后，政府对行业实行计划的管理，从原材料的分配、厂址的选择，一直延伸到设备调剂、价格制定、产品产量、产品销售。

1960年全国灯泡产量为2亿只。改革开放后的1978年全国电光源产量为7.7亿只，产品品种以白炽灯为主，普灯的综合合格率达到91%，达到了新中国成立以来的历史最高水平，为行业的振兴奠定了基础（见表1）。

**表1 电光源产量**

| 年份 | 1949 | 1960 | 1978 | 1979 | 1980 | 1986 | 1989 | 1995 |
|---|---|---|---|---|---|---|---|---|
| 数量/亿只 | 0.125 | 2 | 7.7 | 9 | 9.5 | 16 | 20 | 55 |

到1978年前，国内照明产业形成了一套较为完整的产业发展模式，生产企业发生了巨变。改革开放前，全国各主要城市相继成立了灯泡厂，这些工厂的年产值大概数千万元。1986年，轻工业部归口管理企业211家，其中灯泡企业145家，配套企业66家，千人以上的灯泡企业有35家，90%的产品由归口企业完成。灯泡作为当时国家重要的生产物资，由轻工业部直接管理，由轻工业部日用品局电光源处分管，实行统购统销。销售由商业部五交化局交电处统一负责销售。35家灯泡企业名单见表2。

**表2 35家主要灯泡厂名单**（不分排名先后）

| 企业名称 | 企业名称 | 企业名称 | 企业名称 | 企业名称 |
|---|---|---|---|---|
| 1. 北京灯泡厂 | 8. 南京灯泡厂 | 15. 兰州灯泡厂 | 22. 哈尔滨灯泡厂 | 29. 南昌灯泡厂 |
| 2. 天津灯泡厂 | 9. 亚明灯泡厂 | 16. 沙市荧光灯厂 | 23. 齐齐哈尔灯泡厂 | 30. 武汉灯泡厂 |
| 3. 锦州新光灯泡厂 | 10. 合肥灯泡厂 | 17. 济南灯泡厂 | 24. 华东电子管厂 | 31. 长沙灯泡厂 |
| 4. 华光灯泡厂 | 11. 福州灯泡厂 | 18. 石家庄灯泡厂 | 25. 徐州灯泡厂 | 32. 广州灯泡厂 |
| 5. 沈阳灯泡厂 | 12. 宝鸡灯泡厂 | 19. 太原灯泡厂 | 26. 杭州灯泡厂 | 33. 个旧灯泡厂 |
| 6. 上海灯泡厂 | 13. 重庆灯泡厂 | 20. 呼和浩特市灯泡厂 | 27. 福州灯泡厂 | 34. 成都灯泡厂 |
| 7. 常州荧光灯厂 | 14. 佛山灯泡厂 | 21. 长春灯泡电线厂 | 28. 厦门灯泡厂 | 35. 西安灯泡厂 |

### 2. 电光源技术发展

1978年以前，灯泡厂以生产普通照明灯泡为主，后来相继生产荧光灯、汞灯、高压钠灯、金属卤化物灯等。生产技术和设备都极其落后。

在此期间，有过几次重大的技术革新，20世纪60年代前后，主要在高压汞灯、卤钨灯和长弧氙灯得到了突破，20世纪70年代成功研制了高压钠灯和金属卤化物灯等，20世纪80年代成功研制了紧凑型荧光灯。这些都为照明产业的发展提供了技术保障。在此期间，复旦大学蔡祖泉教授、北京电光源研究所吴初瑜等老一辈的电光源工作者做出了积极的贡献。20世纪60年代，蔡祖泉创建了我国第一个电光源实验室，开始了该领域的系统研究。1963年，蔡祖泉研制成功我国第一只高压汞灯；1964年，研制成功我国1000W卤钨灯，此后又相继研制出脉冲氙灯、氢弧灯、氪光谱灯、超高压强氙灯、

充碘石英钨丝灯、超高压强汞灯等10余类照明光源和仪器光源，填补了我国诸多电光源技术的空白，大大缩短了与国际上的差距（见表3）。

**表3 主要技术突破**

| 年 份 | 技术突破 |
|---|---|
| 1963 | 高压汞灯 |
| 1964 | 1000W卤钨灯 |
| 1978 | 高压强氙灯 |
| 1980 | 紧凑型荧光灯 |

## 二、1978～1998年照明产业快速发展

改革开放后，中国照明产业规模快速壮大，迎来了新一轮的发展高潮。大量民营企业因投入资本低、收益快，在这个时期纷纷进入中国照明市场，这从技术、资金、人力等各方面推动了中国照明产业的发展。

### 1. 电光源产量和品种的增加

改革开放后，中国照明产业得到了新的发展机遇，首先体现在行业发展规模上，灯泡的产量每年的增长速度达到14%，电光源行业已经初步形成了以钨丝、灯头、荧光粉等原材料和电光源为主的较为完整的电光源工业体系。1978年电光源产量为7.7亿只，1995年，我国电光源总产量为55亿只，荧光灯4.1亿只，其中紧凑型荧光灯仅0.66亿只，普通白炽灯29亿只，荧光灯与普通白炽灯比例为1∶7.07。企业规模进一步扩大，企业发展到近千家，由计划经济逐渐转变为市场经济，主要聚焦在提高产品质量和劳动生产率，技术人员不断地创新技术，不断地提高产品质量。同时，国家对照明行业给予了极大的支持，用大量的外汇进口生产设备，从“五五”时期到“六五”“七五”时期，进口了国外先进的生产设备，加快了国内灯泡生产的现代化，使生产率得到极大的提高，同时，国内自主设备的研制和改造工作也同时启动。

### 2. 启动了电光源科研与教育

1975年北京电光源研究所成立，1971年创刊的《电光源通讯》就设在该研究所内，《电光源通讯》于1982年更名为《电光源》。1976年南京电光源材料研究所成立，1978年复旦大学电光源研究所成立，1984年复旦大学电光源专业成立，培养一批了国内电光源研究、教学的力量，同时天津大学、复旦大学、重庆大学、同济大学、清华大学、东南大学等一批学者开始从生产、采光、设计、工程研究方面进入照明领域，此时也是光源从单纯的照亮到采光、照明专项设计的一个重要的起步阶段，一大批知名高校的教师带领学生进入了照明领域，同济大学的杨公侠教授、俞丽华教授，天津大学的沈天行教授，清华大学的詹庆旋教授、戴德慈教授，重庆大学的陈仲林教授，复旦大学的蔡祖泉教授和当时的青年教师徐学基、朱绍龙、何鸣皋、周太明、陈大华、周卫忠、方道虞等，以及中国建筑科学研究院物理所的张绍纲、肖辉乾、李景色、张耀根、林若慈、庞蕴繁，浙江大学叶关荣教授，中央电视台张敏，北京师范大学郝允祥，长春光机所周丰昆，上海灯具所章海骢等，为培养中国电光源人才起到了奠基作用，做出了巨大的贡献。此时，1977年重庆照明学会主办的《灯与照明》创刊。1978年上海市照明学会主办的《光源与照明》创刊，1992年中国照明学会主办的《照明工程学报》创刊。照明学术期刊的创办，推动了中国照明科研与学术的进展。

### 3. 体现在企业性质上的变化

此阶段的一个重要的标志是一批民营企业进入了生产环节，三雄、雷士、欧普等一批知名企业几乎都在这个阶段开始创立，生产光源产品，一方面产业继续扩产，一方面打通了市场渠道，而后发展壮大。民营企业的介入，带动了中国照明产业整体的发展，提供了产业发展的新鲜血液。企业的性质由原来的单纯的灯泡生产企业逐步转向了专业的光源、灯具生产企业。尤其是灯具企业具有投资少、见效快、产品个性化强等特点，很短时间内就吸引了大量民营资本进入照明产业，企业数量快速增加。特别是在1989年中国照明电器协会成立后，光源和灯具统一归口管理，加速了照明产业的扩张。在这个过程中，之前主导照明产业的国有照明企业逐渐退出，到了20世纪90年代后期，中国照明产业基本以民营企业为主，国有企业所剩无几。同时，台资企业开始将生产环节安排到大陆生产。早期主要的民营企业见表4。

**表4 早期主要的民营企业**

| 时 间 | 企业名称 |
|---|---|
| 1983年 | 莹辉 |
| 1986年 | 中山华艺 |
| 1988年 | 鸿联灯饰 |

（续）

| 时　　间 | 企业名称 |
|---|---|
| 1991 年 | 三雄极光 |
| 1996 年 | 欧普 |
| 1996 年 | 阳光（改制） |
| 1996 年 | 得邦 |
| 1997 年 | 木林森 |
| 1998 年 | 雷士 |

### 4. 外资企业的进入

在此阶段，外资企业进入，飞利浦、GE、东芝等开始以合资、独资等形式进入中国。国外照明企业打入中国市场，凭借着高端品牌优势，国外电光源企业纷纷抢占国内市场。世界三大照明公司飞利浦、GE、欧司朗先后来华合资，分别建立了南京飞东照明公司、上海飞利浦亚明照明公司、上海通用电气公司、佛山欧司朗公司四个企业；此外，日本松下公司在北京建立了北京松下照明光源公司，东芝公司在福州建立了芝光照明公司。

### 5. 产品出口的增加

由于国内灯泡产量的迅速扩张、技术的改善、产品质量的提高，从 20 世纪 80 年代末、90 年代初开始，照明电器出口每年均以两位数的增幅增长。1994 年，我国灯具、照明电器及类似品出口达 9.7 亿美元，较上年同比增长 41.9%。1998 年，照明电器出口额达 20 亿美元，占国内照明行业销售总额的 1/3（见表 5）。

**表 5　照明产品出口情况**

| 年　　份 | 出口额/亿美元 |
|---|---|
| 1994 | 9.7 |
| 1998 | 20 |
| 1999 | 26.5 |
| 2000 | 32 |

### 6. 产业结构和经营模式的转变，灯具市场的建立

1978 年十一届三中全会以后，照明产业进入新一轮变革，市场对灯具的需求迅速增长。1979 年，上海率先成立专业的灯具照明公司。一年以后，北京、天津、广东、浙江、湖北、江苏等地也先后建立了灯具公司。到 1985 年，全国已有 160 个生产照明灯具的专业厂。1988 年上海、江苏、浙江出现了一大批灯具生产企业，1999 年广东中山古镇灯饰企业聚集已经基本形成，为后来广东省的灯饰市场的建立打下了基础。在经营模式上，过去由商业部五交化局统购统销的局面开始打破，在此期间各地相应的灯具市场建立，从原来的单一的光源产品向灯具生产转变，同时带来了销售模式的转变，国家不再统购统销，因此催生了灯具市场的出现，较为典型的见表 6。

**表 6　主要灯具市场的建立**

| 年　　份 | 名　　称 |
|---|---|
| 1993 年 | 温州灯具市场 |
| 1993 年 | 常州邹区灯具城 |
| 1995 年 | 上海灯具城 |
| 1995 年 | 中山古镇灯饰集聚区 |
| 1996 年 | 上海东方灯饰城 |
| 1998 年 | 中山华艺灯饰市场 |

### 7. 科技社团组织相继成立

1978 年 8 月上海市照明学会率先成立，1979 年北京照明学会成立，带动了国内照明领域科技社团的启动，主要城市相继成立了照明学会，1987 年 6 月，中国照明学会在北京成立。1987 年 6 月，以中国照明学会副理事长蔡祖泉为团长、副秘书长肖辉乾为副团长的中国照明学会代表团参加了在意大利威尼斯召开的国际照明委员会第 21 届大会，会议一致通

过了中国照明学会作为国际照明委员会的第 38 个会员国。成立时间较早的照明学会/协会见表 7。

**表 7　成立时间较早的照明学会/协会**

| 名　称 | 成立时间 |
| --- | --- |
| 上海市照明学会 | 1978 |
| 北京照明学会 | 1979 |
| 天津市照明学会 | 1979 |
| 中国照明学会 | 1987 |
| 中国照明电器协会 | 1989 |
| 浙江省照明电器协会 | 1989 |
| 重庆照明学会 | 1983 |
| 广东省照明电器协会 | 1992 |
| 江苏省照明学会 | 1987 年 5 月 |
| 南京照明学会 | 1984 年 1 月 |
| 河南省照明学会 | 1989 年 4 月 |
| 深圳市照明学会 | 1996 |

### 8. 绿色照明技术发展，带动了产业的升级改造

全球性能源危机带动了照明节能的巨大需求，在国际大背景下，1991 年国家提出节能规划，1992 年联合国开发计划署、国家经贸委提出绿色照明工程项目，推广节能灯的活动在生产端、应用端全面推开。“九五”时期，国家经贸委、国家计委、科技部、建设部等 13 个部门和单位，共同开始组织实施“中国绿色照明工程”，并将其作为节能领域的一项重大示范工程，旨在发展和推广高效照明电器产品，逐步替代传统的低效照明电器产品，改善照明质量，节约照明用电，建立优质高效、经济舒适、安全可靠、有益人们工作和生活的照明环境。1996 年“中国绿色照明工程”协调领导小组发布了《“中国绿色照明工程”实施方案》。这项工程得到了国际社会的关注和支持。随着节能灯生产技术的提高，中国迅速成为节能灯生产大国和出口大国。

1996 年紧凑型荧光灯产量是 0.66 亿只，1997 年是 2 亿只，2007 年是 31.4 亿只（见图 1）。

### 9. 劳动生产率大幅提高，生产设备改善

改革开放前，中国照明产业生产设备极其落后，1978 年后，技术革新在企业里蔚然成风，灯泡生产从人工、半人工的操作有了很大的改善，同时国家加大了设备的引进，“五五”期间，我国从国外引进 8 项生产技术，“六五”期间引进 82 项，引进的技术基本反映了国外 20 世纪 70 年代的技术，少数具有 80 年代的技术。引进的国家和地区有日本、瑞士、匈牙利、英国、西德以及中国台湾地区等，大大提高了企业电光源的劳动生产率。同时，允许企业有外汇留存，在设备和技术引进方面才自由灵活起来，如沈阳灯泡厂、广州灯泡厂、佛山灯泡厂等都在 20 世纪 80 年代初中期从国外引进了 H-24 吹泡机；1984 年，福州灯泡厂从日本东芝公司引进了环形荧光灯管生产线；1987 年，宝鸡灯泡厂从日本引进了荧光灯玻管生产线；1990 年，上海亚明灯泡厂引进了美国先锋公司的金卤灯生产线等。

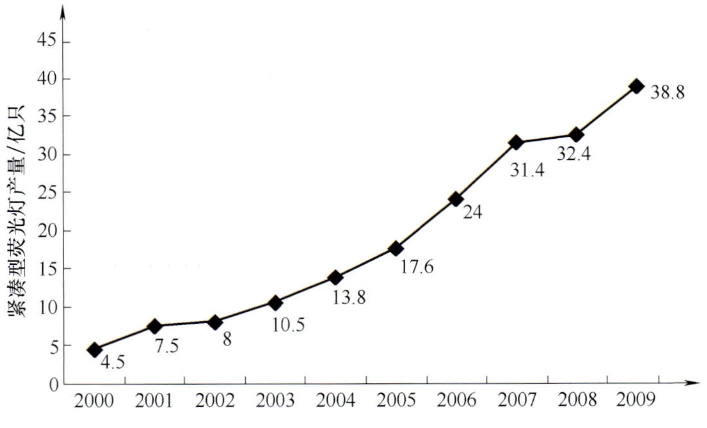


图 1　2000～2009 年我国紧凑型荧光灯产量变化趋势

数据来源：《中国轻工业年鉴》，中国照明电器协会。

20 世纪八九十年代，照明企业纷纷引进金卤灯、卤素灯、T5/T8 荧光灯、高压钠灯等各类机器设备和技术，这使得企业的生产能力、产品质量水平得到了很大提升。

### 10. 节能灯技术的发展

随着 1970 年飞利浦研制出第一只节能灯以来，节能灯的开发受到了全世界的关注，我国 20 世纪 80 年代初开发出

紧凑型荧光灯（CFL），80 年代后期出现了高频荧光灯，90 年代又推出的 T5（16mm）细管径荧光灯，以及细管径和超细管径荧光灯，无极荧光灯，陶瓷电极荧光灯（CPFL），平板荧光灯，低汞及无汞荧光灯等，节能灯技术有了突破。20 世纪 80 年代中后期，复旦大学电光源研究所研发出国内第一支节能灯，通过引进了韩国、日本、中国台湾和欧洲等国家和地区的节能灯生产线，很快在上海灯泡三厂、上海特种灯泡二厂等全国各地实现了节能灯的产业化，同时我国科技人员也开始研发自己的节能灯自动化生产设备，1990 年由东南大学、复旦大学共同开发研制了节能灯的自动化生产线，并经过几年艰苦努力终于取得了成功，从而为国产节能灯业提供价廉质优的设备，使我国节能灯的产量占到全球总产量的 80% 以上。此时经过 20 年的改革开放，中国照明产业从生产设备、技术、产业配套、市场销售到科研、教学、学术打下了良好的发展基础。

**11. 照明展会开始建立**

1994 年中国照明学会与广东一家企业合作，首先在广州举办了与照明产品有关的展览，1995 年中国照明学会开始在北京举办专业照明展，1996 年与广州光亚展览有限公司共同举办广州照明展，1994 年中国照明电器协会在上海举办照明专业展会，此后全国省市照明展会纷纷举办，照明展会在企业品牌的推广，推动企业和经销商、工程商、用户交流方面搭建了重要的桥梁，为中国照明产业的发展做出了贡献。

## 三、1998～2008 年中国照明行业进入发展的快速通道

1998 年后，中国照明产业的发展，经过改革开放 20 年的发展，处于蓬勃发展的最好时期，国家层面的绿色照明的启动，外资、民营企业的进入，设备的更新换代，企业转型升级，管理方式的变革，市场需求的增加，中国经济的快速发展和城市建设的发展都为中国照明产业的发展提供了极好的机遇。

通过国家各项政策的激励、绿色照明工程的发展，中国照明产业规模和出口大扩张，中国照明产业进入了高速发展的 20 年。这个阶段产业发展的重要关口是产业的升级改造，从白炽灯的生产转型到节能灯的生产，使白炽灯和节能灯的比例发生了根本的变化，企业都迅速抓住了时机，升级改造，加大生产节能灯，同时，高压钠灯、金属卤化物灯，以及无极灯等新的产品不断出现。绿色照明的实施为中国照明产业整体的提升打下了基础。

**1. 绿色照明项目的延续开展**

1992 年启动中国绿色照明工程项目后，1996 年 5 月 29 日国家经贸委发文成立中国绿色照明工程协调领导小组，1996 年 10 月联合国开发计划署向中国政府提供 99.5 万美元的支持，1996 年 10 月召开了中国绿色照明国际研讨会，1998 年绿色照明项目 2 期获得国际 813 万美元的二期援助，2001 年第 3 期获得国际 813 万美元的支持，项目得以继续开展。在联合国开发计划署、国家发展改革委的直接领导下，在标准、认证、标志、推广等各个方面全面推进了中国绿色照明的开展。中国绿色照明工程是在借鉴国际经验和总结我国节能经验的基础上，结合经济社会发展的要求，以宣传教育、信息传播和社会动员为先导，开展了市场调查、能力建设、工程示范、国际交流等活动。实施中国绿色照明工程，完善了照明产品的检测手段，制定了照明电光源和镇流器的安全、性能和能效标准及建筑照明节能设计标准，开展了高效照明产品的节能认证，推动了照明生产设备的技术改造和更新换代，加大了照明产品市场的监督检查力度，旨在我国发展和推广高效照明器具，逐步替代传统电光源，节约照明用电，建立高效经济、安全、可靠的照明光环境。2006 年 6 月，国家发展改革委在京召开“中国绿色照明工程实施成果发布会”。

中国绿色照明工程的实施，全面提升了中国照明产业的基础，从生产到产品、市场以及工程的实施，为中国照明产业的发展做出了巨大的贡献。从技术基础到标准制定，从工程设计到应用示范，对检测、认证、标识、法规等做了全面的规划。2006 年中国开始淘汰白炽灯、加速推广节能灯项目，制定了逐步淘汰白炽灯路线图，带动了产业的升级转型以及节能灯全面的发展。中国逐步淘汰白炽灯路线图如下：

第一阶段：2011 年 11 月 1 日至 2012 年 9 月 30 日为过渡期，有关进口商、销售商应当按照公告要求，做好淘汰前准备工作。

第二阶段：2012 年 10 月 1 日起，禁止进口和销售 100W 及以上普通照明白炽灯。

第三阶段：2014 年 10 月 1 日起，禁止进口和销售 60W 及以上普通照明白炽灯。

第四阶段：2015 年 10 月 1 日至 2016 年 9 月 30 日为中期评估期，对前期政策进行评估，调整后续政策。

第五阶段：2016 年 10 月 1 日起，禁止进口和销售 15W 及以上普通照明白炽灯，或视中期评估结果进行调整。

逐步淘汰白炽灯项目的实施，加速了传统企业的升级改造过程。

中国绿色照明工程的实施，推动了中国照明电器行业结构的优化升级和产品质量的整体提升，节能灯和白炽灯的产量比由 1996 年的 1∶34 上升至 2011 年的 1∶1，节能灯的全球市场占有率由 1996 年的 20% 提高到 2010 年的 85%；推动了高效照明产品的普及应用和全社会照明节电意识的普遍提高。2003～2010 年我国普通白炽灯、紧凑型荧光灯出口量及内销量见表 8，2005～2013 年白炽灯、节能灯产量见表 9。

表8 2003～2010年我国普通白炽灯、紧凑型荧光灯出口量及内销量 (单位：亿只)

| 年份 | | 2003 | 2004 | 2005 | 2006 | 2007 | 2008 | 2009 | 2010 |
|---|---|---|---|---|---|---|---|---|---|
| 普通白炽灯 | 出口量 | 25.8 | 27.4 | 27.1 | 27.5 | 29.9 | 29.2 | 24.7 | 27.8 |
| | 内销量 | 15.2 | 14.2 | 17.0 | 16.2 | 14.6 | 14.2 | 12.9 | 10.6 |
| 紧凑型荧光灯 | 出口量 | 7.8 | 10.7 | 13.7 | 17 | 22 | 21.2 | 21.9 | 30.1 |
| | 内销量 | 2.7 | 3.1 | 3.9 | 7 | 9.4 | 11.2 | 16.9 | 16.6 |

数据来源：《轻工业年鉴》，中国照明电器协会。

表9 2005～2013年白炽灯、节能灯产量 (单位：亿只)

| 年份 | 2005 | 2006 | 2007 | 2008 | 2009 | 2010 | 2011 | 2012 | 2013 |
|---|---|---|---|---|---|---|---|---|---|
| 白炽灯 | 41.9 | 42 | 44.45 | 43.43 | 37.60 | 38.50 | 41.78 | 41.10 | 38.94 |
| 节能灯 | 17.63 | 24.6 | 29.52 | 34.45 | 38.70 | 40.90 | 41.69 | 41.75 | 41.60 |
| 产量比 | 2.376 | 1.7 | 1.50:1 | 1.26:1 | 0.97:1 | 0.94:1 | 1.00:1 | 0.98:1 | 0.94:1 |

数据来源：《中国照明市场调查报告》，中国照明学会、北京华通人商用信息有限公司。

### 2. 中国成为了照明产品的生产大国，出口继续增加

2000年前，大量的合资企业、民营企业发展非常迅速。2000年以后，合资企业逐步在走下坡路，国内民营企业发展非常快，比如阳光、欧普、雷士，发展非常迅速。照明行业主要还是靠国内企业的自我发展，原来引进的设备消化吸收以后，变成自己的创新，这一阶段应该说是发展最快的一个阶段。中国照明行业在国际上逐渐成为一个制造大国。

改革开放后，随着国民经济的发展和人民生活水平的提高，国内的灯饰照明需求日益兴旺。然而，就整个行业的生产能力而言，国内市场依然难以容纳如此巨大的产量。因此，出口贸易扩大了企业的生存、发展空间。比如，在20世纪90年代，佛山照明、阳光照明等光源大户的出口业务量就占到企业产值90%以上的份额。不过，这种出口战略下，国内大部分灯饰照明企业处在价值链的低端，缺乏自主创新和专有技术，只能“以量取胜”，并由此背负上“倾销”的罪名。2001年，欧盟就对产自中国的节能灯征收高达66%的反倾销税，为期五年，致使国内出口到欧盟的节能灯数量减少了70%以上。

2007～2013年白炽灯、卤钨灯、节能灯进出口数据见表10，2011～2018年中国照明产品出口产值见表11。

表10 2007～2013年白炽灯、卤钨灯、节能灯进出口数据 (单位：亿只)

| 年份 | 出口量 | | | 进口量 | | |
|---|---|---|---|---|---|---|
| | 白炽灯 | 卤钨灯 | 节能灯 | 白炽灯 | 卤钨灯 | 节能灯 |
| 2007 | 29.94 | 8.68 | 26.94 | 1.17 | 2.09 | 1.31 |
| 2008 | 29.20 | 7.42 | 21.19 | 1.22 | 0.34 | 0.07 |
| 2009 | 24.80 | 7.15 | 21.92 | 0.97 | 0.33 | 0.07 |
| 2010 | 27.80 | 9.25 | 30.09 | 1.16 | 0.27 | 0.09 |
| 2011 | 31.83 | 9.58 | 28.22 | 0.99 | 0.16 | 0.07 |
| 2012 | 31.50 | 10.21 | 27.53 | 0.90 | 0.14 | 0.08 |
| 2013 | 29.58 | 13.96 | 33.10 | 0.59 | 0.09 | 0.08 |

数据来源：《中国照明市场调查报告》，中国照明学会、北京华通人商用信息有限公司。

表11 2011～2018年中国照明产品出口产值

| 年份 | 金额/亿美元 |
|---|---|
| 2011 | 223 |
| 2012 | 300 |
| 2013 | 350 |
| 2014 | 423 |
| 2015 | 457 |
| 2016 | 394 |
| 2017 | 418 |
| 2018 | 426 |

### 3. 绿色照明补贴

2007 年 12 月，财政部、国家发展改革委联合发布了《高效照明产品推广财政补贴资金管理暂行办法》。该办法提出，国家将统一招标确定高效照明产品（包括节能灯）推广企业及协议供货价格，财政补贴资金补给中标企业，再由中标企业按中标协议供货价格减去财政补贴资金后的价格销售给终端用户，最终受益人是大宗用户和城乡居民。

主要是普通照明用自镇流荧光灯、三基色双端直管荧光灯（T8、T5 型）和金属卤化物灯、高压钠灯等电光源产品，半导体（LED）照明产品，以及必要的配套镇流器。2008 年 3 月国家发展改革委和财政部实施财政补贴高效照明产品推广项目。采用招标方式，在全国范围内分三年完成高效照明产品推广 1.5 亿只目标，通过财政补贴，大大提高了高效照明市场的占有率。2007 ~ 2011 年白炽灯、卤钨灯、节能灯产量见表 12。

表 12　2007 ~ 2011 年白炽灯、卤钨灯、节能灯产量

| 年份 | 2007 | 2008 | 2009 | 2010 | 2011 |
|---|---|---|---|---|---|
| 白炽灯 | 44.45 | 43.43 | 37.60 | 38.50 | 41.78 |
| 卤钨灯 | 13.92 | 14.08 | 15.67 | 16.54 | 17.00 |
| 节能灯 | 29.52 | 34.45 | 38.70 | 40.90 | 41.69 |
| 白炽灯与节能灯的生产比例 | 1.50:1 | 1.26:1 | 0.97:1 | 0.94:1 | 1:1 |

数据来源：《2009 ~ 2011 年度照明产品市场调查综合分析报告》。

### 4. 照明学术的重视

中国绿色照明的启动，带动了中国照明学术的开展。2005 年 5 月，由国家发展改革委、上海市经委和国际高效照明协会（IAEEL）联合主办的“中国绿色照明国际会议暨第六届国际高效照明会议（Right Light 6）”在上海隆重召开。有来自 30 多个国家的 120 多名国际机构、协会、国家的国际代表，以及我国政府（包括省市政府）部门代表、有关单位、机构及企业代表和专家学者 200 余人参加了该会议。2005 年 12 月“全国电光源科技研讨会”在复旦大学召开，28 位电光源行业的学术和技术人员做了专题报告。2007 年 7 月中国照明学会在北京召开国际照明委员会第 25 届大会，2012 年在杭州召开了 CIE 照明质量与能效大会。这些会议都极大地带动了中国照明学术活动的开展。

### 5. 夜景照明工程的开端

1989 年新中国成立 40 周年大庆，天安门夜景照明工程的实施启动了中国夜景照明工程的大幕，随后上海南京路等其他地区开始了夜景照明工程的工作。2005 年中国照明学会开始组织的中照照明奖、照明设计师的培训，都极大地带动了中国景观照明工程的发展。

### 6. 半导体照明启动

我国在 2003 年首次提出发展半导体照明计划，科技部等六部委紧急启动“国家半导体照明工程”；2003 年 6 月，由科技部牵头，有多个部门参与的“国家半导体照明工程协调领导小组”成立，2004 年国家半导体照明产业联盟成立。2006 年，半导体照明列入“国家中长期科学技术发展规划纲要”。2006 年 8 月，根据《国家中长期科学和技术发展规划纲要（2006—2020 年）》工业节能优先主题中“研究开发高效节能、长寿命的半导体照明产品”的部署和“十一五”科技发展规划，国家启动了“十一五”“863”计划新材料领域“半导体照明工程”重大项目，安排经费 3.5 亿元，对半导体照明核心技术的突破和产业化关键技术的攻关等进行了全产业链部署，并明确了“十一五”的战略目标：通过自主创新，突破白光照明部分核心专利，解决半导体照明市场急需的产业化关键技术，建立完善的技术创新体系与特色产业集群，完善半导体照明产业链，形成我国具有国际竞争力的半导体照明新兴产业。通过国家半导体照明工程和“十一五”“863”重大项目以及电子专项基金等计划的实施，我国在 LED 外延材料、芯片制造、器件封装、荧光粉等方面均已掌握自主知识产权的单元技术，且部分核心技术具有原创性，初步形成了从上游材料、中游芯片制备，下游器件封装及集成应用的比较完整的研发与产业体系。我国已初步形成珠三角、长三角、北方地区、江西及福建地区四大半导体照明产业聚集区域，每一区域都初步形成了比较完整的产业链，全国 85% 以上的 LED 企业分布在这些地区。同时科技部在厦门、上海、大连、南昌、深圳、扬州和石家庄批准建立了 7 个产业化基地。

1998 ~ 2008 年的 10 年，中国照明产业企业升级换代、出口增加，是照明工程起步的重要阶段。

## 四、2008 ~ 2018 年半导体照明快速增长的 10 年

2009 年，国家发展改革委和联合国开发计划署、全球环境基金共同开展“中国逐步淘汰白炽灯、加快推广节能灯”合作项目，全球环境基金赠款 1400 万美元，主要内容是通过帮助白炽灯生产企业合理转型、完善高效照明产品市场推广

机制以及健全政策保障体系。该项目进一步促进了照明行业结构调整，加快了淘汰白炽灯等低效照明产品的进程，带动了中国半导体照明的全面发展。

中国照明电器行业的特点是企业数量众多，单体规模偏小，民营成分为主，整体产业集中度不高，全行业数万家企业中，规模以上企业仅约2800家。2010年全社会电光源产品总产量约140亿只，其中白炽灯38.5亿只，卤钨灯16.54亿只，节能灯40.9亿只。节能灯产量与白炽灯产量的比例由2005年的1:2.4上升到2011年1:1。

2009年9月，国家发展改革委等6部门联合公布《半导体照明节能产业发展意见》，推动了中国半导体照明产业的发展，照明企业升级换代速度加快。截至2010年底，半导体照明企业达到4000家，其中外延及芯片生产商40多家，封装企业1500多家，应用企业超过2500家。2010年，产业总产值达1200亿元。中国半导体照明产业已初步形成了完整的产业链，主要集中在中下游，已经基本完成向半导体照明的过渡阶段，作为国家新兴产业，照明朝着产业集约化方向发展。自2010年起，半导体照明国家标准和行业标准陆续发布，2013年，由国家发展改革委、科技部、工业和信息化部、财政部、住房城乡建设部、国家质检总局联合编制了《半导体照明节能产业规划》，为产业发展做出了全面切实的部署。1999～2009年作为中国照明产业快速成长的黄金十年，产业规模得到最大化扩张，到2015年，全国照明行业企业超过两万家。

2010～2017年，我国LED行业市场规模呈快速增长的趋势。2017年行业规模为5228亿元，同比增长14.24%（见图2），行业增长速度较快。2012～2018年半导体照明产量如图3所示。

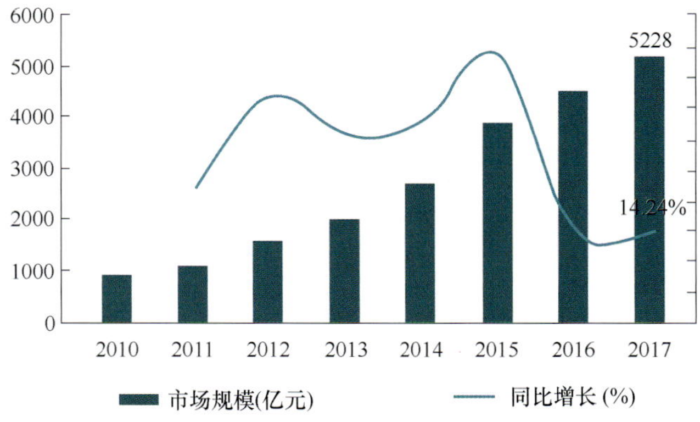


图2 2010～2017年半导体照明产值
（数据来源：国家半导体照明产业联盟）

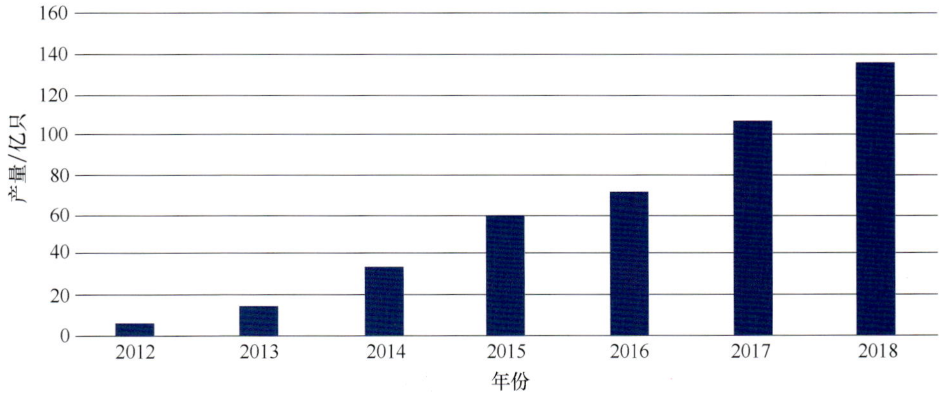


图3 2012～2018年半导体照明产量（数据来源：国家半导体照明产业联盟）

## 1. 半导体照明技术的进步

1993年中村修二发明了蓝色LED，随后半导体照明技术飞速发展，LED具有高光效、长寿命的特点，以LED为核心器件的半导体照明作为一种新兴技术经过10多年的发展，已成为照明史上继白炽灯之后的第二次照明革命。LED节能效果显著，其电光转换效率是荧光灯的5倍，是白炽灯的20倍。2017年，我国功率型白光LED产业化的光效达到180lm/W；LED室内灯具的光效超过100lm/W，室外灯具的光效超过120lm/W；具有自主知识产权的功率型硅基LED芯片产业化的光效超过150lm/W，达到国际领先水平。2019年由江风益教授领衔的团队自主研发的硅衬底黄光LED芯片实现突破，跃居世界领先水平，使我国LED照明行业处于世界领跑地位。

## 2. 半导体照明应用的推广

2008年8月，北京奥运会开幕式及场馆采用LED景观照明、全彩显示屏等产品，开创了奥运会历史上大规模使用LED照明技术的先例。

2009年科技部开展了第一批半导体照明十城万盏的推广活动，在天津市、河北省石家庄市、河北省保定市、辽宁省大连市、黑龙江省哈尔滨市、上海市、江苏省扬州市、浙江省宁波市、浙江省杭州市、福建省厦门市、福建省福州市、江西省南昌市、山东省潍坊市、河南省郑州市、湖北省武汉市、广东省深圳市、广东省东莞市、四川省成都市、四川省绵阳市、重庆市、陕西省西安市等 21 个城市开展半导体照明应用工程试点工作。2011 年 5 月科技部公布第二批“十城万盏”示范城市名单，它们是北京市、山西省临汾市、江苏省常州市、浙江省湖州市、安徽省合肥市、安徽省芜湖市、福建省漳州市、福建省平潭综合试验区、山东省青岛市、湖南省郴州市、湖南省湘潭市、广东省广州市、广东省佛山市、广东省中山市、海南省海口市、陕西省宝鸡市等 16 个城市。

半导体照明应用不断创新，体现在通用照明、汽车照明等各个方面（见图 4）。

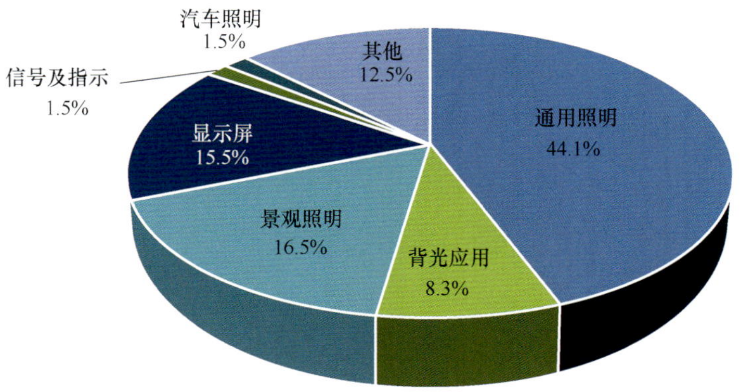


图 4　2018 年半导体体照明应用比例（数据来源：国家半导体照明产业联盟）

### 3. 资本的介入，传统照明企业的转型

从 1992 年佛山照明上市到 1997 年阳光上市，1998 年上海嘉宝实业上市，资本的介入带动了照明产业的上市速度。LED 照明技术的发展和应用，吸引了社会资本进入照明产业，带动了全行业的上市规模。同时，传统企业的升级改造，给了行业第二次发展的机会。经过最近十年的发展，我国照明产业得到进一步整合，目前已形成广东、浙江、江苏、福建、上海五大主要产区，五省市的企业数量达到业内企业总数的 90% 以上，且产品类型也各具特色。其中，广东主要以室内照明灯具为主，装饰类灯具主要集中在中山古镇和东莞。广东其他地区如佛山、惠州等以光源、灯盘、支架、筒（射）灯具为主，在国内市场中份额占有较大比例。浙江、江苏、上海、福建等地主要以室外灯具和光源为主。2016 年，LED 照明上市企业已经成为 LED 行业发展的主力，目前在上交所主板、深交所中小企业板及创业板上市的照明公司已经超过 40 家，新三板超过 70 家。照明企业要持续规范运营，进而做大做强，登陆资本市场是一条可选择之路。早期照明产业上市企业见表 13。

**表 13　早期照明产业上市企业**

| |
|---|
| 1. 上海飞乐音响股份有限公司，1986 年在上交所上市 |
| 2. 佛山电器照明股份有限公司，1993 年在深交所主板上市 |
| 3. 同方股份有限公司，1997 年在上交所上市 |
| 4. 香港德金资源集团控股有限公司（原名莹辉集团），1999 年在港交所上市 |
| 5. 浙江阳光照明集团股份有限公司，2000 年在上交所上市 |
| 6. 江西联创光电科技股份有限公司，2001 年在上交所上市 |
| 7. 福建东大新材料照明控股有限公司，2002 年在港交所上市 |
| 8. 杭州士兰微电子股份有限公司，2003 年在上交所上市 |
| 9. 广东德豪润达电气股份有限公司，2004 年在深交所中小企业板上市 |
| 10. 大族激光科技股份有限公司，2004 年在深交所中小企业板上市 |
| 11. 广东雪莱特光电科技股份有限公司，2006 年在深交所中小企业板上市 |
| 12. 香港真明丽集团控股有限公司，2006 年在港交所上市 |
| 13. 三安光电股份有限公司，2008 年在上交所上市 |
| 14. 雷士照明控股有限公司，2010 年在港交所上市 |
| 15. 佛山国星光电股份有限公司，2010 年在深交所中小企业板上市 |
| 16. 厦门乾照光电股份有限公司，2010 年在深交所创业板上市 |
| 17. 深圳雷曼光电股份有限公司，2011 年在深交所创业板上市 |
| 18. 常州星宇车灯股份有限公司，2011 年在上交所上市 |
| 19. 广州市鸿利光电股份有限公司，2011 年在深交所创业板上市 |
| 20. 深圳市洲明科技股份有限公司，2011 年在深交所创业板上市 |

**4. 网络的冲击，电商的兴起**

2005年电商的出现冲击了原有的灯具市场，2015年以来，照明产业受到国内电商平台的推动和影响，整个社会的销售方式和消费方式都已经出现巨变，电商对照明实体产业的冲击让企业家面临双向选择。未来众多中小照明企业的销售将往电商方向靠拢。目前，灯具市场大卖场进入了困境，照明产品将进入新的营销模式。

**5. 景观照明的爆发与理性的回归**

2008年北京奥运会之后到2015年，随着LED灯具的技术逐渐成熟，在工程的运用中，以杭州G20峰会景观照明工程为标志，开创了中国城市景观照明建设的新一轮的高潮，单个城市景观照明工程的体量从几亿元到几十亿元跨越，中国已经成为全球最大的景观亮化市场。2016年中国景观照明市场规模达到579亿元。这期间景观照明成为照明行业的热点，主要源于以下因素推动：一是投资需求，我国城市化进程深化以及市场需求提升，基础建设投入加大，景观照明作为一个投资相对少、见效较明显的拉动城市经济、弘扬城市文化进而体现城市精神的手段，受到各界重视；二是民生需求，随着居民生活水平提高，灯光文旅经济兴起，特色小镇建设及灯光秀逐步深入民心；三是政治需求，这方面与我国在国际舞台上扮演角色愈发重要息息相关，是中国政治经济实力不断壮大的映射。诸如杭州G20峰会、厦门金砖国家峰会、青岛上合组织峰会、北京“一带一路”峰会、中国国际进口博览会、深圳特区成立暨改革开放40周年、武汉第七届世界军人运动会等这些接踵而至的大型活动，都助推着景观照明向大规模、高规格方向发展，同时也带动了产业链各相关企业的业务。

2019年12月12日，中央“不忘初心、牢记使命”主题教育领导小组印发《关于整治“景观亮化工程”过度化等“政绩工程”、“面子工程”问题的通知》，要求把整治“景观亮化工程”过度化等“政绩工程”、“面子工程”问题纳入主题教育专项整治内容，为中国城市景观照明工程提出了警醒，将中国景观照明推向了新的高质量发展阶段。

**6. 半导体照明的创新应用**

2018年，我国国内LED照明产品产量约135亿只（套），在用量渗透率达到49%，实现节电2790亿度，实现二氧化碳排放减少2.2亿吨。出口方面，2018年我国LED照明产品出口总额达到135亿美元，相较于2017年同期同比小幅增长2.2%。LED产业在经过10多年的高速增长后，企业逐步进入成熟期，行业整体增速放缓将是大势所趋，过去10年高达30%的平均增速将难以再现。

2019年在5G等新技术发展的带动下，智慧照明、健康照明、农业照明等有了新的进展。

2019年中国科学院半导体研究所等单位完成的“高光效长寿命半导体照明关键技术与产业化”项目，荣获国家科技进步奖一等奖。该项目历时10余年联合技术创新，率先突破了全链条自主可控的半导体照明关键技术，实现了全球最大规模的LED芯片产业化，该项目支撑我国成为全球最大的半导体照明生产、消费和出口国，同时也实现了中国照明产业的转型升级和照明产品的更新换代，为中国照明产业的发展带来了新的希望。

## 五、展望未来，中国照明进入了新时代

40年的发展，中国成为全球最大的照明产品生产、消费和出口大国，同时也实现了中国照明产业的转型升级和照明产品的更新换代。中国照明产业成功地从传统照明产业转向了半导体照明产业，成为国家重点扶持的新兴产业。半导体照明产业正在从最初的技术驱动转变为应用驱动，按需照明、智慧照明、超越照明将是半导体照明产业未来发展的重要趋势。半导体照明将在健康照明、智慧照明以及农业、医疗、通信等超越照明的技术领域实现更为广泛的应用，中国照明产业将向着万亿产值迈进，一定能成为照明产品生产、消费、应用强国！

# 2018年半导体照明研发与工程应用创新前沿热点综述

中国照明学会

## 一、引言

### （一）关于半导体照明

半导体照明具有技术发展迅速、应用领域广泛、产业带动性强、节能潜力巨大等特点。作为战略性新兴产业，半导体照明是我国发展低碳经济、调整产业结构及绿色发展的重要途径之一，并已确立了在照明产业变革中的主导地位。经过多年的发展，国内半导体照明产业初具规模，并开始加速向通用照明领域渗透。2017年中国半导体照明行业产值突破6500亿元，同比增长率为25.3%。目前我国已成为全球最大的半导体照明产品生产国、消费国和出口国，全球半导体照明技

术从追求光效向提升光品质、光质量和多功能应用等方向发展，产业从技术驱动逐渐转向应用驱动。“十三五”期间，为进一步提升 LED 产业整体发展水平，引导 LED 产业健康可持续发展，国家制定了《半导体照明产业“十三五”发展规划》，计划到 2020 年，我国半导体照明产业的整体产值达到 10000 亿元；产业集中度逐步提高，应用领域不断拓宽，市场环境更加规范。

### （二）半导体照明热点产生的背景

#### 1. 照明用 LED 芯片与封装技术

“十二五”期间，在 863 计划新材料技术领域国家支持了“高效半导体照明关键材料技术研发”重大项目，该项目以打造产业核心竞争力为目标，以提高自主创新能力为关键，以改善产业发展环境为手段，进行 LED 外延结构设计、芯片结构设计、器件封装、低成本 LED 驱动芯片及模块开发等大电流驱动薄膜半导体照明技术研究。国家科研团队率先开展了对 Si 和蓝宝石衬底上高光效低成本的 LED 外延和产业化关键技术、芯片及封装应用技术等方面的研究，研制出高质量 SiC 和 GaN 衬底、深紫外 LED 器件、高质量 GaN 外延材料、高功率 LED 薄膜倒装器件等成果，获得了拥有自主知识产权的高品质白光照明产品，实现了高纯金属有机化合物（MO）源、荧光粉、硅胶等关键材料的国产化，以及 LED 在植物生长、医疗等领域的应用。其次，从材料和关键组件入手，研究其光、电、热、机械等方面的实效机理和相互作用，建立 LED 关键部件和系统的实效模型与评价方法，研发适用于薄膜 LED 的热阻分析测试系统装备，提升半导体照明产品可靠性；开发 6 英寸大尺寸硅衬底外延技术和荧光粉直涂的白光芯片技术，简化封装流程、灯具散热及光学设计，提高照明出光品质并降低灯具成本。这对半导体照明产品加快进入通用照明市场，增强我国半导体照明产业国际竞争力具有重要意义。“十三五”期间科技部“战略性先进电子材料”重点专项重点支持了高效全光谱光源核心材料、器件和灯具全技术链绿色制造技术，高能效半导体光源核心材料、器件及全技术链绿色制造技术，超高能效半导体光源核心材料及器件，高效高可靠 LED 灯具关键技术，半导体照明产品全技术链绿色制造技术等核心技术项目研究，将进一步为我国从半导体照明产品生产、消费和出口大国发展成为产业强国奠定坚实的基础，支撑全球照明行业的产业变革和节能减排的可持续发展。

#### 2. 显示用 LED 芯片与封装技术

近年来，小间距 LED 显示屏、透明屏等市场逐渐成熟，mini -LED、micro-LED 成为 LED 显示行业布局的重点。我国企业的 LED 显示屏频繁亮相索契冬奥会、俄罗斯世界杯等大型体育赛事。我国在 LED 显示产品研发、产业化、市场占有率方面占世界主导地位，掌握产业链核心技术和工艺，在产业进程上处于国际领先地位。室内外 LED 显示成为信息发布和广告宣传的主流媒体，近年来，随着智慧城市、平安城市项目的建设，无论是在交通、安防还是军事领域指挥中心，高端定制化显示工程需求越来越大，小间距 LED 显示屏凭借其高色域、高亮度、无缝拼接等优点逐渐占据主流地位，以户内小间距高密度全彩色为代表的新技术产品得到迅速普及和应用，带动 LED 显示应用行业高增长的态势。

#### 3. 半导体照明智能控制技术

LED 与控制技术、通信技术的连接，基于有线、无线方式传输的 LED 智能控制系统的成功研发，实现了半导体照明调光、调色以及动态变换、同步控制、实时侦测、远程监控等多种功能，半导体照明得到广泛应用。仅以城市景观照明为例，从最初 LED 单灯开关到当今数万只 LED 同步演绎，创造了北京奥运会（2008）、上海世博会（2010）、杭州 G20 峰会（2016）、厦门金砖国家峰会（2017）、青岛上合组织峰会（2018）等璀璨夜景，以及最近以深圳 40 周年庆祝为代表的城市灯光秀表演（43 栋 118 万颗 LED 点光源联动），智能控制发挥了极其重要的作用，我国正全面进入到“LED 智能照明”时代，LED 已成为照明的主角，将逐步取代传统照明。目前，我国已成为 LED 产品及照明系统的生产、制造和应用大国。纵览全球，随着 AI 技术、5G 通信和可见光定位等新技术引入照明领域，室内通用照明 LED 白光单灯从实现调光、调色温到人本照明、健康照明以及超越照明等，LED 智能控制系统的发展已满足了照明的基本需求，正进入到以应用为导向的光环境服务（Light as a Service）的新阶段，按需用光逐渐成为照明发展的方向，半导体照明由智能控制向智慧方向不断发展。

#### 4. 半导体照明在城市照明中的应用

城市照明主要包括景观照明和道路照明。景观照明的发展经历了如下阶段：第一阶段：照明亮化——1984 年，景观照明大概仅限于轮廓勾边照明，逢年过节张灯结彩。因香港回归、新中国成立 60 周年大庆等几个大事件的驱动，需求方“求亮”，供给方“上量”，慢慢演变为千城一面，热闹但类同，城市化进程过快，“一年一变样，三年大变样，最后变成一个样”。第二阶段：照明异化——需求方要“新奇特、跑跳闪”，供给方“色彩火爆、形式夸张……”。为了扶持 LED 新材料新产业，追求科技含量，供给方常常过分夸张强调 LED 的优势，以节能环保之名牟取暴利。第三阶段：照明美化——需求方不仅要亮，还要美，供给方讲艺术、画面感。第四阶段：照明文化——慢慢发现普适的美有美感没特点，已经不能满足所有项目需要了。当需求方需要“文化内涵”时，供给方讲“主题”、常常把历史遗存翻译成视觉符号。

2002—2012 年，是我国经济快速发展的十年，节日庆典、城市事件、节能减排、人文内涵，带来了照明行业快速发展的十年，是概念获得市场的十年。2012—2016 年，照明行业经历了过山车一样的历程。大背景已发生变化，经济增速放缓，“强刺激”推向了“新常态”，城市景观照明设计也从“概念推动”演变为理性发展，兼顾平衡的价值取向。到了2016—2017年，从杭州G20峰会到厦门金砖国家峰会这两大事件，带动整个照明行业回暖，与前两年相比，呈现出冰火两重天的局面。然而，在景观照明工程项目实施过程中，也出现了如亮度失控、色彩偏差、实施效果与效果图效果不符等实施失控的问题。道路照明方面，在城市道路照明灯的使用类型方面发生了变化，由传统的高压钠灯等发展为LED路灯、节能路灯、新型氙气路灯等。道路照明往高发光效率、低能耗、长寿命和高品质光、有效运维管理等方向发展。随着光源、物联网和通信技术的发展，城市道路照明智慧管理水平也得到不断提高，大量研究成果聚焦于智慧路灯产品的研发及智能控制的研究。

**5. 半导体照明在舞台电影电视照明中的应用**

半导体照明在舞台电影电视照明领域的应用研究早已开展。2009年，中央电视台在全球率先开展了“LED照明灯具在电视演播室应用研究”，针对半导体照明应用中灯具显色性和电视画面色彩还原问题，灯具色温特性和使用中的一致性、稳定性问题，灯具热效应对光输出的稳定性问题，LED光辐射对人物皮肤影响问题，灯具的电磁干扰问题，灯具频闪对电视图像的影响问题，灯具光学系统如何消除色差问题，灯具光源的更换及维护维修问题，灯具的应用对传统演播室的影响问题等9个方面进行了系统研究，提交了10个研究报告和30余万字的实验报告。此项研究对LED光源灯具在电视照明领域的应用起到了极大的推动作用，使我国走在了世界前列。从那时起，国内企业研发LED影视照明灯具的积极性很高，电视照明很快得到全面普及。目前，LED灯具已经涵盖了舞台影视灯具所有类型，特别是在电视常规照明领域已完全淘汰传统的卤钨灯和荧光灯，全面采用节能环保的LED光源灯具。但是，由于LED光源存在单颗功率小、集成的大功率光源模组点性差等缺点，在远距离照明的应用还有欠缺，还不能完全替代大功率金卤灯。因此，研发大功率高光通聚光性能好的LED光源模组一直以来都是热点；另外，随着4K超高清电视摄像机的推广应用和舞台照明需求，LED白光（蓝光激发黄色荧光粉）灯具的光谱连续性差、覆盖色域小的缺点凸显出来，采用多种色光LED光源混合成高质量白光的灯具研发，即智能彩色光源管理系统的研发也成为本领域热点。

**6. 半导体照明在农业照明中的应用**

农业半导体照明属于现代农业照明的范畴，是指采用半导体电光源及其智能化管控装备，按照农业生物的光环境需求规律和农业生产各领域的生产目标要求，利用人工光创造适宜光环境或弥补自然光照的不足，调控农业生物的生长发育和繁殖，以实现现代农业“优质、高产、稳产、高效、生态、安全”生产目标的一种农业工程措施。农业半导体照明原理与目的区别于视觉照明，与传统光源相比具有无法比拟的优势。农业半导体照明彻底实现了设施农业（尤其是设施园艺）生产要素的全部智能控制，主要应用于设施园艺（植物工厂、温室补光、食用菌工厂、组培工厂）、设施畜禽水产养殖等领域。其中，研究最早（20世纪90年代）、关注度最大、成果最丰富、产业化前景最广的是设施园艺领域，特别是植物工厂领域，半导体照明取得了诸多突破性进展，已成为竞相研发与产业化应用的热点。植物工厂是设施园艺发展的必然趋势和高级阶段，是颠覆性的土地利用方式和农作方式。20世纪60～90年代，红蓝光等LED光源的陆续发明与照明技术的成熟是推动植物工厂21世纪快速发展的最直接、最有效、最持久的技术装备因素，兼具多重效益目标、多元调控内涵、多样应用场景的巨大应用优势，成为替代传统光源，实现植物工厂全生产要素智能化管控的关键且不可或缺的技术装备。植物工厂是LED光源应用的最佳场所，LED光源植物工厂是人工光植物工厂发展的基本方向。而且，LED光源植物工厂研发与应用激发了植物工厂产业和农业照明产业活力，成为农业和照明行业跨界交叉发展的原动力和产业增长点；同时，也催生了植物光质生理学学科，植物光质生理学是植物半导体照明的科学基础。光环境的智能调控是LED光源植物工厂高效运行的核心技术，决定着植物的高产、优质和节能水平的高低。植物光质生理学规律的揭示将为植物工厂光环境调控乃至环境调控策略的建立提供科学依据。

**7. 半导体照明在汽车照明中的应用**

汽车照明的发展经历了煤油灯、乙炔灯、白炽灯、卤钨灯、高强度气体放电灯（HID）、LED灯，以及最近出现的激光灯，此外，OLED照明也在发展中。随着人类高新技术在汽车照明领域的广泛应用，汽车照明技术将不断向节能化、智能化、信息化、人性化、艺术化和个性化方向发展。目前，汽车照明行业处在智能化和物联网飞速发展的大环境之下，传统的驾驶时代也正在逐渐向无人驾驶时代过渡发展，因此，汽车照明也将面临新的机遇与挑战。一方面，由于LED在汽车照明中的应用日渐增多，而LED尺寸小，寿命长，能够配合丰富的形状和线条变化，且便于进行智能化控制，因此，汽车照明系统智能化已经成为未来的发展趋势，在智能大灯、智能尾灯、自适应远光（ADB）技术中，LED的出现使得智能控制成为可能。此外，传感器技术的发展，也促进了汽车照明和传感器技术的结合，从而为实现智能化汽车照明提供了有力的技术支撑。另一方面，智慧照明概念的兴起，也为汽车照明行业带来了新的可能。不同于智能照明，智慧照明的关注点在于人的需求，力图营造更加人性化的汽车照明体验。此外，智能驾驶时代的来临，也要求汽车照明要将视觉安全列入研究范围。汽车照明的功能不再局限于传统的提供亮度或传递信号，而是要创造更舒适、更符合人们生理及心理需要的照明环境，这需要结合人机工效，进行进一步的优化设计。伴随着技术的革新与社会的发展，汽车照明行业也将迎来更加智能化、人性化、智慧化的发展趋势，照明灯具、控制技术、视觉安全、无人驾驶等的发展都将为汽车照明注入新的血液。

### 8. 半导体照明在健康照明中的应用

自科学家发现人类第三类感光细胞（神经节细胞 ipRGC）和新光源 LED 用于通用照明以来，半导体照明对人体生理节律和生物效应的影响，成为当今学术界和产业界共同关心的热点问题，也是人居环境光健康设计与应用亟待突破的理论科学问题。科技部于 2017 年立项启动了国家重点研发计划“面向健康照明的光生物机理及应用研究”，项目集合了涵盖光学、人类工效、临床医学等领域国内半导体照明光健康研究的优势力量，汇聚了国内顶尖半导体照明企业，为半导体照明产业的发展提供了坚实有力的技术基础和产业化基础。

经过十几年的发展，半导体照明行业已经从对光效、节能和成本的追求，上升到对光品质、光健康、光生物安全和光环境的需求。尤其是 LED 造成的蓝光危害、人体节律紊乱、人眼视网膜损害的问题日渐显现，使行业意识到健康照明的普及刻不容缓。随着半导体照明技术的发展，健康照明的理念在未来会不断深入人类生活、工作、研究、探索乃至生存的方方面面，从人居空间到医养空间，从特殊环境到极端环境，都可以通过光照环境的设计来满足使用者的健康需求。健康照明的影响范畴，也可以从满足视觉作业需求拓展到情绪调节、睡眠质量、环境认知、节律修复等多个方面，更广泛地适应不同空间环境及满足不同人群的身心需要。

## 二、半导体照明成果综述

### （一）芯片、封装技术成果

国内通过自主创新，突破 LED 外延材料、芯片和器件封装的关键制造技术，研究开发了高效节能、长寿命的半导体照明产品。采用多项当今国际上最先进的技术和生产工艺，图形化生长技术提高 LED 的内量子效率、低应力量子阱生长减小 LED 辐射波长的迁移、界面粗化技术以提高 LED 的外量子效率，采用多芯片集成技术和微芯片阵列技术稳定芯片光电性能，采用激光剥离等技术提升 LED 器件的出光效率和散热性能等。最终达到大幅度提升功率型白光 LED 芯片的发光强度，实现 350mA 工作电流下，白光 LED 芯片光输出功率大于 500mW，封装白光光效达到 120lm/W 以上。中国科学院半导体研究所从基于图形衬底的外延成核入手，优化 GaN 基蓝光量子阱 LED 的外延结构，开展研究低位错密度 GaN 材料的 MOCVD 外延生长技术，研究了新型量子阱结构设计，通过垒掺杂和应力调控、优化结构和生长工艺参数提高有源区复合效率，提高 LED 器件内量子效率；开展 GaN 基宽禁带材料掺杂理论研究，结合 APSYS 软件模拟，研究大注入条件下的量子效率下降物理机制；在提高器件光提取效率方面，开展芯片表面修饰技术研究，采用独特的 CsCl、NaCl 自组装纳米掩膜技术，有效提高了光提取效率，开展 ZnO 新型透明电极研究，实现应用于 LED 的低阻、高透、高取光效率 ZnO 透明电极制备技术的突破，制造出专用于大规模高质量 ZnO 半导体薄膜材料生长的 38 片量产型 MOCVD 设备，完善垂直结构的 LED 芯片制造工艺及光提取技术；通过外延、芯片及封装技术集成，实现大功率白光 LED 发光效率 152lm/W@350mA、热阻 2.96K/W，峰值白光效率达到 2181m/W。在 20mA 条件下，三安 40mil × 40mil 的正装芯片光效可达到 220lm/W，350mA 条件下，三安 45mil × 45mil 的垂直芯片光效可达到 170 ~ 180lm/W，研发水平超过 180lm/W，大陆龙头企业的产品光效已经领先于晶元光电公司。

围绕超高能效半导体光源核心材料及器件技术研究，科研团队依据半导体照明光源全技术链展开，系统突破材料、芯片、封装与光谱技术，在掌握载流子复合规律基础上建立高效器件模型，通过高质量外延材料提升内量子效率，通过芯片和封装设计提升光提取效率，通过光谱匹配实现高效白光器件。主要针对高效节能半导体照明光源和超越照明创新应用需求，研究氮化镓基 LED 缺陷、载流子输运等对效率的影响规律；解决超高量子效率氮化物 LED 外延和大注入下效率维持技术、高效氮化物 p 型掺杂与载流子匹配注入技术、超高光提取效率低电压 LED 芯片制备技术等关键问题；突破制约半导体照明光源发光效率的核心技术瓶颈，掌握高效半导体照明核心材料、芯片、封装及新型白光器件全链条技术方案，实现 280lm/W 的超高能效核心器件，提升中国半导体照明核心材料器件的研发能力及产业化水平。

高效大功率芯片及新材料技术、先进灯杯与纳米封装技术逐渐发展。针对芯片功率不够大的问题，发展垂直结构 GaN-LED 芯片技术，提高芯片输入功率。垂直结构 GaN-LED 芯片技术，改变载流子侧向输运为垂直输运路线，减少串联电阻，提高芯片功率。$SiN_x$ 缓冲层技术，改善晶体质量，提高芯片发光效率。GaN-LED 芯片剥离技术，提高芯片散热能力与发光效率。发明芯片激光剥离技术，倒装焊接在金属铝片上，改善了芯片散热能力与提高发光效率。芯片表面粗化及纳米材料技术，提高出光效率。利用芯片表面粗化与表面纳米材料技术，调控光子在固/气界面传输过程，增加出光面积和出光角，减少界面损耗，提高出光效率。研发 LED 芯片新材料，制备优质氧化锌单晶薄膜、p 型氧化锌薄膜和 ZnO/ZnMgO 多量子阱，研制了性能良好 ZnO-LED 发光器件。在一些前沿探索方面，LED 研发也开展了同质外延 LED、纳米柱 LED、新型石墨烯透明电极等系列创新性研究，并在石墨烯等光电材料的热、电输运理论和 LED 相关材料的能量传递机理与应用方面展开了系统深入的工作，取得了重要发现和突破性进展。

目前，LED 封装主要向高发光效率、高可靠性、高散热能力与薄型化四个方向发展。2017 年，我国功率型白光 LED 产业化的光效达到 180lm/W；LED 室内灯具的光效超过 100lm/W，室外灯具的光效超过 120lm/W；具有自主知识产权的功率型硅基 LED 芯片产业化的光效超过 150lm/W，达到国际领先水平。CSP（Chip Scale Package，芯片级封装）是最新一代的内存芯片封装技术，因承载着业界对封装小型化的要求和性价比提升的期望而备受关注。目前，CSP 正逐渐被应用于手机闪光灯、显示器背光等领域。CSP 内存不但体积小，同时也更薄，其金属基板到散热体的最有效散热路径仅有 0.2mm，大大提高了内存芯片在长时间运行后的可靠性，线路阻抗显著减小，芯片速度也随之得到大幅度提高。当前 CSP 是基于倒装技术而存在的。相较正装，倒装 LED 免去了打金线的环节，大大降低了死灯的概率，保证了产品的稳定性，优化了产品的散热能力。同时，它还能在更小的芯片面积上耐受更大的电流驱动、获得更高光通量及薄型化等特性，是照明和背光应用中超电流驱动的最佳解决方案。“倒装芯片 + 芯片级封装”是一个完美组合。倒装 LED 凭借高密度、大电流的优势，近两年成为 LED 芯片企业研究的热点和 LED 行业发展的主流方向。目前 CSP 最大的难题在于基板与芯片之间的热膨胀系数不匹配，容易产生内应力。在陶瓷基板的使用上因为技术原因，使用的仍然是进口的基板，如果我国能自主解决热膨胀系数的问题，结合 CSP 的改进技术，我国将会在世界封装格局上获得相当大的话语权。现阶段国内 CSP 还处在研究开发期，将沿着提高性价比的轨迹发展。COB（Chip On Board，板上芯片）封装集成光源因更容易实现调光调色、防眩光、高亮度等特点，能很好地解决色差及散热等问题，被广泛应用于商业照明领域，受到众多 LED 封装厂商的青睐。COB 封装由于结构和工艺复杂，并直接影响到 LED 的使用性能和寿命，一直是近年来的研究热点，特别是大功率白光 LED 封装更是研究热点中的热点。具体而言，大功率 COB 封装的关键技术包括：低热阻封装工艺、高取光率封装结构及工艺、阵列封装及集成技术、封装可靠性测试及评估技术等。大功率封装中由于传统荧光胶材料的瓶颈，LED 大功率照明普遍存在热管理困难及封装材料失效难题；且采用传统荧光胶作为主要封装材料的相关专利均为日亚化学公司等国外企业所有，国内 LED 产业存在专利壁垒问题。中科院自主研发的透明荧光陶瓷，从陶瓷材料烧结设备、高度保密的配方，到独特封装工艺技术，拥有从装备、配方到封装工艺的全链条技术的完全的自主知识产权，并相应进行全球专利布局，实现专利保护，让我国 LED 产业突破国外专利的封锁，大幅降低 LED 生产成本，提高国际竞争力。

### （二）显示技术成果

我国在小间距 LED 显示产品研发、产业化、市场占有率方面占世界主导地位，掌握产业链核心技术和工艺，在产业进程上处于国际领先地位。尽管拥有上述优势，但目前小间距 LED 显示产品主要采用 SMD（表面贴装器件）技术路线，由于 SMD 产品高温、高精度“回流焊”工艺，致使其在可靠性方面存在致命缺陷，带来整个工程系统可靠性、稳定性的重大隐患。随着 LED 显示技术的进步，像素单元微小化成为高端应用的必然趋势，而采用 SMD 技术路线实现超高密度微小间距显示有相当大的难度。COB 封装技术路线使实现更小点间距、更高像素密度成为可能，同时产品具有高可靠性、高稳定性、高性价比及卓越的视觉体验效果，满足人们对更高对比度、更高分辨率、更清晰画质的显示终端视觉体验需求，将开辟新的市场应用方向，有着不可估量的市场空间。当前技术突破的主要任务是突破传统小间距 LED 显示技术的不足及限制，研制 COB 显示技术及产品，为未来的新型显示技术的 mini-LED 以及尚处于研发阶段的 micro-LED 提供可行方案。2017 年是 COB 小间距 LED 显示产品从概念向产品、工程应用落地转变的一年，市场也呈现出快速增量的格局。

目前小间距 LED 行业主流的 SMD 工艺在 P1.0 以下就面临着工艺难度、成本、坏点率陡然增高的难题，SMD 技术遇到瓶颈，而 COB 封装这种将 LED 发光芯片直接封装在电路板上的集成封装方式，拥有高可靠性、易于实现小间距、大视角发光、耐磨耐冲击、易清洗、散热能力强等诸多优点，COB 技术凭借其显著优势，获得国际大厂的选择、业内上游的认可及政府的支持，使得 COB 技术必然是未来小间距 LED 产品的关键发展方向。LED 显示技术与新兴技术 3D、4K、8K、AR、电影技术等视频处理技术进行跨界融合，促进 LED 行业跨越式发展。如上海三思公司将经典小间距 LED 产品与当前行业最热门的 VR 应用进行了融合。利亚德集团公司德火新媒体展出的 AR 沉浸式全景仿真系统以独创的多屏三维缝合技术为基础，结合三维实时 PBR 渲染、红外动作捕捉定位、虚拟植入等技术，刷新了用户观看体验。

### （三）半导体照明智能控制技术成果

#### 1. 主动式半导体照明智能控制系统

经过数十年的发展，LED 的光品质和发光效率不断取得新的突破，室内通用照明白光 LED 已得到推广应用。而自然光无论是从节能的角度还是关注健康，都是人类不可缺少的，自然光与人工照明的联合控制历来是照明控制研究的热点之一。主动式半导体照明智能控制系统，如图 1 所示，以最大限度利用自然光为前提，并充分考虑半导体照明的可控性，研究基于建筑物外部气象、内部环境、用户行为及照明规律的多维度、多尺度数据，通过建立面向采光与半导体照明联动控制的动态预测模型为基础，结合半导体人工照明与自然采光联动控制，构建室内外动态环境下的半导体照明智能控制系统。与此同时，提出不同光环境指标下，照明控制策略的优化方案。

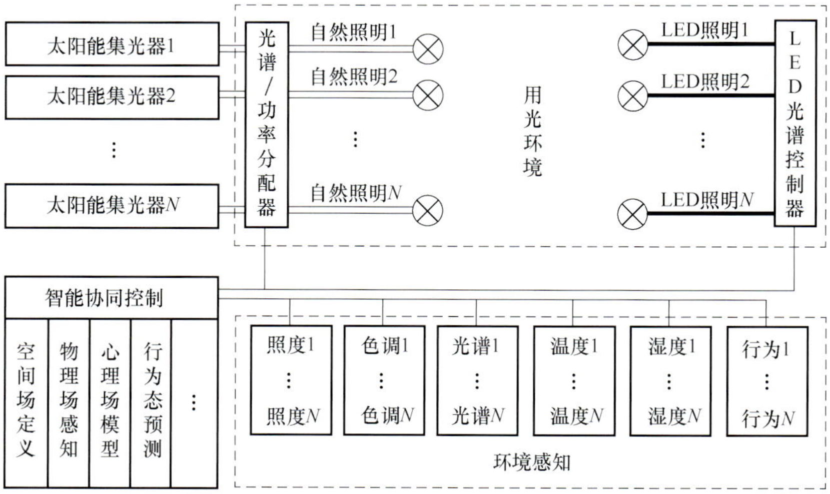


图 1　主动式照明智能控制系统（资料来源：同济大学控制系）

## 2. 以“人”为中心的智能家居照明系统

智能家居照明系统，如图 2 所示，通过采光管理，对自然光和人工照明的智能化管理，围绕人的行为和特定场景、特定空间的需求，既能满足人们的阅读、活动、睡眠、交流等功能性要求，也能实现会客、就餐、起床等不同场景的氛围需求。用户操作智能终端，如智能语音音箱、电脑、手机、PAD、智能遥控器、墙装开关面板和触控屏等，可多种控制选择，关注人的感受和体验，实现人机互动，满足人性化、个性化的需求。

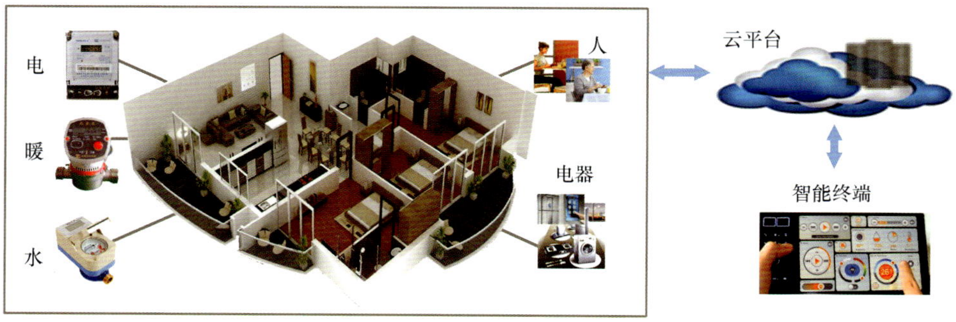


图 2　智能家居照明系统（资料来源：邦奇智能科技（上海）公司）

## 3. 基于 RDMX 控制技术的城市级景观照明控制

基于 RDMX 控制技术的城市级景观照明控制系统，如图 3 所示，在常规 DMX512-A 协议控制灯具的基础上，综合城市景观灯光的多场景控制、远程无线调光调场景、控制安全性能提升，实现灯具自动在线写址、灯具状态实时侦测与反馈、故障点自动屏蔽等功能，满足城市级景观照明项目运维效率提升与运维成本降低的需求，为运维单位带来了诸多便利。上海光联照明公司已在杭州 G20 峰会西湖景观照明、宁波中山路夜景提升等多个项目中成功应用。

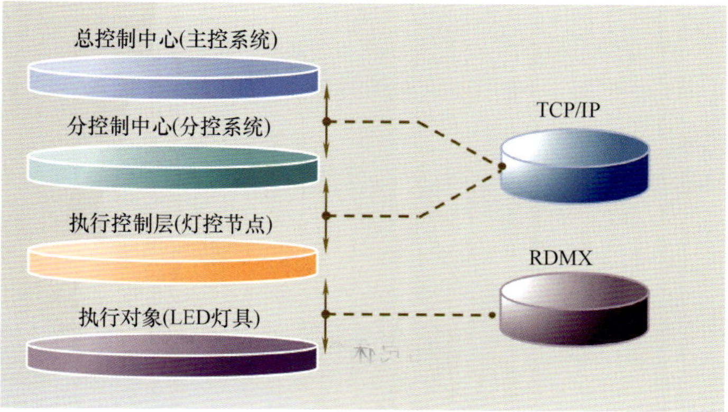


图 3　基于 RDMX 控制技术的城市级景观照明控制系统网络拓扑图（资料来源：上海光联照明公司）

**4. 智能路灯成功研发及应用推广**

智能路灯，如图 4 所示，每盏灯杆上安装 100 ~ 200W LED 光源替代了原先的 400W 或 250W 高压钠灯。在满足道路照明要求的基础上，大大降低电能损耗。同时，单灯可按照天气变化，完成调节光强、色温等，实现智能照明。此外，灯杆上加载的摄像头、显示屏、传感器、AP、微基站、充电桩等，为市民提供安防监控、信息发布、Wi-Fi、移动网络、汽车充电等服务。因此，每盏智能路灯，从单纯的一盏灯，演变成了复合型多功能的城市物联网智慧节点，对智慧城市在城市运行的感知、数据的采集、公众服务的提供等诸多方面，发挥了重要的作用，成为智慧城市建设和运营不可或缺的组成部分。上海三思公司的智能路灯系统已在北京市行政副中心、中国国际进口博览会周边道路中成功应用。

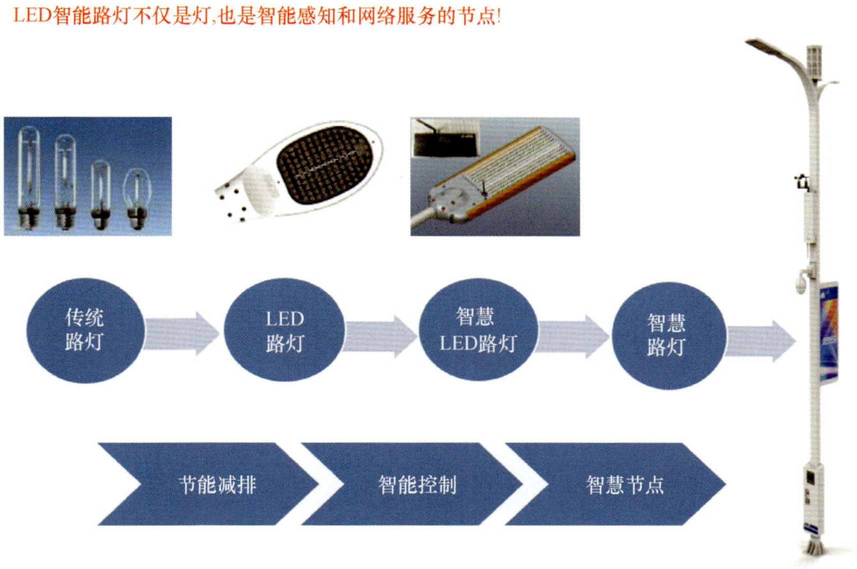


图 4　智能路灯示意（资料来源：上海三思光电科技公司）

**5.《基于窄带物联网（NB-IoT）的道路照明智能控制系统技术规范》正式发布、实施**

由中国照明学会、国家半导体照明工程研发及产业联盟、华为技术有限公司和福州物联网开放实验室作为主编，并联合了 20 余家参编单位组成规范编制组，编制了团体标准《基于窄带物联网（NB-IoT）的道路照明智能控制系统技术规范》，已于 2018 年 5 月 18 日正式实施，如图 5 所示。该规范首次提出基于 NB-IoT 的道路照明智能控制系统的架构以及相关技术指标，将 NB-IoT 技术应用到道路照明领域。该规范的实施对于提高道路照明及相关领域的智能化建设水平，具有重要意义和指导作用，将产生良好的社会效益和经济效益。

CIES/CSA
中国照明学会团体标准
国家半导体照明工程研发及产业联盟标准
CIES 015-2017/T/CSA 052-2018

基于窄带物联网(NB-IoT)的道路照明智能控制系统技术规范

Technical specification for smart control system of road lighting based on Narrow Band Internet of Things (NB-IoT)

版本: V01.00

2018-05-18发布　　2018-05-18实施

中国照明学会
国家半导体照明工程研发及产业联盟　发布

图 5《基于窄带物联网（NB-IoT）的道路照明智能控制系统技术规范》（资料来源：中国照明学会智能控制专业委员会）

**（四）城市照明技术成果**

现阶段的工程项目，趋向于根据不同的建设主体、不同的需求设定合理的设计目标，进行正向的价值引导。在与建设方达成共识后，用科学的手段对方案的落实进行保障优化。面对部分景观照明项目中，仅效果图很美，建成后走样的情况，开展了对效果质量把控的方法、流程、技术要点等的研究，以保障景观照明项目中的效果实现。景观照明不仅注重画面的美学表达，更考虑对“人”行为活动等因素的研究。通过进行照明时段、场景模式的设置，为同一个空间提供多种氛围，响应不同的活动需要，有效地提升城市活力，将视觉冲击力的照明表演控制在固定的时间段，平日保持平静、典雅的照明模式，减少光污染；结合文旅夜游，吸引夜间人群聚集，获得经济收益；在部分中小城市，使居民对家乡产生自豪感，甚至可以形成留住流失人口的城市魅力。通过改善开放空间的夜间环境，提升市民休闲生活品质。

针对景观照明合理的照明目标设定，开展了千栋载体照明数据测量研究：确定合理标准过程应通过大量项目案例的测量总结为依据，对设计项目的多价值因素综合考量，制定综合评估标准。对项目的周边环境、文化特色、市民需求综合评定，确定亮度、色温、对比度等的量化数值，并通过标准的确定，筛选合理的技术手段，保障项目实现。该研究对不同等级的城市、不同性质的载体、不同照明方式进行照明数据调研，总结形成数据积累，辅助照明设计中合理的目标设定工作。为保障景观照明效果实现，研究形成一套技术工作基本流程：第一步，搜集典型应用需求及问题：发现项目中的常见问题和痛点。第二步，跨界团队提供优化方案：建立最新、最有价值的技术交流平台，邀请各方提供解决措施及方案。第三步，开放公平的实验比选：在具备一定规模的实验条件和检测资质前提下，以开放公平的原则，对所有落实方案进行实验比选。第四步，成果积淀形成技术规范：将真实的实验结果，通过培训、媒体宣传等方式，向照明行业推广，影响整个行业的价值取向。同时，研究一套效果量化控制的方法，根据照明设计的效果方案，归纳提取涉及的应用场景，定量提出影响该应用场景照明效果的关键指标值，通过效果检测结果比对，确定效果指标值，形成效果控制标准。对于设计效果的模拟方面，进行辅助设计软件开发研究：基于虚拟现实等技术，对相关软件进行开发，采用检测后的真实产品数据，软件模拟各类型照明产品的真实照明效果。建立多种照明场景下，灯具替换、角度调整等功能，照明产品形成族库，附带可查询的全套测试数据，辅助照明设计方案推敲，及产品选型环节。运营管理方面，从规划角度，提供管理依据；从经济角度，提供运营策划建议。照明总体规划，形成明晰的景观照明架构，从根本上控制能耗和投资。研究怎样引导夜间生活，怎样创造夜间活动的多样性和空间分布的均衡性，建立全覆盖的规划平台，设立相应的照明控制指标，整体上管控景观照明的有序发展。照明控制性详细规划，细化科学可控的量化指标体系，作为指导具体设计的管理依据。地产企业标准，通过选取不同的商业区位，主管评估确定各影响因素的权重，统计分析对各因素的实际值进行测量，制定标准。对不同区域特性提出固化标准、推荐标准、建议标准。通过综合评估，找出问题、分析原因，依据标准提出解决方案，优化照明效果。提供设计标准和投资标准，进行经济性测评，辅助立项决策。景观照明领域相关课题的研究，也已经涉及了计算机、通信、网络、经济等多个专业，多领域、多学科跨界合作将成为趋势。目前工程项目越来越关注功能、安全、环境、质量和风险的价值综合效应，绝不是简单对于形式美的追逐。新的设计流程，更倾向于“技术”推动“设计”的精细化和定量化。如何针对应用目标需求，运用合理的技术手段，保障和提升照明效果，降低能耗，进行高性价比的运营维护，将是一个持续研究的课题。通过工程项目实践，检测积累的大量产品应用数据，建立应用数据库，可以使各个企业不断挑战性价比的标杆，保障产品的持续优化，从而降低社会成本，实现照明行业价值。

道路照明方面，相关研究已经促使 LED 路灯的光效提升较初期趋于平稳、芯片性能趋于稳定，灯具配光相对固化为几大标准配光。目前的研究成果，正向智慧化方向发展，灯具相关参数的监测、故障诊断、光感应、光通信等均取得一定研究成果。除此之外，LED 道路照明的舒适度的研究逐步深入，科学的眩光评估体系逐步建立，基于亮度而不是照度的设计、模拟、测试及评估已初见成果。

### （五）舞台影视照明技术成果

#### 1. 大功率 LED 光源模组

我国是世界上电脑灯生产规模最大的国家，而电脑灯使用的金卤灯泡 100% 从欧司朗和飞利浦两家欧洲公司进口。研发大功率 LED 光源模组，全面替代传统的金卤灯，既可摆脱对国外灯泡的依赖，又能满足节能环保的要求。大功率 LED 光源模组的设计研发涉及散热、材料、光学、结构封装等多项关键技术，主要包括：高效低热阻大功率芯片的开发技术；大功率低热阻的 LED 芯片封装及散热设计开发技术；高效 LED 收集耦合，均匀化设计及精密零件加工技术和耐热材料开发应用；高效高显色性荧光转换材料的开发；精密结构设计、组装；光源精确测试及色温一致性控制。深圳市绎立锐光科技开发有限公司采用国外优质的 LED 芯片进行封装，研发出高达 1300W 的大功率 LED 光源模组，其中 600W 和 1000W 模组已广泛应用在国内外主流品牌电脑灯，如浩洋、彩熠、珠江、Martin、Claypaky、Robe、飞利浦、JB Lighting、GLP 等。600W 白光光源模组光通量输出大于 40000lm，发光面小（要求灯具通光孔为 30mm），灯具输出 25000 ~ 30000lm；1000W 白光光源模组光通量输出大于 63000lm，且发光面小（要求灯具通光孔为 30mm，出光角 58°），显色指数 Ra 高达 97，灯具光通输出 35000 ~ 40000lm。这些模组完全能够替代舞台影视常用的大功率金卤灯。但是，目前这些光源主要应用在对发光点要求不高的图案灯、染色灯、影视螺纹灯及成像灯，还无法替代光束灯的短弧灯泡。LED 光源要全面替代传统的气体放电灯泡，还需要在以下几方面寻求突破：开发光点小效率高的光源；提高光源的显色性同时保持比较高的发光效率及全光谱开发；高功率多基色光源（提高混出白光输出及显色性）；多基色颜色管理及产品一致性研究开发；进一步降低 LED 的封装热阻；影响灯具体积方面光源指标的优化（效率、光源发光点及体积）。

#### 2. 智能彩色 LED 光源管理系统

多色 LED 光源混合产生的白光有更广的色域，有更好的色彩还原性，是目前 LED 灯具开发的热点。多色组合的方式有基本的 RGB 三色组合，有 RGBW 四色组合，有 RGBAW 或 RGBAL 五色组合，还有六色、七色等或更多颜色的混光方式等。不管是哪种组合方式，都需要一套智能化彩色 LED 光源管理系统，才能混合出高质量的白光。目前，通常用的彩色

LED 光源混光技术，是 HSIC 颜色管理系统，即用 H、S、I、C 四个参数描述颜色特性，其中 H 为色调，用角度度量，取值范围为0°～360°，从红色开始按逆时针方向计算，红色为0°，黄色为60°，绿色为120°，青色为180°，蓝色为240°，品红为 300°；S 为饱和度，取值范围为 0～1，值越大，颜色越饱和；I 表示亮度，取值范围为0（黑色）～255（白色）；C 表示色温。

要想得到高质量的光，各家企业都在挖空心思搞研发。下面通过介绍三家企业不同的技术特点，来说明当前的研发现状。

广州市雅江光电设备有限公司采用的是 CCS（Color Consistency System，色彩一致性系统）智能色彩管理系统。CCS 技术载体是一枚高精度的芯片，其工作原理是通过将光的波长、照度、*xy* 轴色坐标、色温等数据进行采样，通过颜色一致性算法进行校对补偿，修正其偏差值，最终将准确的光色呈现出来。CCS 是硬件与软件的完美结合，使 LED 灯具的数据校正更加精准，能有效解决 LED 灯具的色彩一致性、稳定性等问题。使用该系统生产的全光谱灯具，色温 2700～6500K 可调，一般显色指数 Ra 大于 90，并且在 0～100% 线性调光时，光色参数几乎不变。雅江采用上位机系统、光色测试仪器、灯具系统联动控制等关键技术，解决智能自动化检测的问题；采用了色度数据、光度数据的转化计算技术，解决系统自动计算补偿的问题。目前，雅江正致力于解决生产过程智能化自动装夹的问题和不同灯具尺寸、产品类别夹具不通用等问题。

北京星光影视设备科技股份有限公司研发了一套自动颜色校正系统。系统利用闭环温度控制、CCD、自动控制和高速通信技术，进行快速光谱测量与数据处理，实现 LED 灯具在不同温度下的光谱功率分布、色坐标、色温、显色指数的检测、标定和校准。系统通过自动测量的光学数据，优化各色 LED 的驱动电流，自动选出最优混色方案，实现高显色指数的要求；系统利用控制软件，自动补偿不同温度下各色 LED 驱动电流，实现灯具恒定色温和高显色指数的自动控制；系统通过对灯具进行在线标定和校准，保证灯具输出光学参数的一致性和稳定性。目前能够使混色白光显色指数达到 98 左右，色温偏差 100K 以内。该系统应用于 LED 灯具生产线，每 20min 就可以调试一台多色 LED 光源灯具，极大地提高生产效率。但是，由于各色 LED 光源光衰特性不一致，随着使用时间的增加，光色指标会有漂移，虽然通过重新标定可以解决，但实际操作比较困难。需要研究根据 LED 光衰曲线做出预测和动态补偿的有效解决方式。另外，LED 光源颜色种类增多对 LED 芯片的功率密度提出了更高的要求，散热和光学设计问题也需要更好的解决办法。

广州方达舞台设备有限公司研发一款由红、橙红、绿、青、蓝、深蓝、琥珀、白 8 种彩光组合的 250W LED 螺纹聚光灯。灯具通过逆向控制技术与影像技术利用高速 CPU 计算出最优的控制策略，得到色域更大更准确的光。灯具采用高效的光引擎和多通道控制处理技术。每个内置的通道结构相同，对应一种颜色，包括受控稳压器、防振荡功率滤波模块、PWM 控制信号受控电位器、电压跟随器、电流负反馈模块、大功率管和电流检测模块。受控稳压器包括可控稳压器和受控电位；防振荡功率滤波模块包括相串联的功率电阻和功率电容器；电压跟随器、大功率管、电流检测模块和电流负反馈模块依次连接组成电流负反馈环节。系统采用 16 位以上的耐高温、高抗扰、无外接晶振的高性能微控制器，配合高速化的 PWM 波调制，实现每种颜色的精细叠加控制，输出高质量的光，确保不同批次的灯具光色一致性。灯具采用 85×3W LED 多色光源，输出的白光由彩色 LED 光源混合产生，显色指数 Ra 达到 93 以上，色温 2800～10000K 可调。灯具具有色度（H）、饱和度（S）、亮度（B）3 个通道，可通过 DMX512 信号方便控制。

这种各企业相对独立的研发具有一定的风险性。首先是市场风险，由于产品成本较高，竞争力下降。二是技术难度大等原因，使研发技术风险增加。三是项目研发缺乏统筹管理，研发的延续性较差，不利于项目的整体开发。

### （六）农业照明技术成果

农业半导体照明 2017—2018 年度主要研究进展集中于植物工厂半导体照明领域，尤其是在人工光植物工厂半导体照明植物光质生理基础与节能管控技术方面实现了诸多重大突破。目前，植物工厂半导体照明主要围绕植物光质生理及光配方、LED 光源装置设计及节能管控、LED 光环境调控策略等重点技术展开，以实现 LED 半导体照明植物工厂的高效、节能、智能，削减植物工厂半导体照明系统初装和运行成本，提升生产效益。具体来讲，人工光植物工厂半导体照明研发的前沿进展和重大突破集中于植物光质生理与光配方、LED 光源光谱构建、LED 光源空间管理技术、LED 光质供给模式、LED 连续光照技术等方面。

#### 1. 植物光质生理不断丰富

对高附加值或适宜植物种类进行系统植物光质生理研究，建立植物工厂栽培光配方，进而实现规模化生产是国际上研究热点之一。LED 植物工厂适宜生产生长周期短、植株矮小且具有较高农产品价值的植物种类。目前，国内外研究报道较多的植物类别较少，仅限于叶菜、药用植物等，且每个类别植物中涉及的种类、品种有限。因此，拓展丰富 LED 植物工厂可生产植物种类是当前加速实现植物工厂产业化迫切需要解决的问题之一。我国科研人员研发出了樱桃萝卜植物工厂生产适宜的 LED 红蓝光质组成、光强及光周期控制模式，首次提出了樱桃萝卜地下根膨大的红蓝光光强临界值。同时，中国农业科学院农业环境与可持续发展研究所刘文科团队正对西洋参光质生理进行研究，已获得非常有价值的研究结果。若根菜、人参等植物种类的光质生理及栽培光配方取得突破，将极大地丰富植物工厂生产的内涵和推广价值。

**2. LED 光源光谱构建完成**

刘文科和刘义飞系统阐述了 LED 智能植物工厂光配方构建方法与应用、设施园艺 LED 光源设计与应用策略探讨两个主题。至 2018 年，经过国内外 10 余年的探讨，植物工厂用 LED 光源光谱组成基本有了定论，为半导体照明系统设计应用提供了科学依据。目前，植物工厂 LED 光源主要光谱为红蓝光、红蓝绿光、蓝光芯片加荧光粉、白光加红光等模式，实践中选取何种模式取决于视觉健康、光谱效率、制造成本、智能控制等需求水平。按照刘文科和刘义飞提出的光配方概念，需按照植物生长发育阶段构建光配方，给予植物种类或品种的各生育期配置最佳的光环境参数。基于此，红蓝光、红蓝绿光模式的 LED 光源可以满足未来植物工厂环境智能控制的要求。

**3. LED 光源空间管理技术**

按照植物生长发育阶段提供光照是实现节能高效生产的关键技术，其中 LED 光源空间位置管理尤为重要。继 2014 年可移动式 LED 光源及其控制技术被研发出后，2016 年，我国科研人员报道了透镜聚光 LED 光源及其管控技术，充分利用了植物工厂植株苗期冠层低、面积小，采收期冠层高、面积大的特点，最大程度地拟合了时间和空间上的 LED 光源一致性，提高了光能利用效率。这些 LED 光源管控上的突破，大幅度地提高了植物工厂 LED 光源的智能管控水平，为 LED 光源研发提供了新思路。2018 年，这些技术通过集成应用，逐渐推广。

**4. LED 光质供给模式突破**

在相同能量投入条件下，通过改变光质供给模式（光质的出现顺序、强度和时长）增加植物工厂叶菜产量和品质，该项技术具有重要科学价值和实践意义。我国科研人员研究了 LED 红蓝光光质供给模式对生菜生长和形态的影响，红光开始照射时间与蓝光启动的时间同时进行或延迟 1h、4h 或 7h。结果表明，红光启动时间比蓝光延迟 4h 和 7h 的处理生菜地上部鲜重显著高于红蓝光同时启动光照模式。结果表明，植物生长可通过单纯的时间位移红蓝光照射时段提高产量。相关人员发现，基于相同的能量消耗，与同时照射红蓝光相比，红蓝光 8h 交替和 1h 交替处理可增加生菜的产量，而红蓝光 4h 交替和 2h 交替处理可提高生菜的品质。因此，调整红蓝光的交替方式可以提高植物工厂叶菜的生产效益。我国科研人员研究了白光背景下绿光补光模式（重叠或单独）对植物工厂中水培生菜生长及营养品质的影响。结果表明，白光和绿光同时照射时提高了生菜产量，而白光和绿光同时或单独照射对生菜可溶性糖积累和维生素 C 合成无显著影响。

**5. LED 连续光照技术应用**

采用 LED 红蓝光连续光照技术可短期内提高植物工厂水培叶菜品质，降低硝酸盐含量，提高可溶性糖和维生素 C 含量，但全生育期连续光照生理效应及其利用机制不清楚。在国家自然科学基金面上项目“LED 红蓝光连续照射对高氮水培生菜 AsA 代谢网络影响机理及其节律效应”的资助下，中国农业科学院农业环境与可持续发展研究所刘文科团队对植物工厂条件下 LED 红蓝光连续光照对生菜生长、光合作用和品质影响进行了细致研究。2017 年，查凌雁和刘文科研究发现，连续光照处理 15 天时表现出促生增产效应，但会导致光合速率的下降及不同程度的光抑制，可能间歇式短期应用连续光照是好的策略。5 种生菜对连续光照适应性存在显著差异。

2018 年，中国农业科学院农业环境与可持续发展研究所刘文科研究员系统阐述了人工光植物工厂技术装备与产业发展战略思考、LED 植物工厂光质生物学研究与应用现状两个主题。采用半导体照明系统，构建 LED 智慧植物工厂，是未来植物工厂半导体照明的突破方向。当前，亟待需要从两方面入手推进 LED 智能植物工厂光环境智能调控技术装备的研发工作。首先，继续系统研究更多植物种类及其品种的光质生理学参数，建立光配方核心与延伸数据库；其次，根据光配方参数，设计系列化的可智能调控的 LED 光源装置及其智能控制系统。为此要继续深入系统研究植物光质生理，建立基于植物生长发育阶段、生产目标、生产要素条件等因素的植物栽培光配方，实现植物高产、优质、节能目标。

**（七）汽车照明技术成果**

**1. LED 光源技术的发展**

随着人们消费理念的升级和近几年 LED 行业新技术与新材料的不断完善，LED 汽车照明逐渐迎来最佳发展期，从最先的内饰照明到后来的外部信号灯，再到最近这两年的前照明灯具，LED 已经开始逐步取代传统的氙灯，开始覆盖中高端汽车照明市场，同时有向普通车型蔓延的趋势。LED 汽车灯具有亮度高、能耗低、体积小、寿命长等特点，因而被认为具有无穷潜力。2000 年，中国首先在上海大众桑塔纳 2000 型上使用了 LED 高位制动灯，2008 年，奥迪首先在 A4 上使用了 LED 示宽灯，开启了 LED 大灯时代。现在，越来越多的中高端车型将 LED 车灯作为标配。奔驰 2015 款 CLS 就配备了多光束 LED 头灯，该技术使用了多个 LED 发光单元，使汽车远光灯能实现高精度照明，从而避免对会车驾驶人造成干扰。LED 头灯应用最快的是奥迪，基本上是全系取代之势，奥迪有名的是矩阵式 LED 头灯。雷克萨斯 NX 不仅头灯是 LED，雾灯也采用 LED 技术。

除了 LED 之外，激光大灯也是目前的研究热点。LED 大灯应用的主要难点在于散热与成本，一方面，LED 工作温度必须保证在150℃以下的范围，对散热技术要求很高，另一方面，单颗LED的发光强度不够，多颗LED又会增加成本，而激光大灯相对更有优势。激光大灯发光面积与能耗小，冷却系统简单，尺寸更小，亮度更高，激光灯的照明度是LED灯的1000倍，同时体积是LED灯的1/100。激光大灯在照射距离方面能照射到前方600m的范围，而采用LED远光灯的车型则只能照射到300m。因此，采用激光大灯可以使驾驶人的视野更加开阔，避免会车时带来的眩目影响。奥迪和宝马已经公开地竞相展示其激光大灯。然而，由于激光大灯价格高昂，目前尚未广泛应用，而LED将继续在车灯应用中展现其优势。

### 2. 控制技术的发展

随着人性化驾驶趋势和自动驾驶技术的发展，汽车车灯照明也向着智能化的方向演进。目前，主流的车灯控制技术已经可以实现一定程度的智能调节，主要有以下几种：

1）前照灯自适应控制技术。①前照灯随动调节。汽车控制系统通过光照强度传感器能够检测车辆外部的环境亮度，当环境亮度低于规定值时，汽车控制系统就会自动开启前照大灯。汽车转弯时，通过转角传感器测量出汽车转弯的角度，使用横摆角速度传感器测量出汽车的横摆角速度，利用车速传感器测量出当前汽车的行驶速度，以及采用加速度计传感器获取车身高度（车辆质心）和车灯转角传感器获取车灯转角等变化信息。②矩阵式LED光束调节。前照灯随动调节在实际应用中却存在着操纵性差和车灯转角滞后等问题。操纵性差表现为行驶过程中车灯会抖动，车灯转角调节精度不高，转角容易出现超调等情况；车灯转角滞后体现在车灯转角调节滞后于驾驶员所期望的转角。为了解决上述问题，研究人员引进了CCD图像传感器技术和矩阵式LED大灯技术。

2）防眩目技术。①汽车检测和跟踪。汽车检测系统通常由图像采集模块、车辆检测模块和车辆跟踪模块等组成。汽车检测是整个车辆识别和跟踪过程的基础部分，后期进行的汽车运动估计和汽车跟踪的实现都需要建立在正确、可靠的车辆检测之上。汽车控制系统可以依据需求实时地对前方车辆进行检测、识别和跟踪，并通过相应的光束调节，进而能够实现防眩目功能。②防眩目光束调节。矩阵式LED大灯控制系统能够通过车辆检测系统，感知和跟踪到800m距离内的其他车辆；当检测到汽车前方或对向车道有车辆和行人时，大灯控制系统会实时检测跟踪目标车辆，并关闭相应位置的LED单体，同时，其他LED单体继续保持照明。

3）动态转向灯技术。动态转向灯就像流水灯一样，当驾驶人开启转向灯时，排列在转向灯带上的多个LED单体会依次亮起，形成一种与“眨眼”方式相同的动态渐变效果（见图6）。

图6　动态转向

4）水坑灯技术。水坑灯技术是为了更好地保障人们的出行安全，汽车安全技术也是厂商研发的重点。在夜间行驶灯光技术的研发方面，研究人员研发了一种颇为新颖的“水坑灯”。在夜间，当车门打开时位于车辆外面的后视镜处安装的水坑灯就会亮起，它可以将灯光投射到车门旁边的地面上，照亮汽车周边的路面（见图7），从而防止驾驶员和乘客在下车时陷入水坑或发生其他潜在的危险。

图7　水坑灯

5）窄路照明技术。当汽车行驶在施工路段或狭窄的道路时，它能够让左右大灯投射出两条约 15m 长的光束，两条光束的间距与车身宽度一致，从而能够帮助驾驶人更容易地通过那些施工区域或其他狭窄路段（见图 8）。

作为自动驾驶技术的重要组成部分，自适应远光（ADB）技术必然成为未来 LED 车灯照明的主要发展方向。ADB 技术的汽车照明光学方案中，矩阵式照明和电子控制遮挡片技术都是可采用的技术路线。矩阵式照明，能够最大程度利用 LED 发光面小的优势，通过很小的口径实现一个局部区域的精准照明，从而大大增加控制的灵活性。此外，随着各类技术的发展，照明和驾驶辅助系统将结合更多的新功能，如远光辅助功能、动态敏感截止线技术、行人探测功能、部分远光和无远光功能。这些技术的发展也将进一步推动汽车照明行业迈入新时代。

图 8　窄路照明

## （八）健康照明技术成果

健康照明方面近期的进展主要关注于照明对人体节律和情绪的影响作用，针对人居主要空间，如教室空间、医疗空间、养老空间、办公空间、工厂空间、航空及船舶作业空间、极地空间等分别进行了有效研究。对健康光品质特征指标的提取和验证，搭建多通道的、光谱可调的半导体照明平台，从光谱层面对照明条件进行变量控制，使输出光谱与目标光谱间精确匹配，进行工效学研究，从而梳理影响健康的光品质因子，筛选特征指标，获取健康光品质的评价模型。研究涉及的光品质参数，包括色温、照度、节律刺激、显色指标、眩光、闪烁、均匀度、动态的亮度范围、动态的色温范围、光照持续时间、光照时间点等，实验控制参数包括光源的照度、相关色温、显色指数、色域指数和黑体辐射线的偏移等。并从心理物理量、工作任务绩效、生理指标、生物化学指标、眼疲劳、情绪、社会行为和睡眠质量这八个方面来进行光品质的评价。在大量的实验基础上获得光参数及参数组合对人的健康多方面的影响规律。

### 1. 教室健康照明研究

科研项目“教室照明要有亮度更要有舒适度——关于改善上海市中小学校教室光环境的研究”，利用合理的照明设计，采用具有优质配光的高效率灯具与合适的电气配件，改善教室光环境的照度和照度分布、频闪、眩光、色温、光衰等参数，在提高教室照度和舒适度的同时确保照明能耗的控制，建立 834 套教室照明设计方案，合计完成 41818 间教室的照明改造工作，并且参与制定出标准性文件《中小学校及幼儿园教室照明设计规范》。国家自然科学基金项目“基于光生物效应的教室健康照明研究”“教室光环境光生物安全性研究”，对大学教室昼间以及夜间的健康光环境进行了系统研究。在夜间光环境研究中，分别在照明实验室、标准教室、医学实验室中完成了心理评价测试、视功效实验、色温/光强度-学习效率-视/脑疲劳关系实验、色温/光强度与脑波节律关系实验。实验结果表明：①心理评价与生理测试结果并不完全一致，不应简单地以使用者心理评价结果来确定教室用灯；②色温对受试人生理节律影响显著，得出了不同光源的最佳色温、照度配比；③目前通行的以短时间内受试人视功效或生理节律反应来判断光环境优劣的研究方法存在问题，必须考虑时间累积效应，如一定条件下低色温对大脑有唤醒作用；④cirtopic 条件下光谱能量高的光源并非更节能的光源。

### 2. 医养和极地空间的研究

基于对人因健康照明各个要素的研究分析，将光与照明从视觉功效拓展到情绪、睡眠、认知、节律等方面，充分发挥光的疗愈作用，调节和改善人们的身心状态。研究成果“旨在情绪及节律改善的健康型光照系统”是在 2010 年上海世博会半导体照明集成应用研究的基础上，联合医疗、南极科考、社会福利及照明工业等机构历经 10 年的循证研究和设计应用取得的成果。目前该系统已在我国南极科学考察站（长城站及中山站）和诸多医养建筑中获得示范应用。该系统针对特定人群、地域、空间，利用光照及色彩的视觉-情感-生物效应，开展了建筑学、医学、色度学、人因工程学等多学科交叉集成研究。该成果依托 14 项国家、省部级科研项目及校企合作，整合了研究团队在极地、医疗、养老、起居、办公等空间的健康光照实验数据，共申报发明专利 9 项，获批 4 项，审核阶段 5 项，实用新型专利 6 项，发表相关论文 23 篇，将建筑光环境与人体健康联系起来，为健康照明领域的发展开辟了新的思路，夯实了理论基础，提供了数据支撑。该系统目前已成功应用在中国南极科考站、上海第十人民医院心内科导管手术室及 CICU 重症监护室、上海长征医院急诊部骨科及脑外科手术室、新余第一人民医院及厦门莲花医院妇产科、上海第三社会福利院（阿尔茨海默病患者）等获得应用。至今，该系统已服务于 20000 多例心内科导管手术、200 余人次重症患者术后康复、5400 例骨科及脑外科急诊手术、18000 例产妇分娩、370 名失智老人起居、520 人次南极科考队员度夏与越冬。

在多项国家、省部级科研项目的技术支持下，通过大量理论研究与实验研究，经过循证设计与应用，并对应用效果进行跟踪反馈后，不断完善。系统研发采取多领域、跨学科的合作研究模式，研究团队由光环境专业、医学专业、照明灯具及半导体制造等不同领域的研究人员构成。该系统基于光照生物效应，通过 LED 的光谱优化设计，并通过对自然光照的跟踪模拟，实现了利于人体昼夜节律的光照；基于光照的情感效应，利用色彩视觉界面，可根据用户需求进行界面视觉效果的自主调节或采用智能调控，适应了不同的情绪调节需求；此外，提出了有利于人体身心健康的光照模式，并通过循证设计得以应用。该系统既可针对极地、医疗、养老等特殊建筑空间进行专门化应用，对特殊人群的情绪和节律起到显著的改善作用，也可用于一般人居空间，对普通人群的身心健康产生积极的促进效果。

### 3. 办公及工厂照明

国家自然科学基金面上项目“基于体质适应性的 VDT 办公光环境研究”以中医体质分型理论为切入点，研究 VDT 光参数与人体体质间相互作用引发视疲劳的机制，检验动态光环境对视疲劳的阻断作用；探索高风险人群 VDT 作业光环境安全阈值，建立其对应的 VDT 作业安全光环境模型；寻找视疲劳光环境诱发机制和关键体质因素，通过增强人工光照与体质契合性来消除视疲劳高危环境因素；初步探索人工光环境“体质——视健康”风险。该课题目前已完成逾 600 人的中医体质与视疲劳问卷调查及 3 种典型光环境调研、测试，获取了重庆地区建筑勘察企业青年设计人员的体质类型、体质分布特征、VDT 作业特点和视健康状况等大量一手资料，为后期高风险体质筛查和 VDT 作业安全光环境的设立提供了数据支撑。国家自然科学基金面上项目“基于光暴露安全预测的工厂动态光环境研究”通过现场调查，探讨典型流水线工作-休息排程的合理性，发现工人的工作疲劳呈周期性变化。针对大型流水线工厂作业光环境的光生物安全隐患，运用先进的视光学、心理学及电生理测试手段，研究轮班工人疲劳周期，建立精细视觉作业工人的疲劳数据集；通过工作-休息优化排程，证明了在人眼视觉与非视觉效应双重作用下，昼间上班前的强、弱光暴露切换可缓解日班工作困意，并优化夜间睡眠结构。疲劳周期、光生物反应还体现了显著的性别差异，为基于个体体质差异的工作光环境提供理论基础。随着通信技术和控制技术的发展，高度精细化、定制化的健康光环境成为可能，并且已进行成果转化工作，建立具有轮班适应性的工作场所健康光环境的调控系统和方法。

### 4. 飞机、舰船、地铁空间

国家 973 计划课题“环境工效综合影响因素及机理研究”，开展中国商飞 C919 大飞机的照明评估设计，研究复杂自然光环境和驾驶人工光环境同时影响下具有不同视觉环境参数时飞行员的视觉疲劳、作业绩效及对视觉信息获得的准确程度，提取影响飞行员视觉工效的关键环境因素。具体实验包括在白天与黑夜场景下驾驶舱光环境及整体兼容进行评估，在驾驶舱模型中分析不同色温对光环境质量的影响，筛选出不同场景中的最优色温参数。在雷暴和穿云层光环境下的视觉工效学实验中分析恶劣环境下视觉功能受光环境突变所带来的负面影响，根据实验结果提出以雷暴雨灯消除对视觉功能负面影响的解决方案。在夜间飞行眩光对显示器视标识别绩效的影响研究中建立起眩光评价模型。在飞行员阅读灯光学环境的视觉工效评价实验中结合实验测试结果，设计采用特殊偏振膜来抑制光幕反射导致的亮度对比度下降的问题，从而获得更好的视觉舒适度，并对大飞机驾驶舱光环境进行系统性的工效学研究，为特殊场景的照明进行优化。在工信部民用飞机专项科研项目“民用客机机内照明系统人机工效技术研究”中，基于工效学实验研究，进一步探究不同场景下的客舱情景照明模式，提供各模式下的情景照明设计（见图 9）。在船舶照明的研究中，以国际先进民用船舶照明技术水平为目标完成民用船舶典型舱室照明系统需求定义，完成了基于 LED 技术的满足需求和人机工效的民用船舶典型照明系统继承设计规范，形成《船舶典型舱室内部照明光色指标技术要求》团体标准。健康照明研究的领域也涉及了由中国研制的美国波士顿橙线地铁线司机室的眩光分析工作，从照明与识别的整体需求出发，通过建模、仿真、工效实验的方法，分析司机室光污染来源，提升地铁司机室整体光环境质量，为驾驶人员创造良好、舒适的工作条件与环境，使其视觉疲劳减少至最低程度，为司机室的光污染防治提供了指导依据。

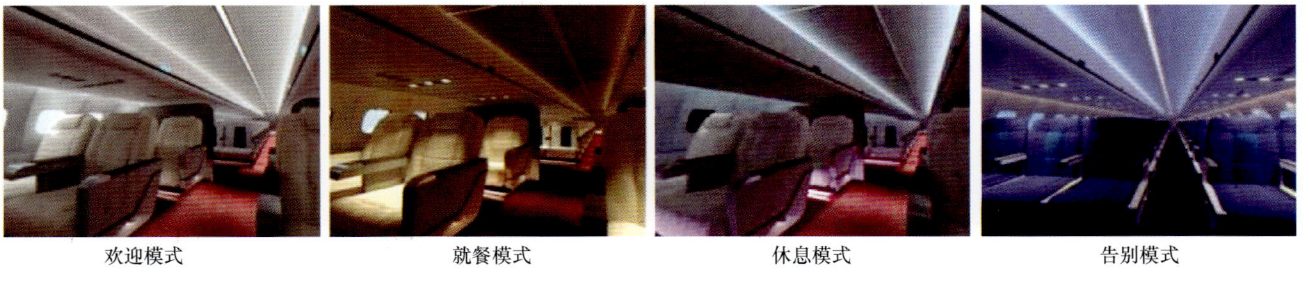

欢迎模式　　就餐模式　　休息模式　　告别模式

图 9　民用客机客舱不同情景照明模式示意图

### 5. 道路照明研究

国家 863 课题“基于中间视觉的 LED 道路照明评价方法的研究”主要以 CIE 191：2010 中推荐的 MES-2 系统作为中

间视觉模型，获取几种具有典型光谱的白光 LED 在不同明视觉亮度下的 S/P 值，最终得到与道路照明标准要求相对应的，可允许下调到的中间视觉理论亮度范围。分别利用不同光谱的白光 LED 实现上述明视觉亮度范围和中间视觉亮度范围内，在模拟 LED 道路照明场景下，考察中央视觉与周边视觉的视觉绩效，从而得出基于视觉工效实验的中间视觉亮度范围，作为 LED 道路照明评价方法。研究人员首先从理论出发，以文献调研的方法总结基于中间视觉系统的模型工效学研究方法。通过视觉工效学研究，验证多条件约束 LED 光源下的现有模型，提取出相关 LED 光源的参数。基于中间视觉系统模型，结合现有视觉工效研究结果，提取、系统化各视觉工效参数，建立理论模型。模型构建完毕后，在实验室与实地进行模型验证，对理论模型进行修正与优化。最终建立基于 CIEMES-2 模型的 LED 中间视觉评价技术，并给出 LED 道路照明的推荐标准。

#### 6. 景观照明光污染防治

1）植物照明研究。在植物照明研究的过程中，研究人员采用叶绿素含量测试与光合作用效率监测，探讨人工光照对日照不足地区植物的影响，并考虑夜行性昆虫的趋光性行为，通过调研采集植物叶片与昆虫行为数据，探索光谱、照度、投射角度对周边环境动、植物影响，建构出生态控制性较高的植物夜景照明方法。

2）城市公共艺术装置。研究人员扩展视野，将科技与艺术融合，与国际知名艺术家展开跨界合作，创作并研制照明科技与影像相结合的交互装置，如《洞见》。沉浸式的城市光艺术装置融合了建筑热、声、光、材料、建造、交互等多项技术，创造真实的城市空间体验，让人可以感知季相、时间的变换所带来的不同光线、温度和声音变化。目前，《洞见》作品已完成深圳罗湖美术馆和云冈石窟两地展览，表现出显著社会影响力。

## 三、半导体照明研究团队综述

### （一）芯片与封装技术研究团队

LED 外延材料和器件制备的研发团队主要有中国科学院半导体研究所、北京大学、清华大学、南昌大学和北京工业大学等科研院所和高校。

中国科学院半导体研究所前期承担并出色完成了多项半导体光源材料及器件领域的国家重大研究任务，“十五”攻关项目“功率型高亮度发光二极管芯片及封装产业化关键技术”，成功研制倒装结构大功率 LED，当时处于国内领先水平，该成果通过中国科学院专家鉴定；“十一五”期间承担国家 863 半导体照明柔性平台建设一期二期任务“130lm/W 半导体白光照明集成技术研究”“半导体照明柔性集成技术的研究”，通过项目带动平台建设，建成了一条相对完善的多技术融合柔性平台，实现大功率白光 LED 发光效率 134lm/W@350mA、热阻≤7K/W，研究成果在国内多家知名企业进行产业化推广验证，促进了相关产业的飞速发展。“十二五”期间承担国家 863 课题“150lm/W 的 GaN 基 LED 量子效率提升技术研究”及“大注入电流密度薄膜结构 GaN 基 LED 关键制造技术及检测技术研发”，相关成果获得“国家技术发明二等奖”1 项、“北京市科技进步一等奖”1 项、“国家知识产权局专利优秀奖”1 项。

南昌大学国家硅基 LED 工程技术研究中心“半导体照明技术”创新团队是一支材料、物理、化学、机械、电子、自动化、计算机等多学科交叉融合人才队伍，先后入选教育部长江学者与创新团队发展计划（2007 年）和国家创新人才推进计划重点领域创新团队（2013 年），团队带头人为南昌大学副校长江风益教授。该团队另辟蹊径，经过 15 年的探索，在国际上率先研制成功高光效 GaN/Si 基蓝、绿和黄光 LED 新光源，研制成功黄光专用 MOCVD 新设备，创造了黄光 LED 光效新纪录，大幅缓解了“黄光鸿沟”难题，由此先后推出了有、无荧光粉的高效节能半导体照明新产品，蓝光技术获得了 2015 年度国家技术发明一等奖，黄光技术获得了国际半导体照明联盟颁发的“全球半导体照明年度新闻奖（2016—2017 年度）”。在 GaN/Si 体系中，该团队揭示了新机理，发明了新方法、新结构、新技术、新设备，创造了新材料、新器件、新应用。

北京大学宽禁带半导体研究中心在国内最早开展 MOCVD 生长 GaN 基材料与蓝光 LED 的研究工作，成功地研制出 GaN 基蓝光、绿光和白光 LED，掌握了拥有自主知识产权的 GaN 基 LED 制备的关键技术，在上海依靠自己的技术建立了北大蓝光公司并成为 863 计划产业化基地。经过多年的不懈努力，已成为国内宽禁带半导体的主要研究基地之一，在 GaN 基半导体材料生长、物理性质和光电子器件研制等方面做出了多项开创性工作。承接了国家 863 计划项目、国家科技攻关项目、国家自然科学基金重点项目等 20 多项课题，获得/申请国家发明专利 10 多项，发表各类学术论文 100 多篇，Ⅲ族氮化物半导体研究组被科技部、解放军总装备部授予 863 计划先进集体称号，张国义教授获先进个人奖励。最近该中心在半导体照明用大功率白光 LED 研制和 GaN 基脊型 LED 研制上又取得了重大突破。

清华大学是国内较早开展 GaN 基 LED 研究的单位之一，1999 年 10 月开始启动 GaN 基蓝、绿光 LED 项目，率先在国内安装并验收了可量产的德国 AIXTRON 公司的 MOCVD 设备，并建成了具有世界一流水准的实验室，开发了具有自主知识产权的高亮度 GaN 基 LED 器件的制作技术，于 2001 年 10 月前在国内率先打通中试线。该项目荣获 2003 年山东省科技进步一等奖。此后，清华大学承担并完成了国家 973 计划、863 计划、科技攻关计划等一系列课题，2011 年和合作单位一起荣获国家科技进步二等奖，是 GaN 基 LED 方面的首个国家级奖励。近年来，清华大学在半极性面 LED、InGaN 量子点 LED、基于非晶衬底的低温外延设备和技术等方面做出了创新工作。

北京工业大学光电子技术实验室是国内最早开展 AlGaInP 四元红黄色 LED 的单位之一，在材料外延和器件制备方面具有多项专利和产业化技术，该技术以 600 万美元转让并成立产业化公司，获得北京市科技进步一等奖。同时该团队还在蓝光白光 LED 芯片制备，高压 LED 和 Micro-LED 制备方面成果显著，在 LED 热特性和可靠性方面具有多项成果。

其他单位如中国科学院物理所、浙江大学、中山大学等单位在 LED 方面都成果显著，这里不一一列举。

LED 芯片产业化的研发团队主要有三安光电、华灿光电、德豪润达等十大芯片企业，也是 LED 的产品创新和引领国际先进水平的主要力量。

三安光电作为国内成立最早、规模最大的全色系超高亮度发光二极管外延及芯片产业化生产基地，产品涵盖蓝宝石、外延芯片、封装器件、照明应用，拥有 MOCVD 设备 376 台，LED 芯片出货量稳居国内市场第一位。

华灿光电致力于研发、生产、销售以 GaN 基蓝、绿光系列产品为主的 LED 外延材料与芯片。截至 2016 年底，公司武汉基地和苏州基地共拥有 137 台 MOCVD。

德豪润达形成了具有上游外延片、芯片，中游封装，下游照明、显示屏、背光等应用的一体化产业格局。共有 MOCVD 102 台，月产 40 万片，其中倒装芯片约 10 万片左右。

乾照光电是目前国内最大的红黄光四元系 LED 外延、芯片生产基地。拥有 MOCVD 机台数量为 50 台，芯片及外延业务销售额达到 8.21 亿。

聚灿光电主要从事超高亮度 LED 外延片、芯片的研发、生产、销售及服务，产品主要用于通用照明、背光源、和景观照明等领域。公司募集 3.5 亿元，并将其投入到 LED 芯片的研发和生产中，将新增 LED 外延片年产能 180 万片。公司拥有 MOCVD 46 台。

全球 LED 封装产业主要集中于中国、日本、美国、韩国、欧洲等国家和地区。国外主要厂商有日本的日亚化学（Nichia）和丰田合成（Toyoda Gosei）、美国的科锐（Cree）以及欧洲的亮锐（Philips Lumileds）和欧司朗（Osram）。以上五大厂商产业链比较完善，在产业链上游拥有强大的技术实力，垄断着高端产品市场。受惠于中国内需市场的需求崛起，包括一般照明与显示屏的需求不断攀升，因此包括木林森、国星等厂商不断扩充产能，使得国内 LED 封装产能处于领先地位。目前国内 LED 封装主要厂商包括木林森、亿光、东贝、国星、鸿利、聚飞、旭宇光电等。未来我国 LED 封装企业的行业集中度将会进一步提升，企业规模将逐步扩大，同时也会开始向国际封装巨头看齐，其中亿光专注于封装，是 SMD LED 封装行业的领头羊，是 LG、夏普、三星等 LED 液晶电视厂商的主要供应商。目前主营 SMD 发光二极管的研发、生产和销售。此外亿光正在扩大研发应用高压 LED 的产品，大幅缩小 DC-DC 降压电路的输入输出压差，有利于进一步提升 LED 驱动电源的效率，能够有效降低 LED 灯具对散热外壳的要求，从而降低 LED 灯具的总体成本。

在 LED 封装领域，除了企业的研发和产业化带动外，一些高校和科研单位也就相关前沿项目形成了研究团队，如清华大学、清华大学深圳研究生院等在 LED 封装可靠性测试及光谱耦合方面取得了一定的科研业绩；中科院福建物构所开发透明陶瓷，获得了具有世界领先水平的千瓦级 LED 封装技术；武汉光电国家重点实验室在高光效荧光粉涂覆技术和 LED 器件稳定性方面开展了大量的研究并获得了一定的成就。

### （二）显示技术研究团队

#### 1. 小间距显示屏国内团队和研发方向

在小间距显示领域，长春希达、雷曼光电、新光台、晶电相继推出 COB 小间距 LED 显示产品。长春希达 2018 年开发出 Mini-LED COB 量产 LED 显示产品。雷曼光电一直致力于 COB 小间距 LED 显示产品，雷曼光电第三代 LED 小间距 COB 显示面板已经开始小批量试产，其第三代 COB 小间距显示屏具有高可靠性、高防护性、高清晰度、高色域等优点。

#### 2. Mini-LED 国内团队和研发方向

在 Mini-LED 显示领域，液晶面板厂商友达光电和群创一直处于行业领先水平。由于 Micro-LED 巨量转移技术一直难以克服，友达和群创主要致力于 Mini-LED 背光技术，以采用 Mini-LED 背光源的液晶面板作为过渡技术，将现有的 LED 背光源换成更细小的 Mini-LED。群创发布的 AM Mini-LED 采用 TFT 所形成的主动矩阵电路（Active Matrix）来驱动 Mini-LED，可以提高以往 LCD 的亮度和对比度，并具有合理的成本和性价比。友达也提出，在 Mini-LED 背光技术中，相比于一般侧光式背光源，直下式 Mini-LED 背光源可使分区调光，效果更加精准，可以提供具有更高的亮度和更高的动态对比的极致画质。华灿光电作为目前国内第二大 LED 芯片供应商，在背光应用的 Mini 蓝光芯片到显示应用的 Mini-RGB 芯片上已经推出较为成熟的芯片产品，并引领了部分产品尺寸的开发。背光应用的 Mini-LED 产品通过独特工艺设计实现出光调控；而显示屏应用的 RGB Mini-LED 芯片，在芯片光电性能、可靠性、光色一致性等方面得到多家客户认可。

#### 3. Micro-LED 国内团队和研发方向

在 Micro-LED 研究领域，国内外研究团体的研究内容主要集中在芯片、转移和应用等方面。三安光电主要致力于芯片研发，已经开发出了直径为20μm的Micro-LED产品，并将继续研发生产4μmLED和10μm LED倒装芯片。三安光电目前也已经成为了三星电子大尺寸显示器Micro-LED的首选供应商。以南方科技大学刘召军博士牵头的团队是世界上最早研发Micro-LED技术的团队之一，十余年来其团队已经研发了11代Micro-LED技术，从PM Micro-LED阵列到AM Micro-LED阵列、从小面积芯片到模块转移大面积化技术、从单色到彩色、从紫外到蓝光、绿光、红光及全彩色Micro-LED显示，并研制出世界上第一个去背光源化Micro-LED投影机和Micro-LED VR/AR眼镜（2013年），而集成光通信功能的Micro-LED显示芯片也已面世。南方科技大学最新的Micro-LED研究成果——柔性透明双面显示的三基色Micro-LED Display技术领先国际水平，在国内实现了将Micro-LED柔性化零的突破，宣布了柔性化难题破解。

### （三）智能控制技术研究团队

同济大学肖辉教授作为中国照明学会智能控制专业委员会主任、同济大学国家重点学科控制理论与控制工程带头人，其团队长期致力于建筑智能化、照明智能控制研究，在国内较早将控制理论引入建筑领域，通过智能建模、控制策略、优化算法等，提出主动式照明模式，实现自然光与人工照明联动控制智能化、人性化，促进健康照明、人本照明的有利发展。近年来，依托中国照明学会智能控制专委会，聚焦窄带物联网（NB-IoT）技术的应用展开研究。2018年5月，中国照明学会团体标准《基于窄带物联网（NB-IoT）的道路照明智能控制系统技术规范》正式公布实施。该规范引领照明行业的智能化发展，填补了国内空白，达到国际先进水平。目前，肖辉教授正在筹备编制相关国际标准。

清华大学建筑设计研究院有限公司电气总工程师、教授级高级工程师徐华是中国照明学会副理事长、北京照明学会理事长。作为照明与智能化研究中心主任，他领衔的团队关注智慧建筑的发展，聚焦智慧园区智能照明研究，完成特级、一级以上工程设计项目40余项，并多次获奖；多次参与或主编国家和行业标准的编制和审查工作，主编的《照明设计手册》被指定为注册电气工程师执业资格考试专业参考书，获中国照明学会一等奖；2013年中国建筑学会成立60周年时他被评为“当代中国杰出工程师”，2016年获中国科协“全国优秀科技工作者”。

浙江大学控制学院叶炜团队致力于控制理论的应用研究，通过开展基于用户行为特征驱动的光环境智能控制研究，设计了集多传感器监测、无线通信、数据融合与辨识、模糊控制于一体的办公光环境智能控制系统；通过控制针对文物光学特性的保护性半导体照明光源，提供文物的安全照明环境，实现文物光环境分布式、实时无线监控，并起草馆藏文物预防性保护的光环境监测终端标准；同时，他也是中国照明学会团体标准《基于窄带物联网（NB-IoT）的道路照明智能控制系统技术规范》的主要起草人之一。

复旦大学刘木清团队的主要研究方向为电光源测试技术与仪器、照明自动控制技术与系统开发、LED驱动设计、光学设计等，拥有电子镇流器测试仪、手持式光谱仪、LED显示屏显示单元罩壳结构等多项专利。近年来，刘木清教授团队运用控制策略、控制技术、控制系统作为技术手段，聚焦非视觉照明研究，为健康照明光环境的实现提供技术支持。

深圳市灯光环境管理中心高级工程师、中国照明学会理事吴春海带领团队长期从事城市照明技术工作，尤其是智慧城市基础建设及城市道路照明智能化研究，学术造诣深厚，工程经验丰富，参编的《深圳经济特区道路照明系统专项规划》获广东省城乡规划设计二等奖，是中国照明学会团体标准《基于窄带物联网（NB-IoT）的道路照明智能控制系统技术规范》的主要起草人之一，针对智慧路灯的发展技术关键和应用方面提出了多项合理化建议。

上海市高新技术企业光联照明在王刚总经理的带领下，20年来一直专业从事城市景观照明LED灯具制造以及照明智能控制系统开发、应用，成功实施了2008年北京中央电视塔、2010上海世博主题馆、2012年湖州喜来登月亮酒店、2013年全国首例获得成功的大型项目“南昌赣江两岸96栋建筑灯光联动”、2015年上海国际港务大厦、2016年G20峰会杭州西湖照明等一批优秀项目，荣获中照奖特等奖、一等奖多项。

### （四）城市照明研究团队

北京清控人居光电研究院有限公司是清华大学从事照明行业综合服务的专业团队，以“用光共创价值”为理念，为照明规划设计、技术咨询、检测、产品研发及咨询等照明产业链各环节提供优化及综合解决方案，打造照明产业的综合服务平台。清控光电目前在国内已完成照明项目500余项，获国家级、省部级照明奖项等70余项，主要业绩包括北京、广州、西安等50余个照明总体规划项目；北京CBD、长安街等220余个照明详细规划项目；杭州钱江新城（G20）、南昌一江两岸等滨水大型景观照明设计；北京奥林匹克公园、九华山佛教广场等70余个景观照明项目；天安门城楼、国家博物馆、多处万达广场商业综合体等200余个建筑照明项目；北京雁栖湖APEC主会场、武汉火车站、多处万达茂的主题公园及水乐园等近30个室内照明项目。

栋梁国际照明设计（北京）中心有限公司是专门从事城市及建筑照明规划设计的专业团体，由热衷于探索光环境设计理念的设计师许东亮为代表的中外专家和设计师组成专业照明设计师团队，建立以“和谐为本”的企业文化，以“速度，简约，守信，发展”的经营方针为导向，对推动照明设计行业的发展壮大起着积极的作用，深得学术界和社会各界的广泛认可。该公司研究团队完成多项项目，包括厦门金砖国家峰会重点片区夜景提升规划及概念设计，郑州中央绿地广场双塔项目照明设计，哈尔滨大剧院照明设计，武汉中央文化区六星级酒店照明设计等。

郑见伟工作室团队的照明设计理念是赋予“光”理智与情感，使其成为一种无形的建筑材料，和业主、建筑师、室内设计师、景观设计师等共同努力，去实现人们对一个空间、一幢建筑甚至是一座城市的理想，点亮其中人们对生活的热情；致力于通过艺术创造力、对光的专业知识以及丰富的项目实施经验，达到从功能、环保、美学和商业意义上提升设计作品的品质和市场价值。其团队工作范围包括城市夜景照明规划与设计、建筑夜景照明设计、景观照明设计、大型场馆、高档酒店以及高档会所的室内照明设计等。主持设计了很多有影响力的项目，如北京奥运中心区的整体照明规划与设计，北京兰会所室内照明，上海兰会所室内外照明等，并与 ARUP 及 Chroma33 作为核心照明顾问，配合建筑师雅克·赫尔佐格（Jacques Herzog）和皮埃尔·德梅隆（Pierre de Meuron）为国家体育场（鸟巢）提供夜景照明设计咨询。赢得了业主以及业内人士的广泛认可，并获得了多项国内外权威奖项的最高奖。

## （五）舞台影视照明研究团队

深圳市绎立锐光科技开发有限公司在 LED 光源研发方面具有很强的实力，是由中组部引进的海外高层次人才“千人计划”入选者、广东省创新科研团队及深圳市首批孔雀计划团队创办，提供全球领先的半导体光源解决方案的国家高新技术企业。该公司的大功率 LED 光源模组项目研发人员 20 多人，都是本科及以上学历，其中博士 5 人，学科涵盖光学、电子、材料、物理、机械设计、精密制造等多个领域。研发方向为高效荧光材料的开发、散热材料的开发、光学设计、散热设计、LED 封装、颜色管理、精密结构设计及光学产品系统集成的开发及精密制造。公司在荧光材料及散热材料领域有比较大的优势，在大功率 LED 模组系统设计及生产制造方面积累了多年的经验。

广州市雅江光电设备有限公司研发团队在光学、热学、电气、机械多方面具备多年的技术积累，在 LED 灯具颜色控制方面做出过非常大的努力。该公司技术研发带头人是余泽松，研发团队 68 人，均具有大专及以上学历，其中本科学历占 85%，研究生学历有 3 人。2017 年的研发经费是 800 多万元，2018 年的研发经费预计会超过 1000 万元。

北京星光影视设备科技股份有限公司的技术带头人是总工程师甄何平，公司共有研发人员 184 人，其中本科 69 人，研究生 21 人，19 人具有高级技术职称。公司生产研发专业 LED 灯具已经十多年，承担过国家“863”计划、“国家文化科技提升计划”“北京市重大科技项目”等多项 LED 相关重大课题，并牵头编制了国家标准《舞台 LED 灯具通用技术要求》等多项标准。公司拥有 245 项专利技术，被列入中关村国家自主创新示范区的“十百千工程”企业和“瞪羚计划”的重点培育企业。2017 年投入研发费用 3000 万元以上。

广州方达舞台灯光设备有限公司不断完善研发体系，具有研发实验室、光学实验室、产品性能实验室、可靠性测试室等。公司由董事长庞成兴为研发带头人，拥有一支高素质的研发团队，专业涵盖机电一体化、光学、计算机软硬件、模具设计与制造、机械设计制造等。

## （六）农业照明研究团队

从事农业半导体照明相关领域研究工作的科研单位有 10 余家，其中中国农业科学院农业环境与可持续发展研究所、中国科学院半导体研究所、南京农业大学起步较早，还包括北京航空航天大学、浙江大学、北京市农林科学院、山东农业大学、西北农林科技大学、福建农林大学等。各单位团队在研究方向各有侧重，主要以植物光质生理及分子生物学、光环境调控技术、LED 光源系统设计、温室补光技术为主要方向，农工和农艺相结合，有些单位具有较强的比较优势，研发进度很快。

中国农业科学院农业环境与可持续发展研究所是我国最早从事农业半导体照明究与产业化应用的国家级科研单位，早在 2000 年就开始了设施植物光质生理学及光源装置的研究工作，农工与农艺相结合，处于国内领先地位。团队主要以植物光质生理、LED 光源装置设计与管控、植物工厂半导体照明和温室补光技术等为研究方向。作为项目首席单位，承担了国家 863 项目“智能化植物工厂高效生产技术研究（2013—2017）”和国家“十三五”重点研发计划“战略性先进电子材料”重点专项“用于设施农业生产的 LED 关键技术研发与应用示范（2017—2021）”项目等多项课题，参与了“LED 非视觉照明技术研究”课题。10 余年来，在设施植物光质生理与光配方、LED 光源设计与管控、采前连续光照技术等方面取得丰硕成果。2017 年获得国家科学技术进步奖二等奖（高光效低能耗 LED 智能植物工厂关键技术及系统集成），2016 年获得北京市科学技术二等奖（智能植物工厂能效提升与营养品质调控关键技术研究与应用），2013 年获得中华农业科技奖二等奖（植物 LED 光环境精准调控及节能高效生产关键技术研究与应用）。

在农业照明方面，中国科学院半导体研究所、南京农业大学、北京市农林科学院等单位近几年也做出了很大的成绩。中国科学院半导体研究所、南京农业大学承担了“十一五”和“十二五”国家 863 计划项目、“十三五”国家重点研发计划课题，中国科学院半导体研究所在 LED 光源设计及控制系统、LED 芯片提效及温室补光与水产半导体照明方面做了大量工作。南京农业大学主要工作集中在 LED 光质与组培苗、果菜生长发育与光质关系方面。北京市农林科学院在集装箱植物工厂、LED 光质生理、光质供给模式方面做了大量工作。北京航空航天大学在太空 LED 植物工厂及绿光生理，浙江大学在作物光质生理与分子生物学，山东农业大学在蔬菜光质生理，西北农林科技大学在 LED 日光温室补光技术，福建农林大学在 LED 叶菜栽培生理方面有研究报道。

### （七）汽车照明研究团队

目前汽车照明领域形成了高校、研究所与企业联动的新局面，产学研相结合的形式，有力地推动了汽车照明行业的发展。1997 年，上海市政府在复旦大学电光源研究所建立了上海市汽车照明工程中心，复旦大学电光源研究所林燕丹教授课题组从事汽车照明领域相关的研究 10 余年，涵盖照明光学设计、照明工效学、照明视觉以及照明机器视觉等多个领域，研究成果丰硕，发表 30 余篇 SCI/EI 论文，授权专利 30 余项。在兼顾学术研究的基础上，与国际知名汽车品牌积极合作，探究乘用车智能前照灯控制策略设计，并进行相关测试，优化设计效果，以适应中国特定地域的交通状况，累计 2000 余小时的测试数据，为高档乘用车适应国内路况提供重要参考和设计依据。未来林燕丹教授课题组在汽车照明方向将紧跟前沿研究方向，重点研究自适应驾驶灯光工效学、人车信息识别与交互以及汽车氛围灯人机工效等方向。

在天津工业大学半导体照明工程研发中心的牵头下，2010 年 1 月，大功率半导体照明应用系统教育部工程研究中心正式启动建设。该中心定位于建立半导体照明公共研发平台和服务平台，建立半导体照明先进技术、工艺中试攻关及产业化示范平台。中心依托单位为天津工业大学，由天津工大海宇半导体照明有限公司和天津工业大学半导体照明工程研发中心共同组建。研究中心围绕半导体照明上、中、下游产业的相关技术，开展应用基础理论、应用技术与工程产业化工作。在汽车照明方面，主要从事汽车及特种照明 LED 灯具研发；针对汽车照明、舰船照明、工矿照明、植物照明等特殊照明，开展相应的半导体照明灯具研发，解决其可靠性等核心问题。

除了高校与研究所之外，车灯企业也是汽车照明行业研发的主力军。上海小糸车灯有限公司（目前已更名为华域视觉科技公司），自 1999 年开始着手开发汽车电子照明，并承担“十五”国家科技攻关计划重大项目，目前从事视觉科技、智能科技、照明及信号系统技术、电子技术、智能装备技术领域内的技术开发。南京海拉研发中心是德国海拉（Hella）在中国的首个集电子和照明于一体的研发中心，侧重于新技术的开发，在自适应前照灯系统（AFS）、尾灯与内饰灯设计、动态辅助照明系统方面都取得了一定的成果，未来将坚持创新照明系统的发展方向，提高驾驶的舒适性和安全性，此外在特殊车辆设计和车辆定位中，也将提供相应的车灯解决方案。2011 年，星宇车灯成为国内汽车照明第一家主板上市公司，具有符合 ECE 法规要求的标准试验中心，可进行车灯的各种型式试验和配光测试，同时具备了较强的产品研发、模具设计加工能力，2017 年发布了首款概念 OLED 后组合灯。2012 年，吉林东光瑞宝车灯公司为奔腾 B50 研制出 LED 前照灯。2017 年，天翀车灯发布首个自主研发的 ADB 系统。2018 年 8 月 20 日，肇庆市华师大光电产业研究院与火丁车灯共同成立了“华南先进光电子研究院产学研基地”“智能化汽车照明系统研发基地”“先进 LED 热管理系统研发中心”“智能驾驶与交通信息交互研发中心”，公司与研究院技术团队在汽车照明智能化应用和光学散热等多个核心技术上取得重要突破。火丁车灯目前已建立了全系列面向 LED 应用的热管理体系，并分别在 LED 热解决方案高功率模组、电源驱动模组以及 CSP 模组和高亮 LED 光源领域拥有多项专利技术，拥有 OLED、LED 投射式一体透镜大灯、矩阵式智能 LED 大灯、智能激光大灯等前沿领域的技术储备。

### （八）健康照明研究团队

健康照明研究团队主要是活跃于高校的研究团队，依托高校的优质科研平台和资源，包括复旦大学林燕丹教授团队、重庆大学严永红教授团队、同济大学郝洛西教授团队，以及蔡建奇研究团队等。

复旦大学林燕丹教授团队结合国内外研究成果，建立了多通道的、光谱可调的半导体照明平台，实现输出光谱与目标光谱间的精确匹配，可在光谱层面上对实验照明条件进行控制，达到了国际领先水平。团队针对健康照明的工效学研究几乎囊括目前国际上采用的工效学前沿方法，全面探究光对人所产生的影响。光对人的影响可划分为在视觉绩效上的影响、心理上的影响和生理上的影响，而这三方面的影响实际上是相互联系的。在具体的研究中对这三方面影响的重要程度有所差异，但都是值得关注的。团队在工效学研究中，采用科学的视觉绩效任务方法，用安菲莫夫校字任务、闪光融合频率计等判断照明条件对绩效的影响，以 CES-D 问卷、视觉舒适度问卷等方法衡量照明条件对心理的影响，以心率、血压、褪黑激素水平、脑电信号等生理参数来衡量照明条件对生理上的影响。团队将中间视觉系统的理论研究用于指导道路照明的实践，也正是目前 CIE 和各国照明界的研究热点。由于明视觉的光谱光视效率曲线不适合于作为道路照明设计与测量的依据，也不利于道路照明节能的正确评价，林燕丹教授团队积极开展相关科研工作，进行大量视觉工效学研究，采用中间视觉的理论指导道路照明及产品的设计和评价，使我国继续紧跟国际步伐，参与中间视觉新的国际测量方法和设计指导标准的建立。团队研究涉及的飞机驾驶舱等视觉人机工效的建立，属于驾驶舱涉及的核心内容，在国内外相关领域都属于机密内容，未见详细的公开技术文献报道。相关研究在大量人机工效心理反应和生理反应实验的基础上，探索可用于描述驾驶舱多变量、多因素、多尺度约束条件下“人—机—环”的可参数化视觉评价模型，填补了我国在这一领域的空缺。林燕丹教授团队开展的飞机人机工效学研究创新出属于中国人的驾驶舱环境下的光参数模型，建立安全合理、符合人机工效的视觉环境，提出符合飞行员生理、心理特征的健康光环境设计指标，实现满足我国人民需求的飞机人性化照明设计。团队对健康光品质评价模型的建立则更具有普适意义。不同于飞机、船舶等特殊应用场合，健康光品质评价模型可应用在一般民用与商用照明中。结合国际照明相关文献资料与团队实际工效学实验研究结果，建立照明光参数的一般评价模型，极大提升我国照明行业的整体水平与规范，为健康照明产业发展打下扎实的理论基础。

重庆大学严永红教授团队针对LED全面进入室内功能照明以及LED在室外景观照明大量应用的发展趋势，展开了一系列以LED为主要对象的健康照明研究。严永红教授构建了由专业医师、工程师、设计师等组成的跨学科研究团队。骨干成员包括美国休斯敦大学/得克萨斯休斯敦莱克伍德眼科（Lakewood Eye Care，Houston Texas USA）Lucy Chenzhuo（陈卓）教授，重庆医科大学附属大学城医院神经内科主任晏宁医生，以及重庆市中医院主任医师路瑜。在联合中、西医学专家的基础上，团队还与众多企业建立联系，如重庆四联光电科技有限公司应用总工程师、重庆市杰出青年基金获得者、全国劳动模范胡栋，乐雷光电技术（上海）有限公司研发团队等，共同开发景观照明产品与室内工作场所照明系统。Lucy Chenzhuo（陈卓）教授作为团队长期的眼科顾问，负责团队所有的视觉测试实验的设计和实验指导。引进美国最新的测试手段，对比了10余种视疲劳测试方法，找出了可快捷、准确测试不同光照条件下，人眼轻微视疲劳差异的方法。自主研发的视疲劳综合问卷表问题覆盖全面、易于理解，与客观测试结果吻合度高，为团队研究提供了成熟的视疲劳检测方法。重庆医科大学附属大学城医院晏宁医师自2008年以来与团队建立合作，为团队制定视觉心理/生理、电生理反应测试、评价的理论模型及相关测试技术和方法，共同承担了重庆市自然科学基金“病房光环境调控辅助治疗痴呆患者激越症状的研究”，与团队合作提出针对老年痴呆症患者的光疗策略，为团队提供了完善的生理节律测试方法。自2012年起，重庆市中医院院级名中医、全国老中医药专家学术经验继承人路瑜主任医师与团队展开合作研究，采用中医针灸与LED动态光环境结合治疗失眠症，取得了良好的效果；2016年起与申请人合作展开了人工光照、视疲劳与中医体质关系探索，找到了快速、准确进行体质辨识的方法，保证了人工光低耐受或高暴露型体质判定的精准性，并在小样本人群实验中初步发现了气虚质人群对强光耐受性较差，为体质适应性的健康光环境研究指明了方向。在视健康、光生物效应、个体体质差异研究过程中，团队还与电子科技大学信息技术专家李绍容教授建立合作，以人体大数据为基础，探索具有体质适应性的精准化、动态化VDT作业照明新模式，探索健康照明发展的适宜控制技术，促进了基于生理指标的健康光环境调控系的转化工作。在跨学科团队支持下，严永红教授在国内较早展开了“基于光生物效应研究不同人工光照对人体节律、视觉健康影响”的研究工作。团队成员承担了多项绿色照明、健康照明、LED产品关键技术及工程的应用研究，对人工光源各项物理参数与人体健康的关系进行了探索。在室内人工光环境光生物安全性基础研究方面，连续五次获得国家自然科学基金的资助，及“十二五”科技示范、中美清洁能源、亚热带建筑科学国家重点实验室、重庆市卫生局等资助，在室内健康照明领域取得了较为系统的研究成果。此外，团队还与国际知名艺术家、油画家钟飚、雕塑家陈文令等建立合作关系，共同创作和营造城市光艺术装置，团队提供构造、物理环境优化技术，探索城市公共景观、照明技术、新媒体艺术结合的可能性。

同济大学在建成环境设计、城市规划及管理、生物医学、公共健康等各领域拥有众多国内外领先的优质科研资源，并对这些科研力量进行了有效整合。郝洛西教授的“旨在情绪与节律改善的健康型光照系统关键技术及其应用”项目获得了上海市科技进步奖二等奖；“改善情绪与节律的健康照明系统”项目荣获中国轻工业联合会科技进步奖一等奖；“改善情绪与节律的健康照明系统”的示范实践项目“上海市第十人民医院心内科情绪与节律健康照明示范项目”获得了国际半导体照明联盟（ISA）授予的“全球半导体照明示范工程100佳”；时东陆教授荣获了美国辛辛那提大学工学院最佳教授奖、美国SIGMA XI学会卓越研究奖、澳大利亚国家研究奖等国际重要奖项；徐亚伟教授、靳令经教授、王秀丽教授、王朝昕教授分别率领各自医学团队取得了诸多国际首创性研究成果，并应用于临床治疗。赵颖团队的华东疗养院改扩建一期工程等项目先后获得全国优秀工程设计奖、上海市优秀工程设计奖、上海市优秀住宅设计奖10余项。这一多学科、复合型、开拓式的研究团队更可实现人居环境交叉学科的共融发展，占领学术制高点，提升国际影响力，创造宝贵机遇。2017年8月16日，同济大学建筑与城市规划学院建成环境技术中心联合国内外多家学术研究院所、医疗科研及管理机构、专业规划设计单位共同发起并成立了“国际健康设计联合创新团体”，搭建了多领域、重交叉、跨学科、大协同的健康设计创新平台。

## 四、半导体照明重要意义

### （一）芯片与封装技术

研究开发高效节能、长寿命的半导体照明产品是《国家中长期科学和技术发展规划纲要（2006—2020年）》优先主题的重要内容。高效半导体照明材料及器件技术的研究，将极大地推动高亮度LED技术的发展，大大缩小我国在高端LED芯片方面与世界先进国家的差距，提高国产LED产品的性能和国际竞争能力的同时，还将有效解决我国白光LED产品出口所面临的技术壁垒，有利于实现以打造半导体照明产业核心竞争力为目标，以提高自主创新能力为关键，以改善产业发展环境为手段，通过自主创新，突破白光普通照明核心技术和产业化关键技术，完善技术创新体系，培育科技创新领军人才和创新团队，建立特色产业基地，形成具有国际竞争力的半导体照明战略性新兴产业的战略目标。科研过程中也将形成一批具有国际影响力的研发成果，为发光材料和器件性能的提升提供科学依据和技术支撑，探索实现极值发光效率与引领照明形态革命性变化的新器件与新光源，为下一代半导体照明技术和第三半导体材料进行技术储备。新型衬底材料与技术路线的迅速发展，LED 与石墨烯、量子点、纳米等新材料、新技术的进一步融合，也将产生开拓性和颠覆性的创新应用。复合式图形化衬底、表面粗化、高空穴浓度 P 型层掺杂与激活技术、衬底剥离技术和倒装等技术，应用于高光效芯片与大功率薄膜芯片产品中，也可为外延芯片企业带来可观的经济效益，并通过项目技术的研发及产业化推广，带动半导体照明行业产业增值，带来显著的经济效益。

随着“十三五”规划及其配套措施的逐步落地，我国 LED 行业有望借助政策支持的有利机遇，取得从半导体照明产业大国到产业强国的突破性进展。2017 年我国封装企业提供了全球 80% 的封装产量，未来几年中国 LED 封装行业产值将维持 13% ~ 15% 的增速，预计 2020 年中国 LED 的封装规模将增长至 1288 亿元人民币。CSP 相关关键技术和大功率高光效关键技术的开发符合国家产业政策，属于国家重点产业发展方向，此类技术的突破对封装产业化具有较好的经济效益和社会效益。

1）经济效益显著。关键技术的突破将极大地提高我国 LED 封装技术的发展水平，加速 LED 灯具取代传统半导体照明灯具的时程。同时关键技术突破后，我国将拥有关键封装技术的自主知识产权，能够有效运用自己研发的新工艺、新技术，突破国际关键封装技术的壁垒；为我国开发国际市场，参与国际市场竞争以及拓展应用产品领域和市场打下坚实的基础。

2）辐射带动能力强。LED 产业属于我国的节能产业，具有良好的综合配套能力，关键技术的突破不仅能使该项目企业得到较大发展，同时也可促进相关配套企业或行业的发展，带来较大的连锁效益。

3）节能显著。当今世界每年用于照明的能源占据每年全球能源消耗的 20%，当前全球面临能源短缺、环境恶化等重大问题，人们迫切希望能寻找一种新的绿色环保的照明光源来减少用于照明所消耗的能源。相关关键技术的突破，能够促进 LED 封装产业化健康快速发展，节电效率将明显提高，可解决使用传统钠灯、白炽灯的高能耗问题。

4）能够带动一大批高层次技术人才。关键技术的研发和突破将会培养出一大批 LED 封装行业内具有较先进技术水平的专门技术人才，有利于我国企业和 LED 行业的可持续发展，提升我国在 LED 封装领域的人才竞争力。

### （二）显示技术

以普通会议应用、安防应用、商务显示和广告应用为特点的 LED 小间距市场，目前已经逐渐进入到“成熟技术、成熟产品和成熟渠道的竞争阶段”。Mini-LED、Micro-LED 市场开始启动。“一带一路”倡议以及国内产业结构调整、消费升级，将促使 LED 显示屏相关应用需求市场不断拓宽。LED 显示应用相关产业链技术发展和显示应用的产品技术创新，不断与新兴技术融合，以及夜游经济兴起、文体旅游行业崛起、地产行业转型发展，推动了 LED 显示应用市场的扩展和进一步细分，LED 产品应用的需求从亮化、景观照明到场景互动、影院，以及其他行业的跨界融合在智能显示、创意显示、景观亮化显示、透明显示、VR 虚拟现实应用、AR 沉浸式全景仿真等应用市场将会培育出新的巨大市场。

### （三）智能控制技术

同济大学主动式照明模式研究，通过基于用户行为，最大限度利用自然光，构建室内半导体照明一体化，实现自然光和人工照明联动智能控制，为公共建筑光品质的提升、个性化照明、健康照明的实现提供理论依据和技术支持。浙江大学文物光环境保护性照明控制系统研究，聚焦具有特殊需求的文物光环境，通过控制保护性半导体照明光源的特性，实现文物安全的照明环境，是一项利在当代、功在千秋的伟业。中国照明学会团体标准《基于窄带物联网（NB-IoT）的道路照明智能控制系统技术规范》的正式公布实施，标志着 NB-IoT 技术在照明行业应用的开始，处于国际先进水平，具有里程碑意义，为我国道路照明智能化水平的提升，实现道路照明节能、科学管理均具有深远的影响，并将带来巨大的社会、经济效益。基于 RDMX 控制技术的城市级景观照明控制系统在控制灯具效果的同时，实现状态实时侦测与反馈、故障点自动屏蔽等功能，为城市级景观照明项目降低运维成本、实施科学管理提供了技术支持，将引领城市景观照明的发展。

### （四）城市照明

景观照明效果控制相关课题的研究可引导设计用量化控制的方式保障效果落地，进而提高工程质量，改善城市夜间形象，提升市民夜间活动舒适性；通过对关键参数的检测研究，保障工程效果的长久，降低维护费用，节省运营成本；为刚起步的照明设计单位，乃至大量的建筑、景观、室内等相关设计单位得到最实际的技术支撑，在选灯阶段可以参考真实数据；为整个产业链，提供技术支持，建设方可以从中了解真相，工程公司可以依技术规范说服审计部门合理定价，避免低水平建设，厂商可以了解产品方向，研发单位可以了解市场需求，各方都将从课题结果中获得支持。

1）相关标准流程的建设，将逐步改变目前市场竞争规则，引导良性发展的重要保障。改变无验收依据，低价中标，劣币驱逐良币的竞争规则，研究将引导市场朝良币驱逐劣币的方向发展。标准流程的建设供夜景、景观、包装等多专业的设计、招标、工程管控部门使用，降低技术标中的选型歧义概率。

2）数据平台的建设，面对大型项目，设计师在使用相似的应用条件和效果可以从数据库选用标准做法，提高效率和减少采购的复杂性。建设方也可以从数据库中查询到灯具性能及使用评价，以协助判断灯具选择。厂商选择产品数据入库，以获得更多使用机会来获得分析报告。所以数据平台是通过对产业链各方的服务，以提高整个行业的技术水平。

3）课题成果的培训推广，可以全面提高照明设计从业人员设计素质，进而提高设计品质。将目前设计人员仅注重设计时的感官效果，引导到关注设计通过量化手段做好效果描述，为后期提供依据并成功实现效果的目标上来；将设计单位仅注重单个灯具的质量，引导到进而关注该灯具是否能够满足设计要求的目标上来。并提高设计管控质量，形成产品使用导引，提升设计品质。

### （五）舞台影视照明

大功率LED光源模组的开发应用最终一定能全面替代传统的高压气体放电灯泡。这既能摆脱国内电脑灯生产企业对国外灯泡的依赖，又能满足绿色节能的要求，还能够促进行业的技术发展及产业升级。LED新光源的应用与灯具研发企业结合形成的产业链，可形成比较可观的经济效益和社会效益。智能彩色LED光源管理系统的研发与应用，能极大地提高光的品质。多色LED混合产生白光的灯具输出白光时效率虽然稍低，但产生色光时具有很大的节能优势，并且多色光混合产生白光的方式，能混合出更高质量更高显色性的优质白光，使舞台演出色彩更加逼真，使电视画面色彩还原更好，还会减小后期制作成本，对即将到来的4K高清影视照明具有十分重要的意义。

### （六）农业照明

为了应对农业资源瓶颈和环境污染问题，国家把发展现代农业，保障国家粮食安全和农产品有效供给，实施乡村振兴战略，实现生态文明确定为长期发展战略。植物工厂半导体照明在植物光质生理与光配方、LED光源系统及其管控、LED光环境调控策略等方面的突破将助推两大新兴产业的快速发展。其一是LED植物工厂产业，其二是半导体照明装备产业。两大产业市场总规模将在千亿元以上，对发展现代农业和智慧农业，拓展半导体照明产业赢利增长点都具有重大意义。LED植物工厂产业将为城乡居民全年提供鲜食植物产品（如蔬菜、草莓等），安全（无农药、激素、抗生素、重金属污染）、洁净（无灰尘、病原菌），富含营养物质（抗氧化物质、药用成分、营养物质）。半导体照明装备产业将促进LED芯片及封装产业、LED光源装置及灯具和温室补光产业的发展，促进智慧农业发展，保障设施园艺产业周年生产和智能控制，大幅提高我国设施园艺产业技术装备水平。

### （七）汽车照明

我国整车行业的发展呈现出成熟市场的稳定发展趋势，整体上说仍处于增长期，这给国内汽车零部件业提供稳定的市场需求，因此随着整车行业的发展，汽车照明在理论和技术方面也将不断突破创新，营造更加安全、舒适、智能的驾驶环境。

#### 1. LED技术的快速推广

随着LED光源在散热问题上的改善，其将逐步被应用于汽车的前照灯系统，在高端车型上，通过LED矩阵光束，将实现全数字的防眩光远光灯，而在此基础上，更高清的像素照明能成为防眩光远光灯进一步的发展方向，其中液晶技术也将被引入来控制前照灯的光分布，而在低端车型上，通过更少部分的LED光源来实现自适应调光，将使防眩光远光灯在低端型上的应用成为可能。而在照明光源上，随着OLED在透明性，可弯曲性和多颜色问题上的提高，其也将逐步被应用于汽车的尾灯上，对于激光光源，在提高光效和降低成本的基础上，其很有可能成为新一代的前照灯光源。综上，汽车照明在实现绿色、环保的基础上，将进一步朝着更安全、更舒适、更美观的方向发展。

#### 2. 智能网联化

汽车照明将不再是孤立的灯具电子模块，而是作为整车网络的一个节点，通过与整车总线互相连通，实现灯具电子网联化控制，从而推动智能化汽车照明的发展。

1）ADB（Adaptive Driving Beam，自适应远光）。实时自适应照明是智能灯光发展的一个阶段，也是车用网联化的一个成功应用。从照明来讲，100像素以下的ADB足以实现车灯照明，每个像素均由单独LED芯片精确控制0%～100%的光强，对不同交通情况、天气状况、道路路况、自身车况所需要的配光分布做出调整。当有其他车辆进入车灯的光分布区域时，模块会有选择性地动态掩蔽对方车辆所在区域以防止眩目。ADB技术的成功应用，不仅提高了道路行驶的安全性，同时也能在一定程度上节约能源。

2）DLP（Digital Light Procession，数字光处理）。数字高分辨光处理技术能提供万级以上甚至百万级像素，能清晰投影复杂的、带有曲线的图形，确保光顺的截止线拐点，实现没有锯齿的截止线。DLP把光用到极致，在进行来车会车遮蔽的时候，确定需要遮蔽的区域以及满足要求的最小遮蔽窗口，减少照明范围的损失，DLP技术适应未来有人/无人驾驶共同存在的环境，这也是未来一大发展趋势。

#### 3. 人车信息交互

在实现照明功能的同时，未来汽车照明还可以通过与摄像头、导航以及雷达技术的融合，以投影的方式实现信息的传递，增强车与人之间的互动、汽车与其他道路使用者的沟通。为后续智能驾驶提供更加安全和便捷的夜间行驶“光服务”，增强多种场景的安全驾驶体验。宝马应用“欢迎光毯”的设计改善了驾驶人与乘客在驾驶之外的使用体验，在车上布置陈列投影技术，在打开车门或者解锁时被激活，通过投射超低位的光束形成光毯，引导乘客和驾驶人进行登车。因此，通过灯光实现人车信息交互也将是未来值得研究的热点，而相应的标准和法规也需要与时俱进，尽快适应新型照明的需求。

### （八）健康照明

林燕丹教授团队对照明工效学的研究能与各类应用场合相结合，为具体的场合提供照明推荐方案，为后续的应用产品设计及标准制定提供依据，更为我国在特殊领域中的照明评价模型填补理论空缺。此外，在研究过程中，不仅能够产生多篇优秀的论文及专利，还将培养出一批专业从事健康照明机理研究的人才，为未来的照明行业积蓄人才储备。针对各应用场合设置优化后的照明条件，不仅可以有效减少由于照明造成的视疲劳、情绪低落、效率低下等心理生理问题，还能够提升使用者的照明体验和健康质量，在特殊交通领域还能一定程度上提高驾驶安全性。同时，研究成果还将成为我国照明产业转向健康照明的理论依据，助力企业提升国际竞争力。

严永红教授团队的室内健康照明研究解决了视觉心理、生理与人体节律三者不同步所带来的综合疲劳指数定量问题，通过昼夜全周期监测，提出应用于“健康光环境-人体反馈系统”的生理参数采集、分析模式，为基于个体体质的定制化光环境研究提供了技术基础，通过不断融合中医预防医学和西医精准医学理念，探索具有良好体质适应性的工作场所照明新模式，对改善工作光环境、降低光照引发的生理性视疲劳向病理性眼疾转化的风险具有重要意义，为探索个性化、精准化健康照明新方向提供了理论与实验依据。通过植物照明研究，团队解决了夜晚人工光对动植物节律的干扰问题，并提出人工光驱动的植物健康促进概念。基于先进的视科学与适宜的工程技术，城市光艺术装置建立了科技与艺术的有机连接，以多媒体和空间为载体，发挥出对科学与艺术的重要科普意义。

郝洛西教授团队着重开展人居健康光环境与半导体照明创新应用、LED 的光谱功率分布（SPD）和人体生理节律、中国南极极地站区健康照明、心血管内科医疗空间的光照情感效应等多项跨学科多领域合作的科研工作。开展了半导体照明与人居环境光健康的循证研究和应用，内容涉及医疗建筑、养老设施、办公与教育建筑和南极中国站区等，主要在心内科介入导管室（手术室）及重症监护室 CICU、阿尔茨海默病患者、妇产科导乐分娩、极昼极夜环境下的极地科考队员节律紊乱方面，通过特定的 LED 建筑化照明，探索光照的情绪干预及节律改善效应。研究成果已获得探索性应用。团队研究成果主要应用于医疗及养老领域，对改善人民生命质量、提高人民健康水平有积极作用。在多家医院、养老院以及极地科考站的研究及应用证明，该成果可以有效调节人体节律，显著改善负面情绪。在丰富科考队员的越冬生活、提高就医和诊疗体验、缓解医患关系、安抚患者由于高度医疗化产生的负面情绪、减少如降压和安定的药物使用、提高病床轮转率、降低住院费用、提高老年人生命质量等方面均具有积极作用。

## 五、半导体照明未来发展趋势

随着半导体照明科技的发展，半导体照明正在从技术驱动转变为应用驱动。学科交叉加速，产业前沿延伸，应用领域拓宽，创新应用将成为替代阶段之后的新增长点和长期成长动力，半导体照明进入按需照明和超越照明时代。半导体照明技术与智能硬件、互联网、物联网技术的跨界融合，将推动智慧照明的发展，进而成为智慧家庭、智慧城市、智能社会的重要组成部分，进而实现按需照明。半导体照明技术与医疗、保健、农业、通信等领域的跨界合作，超越照明领域（如光通信、安全、农业、光医疗等）的蓄势待发，结合生理学、医学、心理学、社会学等进行的光对生理、病理的影响机制的研究，将推动半导体照明在光生物安全方面取得进一步发展。在追求高光效的同时，半导体照明由替代应用向按需照明和超越照明迈进，半导体照明产业将继续朝着智能化、信息化、品质化、标准化方向发展，而石墨烯、量子点材料、纳米新材料及新技术也将进一步与半导体照明相融合，并有可能产生开拓性和颠覆性的创新应用，同时引领整个第三代半导体产业加速发展。

预计到 2020 年，我国半导体照明产业规模将继续稳步扩大，关键技术与国际先进水平差距明显缩小，核心装备和重要原材料实现国产化；应用领域不断拓宽，创新应用推广的商业模式，产品市场份额逐步扩大，产品品质不断提升，市场环境逐步优化；民族品牌逐步树立，产业集中度进一步提升，节能减排效果更加明显，逐步实现从半导体照明大国向强国的转变。

## 课题组成员

首席科学家　郝洛西
顾　　　问　邴树奎　窦林平
编写组成员（按姓氏拼音排序）
陈　磊　高　飞　高　帅　郭伟玲　郝洛西
林金填　林燕丹　刘文科　荣浩磊　王京池　汪　洋
肖　辉　严永红　赵　飞　郑炳松
学术秘书　郑炳松

## 参　考　文　献

[1] 中国照明学会. 中国照明工程年鉴（2017）[M]. 北京：机械工业出版社，2018.
[2] 中国照明学会. 2018 年中国照明论坛——半导体照明创新应用暨智慧照明发展论坛论文集 [C]. 2018.
[3] 第六届中国国际汽车照明论坛（2018）论文集 [C]. 2018.
[4] 林燕丹. 汽车照明产业调研白皮书 [R]. 2018.
[5] 刘文科，刘义飞. 人工光植物工厂技术装备与产业发展战略思考 [J]. 中国农业科技导报，2018，20（9）：32-39.
[6] Bian Z H，Cheng R F，Wang Y，et al. Effect of green light on nitrate reduction and edible quality of hydroponically grown lettuce（Lactuca sativa L.）under short-term continuous light from red and blue light-emitting diodes [J]. Environmental and Experimental Botany，2018，153：63-71.
[7] Lin K，Huang Z，Xu Y. Influence of light quality and intensity on biomass and biochemical contents of hydroponically grown lettuce [J]. HortScience，2018，53（8）：1157-1163.
[8] Zha L Y，Liu W K. Effects of light quality，light intensity and photoperiod on growth and yield of cherry radish grown under red plus blue LEDs [J]. Horticulture，Environment and Biotechnology，2018，59：511-518.
[9] 刘厚诚. 植物照明研究与应用新进展 [J]. 照明工程学报，2018，29（4）：3.
[10] 龙家焕，浦敏，黄志午，等. 光谱调控植物生长发育的研究进展 [J]. 照明工程学报，2018，29（4）：8-16.
[11] 罗亮亮，樊嘉杰，经周，等. LED 白光芯片的光色一致性及光谱优化设计方法研究 [J]. 照明工程学报，2018，29（1）：1-6.
[12] 刘波，郑伟，李海洋，等. LED 热分析测试和热管理技术研究进展 [J]. 照明工程学报，2018，29（2）：28-34.
[13] 林怡，戴奇，邵戎镝，等. 办公空间光环境设计趋势——人员需求的平衡与技术迭代的探索 [J]. 照明工程学报，2018，29（3）：1-5.
[14] 郝洛西，曹亦潇，崔哲，等. 光与健康的研究动态与应用展望 [J]. 照明工程学报，2017，28（6）：1-15.
[15] 蔡建奇，高伟，郭娅，等. 健康照明的基础研究和标准研制的探讨 [J]. 照明工程学报，2017，28（6）：24-28.
[16] 曾堃，郝洛西. EEG 作为光与情绪实验方法的探讨——以心内科 CICU 模拟病房白光环境实验为例 [J]. 照明工程学报，2017，28（6）：42-47.
[17] 杨春宇，汪统岳，向奕妍，等. 秋冬季节不同 LED 照明环境下的学习效率变化 [J]. 照明工程学报，2017，28（6）：60-65.
[18] 陈希，陆继诚，张晔明，等. 智慧照明系统设计应用中的关键技术探讨 [J]. 照明工程学报，2017，28（6）：115-118.
[19] 戎升亮，Allen Samantha，赵杰，等. 节律照明及其控制策略的研究综述 [J]. 照明工程学报，2017，28（5）：10-15.
[20] 叶炜，吕伟，洪宽，等. 基于 NB-IoT 技术的道路照明智能控制系统 [J]. 照明工程学报，2017，28（5）：20-23.
[21] 王晓静，段延龙，牟同升. 健康照明的评价方法及其标准化的新进展 [J]. 照明工程学报，2017，28（6）：29-34.
[22] 江海洋. 文旅产业中的照明现象的思考 [J]. 照明工程学报，2018，29（1）：12-18.
[23] 刘军林，莫春兰，张建立，等. 五基色 LED 照明光源技术进展 [J]. 照明工程学报，2017，28（1）：1-4.
[24] 国家发展改革委，等. 半导体照明产业"十三五"发展规划 [Z]. 2017.
[25] CSA Research. 2017 年半导体照明产业发展蓝皮书 [R]. 2018.

# 2016—2017 年中国半导体照明产品市场调查报告（摘要）

中国工程院电子与信息工程学部
北京华通人商用信息有限公司
中国照明学会

2017 年，受中国科学院半导体研究所委托，北京华通人商用信息有限公司（以下简称 ACMR）、中国照明学会承担了

“2016—2017 年度中国照明产品市场调查分析”项目，对中国照明市场各类电光源产品的在用量、照明使用时间、用户年度用电量等信息进行了调查。本次调查发放居民用户样本 3456 个，范围涉及 12 个大中城市、12 个小城市和 36 个乡镇所属农村，工业用户样本 300 个，商业用户样本 300 个，企业样本 15 个。根据抽样设计原理，通过本次调查推总得到的全国各类用户电光源产品在用量和用电量的置信度达 95%，允许的最大相对误差为 5.7%。

2016 年 12 月，国家发展改革委、科技部、工业和信息化部、环境保护部联合印发了《“十三五”节能环保产业发展规划》，该规划提出要推进照明节能减排技术系统集成应用，推进区域、城镇、园区、用能单位等照明系统用能和节能，大力发展“互联网 +”智慧照明，推动建立城市智慧智能系统，推动照明系统优化升级。LED 照明产品替换传统照明产品是节能减排的主要推动力量，与传统白炽灯照明产品相比，LED 室内照明节电 80% 以上，因此相同时间下，白炽灯的用电量为 LED 灯的 5 倍。经计算，2017 年室内 LED 照明产品节能贡献为 16709 亿 kWh，实现碳排放减少 16.0 亿 t；2016 年室内 LED 照明产品节能贡献为 10789 亿 kWh，实现碳排放减少 10.3 亿 t。

# 1 半导体照明市场概述

## 1.1 半导体照明市场产值及产量分析

据 CSA《2017 年中国半导体照明产业发展蓝皮书》发布，2017 年中国半导体照明行业产值突破 6500 亿元，同比增长率为 16.5%。2016 年，全球加速淘汰白炽灯，LED 已成为照明的主流光源，我国半导体照明行业整体产值达到 5610 亿元，较 2015 年同比增长 32.2%（见图 1）。

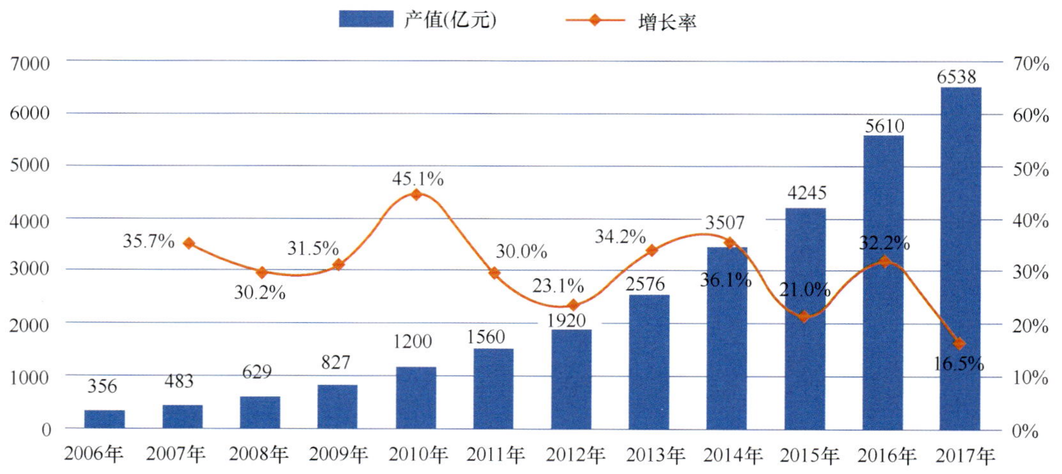


数据来源：中国照明电器协会、中国照明学会、CSA

图 1 2006—2017 年中国半导体照明产值及增长率

虽然“十三五”以来 LED 产品产值增长率较“十二五”期间 30% 的年均增长率有所下降，但整体产值依然在平缓增加。

2016—2017 年中国半导体照明应用市场在经历了 2013—2014 年的快速增长期，2015 年的中速增长期后，呈爆发式的增长。2017 年 LED 照明应用环节的产业规模达到 5343 亿元，与 2016 年相比整体增长率接近 24.7%（见图 2）。由图 3 可知，2010—2017 年 LED 照明应用产值占照明产值的 75%～82% 左右。

LED 照明产值中，最主要的是 LED 照明应用产值，而照明应用产值中，通用照明仍然是应用市场的第一驱动力。2014—2017 年国内 LED 照明通用照明产值分别约为 1171 亿元、1525 亿元、2040 亿元和 2551 亿元，增长率达到 25% 以上。2016 年，半导体照明应用环节继续保持快速发展，细分应用领域呈现不同特点（见图 4）。通用照明、景观应用、显示等传统替代应用市场稳步增长，农业照明、汽车照明等新兴应用快速成长，智慧路灯、小间距显示、灯丝灯、UV-LED、IR-LED 等成为应用市场热点。2016 年，产值达 2040 亿元，同比增长 31.5%，占整体应用市场的比重由 2015 年的 45% 提升到 2016 年的 47.6%。显示应用由于小间距 LED 显示技术的快速崛起，迎来了新一波增长，规模约 548 亿元，同比增长 29%，占整体应用市场 12.8%。2017 年通用照明产值占应用市场的比重达 47.7%（见图 5）。LED 对传统照明市场的替代效应极大激发了半导体照明市场的需求。此外，在《半导体照明产业“十三五”发展规划》推广 LED 在文化旅游领域应用的推动下，在近年来 G20 峰会等夜景照明工程的带动下，2017 年景观照明应用快速增长，景观照明产值达 798.7 亿元，同比增长 38%。通用照明、景观照明和显示屏应用是拉动行业快速增长的主要动力。

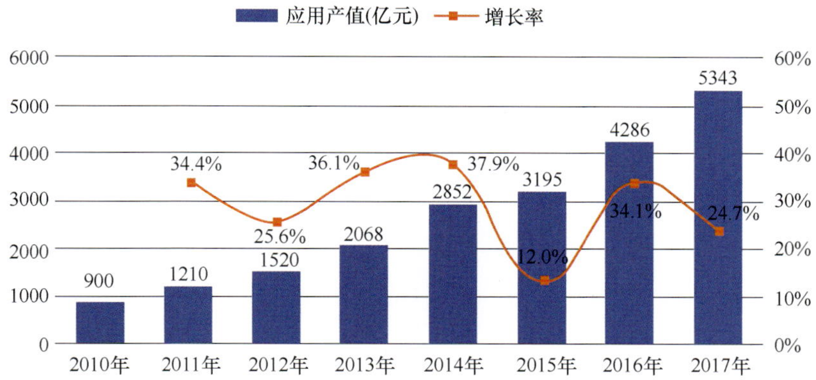


数据来源：中国照明电器协会、中国照明学会、CSA

图 2　2010—2017 年中国半导体照明应用产值及增长

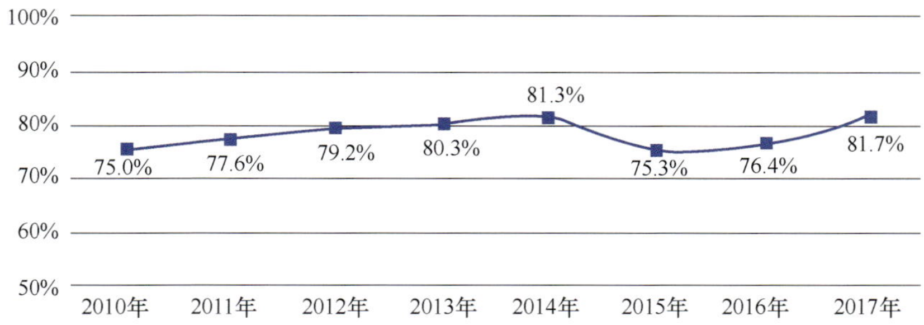


数据来源：中国照明学会、CSA

图 3　2010—2017 年中国 LED 照明应用产值占照明产值的比例

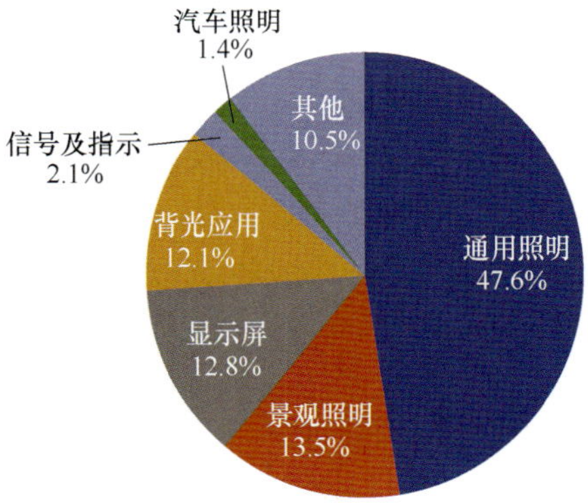


数据来源：CSA、中国照明学会

图 4　2016 年中国半导体照明应用域分布

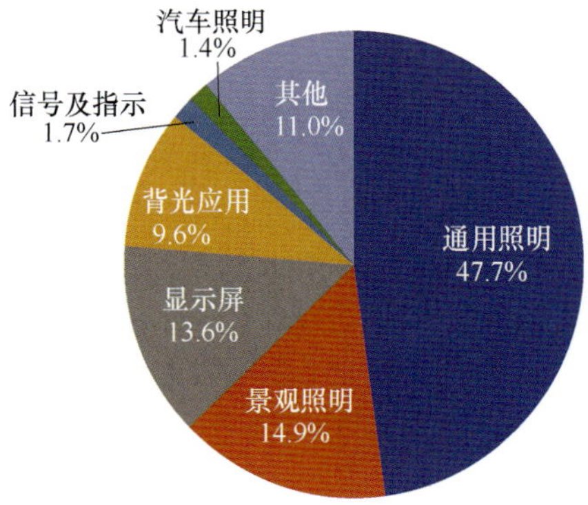


数据来源：CSA、中国照明学会

图 5　2017 年中国半导体照明应用域分布

LED 照明产品的产量快速增长，社会上的企业纷纷投资开始生产 LED 照明产品，传统的照明生产企业转型生产 LED 照明产品，据统计，LED 照明产品生产量从 2010 年的 1 亿只增长到 2017 年的 106 亿只（见图 6）。结合 2010—2013 年中国照明学会、ACMR 的调研结果及中国半导体产业联盟的数据，LED 的产量一直保持较高的增长速度，尤其在 2015 年，绝对增长量及增长率均达到最高值。

## 1.2　半导体照明市场出口分析

中国作为全球照明产品的制造基地，LED 照明产品出口在“十二五”期间一直保持高速增长，经历了 2015 年的增速显著下滑和 2016 年恢复增长后，2017 年 LED 照明产品出口稳步回升。2017 年照明电器产品出口达到 412 亿美元，同比增长 6.2%，其中 LED 照明产品出口额达到 129 亿美元，较 2016 年上升 14.7%（见图 7）。LED 照明产品出口额占中国照明电器出口额的比例一直在增加。

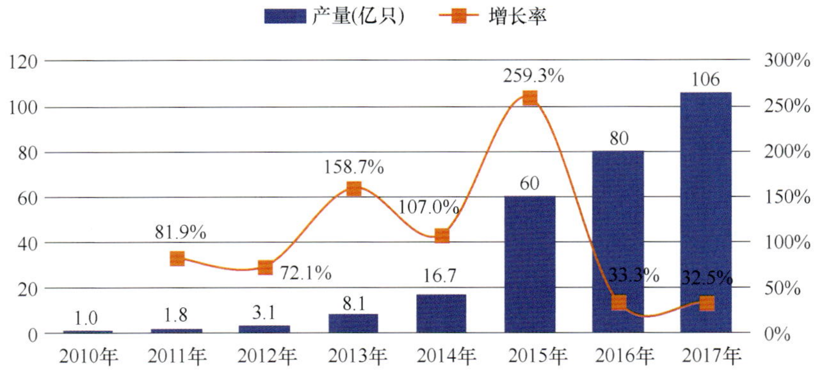


数据来源：2010—2013 年来源于中国照明学会和 ACMR 以往报告；2014—2017 年来源于 CSA

图 6　2010—2017 年中国半导体照明产品产量及增长

LED 照明产品出口地区以美国为最大的出口市场，室内照明仍是出口主流产品。2017 年 LED 照明产品中，球泡灯、管灯、灯条位于出口前 3 位（见图 8）。随着 2017 年“一带一路”等政策的实施，中国的出口市场正在打开新的局面。

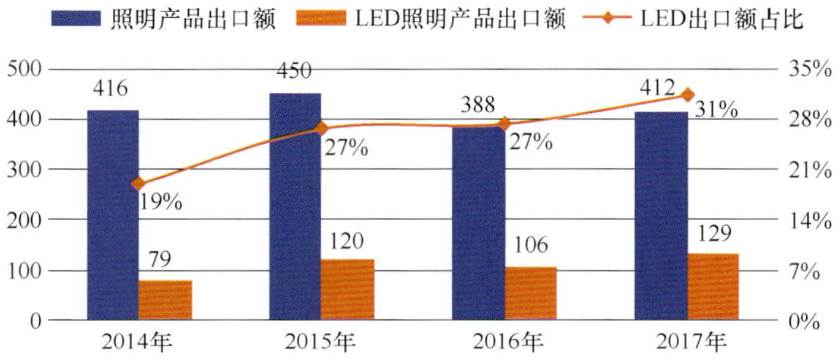


数据来源：海关统计、中国照明学会

图 7　2014—2017 年中国照明产品及半导体照明产品出口额（亿元）

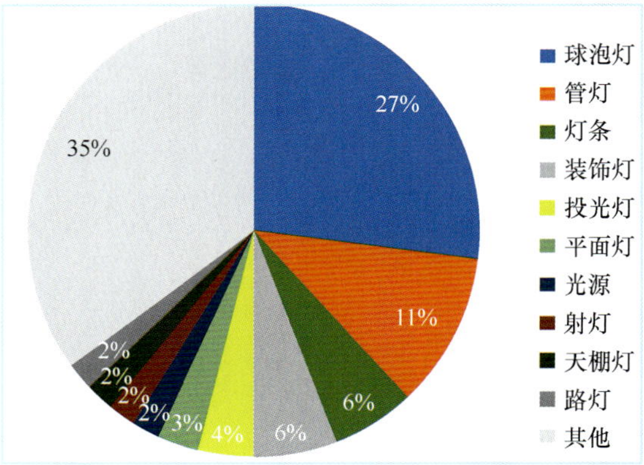


数据来源：中国海关

图 8　2017 年中国 LED 照明产品出口结构

2017 年，照明产品出口企业共有 17801 家，前 30 名出口额占整体出口额 24.21%，与 2016 年相比略有下降。LED 球泡灯中，立达信出口额最大（见表 1）。

**表 1　2017 年 1 ~ 2 月中国 LED 球泡灯出口企业排行榜**

| 排　名 | 品　牌 | 排　名 | 品　牌 |
|---|---|---|---|
| 1 | 立达信 | 6 | 宁波凯耀 |
| 2 | 厦门阳光 | 7 | 强凌电子 |
| 3 | 快捷达 | 8 | 生迪光电 |
| 4 | 通士达 | 9 | 德邦照明 |
| 5 | 佛山照明 | 10 | 龙胜达 |

数据来源：中国海关

## 2　各类照明产品在用量及市场占有率

### 2.1　各类照明产品在用量[㊀]

据本次调查及推总，2017 年全国范围内室内照明各类用户照明电光源产品在用量总数约为 135.0 亿只。其中：传统照

㊀　该处在用量数据均为室内照明的在用量；室外照明在用量后文有估算。

明产品[一]8.0 亿只，高效照明产品[二]127.0 亿只。高效照明产品中，LED 照明产品 92.9 亿只。与 2016 年相比，2017 年电光源产品在用量增加 9.2 亿只，增长率达到 7.3%，其中传统照明产品减少 3.0 亿只，高效照明产品增加 12.2 亿只，其中 LED 产品增加 33.0 亿只（见表 2 和表 3）。

与 2013 年相比，2017 年电光源产品在用量增加 41.2 亿只，其中传统电光源减少 6.2 亿只，高效电光源增加 47.4 亿只。通过对比以往数据可知，电光源产品在用量合计增长率逐年减小，2017 年仅达到 7.3%。

**表 2　2010—2017 年中国电光源产品在用量及增长率**

| 产品 | 2010 年 | 2011 年 | 2012 年 | 2013 年 | 2016 年 | 2017 年 |
|---|---|---|---|---|---|---|
| 电光源合计/亿只 | 71.4 | 78.6 | 85.9 | 93.8 | 126.8 | 135.0 |
| 传统照明产品合计/亿只 | 19.7 | 18.8 | 15.9 | 14.2 | 11.0 | 8.0 |
| 高效照明产品合计/亿只 | 51.7 | 59.7 | 70.0 | 79.6 | 114.7 | 127.0 |
| 在用量电光源产品增长率 | 15.7% | 10.0% | 9.3% | 9.2% | —① | 7.3% |

① 2014 年与 2015 年没有做在用量的相关调查，因此 2016 年的增长率无法计算。

数据来源：ACMR

**表 3　2016—2017 年中国各类用户电光源产品在用量（亿只）**

| 产品 | 2017 年 | | | | 2016 年 | | | |
|---|---|---|---|---|---|---|---|---|
| | 各类用户 | 居民 | 工业 | 商业 | 各类用户 | 居民 | 工业 | 商业 |
| 电光源合计 | 135.0 | 67.2 | 18.7 | 49.1 | 125.7 | 64.1 | 18.3 | 43.4 |
| 传统照明产品合计 | 8.0 | 6.2 | 1.1 | 0.7 | 11.0 | 7.9 | 1.5 | 1.6 |
| 白炽灯泡 | 6.4 | 5.5 | 0.3 | 0.5 | 8.7 | 7.1 | 0.5 | 1.1 |
| 高效照明产品合计 | 127.0 | 60.9 | 17.7 | 48.4 | 114.7 | 56.2 | 16.8 | 41.8 |
| LED 产品 | 92.9 | 39.8 | 14.3 | 38.9 | 59.9 | 26.8 | 9.4 | 23.8 |

数据来源：ACMR

2017 年电光源产品在用量为 135.0 亿只，居民、工业和商业的电光源产品在用量分别为 67.2 亿只、18.7 亿只和 49.1 亿只，其中 LED 产品在用量为 92.9 亿只，居民、工业和商业的在用量分别为 39.8 亿只、14.3 亿只及 38.9 亿只。2017 年 LED 照明产品在用量增长率较大，总体为 55.0%，其中居民、工业和商业分别为 48.5%、52.6% 和 63.2%。

居民用户按城乡分，2017 年大中城市、小城市和农村的电光源在用量分别为 15.5 亿只、27.9 亿只和 24.1 亿只，其中 LED 照明产品分别为 10.1 亿只、18.4 亿只和 11.2 亿只。与 2016 年相比，大中城市、小城市和农村电光源分别增加 1.3 亿只、1.0 亿只和 0.7 亿只，LED 的增加量分别为 3.4 亿只、5.8 亿只和 3.9 亿只。

居民用户按地区分，2017 年东部、中部和西部的电光源在用量分别为 25.4 亿只、24.0 亿只和 17.8 亿只，其中 LED 照明产品分别为 15.8 亿只、14.6 亿只和 9.4 亿只。与 2016 年相比，东部、中部和西部的电光源分别增加 1.3 亿只、1.3 亿只和 0.4 亿只，LED 的增加量分别为 5.1 亿只、4.7 亿只和 3.2 亿只。由于东部和中部地区较西部地区人口稠密，因此照明产品在用量更多。且东部和中部地区相对西部更发达，LED 增加量也相对较多。

2017 年，工业企业照明产品在用量大约为 18.7 亿只。其中，高效照明产品在用量为 17.7 亿只，且 LED 照明产品为 14.3 亿只。相比居民用户传统照明产品主要以白炽灯为主，工业用户中传统照明产品主要为 T12 直管荧光灯，其发光效率高，节能效果好。高效照明产品中，使用 LED 直管灯、LED 球泡灯和 LED 平面灯的相对较多。

2017 年，商业用户照明产品在用量为 49.1 亿只，传统照明产品仅剩 0.7 亿只，高效照明产品为 48.4 亿只，其中，LED 照明产品为 38.9 亿只。商业用户照明产品中，办公楼用户相对其他用户使用更多的电光源产品，其次是宾馆/酒店和学校，最后是商场/商厦。但宾馆/酒店和商场/商厦的 LED 照明产品使用率较高。从灯的种类来看，主要以 LED 直管灯、LED 筒灯和 LED 射灯为主。

---

[一] 传统照明产品包括：白炽灯、卤钨灯、T12 直管荧光灯、高压汞灯。

[二] 高效照明产品包括：普通照明用自镇流荧光灯（螺口节能灯）、单端荧光灯、T8、T5 及 T5 以下直管荧光灯、金属卤化物灯及各类 LED 灯。

## 2.2 各类照明产品市场占有率

### 2.2.1 室内照明半导体照明产品的市场占有率

按照数量来推算，2017 年室内照明 LED 照明产品的市场占有率达 68.8%，其中居民用户、工业用户和商业用户 LED 照明产品的市场占有率分别为 59.2%、76.4% 和 79.2%。与 2016 年相比，LED 照明产品在室内照明中，市场占有率增加 21.2 个百分点，其中居民用户增加 17.4 个百分点、工业用户增加 25.1 个百分点，商业用户增加 24.3 个百分点（见表 4）。可以看出，工业和商业 LED 照明产品的市场占有率在 2017 年提升较多，说明这两类用户都意识到 LED 的节能减排低成本作用并大量推广。

**表 4 各类用户照明产品市场占有率**

| 产品 | 2017 年 | | | | 2016 年 | | | |
|---|---|---|---|---|---|---|---|---|
| | 各类用户 | 居民 | 工业 | 商业 | 各类用户 | 居民 | 工业 | 商业 |
| 传统照明产品合计 | 5.9% | 9.3% | 5.6% | 1.4% | 8.7% | 12.4% | 8.1% | 3.7% |
| 白炽灯泡 | 1.2% | 1.1% | 3.8% | 0.3% | 1.8% | 1.4% | 5.4% | 1.1% |
| 高效照明产品合计 | 94.1% | 90.7% | 94.4% | 98.6% | 91.3% | 87.6% | 91.9% | 96.3% |
| LED 灯 | 68.8% | 59.2% | 76.4% | 79.2% | 47.7% | 41.7% | 51.3% | 54.9% |

数据来源：ACMR

居民用户按城乡分，2017 年，LED 照明产品在大中城市和小城市的市场占有率较高，分别为 66.7%、65.8%，农村用户中市场占有率较低，仅为 46.7%。2016 年，LED 照明产品在大中城市和小城市的市场占有率分别为 48.7%、46.9%，农村用户中市场占有率仅为 31.6%。

居民用户按地区分，2017 年，LED 照明产品在东部和中部的市场占有率较高，分别为 62.1%、60.6%，西部用户中市场占有率较低，仅为 53.0%。2016 年，LED 照明产品在东部和中部的市场占有率分别为 44.2%、43.4%，西部用户中市场占有率仅为 36.1%。对比两年的数据，东部、中部和西部 LED 的市场占有率分别提升 17.8 个百分点、17.2 个百分点和 16.9 个百分点。虽然西部地区市场占有率相比东中部略低，但整体均处于快速上升趋势。

2017 年工业用户高效照明产品的占有率已达到 94.4%，相比 2013 年的 90.1%，提升了 4.3 个百分点。LED 照明产品在工业领域的占有率为 76.4%。商业用户高效照明产品的占有率为 98.6%，相比 2013 年的 95.2%，提升了 3.4 个百分点。LED 照明产品在商业领域的占有率为 79.2%，其中商场/商厦、宾馆/酒店、学校和办公楼的 LED 照明产品占有率分别为 89.6%、90.8%、67.7% 和 75.2%，比 2016 年相比占比均提升 15 个百分点以上。

按照功率核算（见图 9），2017 年室内照明中 LED 的市场占有率为 58.3%，其中居民用户 LED 照明产品的市场占有率为 49.1%，工业用户 LED 照明产品的市场占有率为 64.4%，商业用户 LED 照明产品的市场占有率为 65.8%。2016 年室内照明中 LED 的市场占有率为 35.2%，其中居民用户 LED 照明产品的市场占有率为 32.1%，工业用户 LED 照明产品的市场占有率为 37.6%，商业用户 LED 照明产品的市场占有率为 37.1%。

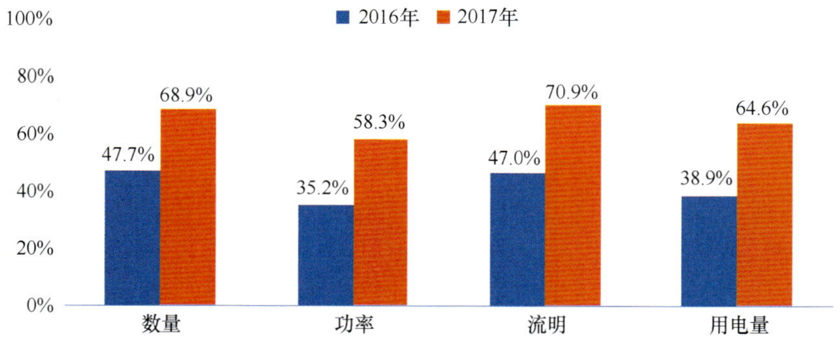


图 9 不同核算方式下室内照明 LED 市场占有率对比

按照流明来核算（见图 9），通过各种灯的数量、功率及流明数可估算，2017 年与 2016 年室内照明中 LED 市场占有率为 70.9%、47.0%，其中 2017 年，居民、工业和商业的 LED 市场占有率分别为 68.4%、73.7% 和 71.5%；2016 年，居民、工业和商业的 LED 市场占有率分别为 51.0%、46.4% 和 43.9%。

按照用电量来核算（见图 9），2017 年与 2016 年室内照明中 LED 的市场占有率为 64.6%、38.9%，其中 2017 年，居民、工业和商业的 LED 市场占有率分别为 52.8%、69.0% 和 67.6%；2016 年，居民、工业和商业的 LED 市场占有率分别为 34.0%、44.7% 和 37.5%。

### 2.2.2　整体照明半导体照明产品的市场占有率

整体照明行业，除了室内照明外，还有道路照明和景观照明。其中道路照明包含城市、乡村、高速公路、厂房、学校、小区、公园等室外照明的路灯。

按照数量来推算（见表 5），2016 年与 2017 年整体照明 LED 灯市场占有率分别为 48.7%、69.1%。

**表 5　按数量核算 LED 市场占有率**

| 年　份 | 分　类 | 总灯数/亿只 | LED 灯数/亿只 | LED 的市场占有率 |
|---|---|---|---|---|
| 2017 年 | 室内照明 | 135.0 | 92.9 | 68.8% |
| | 道路照明 | 2.2 | 0.4 | 20.0% |
| | 景观照明 | 4.6 | 4.6 | 100.0% |
| | 合计 | 141.7 | 97.9 | 69.1% |
| 2016 年 | 室内照明 | 125.7 | 59.9 | 47.7% |
| | 道路照明 | 2.1 | 0.4 | 20.0% |
| | 景观照明 | 3.8 | 3.8 | 100.0% |
| | 合计 | 131.6 | 64.2 | 48.7% |

注：2017 年道路照明中，城市路灯 3600 万只，厂房、学校等场所的路灯、隧道灯及高压钠灯 9800 万只，其他 8700 万只为乡村、高速公路、体育场、公园等场所的路灯。

按照功率来推算（见表 6），2016 年与 2017 年整体照明 LED 灯市场占有率分别为 31.8%、50.2%。

**表 6　按功率核算 LED 市场占有率**

| 年　份 | 分　类 | 总功率/万 kW | LED 功率/万 kW | LED 的市场占有率 |
|---|---|---|---|---|
| 2017 年 | 室内照明 | 35709 | 20808 | 58.3% |
| | 道路照明 | 7725 | 662 | 8.6% |
| | 景观照明 | 685 | 685 | 100.0% |
| | 合计 | 44119 | 22155 | 50.2% |
| 2016 年 | 室内照明 | 38141 | 13435 | 35.2% |
| | 道路照明 | 7356 | 630 | 8.6% |
| | 景观照明 | 571 | 571 | 100.0% |
| | 合计 | 46067 | 14637 | 31.8% |

注：道路照明中，LED 的功率按照 150W 核算，非 LED 灯的功率按照 400W 核算。
景观照明中，LED 的功率按照 15W 核算。

按照流明来推算（见表 7），2016 年与 2017 年整体照明 LED 灯市场占有率分别为 40.8%、59.8%。

**表 7　按流明核算 LED 市场占有率**

| 年　份 | 分　类 | 总流明数/亿 lm | LED 流明数/亿 lm | LED 的市场占有率 |
|---|---|---|---|---|
| 2017 年 | 室内照明 | 293572 | 208080 | 70.9% |
| | 道路照明 | 70191 | 6622 | 9.4% |
| | 景观照明 | 6849.32 | 6849 | 100.0% |
| | 合计 | 370613 | 221551 | 59.8% |
| 2016 年 | 室内照明 | 285944 | 134355 | 47.0% |
| | 道路照明 | 66833 | 6305 | 9.4% |
| | 景观照明 | 5708 | 5708 | 100.0% |
| | 合计 | 358484 | 146368 | 40.8% |

注：LED 照明产品的流明数按 100lm/W 核算；非 LED 照明产品的流明数按 90lm/W 核算。

按照用电量来推算（见表8），2016年与2017年整体照明LED灯市场占有率分别为29.4%、46.3%。

**表8 按用电量核算LED市场占有率**

| 年份 | 分类 | 总用电量/亿kWh | LED用电量/亿kWh | LED的市场占有率 |
|---|---|---|---|---|
| 2017年 | 室内照明 | 5510 | 3558 | 64.6% |
| | 道路照明 | 2820 | 242 | 8.6% |
| | 景观照明 | 100 | 100 | 100.0% |
| | 合计 | 8430 | 3900 | 46.3% |
| 2016年 | 室内照明 | 5237 | 2040 | 38.9% |
| | 道路照明 | 2685 | 230 | 8.6% |
| | 景观照明 | 83 | 83 | 100.0% |
| | 合计 | 8005 | 2353 | 29.4% |

注：路灯按照每年365天、每天照明时长10h核算。
景观按照每年365天、每天照明时长4h核算。

因此，2016年与2017年整体照明LED市场占有率如图10所示。

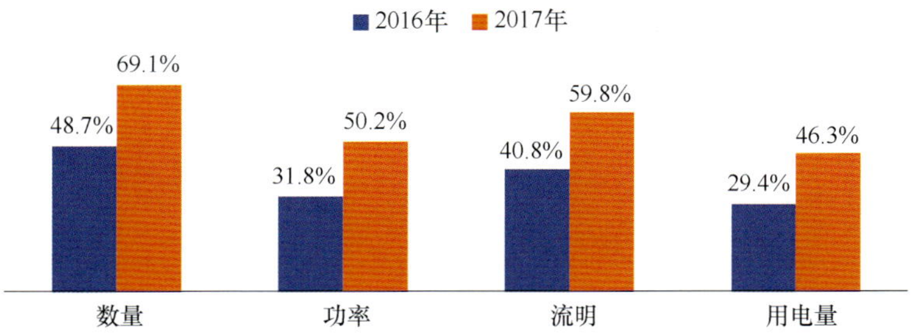


数据来源：ACMR

图10 不同核算方式下整体照明LED市场占有率对比

在计算了半导体照明产品的市场占有率后，本文还计算了市场上其他种类的电光源的占有率，如荧光灯、白炽灯、高压钠灯、金卤灯、卤钨灯及高压汞灯等，具体市场占有率如下：

方法1：按照数量核算各类灯的市场占有率

| 年份 | 分类 | LED灯 | 荧光灯 | 白炽灯 | 高压钠灯 | 金卤灯 | 卤钨灯 | 高压汞灯 |
|---|---|---|---|---|---|---|---|---|
| 2017年 | 室内照明 | 68.8% | 25.5% | 4.7% | | 0.4% | 0.4% | 0.1% |
| | 道路照明 | 20.0% | | | 80.0% | | | |
| | 景观照明 | 100.0% | | | | | | |
| | 合计 | 69.1% | 24.2% | 4.5% | 1.2% | 0.4% | 0.4% | 0.1% |
| 2016年 | 室内照明 | 47.7% | 43.6% | 6.9% | | 1.0% | 0.6% | 0.2% |
| | 道路照明 | 20.0% | | | 80.0% | | | |
| | 景观照明 | 100.0% | | | | | | |
| | 合计 | 48.7% | 41.6% | 6.6% | 1.3% | 0.9% | 0.6% | 0.2% |

方法2：按照功率核算各类灯的市场占有率

| 年份 | 分类 | LED灯 | 荧光灯 | 白炽灯 | 高压钠灯 | 金卤灯 | 卤钨灯 | 高压汞灯 |
|---|---|---|---|---|---|---|---|---|
| 2017年 | 室内照明 | 58.3% | 24.8% | 9.1% | | 5.6% | 1.7% | 0.5% |
| | 道路照明 | 8.6% | | | 91.4% | | | |
| | 景观照明 | 100.0% | | | | | | |
| | 合计 | 50.2% | 20.0% | 7.4% | 16.0% | 4.5% | 1.4% | 0.4% |

（续）

| 年份 | 分类 | LED 灯 | 荧光灯 | 白炽灯 | 高压钠灯 | 金卤灯 | 卤钨灯 | 高压汞灯 |
|---|---|---|---|---|---|---|---|---|
| 2016 年 | 室内照明 | 35.2% | 38.2% | 11.4% | | 11.7% | 2.1% | 1.3% |
| | 道路照明 | 8.6% | | | 91.4% | | | |
| | 景观照明 | 100.0% | | | | | | |
| | 合计 | 31.8% | 31.6% | 9.5% | 14.6% | 9.6% | 1.8% | 1.1% |

方法 3：按照流明核算各类灯的市场占有率

| 年份 | 分类 | LED 灯 | 荧光灯 | 白炽灯 | 高压钠灯 | 金卤灯 | 卤钨灯 | 高压汞灯 |
|---|---|---|---|---|---|---|---|---|
| 2017 年 | 室内照明 | 70.9% | 20.6% | 1.7% | | 6.2% | 0.4% | 0.3% |
| | 道路照明 | 9.4% | | | 90.6% | | | |
| | 景观照明 | 100.0% | | | | | | |
| | 合计 | 59.8% | 16.3% | 1.3% | 17.2% | 4.9% | 0.3% | 0.3% |
| 2016 年 | 室内照明 | 47.0% | 35.3% | 2.3% | | 14.0% | 0.6% | 0.9% |
| | 道路照明 | 9.4% | | | 90.6% | | | |
| | 景观照明 | 100.0% | | | | | | |
| | 合计 | 40.8% | 28.1% | 1.8% | 16.9% | 11.2% | 0.5% | 0.7% |

方法 4：按照用电量核算各类灯的市场占有率

| 年份 | 分类 | LED 灯 | 荧光灯 | 白炽灯 | 高压钠灯 | 金卤灯 | 卤钨灯 | 高压汞灯 |
|---|---|---|---|---|---|---|---|---|
| 2017 年 | 室内照明 | 64.6% | 19.9% | 5.0% | | 8.2% | 1.7% | 0.6% |
| | 道路照明 | 8.6% | | | 91.4% | | | |
| | 景观照明 | 100.0% | | | | | | |
| | 合计 | 46.3% | 13.0% | 3.3% | 30.6% | 5.4% | 1.1% | 0.4% |
| 2016 年 | 室内照明 | 38.9% | 33.6% | 6.6% | | 18.1% | 1.9% | 0.8% |
| | 道路照明 | 8.6% | | | 91.4% | | | |
| | 景观照明 | 100.0% | | | | | | |
| | 合计 | 29.4% | 22.0% | 4.3% | 30.7% | 11.9% | 1.3% | 0.5% |

## 3 各类照明产品日使用时间分析

调查结果显示，2016—2017 年居民用户对各类电光源的使用时间集中在 2 ~ 4h 之间。如图 11 所示，2017 年，使用时间最长的为 LED 吸顶灯、单端荧光灯及卤钨灯，分别为 3.94h、3.87h 及 3.69h。2016 年，使用时间最长的为 LED 直管灯、单端荧光灯及 LED 吸顶灯，分别为 4.05h、3.91h 及 3.73h。

与居民用户相比，大宗用户各类照明产品日使用时间平均为居民用户的 2 ~ 3 倍。

如图 12 所示，工业用户中，2017 年日使用时间最长的为 LED 厂房照明灯、LED 支架灯和 LED 直管灯，时间分别为 11.6h、10.2h 及 9.6h。2016 年，使用时间最长的也是这三种灯，其中 LED 厂房灯和 LED 支架灯比 2017 年多使用半小时。回顾 2013 年的时间，高压钠灯的日使用时间最长，为 9.75h。如今，照明时长前三位均被 LED 灯占据。

如图 13 所示，商业用户中，2016—2017 年各类照明产品日使用时间均集中在 6 ~ 13h 之间。2017 年日使用时间最长的为 T12 直管荧光灯、金属卤化物灯及 LED 筒灯，时间分别为 11.6h、10.9h 及 10.5h。2016 年，使用时间最长的也是这三种灯。回顾 2013 年的时间，单端荧光灯的使用时间长，为 8.65h。其他各类照明产品日使用时间均集中在 4 ~ 8h 之间。对比发现，商业用户的照明产品日使用时间近两年在增加。

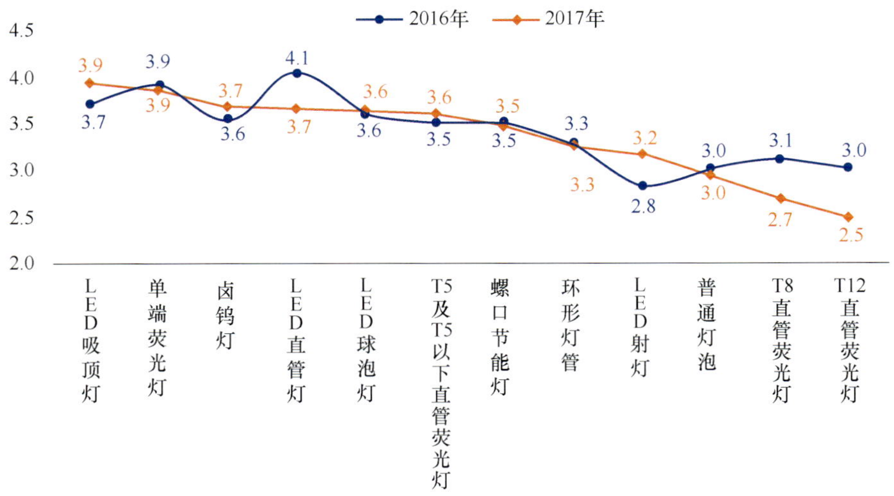


数据来源：ACMR；使用卤钨灯的样本量有限，结果仅供参考。

图 11　居民用户照明产品日使用时间（h）

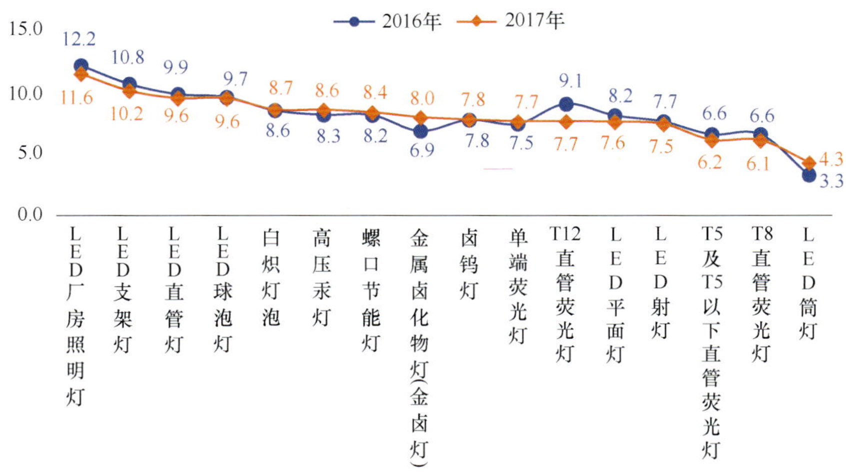


数据来源：ACMR

图 12　工业用户照明产品日使用时间（h）

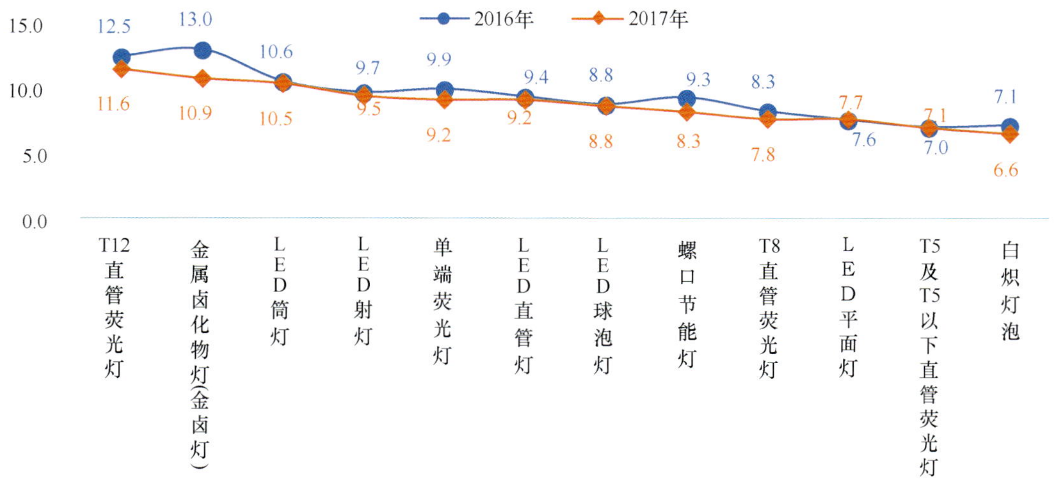


数据来源：ACMR

图 13　商业用户照明产品日使用时间（h）

## 4　各类用户照明用电量分析

国家统计局发布数据显示，2017 年与 2016 年全国用电量分别为 63076.6 亿 kWh、59198.4 亿 kWh，同比增长 6.5%。调查显示（见表9），2017 年照明用电量共计 8857.5 亿 kWh，占全社会用电量的 14.04%，相比 2016 年，该比例减少 0.15 个百分点。其中，2017 年室内照明用电量占全社会用电量的 8.74%，其中居民用户、工业用户和商业用户占比分别为 1.70%、3.22% 和 3.82%；道路景观照明占全社会总用电量的 4.63%。

表 9　全社会照明用电情况

| 大　类 | 细　分 | 2017 年 | | 2016 年 | |
|---|---|---|---|---|---|
| | | 照明用电量/亿 kWh | 照明用电占全社会用电的比例 | 照明用电量/亿 kWh | 照明用电占全社会用电的比例 |
| 室内照明用电 | 居民用户 | 1071.9 | 1.70% | 1032.7 | 1.74% |
| | 工业用户 | 2030.2 | 3.22% | 1985.2 | 3.35% |
| | 商业用户 | 2407.6 | 3.82% | 2219.3 | 3.75% |
| 城市照明用电 | 道路景观照明 | 2919.8 | 4.63% | 2768.2 | 4.68% |
| 其他照明用电 | 公共设施照明等 | 428.0 | 0.68% | 393.5 | 0.66% |
| 合计 | | 8857.5 | 14.04% | 8398.9 | 14.19% |

数据来源：ACMR、中国照明学会、路灯管理处

2010—2017 年，照明用电量占全社会用电量的比例先逐步上升，在 2015 年达到最大值，然后再逐年下降（见图 14）。说明虽然随着人民生活水平的提升，照明产品的在用量与前几年相比有所增加，但是由于 LED 产品的推广使得节能减排效果较好，因此照明用电量占全社会用电量的比例有所降低。

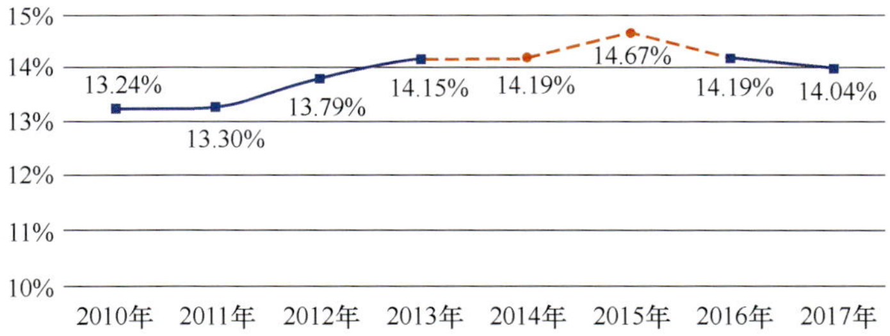


数据来源：ACMR

图 14　2010—2017 年照明用电量占全社会用电量的比例

（本课题主要完成人：杨闯，高增荣，郑炳松，罗毅，韩彦军，高飞，陈良惠）

# 2017—2018 年中国照明学术发展回顾与展望

郑炳松
（中国照明学会）

面对世界经济格局的深刻变化，在以习近平同志为核心的党中央坚强领导下，广大照明科技工作者坚持创新引领发展，加强自主创新，积极开展基础科学研究、关键技术攻关、工程应用实践和富有成效的学术交流活动，在 2017—2018 年取得了丰硕的照明科技与工程应用成果，给照明领域的理论创新和学术繁荣营造了良好的环境，为满足人民对美好光照

环境的需求做出了积极的贡献，为世界照明事业的发展注入了中国动力，贡献了中国智慧。

## 一、创新活力绽放，学术成果丰硕

2017—2018 年，我国照明行业发展延续前几年发展的主要特点，围绕半导体照明这个中心话题，以创新发展为主旋律，开展了丰富的实践创新与探索[1]。半导体照明核心技术稳步提升、前沿技术不断突破，具有自主知识产权的功率型硅基黄光、绿光及紫外芯片光效达到世界先进水平，我国跻身半导体照明技术强国行列；半导体照明在城市景观照明、健康医疗照明、农业照明、汽车照明、可见光通信和显示等领域的应用规模不断扩大，我国半导体照明产业规模已位居世界第一。

### （一）研究热点

在过去 100 年中，80% 以上的世界科技创新成果首先发表在科技期刊上[2]，科技期刊是科技前沿成果首发权的重要证明，是国家科技竞争力和文化软实力的重要标志。科技成果论文的主题和关键词可以简明扼要地表征论文研究的中心思想或主旨，而且词频统计是研究学科前沿热点常规的方法。以下将基于文献主题和关键词词频统计，并结合国家自然科学基金和国家重点研发计划资助的重点项目，分析这两年我国照明行业发展的前沿与热点。

#### 1. 基于文献主题和关键词的词频分析

在中国知网（CNKI）上，以主题为“LED”“照明”“光源”或“发光二极管”进行精确检索（发表时间：从 2017 年 1 月 1 日 ~2018 年 12 月 31 日，检索时间：2019 年 7 月 19 日），共检索到 14959 条文献结果。文献所属的主题词包括（按词频从高到低排序）：LED、可见光通信、照明系统、发光二极管、照明设计、辐射源、荧光粉、有机发光二极管、节能设计、照明灯具、机器视觉、建筑电气设计、单片机、电气设计、白光 LED、隧道照明、显示屏、发光性能、驱动电源、道路照明、光环境、智能照明系统、照明光源、VLC、性能研究、传感器、人工照明、照明控制、城市照明、建筑电气、智能照明、节能技术、夜景照明、景观照明、电气节能、建筑电气节能和公路隧道照明等。其中 LED 词频为 3246，含 LED 或发光二极管的主题词频为 3922，位居第一；可见光通信（VLC）词频为 461，位居第二；照明系统词频为 337；其他如智能照明、照明设计和光环境等主题词频也很高，如图 1 所示。

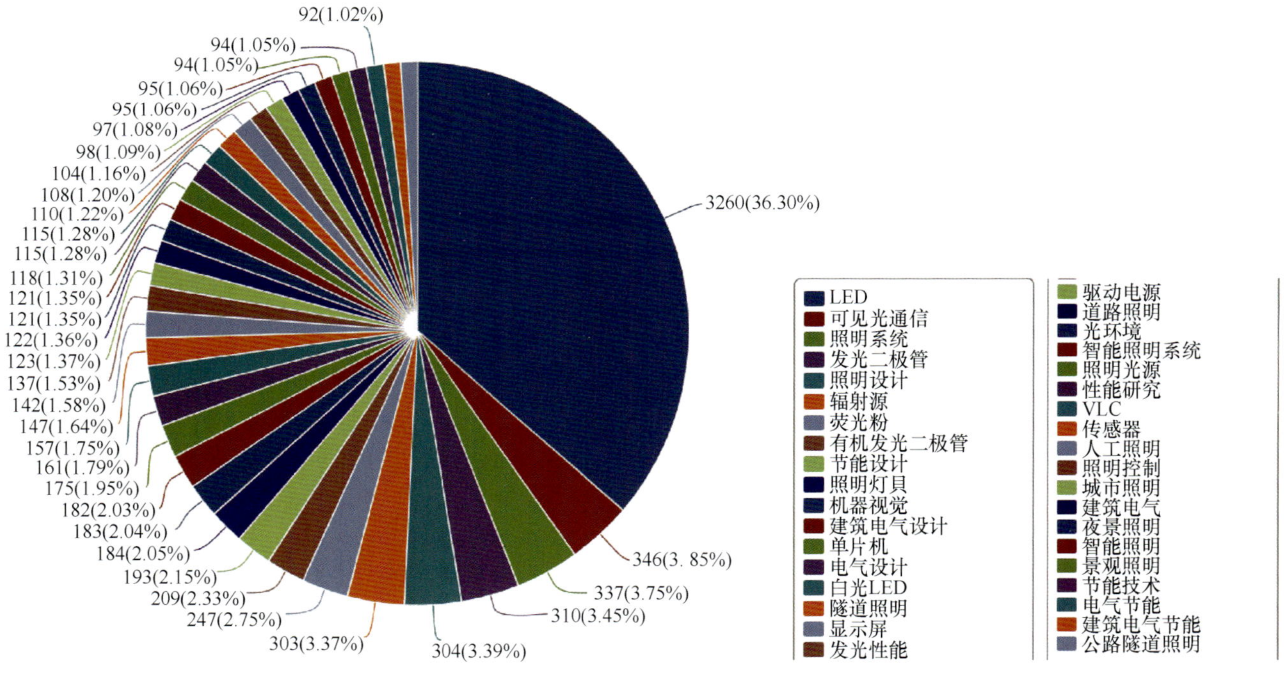


图 1　2017—2018 年 14959 条文献的主题分布情况

将检索到的 14959 条结果按照文献下载量从高到低进行排序，剔除不相关文献，遴选出下载量排在前 100（TOP 100）的论文，并对这些下载量 TOP 100 的学术论文使用 CNKI 文献计量可视化分析功能进行分析（聚类分析），得到关键词共现网络如图 2 所示。再将检索到的 14959 条结果按照文献被引量从高到低进行排序，剔除不相关文献，遴选出被引量排在前 50（TOP 50）的论文，其中被引量 TOP 10 的论文题名如下：《基于 LED 的高速可见光通信》《基于视觉参照系重构的高速公路长隧道照明设置新方法》《“十三五”我国半导体照明产业发展展望》《五基色 LED 照明光源技术进展》《公路隧道节能照明研究现状与展望》《稀土发光材料中的能量传递与发光颜色调控》《基于双自由曲面的 LED 均匀照明准直透镜设计》《基于白光发光二极管的室内可见光通信光源布局优化》《以市场为导向手工纸质照明产品设计研究》《建筑电气节能设计及照明节能设计探讨》。对这些被引量 TOP 50 的学术论文使用 CNKI 文献计量可视化分析功能进行分析，得到论文研究关键词共现网络如图 3 所示。可以发现，热点关键词有 LED、钙钛矿、发光二极管、可见光通信、照明系统、照明环境、量子点和 LED 照明等。

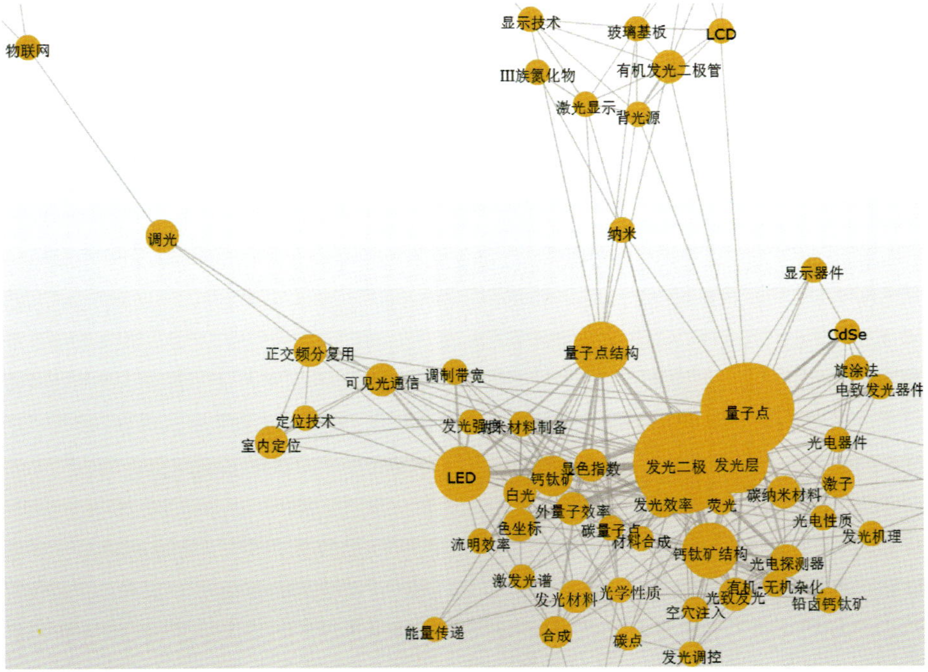


图 2　2017—2018 年下载量 TOP 100 论文关键词共现网络（节点过滤：出现频次 1 次）

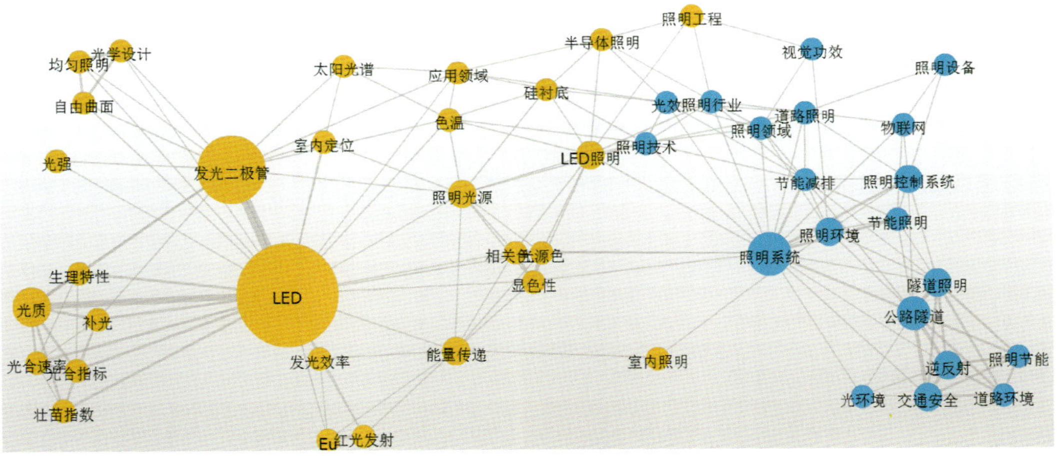


图 3　2017—2018 年被引量 TOP 50 论文关键词共现网络（节点过滤：出现频次 1 次）

具体地，以中国照明学会主办的核心学术期刊《照明工程学报》为例，2017—2018 年《照明工程学报》共出版 12 期，主题涵盖健康照明、博物馆照明、半导体照明、植物照明、计量与测试、美术馆照明、照明设计、智能照明和文旅照明等。从 2017 年 1 月 1 日—2018 年 12 月 31 日，《照明工程学报》在中国知网上贡献了 406 条文献（检索时间：2019 年 7 月 19 日），文献所属的主题词包括（按词频从高到低排序）：LED、照明设计、道路照明、照明工程学、人工照明、景观照明、辐射源、光环境、夜景照明、美术馆、可见光通信、照明工程、博物馆照明、博物馆、灯光设计、照明光源、LED 照明、智慧路灯、光生物安全、照明规划、隧道照明、照度值、照明标准、照明灯具、荧光粉、半导体照明、照度均匀度、光污染和白光 LED 等。

将检索到的 406 条结果按照文献下载量从高到低进行排序，剔除不相关文献，遴选出下载量排在前 100（TOP 100）

的论文，下载量 TOP 10 的论文题名如下：《光与健康的研究动态与应用展望》《光谱调控植物生长发育的研究进展》《基于 NB-IoT 技术的道路照明智能控制系统》《照明行业进入 LED 照明时代》《汽车前照大灯智能化的现状与发展》《紫外发光二极管发展现状及展望》《五基色 LED 照明光源技术进展》《老年人行为活动及光环境满意度调研分析——以重庆地区养老院为例》《基于 LED 照明的模块化可见光通信系统设计》《办公照明的光生物效应研究综述》，并对这些下载量 TOP 100 的学术论文使用 CNKI 文献计量可视化分析功能进行分析，得到关键词共现网络如图 4 所示。再将检索到的 406 条结果按照文献被引量从高到低进行排序，剔除不相关文献，遴选出被引量排在前 50（TOP 50）的论文，被引量 TOP 10 的论文题名为《五基色 LED 照明光源技术进展》《光与健康的研究动态与应用展望》《“十三五”我国半导体照明产业发展展望》《公路隧道节能照明研究现状与展望》《照明行业进入 LED 照明时代》《办公照明的光生物效应研究综述》《博物馆 LED 照明的显色质量对绘画作品的视觉影响》《基于 NB-IoT 技术的道路照明智能控制系统》《智慧路灯建设的实践与思考》《公路隧道照明灯具利用系数研究》，并对这些被引量 TOP 50 的学术论文使用 CNKI 文献计量可视化分析功能进行分析，得到关键词共现网络如图 5 所示。可以发现，热点关键词有半导体照明、光环境、照明设计、照明工程、可见光通信、照明系统、照明环境和健康照明等。

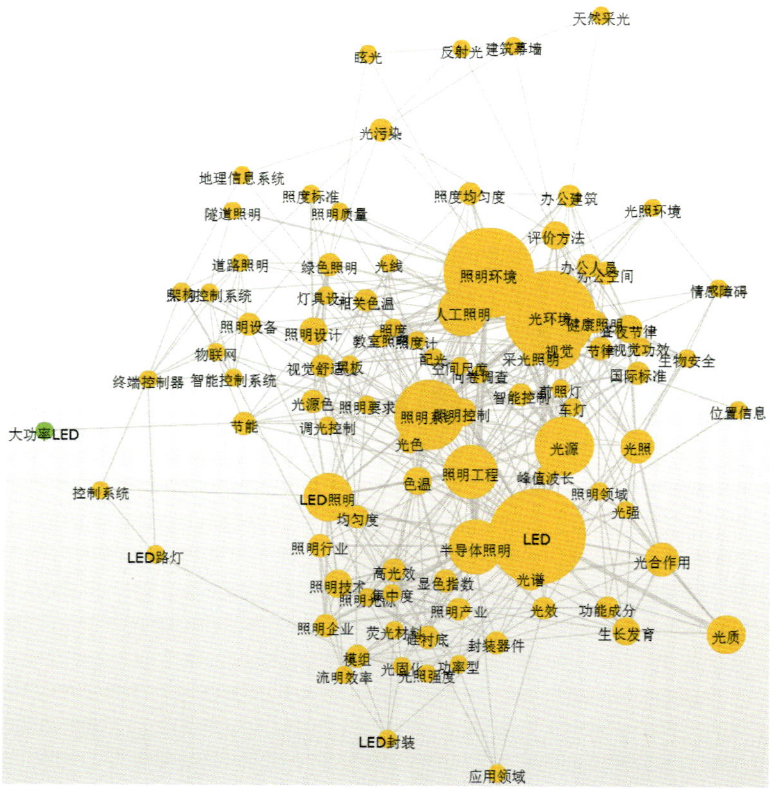


图 4　2017—2018 年《照明工程学报》下载量 TOP 100 论文研究关键词共现网络（节点过滤：出现频次 1 次）

## 2. 基于科研课题资助项目的分析

国家自然科学基金聚焦基础、前沿、人才，注重创新团队和学科交叉，为全面培育我国源头创新能力做出了重要贡献，成为我国支持基础研究的主渠道。基于 LetPub 查询系统平台，分别输入关键词“照明”“LED”“光环境”和“发光二极管”，查询 2017—2018 年国家自然科学基金立项的项目情况，剔除重复结果，共检索到 128 条项目（未列入国际（地区）合作交流项目 13 项）。其中，项目名称中含激光照明的有 7 项，包括“激光照明系统复杂荧光结构协同制造及光调控机理”“面向激光照明应用的高发光饱和阈值的氮化物荧光薄膜的研究”“面向激光照明应用的双晶化相透明玻璃陶瓷荧光体的结构调控与发光性能研究”等；可见光通信主题的项目包括“多色 LED 可见光通信传输理论研究”“面向高速并行水下无线光通信的 micro-LED 阵列器件的高调制带宽机理研究”和“水下 LED 可见光成像 MIMO 通信关键技术研究”等 4 项；钙钛矿发光二极管主题的项目包括“W-LEDs 用双钙钛矿型红色荧光材料的基质微环境调控及其发光性能研究”“高性能柔性钙钛矿 LED 的电荷注入及发光特性研究”和“有机金属卤素钙钛矿发光二极管老化机制研究及器件优化”等 12 项；有机发光二极管（OLED）主题的项目包括“基于石墨烯底阴极的全透明倒置有机发光二极管的研究”“新型高性能稀土敏化蓝色有机发光二极管”和“变参量金属/介质微纳结构调控的高效线偏振出光的白光 OLED 器件”等 20 项；项目

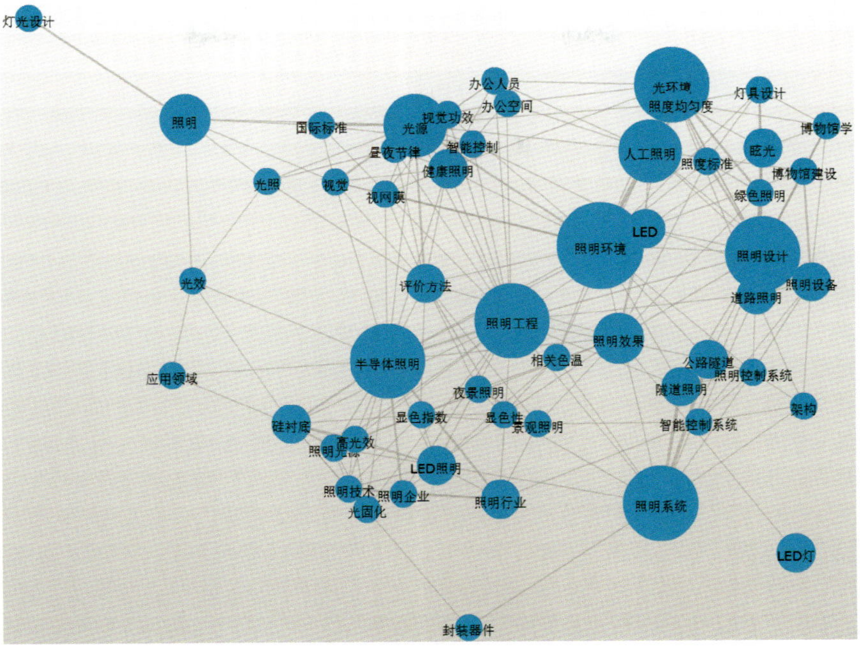


图 5　2017—2018 年《照明工程学报》被引量 TOP 50 论文研究关键词共现网络（节点过滤：出现频次 1 次）

名称中含量子点的有“玻璃基多层功能薄膜制备及其倒置量子点 LED 电致发光机理研究”“超低电压蓝光量子点发光二极管的器件结构及电致发光机制研究”和“无镉低毒性半导体量子点材料及 LED 器件”等 17 项目；项目名称中含紫外的有“含有反相畴的 3D 紫外 LED 界面调控及发光性能研究”“硅衬底上 AlGaN 基深紫外 LED 材料与器件制备研究”和“AlGaN 基深紫外 LED 光出射机制及其调控方法研究”等 6 项；健康照明主题的项目包括“基于青少年健康睡眠的住宅夜间人工光环境优化研究”“基于节律、视觉二维参数的室内健康照明研究”“天然光非视觉生物效应对中青年睡眠质量与觉醒度的关联影响研究”“基于体质适应性的 VDT 办公光环境研究”和“基于眼动参数分析的多媒体教室光环境研究”等；植物照明主题的项目包括“LED 植物照明用新型高效荧光粉的制备与性能研究”“基于植物生长 LED 用单一基质近红外、红、蓝多色智能荧光粉研究”“闽楠耐荫性随年龄和光环境变化的动态响应及分子机理”和“潮间带底栖甲藻对光环境变化的适应与保护机制研究”等。

国家重点研发计划面向世界科技前沿、经济主战场和国家重大需求，重点资助事关产业核心竞争力、整体自主创新能力和国家安全的战略性、基础性、前瞻性重大科学问题、重大共性关键技术和产品研发等。2017—2018 年，国家重点研发计划“战略性先进电子材料”重点专项立项的关于半导体照明的项目共 12 项，主要分布在三个方向：超高能效半导体光源核心材料、器件及全技术链绿色制造技术，半导体照明与生物作用机理及面向健康医疗和农业的系统集成技术与应用示范，新形态多功能智慧照明与可见光通信关键技术及系统集成。具体项目名称分别为“超高能效半导体光源核心材料及器件技术研究”“高效高可靠 LED 灯具关键技术研究”“半导体照明产品全技术链绿色制造技术研究”“新形态多功能室内智慧照明关键技术及系统集成”“室外智慧照明关键技术及系统集成”“可见光通信关键技术及系统研发”“面向健康照明的光生物机理及应用研究”“LED 用于健康与医疗的机理、方法、设备与应用研究”“用于设施农业生产的 LED 关键技术研发与应用示范”“用于设施家禽与水产养殖的 LED 关键技术研发与应用示范”“超高密度小间距 LED 显示关键技术开发与应用示范”“第三代半导体新型照明材料与器件研究”。

综合国家自然科学基金和国家重点研发计划这两年立项资助的重点项目情况，并结合这两年文献主题词和关键词词频的统计分析数据（见图 1～图 5），可以发现，2017—2018 年我国照明行业学术研究的中心话题是半导体照明，其前沿热点归纳如下：

1）基础研究方面，LED 光源颜色质量、天然光非视觉生物效应、健康光品质特征指标、面向健康照明的光生物机理、人因健康舒适度、视网膜细胞光损伤定量分析、眩光评价方法、物体的颜色再现、LED 照射下植物生长节律特征以及家禽养殖光照机理等都是前沿热点。

2）开发研究方面，超高能效半导体光源的开发、可见光通信技术、照明智能控制技术、智慧照明关键技术、模拟太阳光技术、硅衬底 LED、紫外发光二极管、量子点发光二极管、钙钛矿发光二极管、新型高性能有机发光二极管、用于设施农业生产的 LED 关键技术、高效高可靠 LED 灯具关键技术以及超高密度小间距 LED 显示关键技术等都是前沿热点。

3）应用研究方面，半导体照明的创新应用是学术研究的重点，主要包括：室内外智慧照明、可见光通信、健康照明、植物工厂照明、设施家禽与水产养殖照明、汽车照明、深紫外光源应用和激光照明应用等；同时在通用照明领域，媒体建筑、文旅照明、博物馆/美术馆 LED 照明、城市景观照明、办公照明、交通运输照明、智慧路灯、舞台影视照明、重大活动及重要节庆景观照明和照明设计等都是业界关注的热点。

此外，随着半导体光源的广泛应用，新的标准光源和标准照明体、新型光度和辐射度设备、半导体照明标准的国际比对、照明测量的溯源标准以及 LED 光源的光生物安全评估等成为照明行业关注的热点话题。

### （二）学术成果撷萃

基于 2017～2018 年照明行业发展的前沿和热点，从灿若星辰的学术成果中提取出一些具有代表性的学术成果，并从照明科技、工程设计和创新应用三个维度进行阐述。

#### 1. 照明科技方面

1）钙钛矿 LED 取得突破。我国科学家在钙钛矿 LED 研究领域的多个方向开创了全新的研究方法，并取得了具有自主知识产权、有世界影响力的创新成果，整体上处于世界领先地位[3-5]。2018 年，南京工业大学黄维院士以及王建浦教授所带领的团队将近红外钙钛矿 LED 外量子效率提升至 20.7%，华侨大学魏展画课题组将绿光钙钛矿 LED 的外量子效率提升至 20.3%。这两项成果被评述为“突破性成果”“是钙钛矿材料在发光二极管中应用的里程碑式跨越”以及“使钙钛矿 LED 技术突破性能障碍，将推动钙钛矿 LED 的产业化发展”。

2）高光效黄光 LED 取得突破。2018 年，南昌大学江风益课题组[6]在原有硅基 GaN 蓝光 LED 材料、器件和芯片结构的基础上，通过材料结构、装备生长与工艺的创新设计，大幅提升了黄光 LED 电光转换功率效率。在 20A/cm$^2$ 和 30A/cm$^2$ 电流密度的驱动下，565nm 硅基黄光 LED 的光效分别提高到 24.3% 和 33.7%，分别对应 149lm/W 和 192lm/W，解决了国际上 LED 缺高光效黄光的问题。

3）高速 LED 可见光通信取得突破。2018 年，复旦大学迟楠课题组[7]利用没有荧光粉的五色硅基 LED 来形成白光，在显色指数、色温和光效之间取得平衡，采用离散多音调制，使用预/后均衡技术，实现了 1m 自由空间传输距离最高达到 10.72Gbit/s 的传输速率，实现了高速 LED 可见光通信系统中传输速率的突破。同年，复旦大学与南昌大学使用硅衬底绿光 LED 进行水下实验，发射端采用 DMT 64QAM 调制，调制带宽 287.5MHz，采用硅衬底绿色 LED 作为发射器，采用双差分接收以及等增益合并算法，实现了 1.2m 水下传输距离高达 1.725Gbit/s 的传输速率。

4）有机发光二极管取得突破。2018 年，吉林大学李峰教授团队和剑桥大学 Richard H. Friend 教授团队[8]利用有机发光自由基材料制备有机发光二极管，实现了接近 100% 的量子效率，解决了传统荧光发光材料发光效率低的问题。该研究成果是 OLED 研究领域的重大突破，展现了发光自由基在有机光电领域的应用前景，为 OLED 的研究开辟了新的方向。

5）深紫外 LED 关键技术获得突破。以深紫外 LED 为代表的紫外 LED 在杀菌消毒、医疗和生化检测等领域有着重大的应用价值。深紫外 LED 性能进一步提升，2017 年我国 80nm 深紫外 LED 的光输出功率在 100mA 下超过 8mW，350mA 下达到 30mW，处于世界先进水平。针对深紫外发光器件中 p 型掺杂国际技术难题，中国科学院半导体研究所刘志强团队[9]提出了缺陷共振态 p 型掺杂新机制，基于能带调控，获得高效受主离化率的同时，维持了较高的空穴迁移率，实现了 0.16Ω·cm 的 p 型氮化镓电导率，为石墨烯在深紫外器件透明电极中的应用奠定基础。

6）基于 LED 的标准灯获得突破。研制新的适合光辐射度量值传递的标准灯是国际光辐射计量的一个热点。中国计量科学研究院在以 LED 为发光体的标准光源的研制方面已经取得一定的研究成果，并积极推进满足应用于国际比对的标准灯的研制和特性测量研究[10]。2017 年，中国计量科学研究院基于高温黑体辐射源 BB3500M，建立 200～350nm 光谱辐射照度国家基准装置，新建一组短波紫外光谱辐射照度副基准灯组由 6 只 30W 氘灯组成，用于基准量值的保存和传递，填补了短波紫外光谱辐射照度国家基准的空白，使我国有能力参加短波紫外光谱辐射照度国际关键比对 CCPR. K1-b，为航空航天、光生物安全等领域提供了量值溯源标准[11]。2018 年，中国计量科学研究院基于 LED 多光谱匹配技术，研制了一种宽波段 LED 光源标准灯，将白光 LED 的光谱拓展至整个可见光波段，经实验验证，可用于总光通量、颜色参数量值的传递，是白炽标准灯和普通白光 LED 标准灯的有益补充[12]。该方法为基于 LED 的光度、辐射度标准灯的研制提供了一条新的技术路线。

#### 2. 工程设计方面

1）中国尊大厦景观照明工程。2018 年，528m 的北京第一高楼——中国尊大厦交付使用，并成为首都新地标。超高层建筑的景观照明工程，不仅要突破传统施工工艺，还要创新安装工艺，代表着照明工程行业的顶尖水平。豪尔赛科技集团中国尊夜景照明工程使用了最新的 LED 节能照明技术和建筑媒体智能控制技术，攻克了 LED 灯具狭小空间安装难题和景观灯具高空安装作业坠物难题，为我国的超高层建筑夜景照明工程提供了大量设计施工的技术解决方案[13]。

2）港珠澳大桥照明工程。2018 年，世界建筑史上里程最长、投资最多、施工难度最大也是最长的跨海大桥——港珠澳大桥正式开通。港珠澳大桥的建设过程中，科学家和工程师们创造了 400 多项新专利、7 项世界之最。港珠澳大桥夜景照明包括功能性照明和主桥的装饰照明两大部分。全桥的夜景照明设计注重波澜起伏的韵律感，连绵起伏宛如一串美丽的珠链镶嵌在大海之上。以上海三思电子科技为代表的照明企业，为了达到大桥的极限条件要求，创新了多项独特的照明技术，设计了具有专业配光的路灯解决方案，为港珠澳大桥建设发挥了至关重要的作用，也为其他大桥及特殊要求场所的夜景照明工程提供了丰富的经验参考和理论依据。

3）C919 大型客机照明设计。2017 年，按照国际适航标准研制的 150 座级干线客机 C919 大型客机在上海浦东国际机场首飞成功，标志着我国大型客机项目取得重大突破，是我国民用航空工业发展的重要里程碑。C919 实现了 102 项关键技术的攻关突破，采用了大量的先进技术。在 C919 大型客机照明设计中，复旦大学林燕丹教授担纲 C919 机内照明系统的总设计，参加了两个重大专项“大客飞机客舱情景照明机理研究”和“大客飞机驾驶舱照明人机工效研究”；复旦大学孙耀杰教授参加了大型客机联合工程队，承担大飞机重大专项“大型客机驾驶舱照明”、“大型客机客舱照明”的人机功效、照明测控与仿真系统的研究。C919 大型客机客舱照明采用人性化情景照明设计，给乘客温馨体贴的舒适环境。C919 大型客机驾驶舱照明采用了色温较冷的光源，以保证飞行员注意力集中，同时设计了合适的光照亮度，以保障不让飞行员感觉疲劳。

4）上海黄浦江两岸景观灯光升级改造。2018 年，上海市对黄浦江两岸景观灯光进行提升改造，包括对 4 座跨江大桥、杨浦大桥至南浦大桥之间两岸 388 栋重要建筑、16 座码头和近 20km 岸线景观照明的新建、改建和集中控制系统建设等，对外滩一线历史建筑、天际线建筑群背景、第五立面、滨水岸线、纵深街道立面、路灯、城市景观和节假日特殊场景等全方位的夜景照明进行了优化设计，完成了 14 余万套灯具、5 万多 m 灯带、600 余套控制终端等的安装与调试任务，升级后的黄浦江夜景在首届中国国际进口博览会期间精彩亮相，为市民游客夜间漫步黄浦江营造了丰富多彩的夜景空间。

5）重大活动及节庆期间城市景观照明。①2017 年，金砖国家领导人第九次会晤在厦门举行，厦门市进行了重点片区夜景照明提升工程，范围包括了“一线”“三片”“四带”和“四桥一隧”等主要内容。规划设计中回归了以色温变化展现城市的理念，同时对亮度要求普遍降低。迎宾之光最重要的核心部分是主会场——厦门国际会议中心和会展片区。规划设计中用光的金色来表达这次会议迎宾的概念，用金色的光突出庄重的仪式感来表达对与会国的尊重与重视，也象征性地表达了金砖会议的概念[14]。②2018 年，上海合作组织青岛峰会在青岛举行，峰会主会场位于青岛奥帆中心室内面积最大、规格最高的会议厅。峰会主会场室内照明设计力求用光环境突出展现整个会场恢宏博大的殿堂气概、礼乐诗书的文化传承、吉祥如意的友好氛围和精致典雅的装饰风格。整个主会场采用智能灯光控制系统，采用可调光灯具，并严格控制了所有光源的频闪，使得整个会议中心达到了光学功能完备、视觉感受完美的灯光设计要求[15]。③2018 年是中国改革开放 40 周年，也是深圳经济特区成立 40 周年。深圳改革开放 40 周年灯光秀突出改革开放的主题、内涵和深远意义，分为山海之城、改革之窗、创新之都以及和谐之境四个篇章，表演的最后出现“深圳欢迎你”的字样，一共有 43 栋楼宇璀璨亮起，以先进的智能控制手段与创新的视觉表现手法，构建震撼的整体大联动和层次丰富的立体演示界面，打造特色的数字化夜景精品。

### 3. 创新应用方面

1）植物照明。光照不仅通过光合作用供应植物生长所需的能量，也是植物生长发育的重要调控因子。植物照明可以促进植物生长，提高产量，改善产品形态、色泽，提升植物的功能成分等，还可以减少病虫害的发生[16]。2017—2018 年，植物工厂半导体照明领域在人工光植物工厂 LED 照明植物光质生理基础与节能管控技术方面实现了诸多重大突破，集中于植物光质生理与光配方、LED 光源光谱构建、LED 光源空间管理技术、LED 光质供给模式和 LED 连续光照技术等方面。2018 年 1 月 8 日，中国农业科学院杨其长研究员团队的项目“高光效低能耗 LED 智能植物工厂关键技术及系统集成”荣获了 2017 年度国家科学技术进步奖二等奖（通用项目），他们率先提出植物光配方概念，创制出基于光配方的 LED 节能光源及其控制技术装备。2018 年 5 月 15 日上午，在“月宫一号”中进行了为期 370 天的人类密闭生存模拟试验并获得了圆满成功，创造了人类密闭生存时间的世界纪录。“月宫一号”植物舱的植物生长光源由北京航空航天大学研制，植物生长 LED 光源采用 145 只 1m 长、100W 智能 4 通道植物生长灯，162 只 1.2m 长、120W 智能 4 通道植物生长灯，并首创了 4 通道独立调控且峰值波长的组合符合植物光合作用吸收响应曲线，实现了在一个植物照明灯具上可以根据不同的作物的光合作用特征，在光质、光周期以及光量子通量密度上进行自由调控，为不同作物的光配方的研究工作建立了系统基础[17]。

2）健康照明。2017 年，Jeffrey C. Hall、Michael Rosbash 和 Michael W. Young 因发现了“控制昼夜节律的分子机制”荣获诺贝尔生理学或医学奖，之后对于昼夜节律调节机制的研究蓬勃发展。健康照明研究成果主要包括人居主要空间中照明对人体节律和情绪的影响与作用，从光谱层面对照明条件进行的变量控制，色温、照度、节律刺激、显色指数、眩光和亮度等光品质参数对人体健康的影响，从心理物理量、工作任务绩效、生理指标、生物化学指标、眼疲劳、情绪、社会行为和睡眠质量等方面进行的健康照明评价等[18-20]。中国健康照明科研人员从实验方法、灯具研发、检测认证和设计应用等方面，除了进行全产业链跨学科的深度合作外，最重要的是开展了针对中国人群的健康照明研究。同济大学郝洛西教授针对特定人群、地域和空间，利用光照及色彩的视觉-情感-生物效应，开展了建筑学、医学、色度学和人因工学等多学科交叉集成研究，研究成果“改善情绪与节律的健康照明系统”已应用在多类空间环境中，并获得2017年度中国轻工业联合会科技进步一等奖。2017年启动的面向健康照明的光生物机理及应用研究项目以“光与健康”作为研究核心，开展全方位、多角度的半导体照明对于人体光生物影响机理研究，确定半导体照明对人体健康的短、中、长期影响机制和规律，形成与之对应的生理和病理数据库，将形成样本量大于12000人次的半导体照明光生物影响生理数据库，以及样本量大于1000人次的光生物影响病理数据库。人体健康与光环境之间存在着复杂的多因素交互作用和正负反馈机制。以光生物机理研究为主体的“光健康与光医疗”成为突破现有技术桎梏、实现从“0”到“1”飞跃的核心力量[21]。

3）智慧照明。《半导体照明产业“十三五”发展规划》提出要推进半导体照明产业与互联网的深度融合，促进智慧照明产品研发和产业化，支撑智慧城市、智慧社区和智慧家居建设。2017—2018年，中国照明学会完成了国家发展改革委、联合国开发计划署和全球环境基金项目“中国半导体照明促进项目”子项目“智慧照明示范及应用推广方案研究”，提交了《智慧照明示范及应用推广方案研究》。智能家居照明系统通过采光管理，对自然光和人工照明的智能化管理，围绕人的行为和特定场景、特定空间的需求，既能满足人们的阅读、活动、睡眠和交流等功能性要求，又能实现会客、就餐和起床等不同场景的氛围需求。室外智慧照明研究重点在城市道路照明多功能灯杆上，智慧路灯从单纯的一盏灯，演变成了复合型多功能的城市物联网智能感知和网络服务的节点。基于窄带物联网（NB-IoT）的道路照明智能控制系统是实现智慧城市建设的重要方面[22-24]，2017年北京移动与未来科学城园区基于NB-IoT的智慧路灯项目实现了未来科学城滨水公园内615盏的智能单灯控制、编组控制、亮度调节和状态监控等功能，雄安新区联通在容城县主干道奥威路上安装试用了40盏基于NB-IoT的智慧路灯，上海联通和上海产研院研发的200盏NB-IoT智慧太阳能路灯在上海崇明港沿镇惠军村投入使用。多功能灯杆与5G基站的结合成为智慧城市基础设施建设的突破口[25-27]，2018年北京凉水河公园步道两侧安装了120根智慧灯杆，贵州遵义人民路上安装了144套基于5G技术的智慧灯杆，中新天津生态城379组智慧灯杆投入使用。由于篇幅所限，更多的室外智慧照明案例不在此罗列。

## （三）标准进展

随着我国照明科技与工程设计的发展，我国照明行业标准日趋完善，标准体系逐渐优化，全面覆盖基础共性标准、关键技术标准和工程应用标准。基于全国标准信息公共服务平台，分别以“照明”“LED”“发光二极管”或“光环境”为关键词检索对应的国家标准（发布时间：2017年1月1日—2018年12月31日，标准状态：全部，检索日期：2019年7月15日），剔除重复项后，得到国家标准41项，其中标准名称中包括LED或发光二极管的有29项，见表1；分别以“照明”或“LED”为关键词检索对应的行业标准和地方标准（发布时间：2017年1月1日—2018年12月31日，标准状态：全部，检索日期：2019年7月15日），剔除重复项后，分别得到行业标准14项、地方标准15项目，其中标准名称中包括LED的有17项，见表2。

**表1　2017—2018年照明或LED相关国家标准的中文名称**

| | |
|---|---|
| 光环境评价方法 | 普通照明用LED产品光辐射安全测量方法 |
| 低压电气装置　第7-714部分：特殊装置或场所的要求　户外照明装置 | 高速公路监控设施通信规程 第3部分：LED可变信息标志 |
| | 固定式通用LED灯具性能要求 |
| 家用和类似用途固定式电气装置的开关　第2-6部分：外部或内部标识和照明用消防开关的特殊要求 | 可移式通用LED灯具性能要求 |
| | LED道路/隧道照明专用模块规格和接口技术要求 |
| 电气照明和类似设备的无线电骚扰特性的限值和测量方法 | LED显示屏干扰光现场测量方法 |
| 普通照明用LED模块 性能要求 | LED公共照明智能系统接口应用层通信协议 |
| 数字可寻址照明接口 第103部分：一般要求 控制设备 | 纺织品　色牢度试验　试样颜色随照明体变化的仪器评定方法（CMCCON02） |
| LED照明产品光通量衰减加速试验方法 | |
| LED灯具可靠性试验方法 | LED照明应用与接口要求　非集成式LED模块的道路灯具 |
| 有机发光二极管（OLED）电视机显示性能测量方法 | LED行业用氨气处理指南 |
| 普通照明用LED产品光辐射安全要求 | LED灯罩用光扩散聚碳酸酯 |

（续）

| | |
|---|---|
| 室外照明干扰光限制规范 | LED 应用产品可靠性试验的点估计和区间估计（指数分布） |
| 发光二极管照明用玻璃管 | 发光二极管芯片点测方法 |
| 半导体照明设备和系统的光辐射安全测试方法 | 中小学校普通教室照明设计安装卫生要求 |
| LED 显示屏干扰光评价要求 | 轻型有缆遥控水下机器人　第 4 部分：摄像、照明与云台 |
| 功率半导体发光二极管芯片技术规范 | 双端 LED 灯（替换直管形荧光灯用）性能要求 |
| 中功率半导体发光二极管芯片技术规范 | LED 产品空间颜色分布测量方法 |
| 半导体光电子器件　功率发光二极管空白详细规范 | 半导体照明术语 |
| 半导体光电子器件　小功率发光二极管空白详细规范 | 全国主要产品分类　产品类别核心元数据　第 3 部分：照明产品 |
| 半导体光电子器件　中功率发光二极管空白详细规范 | 全国主要产品分类　产品类别核心元数据　第 8 部分：LED 电视 |
| LED 加速寿命试验方法 | 照明设备的锐边试验装置和试验程序　锐边试验 |

**表 2　2017—2018 年发布照明或 LED 相关行业标准和地方标准的中文名称**

| | |
|---|---|
| 道路照明灯杆技术条件 | 道路智能照明电力线载波模块技术规范 |
| 公路隧道照明系统运行规程 | 安全生产等级评定技术规范　第 45 部分：城市照明设施施工维护单位 |
| LED 道路交通诱导可变信息标志 | |
| 拖拉机 LED 前照灯 | 废照明灯具回收、分类、存储和运输要求 |
| LED 节能灯具用开关 | 废照明灯具拆解处理要求 |
| LED 工矿照明灯具 | 照明产品中添加氪-85、钍-232 限值要求 |
| 港口智能照明控制系统技术要求 | 道路智能照明系统技术要求 |
| LED 灯具性能测试方法 | 公路隧道太阳能供电 LED 照明系统设计施工指南 |
| 装饰照明用集成式 LED 灯性能要求 | 普通照明光闪烁测试方法 |
| 发光二极管（LED）显示屏通用规范 | LED 室内智能控制照明技术规范 |
| 发光二极管（LED）显示屏测试方法 | 冰箱冰柜用 LED 面光源组件技术规范 |
| 美术馆照明规范 | 公路工程应用 LED 示屏指南 |
| LED 显示屏技术规范 | 医用 LED 设备光辐射安全分类的检测方法 |
| LED 示模组能效等级 | 电气装置安装工程质量检验及评定规程　第 17 部分：电气照明装置施工质量检验 |
| LED 防震灯技术规范 | |
| 室内用 LED 显示屏多媒体系统验收规范 | |

2017 年，十二届全国人大常委会第三十次会议表决通过了新修订的《中华人民共和国标准化法》，明确了团体标准的地位，鼓励学会、协会和产业技术联盟等社会团体协调相关市场主体共同制定满足市场和创新需要的团体标准。在利好政策的支撑下，2017—2018 年我国照明行业的团体标准研制工作迅速发展，基于全国团体标准信息平台，分别以“照明”或“LED”为关键词检索对应的团体标准（公布日期：2017 年 1 月 1 日—2018 年 12 月 31 日，标准状态：现行，检索日期：2019 年 7 月 15 日），剔除重复项后，得到团体标准 100 项，其中标准名称中包括 LED 的就有 81 项。以中国照明学会为例，这两年中国照明学会研制并发布了《LED 道路/隧道照明专用模块规格和接口技术要求》《电视演播室灯光系统运行维护标准》《基于窄带物联网（NB-IoT）的道路照明智能控制系统技术规范》等 10 余项团体标准。

## 二、会议活动丰富，学术氛围浓郁

2017—2018 年，我国照明行业围绕创新发展这个主旋律，针对技术创新、产品创新、设计创新、应用创新、市场渠道创新、商业模式创新和跨界融合创新等开展了一系列丰富的社会实践，同时围绕创新实践与探索开展了丰富多彩的学术交流活动。以中国照明学会为例，2017 年，中国照明学会及其所属的分支机构共举办国内学术交流活动 28 次，参会人数共计 3600 余人次，交流论文 280 余篇；2018 年，中国照明学会及其所属的分支机构共举办国内学术交流活动 16 次，参会人数共计 3310 余人次，交流论文 180 余篇。

2017—2018 年，我国照明行业学术会议交流始终围绕当前行业发展的前沿、热点和焦点话题进行，包括智慧照明、健康照明和照明标准等。以中国照明学会主办的中国照明论坛为例，2017 年中国照明论坛以“智慧照明”为主题，400 余人参加了论坛，有 27 位专家、学者从智慧照明的技术、系统设计、标准、工程应用和项目运作等方面做了学术报告，阐释了智慧照明系统研发和工程项目施工与运作中的关键问题。大会设立了 1 个主题论坛和“照明设计与应用”“照明产业与技术”2 个分论坛。2018 年中国照明学会以“智能、经济、质量和健康”为主题，480 余人参加了论坛，有 28 位专家、学者从照明行业、智慧城市照明、智慧互联照明、光健康、文物保护和照明工程设计等方面做了学术报告，阐释了照明行业关注的智能、质量和健康等热点话题。2017—2018 年中国照明论坛交流的专题报告主题名称见表 3。

**表 3　2017—2018 年中国照明论坛交流的主要专题报告主题名称**

| | |
|---|---|
| 城市照明的科学与艺术 | 一款灯点亮一座城——青岛上合峰会、美国波特兰市政厅室外照明灯具应用解析 |
| 中国脆弱文物照明的保护研究及应用 | |
| 智能照明助力人因照明 | 人本照明设计的实践和思考——佛顶宫室内照明设计分享 |
| 智能控制应用，赋能新时代智慧照明变革 | 城市公共管理物联网大数据平台助力城市精细化管理 |
| 智能互联后的照明发展与探讨 | 把全世界的路灯连成一张网——助力智慧城市照明运维 |
| 智控电源系统在智慧城市中的应用 | 揭秘光与安康——以人为本的全面个性化照明 |
| 智控电源系统的标准化应用 | 间接照明的难与美 |
| 智慧路灯产业发展的问题与趋势 | 坚持规划理想 |
| 智慧互联照明的实践与跨越 | 基于窄带物联网的照明智能控制技术 |
| 智慧道路照明 | 基于光健康的人因学研究和标准进展 |
| 智慧城市基础设施的建设、运营及价值 | 基于 Mesh 组网的智能 LED 蓝牙灯设计 |
| 照明需求之我思我想 | 黑石·云上——智慧改变城市 |
| 用光共创价值 | 国内封装企业利用 CSP 技术开辟封装新蓝海 |
| 我国绿色照明标准化发展 | 国内半导体照明行业热点分析 |
| 条型类灯具新技术新思维 | 淡墨染青花，烟雨戏玲珑 |
| 商业照明 COB 器件技术发展 | 从智慧照明到智慧城市 |
| 让光更有价值 | 创新驱动、智慧未来——驱动电源服务城市夜景亮化 |
| 情由“景”生 | 创新 LED 驱动电源 |
| 品质阳光，智享生活 | 穿越千年话文旅 |
| 品质点亮价值之光 | 城市照明设计被设计 |
| 欧司朗 LED 在通用照明细分市场应用之概览 | PPP 的内涵与政策要点 |
| 雷士定制，助力城市高品质照明 | LED 智能控制系统级产品系统可靠性 |
| 景观照明助力城市品牌形象 | LED 器件技术发展，为景观照明提供优异解决方案 |
| 景观照明的维度与角度 | LED 景观和智能照明探讨 |
| 景观照明 PPP 项目风险点管控 | “联所能联、共启未来”——万物互联的哲学实践与实现 |
| “假装”看懂半导体照明发展的十大趋势 | 作为科技与设计二者桥梁的室内光环境研究 |
| 中国照明产业机遇与挑战 | |

由表3可见，随着半导体照明、移动互联和人工智能等技术的快速发展，照明技术越来越趋向于以高品质、智慧型和健康型为导向，光品质、智慧照明和健康照明等逐渐成为照明行业发展的重要方向。同时，可以发现城市景观照明成为照明行业关注的焦点，作为用光创造价值的重要环节——照明设计也越来越受到业界的高度重视。这些热点话题也体现在2017—2018年召开的海峡两岸照明科技与营销研讨会、中国LED照明论坛、四直辖市照明科技论坛和中国照明工程设计论坛等学术交流活动中。

## 三、国际交往频繁，国际影响扩大

随着我国照明事业的发展，我国照明科技工作者不断走向世界照明科技舞台的中央，在国际学术活动中发挥着越来越重要的作用，我国的国际影响力与日俱增。2018年，中国照明学会副理事长、《照明工程学报》主编郝洛西教授成功当选为国际照明委员会（CIE）副主席，主管出版工作（任期为2019—2023年），这必将为我国照明界国际学术话语权的不断提升发挥更为重要的作用。

### 1. 主办或承办国际学术活动，搭建沟通合作的桥梁

2017—2018年，在我国举办的国际性照明学术交流活动呈现规模大、参与人数多和影响力大的特点，主要有中国国际汽车照明论坛、国际先进照明科技会议、第十届亚洲照明大会、国际照明委员会2018智慧照明专题会议以及中国国际半导体照明论坛等，具代表性的国际学术交流活动内容见表4。

**表4　2017—2018年在我国举办的照明国际性交流活动信息**

| 国际学术活动名称 | 活动内容简介 |
| --- | --- |
| 中国国际汽车照明论坛 | 2017年，中国照明学会交通运输照明和光信号专业委员会、中国汽车工业协会车用灯具委员会和复旦大学电光源研究所等联合主办的第五届中国国际汽车照明论坛在上海召开。论坛以“互联与智能时代的车灯技术”为主题，500余名专家、学者参会，交流专题报告36篇，内容涵盖无人驾驶时代汽车照明的新技术和新挑战、汽车照明的法规与安全、光学设计与灯光技术、测量与评估等专题<br>2018年，中国照明学会交通运输照明和光信号专业委员会、上海机动车检测认证技术研究中心有限公司和复旦大学电光源研究所等联合主办的第六届中国国际汽车照明论坛（IFAL）在上海召开。论坛以“创新照明技术与安全”为主题，收集论文139篇，500余名专家、学者参会，交流专题报告38篇，内容涵盖无人驾驶时代车灯行业发展、汽车照明与信号新技术、无人驾驶对道路照明与信号指示照明的要求、车灯性能提升，以及新型技术的评价、测量及法规等专题 |
| 国际先进照明科技会议 | 2017年，由国际电光源委员会、国际半导体照明联盟、复旦大学电光源研究所、国家半导体照明工程研发及产业联盟和浙江省绍兴市上虞区人民政府主办的国际先进照明科技会议在浙江上虞召开。会议围绕未来照明技术创新和超越照明应用，共交流专题报告18个，内容涵盖固态光源及其在智能照明、生物医疗、植物生长、家禽养殖和光联网等领域的学术进展和创新应用，交流的热点包括激光LED、Micro LED、可见光通信、Li-Fi、GaN基LED和OLED等 |
| 第十届亚洲照明大会 | 2017年，由中国照明学会、日本照明学会及韩国照明电气设备学会共同组织，中国照明学会主办的第十届亚洲照明大会在上海召开。会议主题为“以人为本的照明”（Human Centric Lighting in Asia），来自10个国家和地区的300余名专家、学者参会。大会主旨报告环节，深圳大学仲德崑教授做了题为《中国历史文化长河中的油灯》的报告，介绍了中国油灯从古代到近现代的历史文化及其关键技术，他认为中国油灯经历了从器到型、从火到灯、从藏到赏的变化。Yoshi Ohno博士做了题为《CIE研究策略——照明色彩品质的未来》的报告，他指出显色指数（CRI）当前存在的问题，提出了新的2017色保真度指数的报告。为期两天的会议共进行口头报告29篇、短口头报告20篇、张贴报告100余篇，内容涵盖了智能照明、视觉感知、光健康和光污染等主题 |
| 国际照明委员会2018智慧照明专题会议 | 2018年，国际照明委员会2018智慧照明专题会议（CIE 2018 Topical Conference on Smart Lighting）在中国台北举行。会议以智慧照明为主题，以智慧照明构建智慧城市是目前国际照明领域最热门的话题之一。会议内容涵盖了自适应、智能和动态照明、颜色视觉、健康照明和照明应用中的显示与成像器件等专题。美国洛杉矶路灯建设局Mr. Ed Ebrahimian做了题为《洛杉矶市的LED计划和智慧城市（City of Los Angeles LED Program and Smart city)）》的大会特邀报告，分享美国洛杉矶市运用智慧照明建设智慧城市的创新做法及经验 |

（续）

| 国际学术活动名称 | 活动内容简介 |
| --- | --- |
| 中国国际半导体照明论坛 | 2017 年，第十四届中国国际半导体照明论坛在北京召开。论坛由北京市顺义区人民政府、第三代半导体产业技术创新战略联盟和国家半导体照明工程研发及产业联盟主办，紧扣时代发展脉搏与产业发展趋势，以“协同创新，融通发展”为主题，来自海内外半导体照明、第三代半导体等相关领域的专家学者近千人参与论坛。论坛通过近 30 场专题技术及产业会议，探讨了新形势下半导体照明发展的新问题，呈现出很多创新应用和跨界的新亮点<br>2018 年，第十五届中国国际半导体照明论坛在深圳召开。论坛由国家半导体照明工程研发及产业联盟、第三代半导体产业技术创新战略联盟和深圳市龙华区人民政府主办，以“创芯聚智，共享生态”为主题。论坛有五大主题论坛和数十场产业峰会、技术分会等同期活动，从不同维度多方位探讨产业发展的新趋势、挑战与机遇。中村修二带来了《LED 现状与未来半导体照明》的主题报告，分享了包括 Micro LED、UVLED 和激光 LED 等领域的最新研究成果。美国加利福尼亚大学 Umesh K. Mishra 教授做了题为《GaN 技术带来突破性能量转化效率及射频应用新格局》的主题报告，分享了 GaN 技术的进展及射频应用格局的变化。美国北卡罗来纳州立大学 Victor Veliadis 教授做了题为《碳化硅功率器件：制造与商业化之路》的主题报告，带来最新的技术进展和前景趋势分析。英国谢菲尔德大学王涛教授做了《从非极性和半极性氮化镓探索将来半导体光电器件》的主题报告，分享了氮化镓技术的进步对光电半导体器件发展带来的影响 |

由表 4 可见，在我国举办的国际学术交流活动吸引了越来越多的国外照明科技工作者的参与，具有较强的国际影响力，成为照明领域国际交流与合作的重要窗口。

### 2. 积极参与国际学术会议，发出中国声音

除了主办或承办中国国际半导体照明论坛、国际先进照明科技会议和中国国际汽车照明论坛等国际会议，我国照明科技工作者还参与 2017 国际照明委员会中期会议、第十一届亚洲照明大会等国际会议，积极发出中国声音。

2017 国际照明委员会（CIE）中期会议在韩国举办。会议以“让生活更美好的智慧照明”（Smarter Lighting for Better Life）为主题，来自 30 多个国家和地区的约 400 名代表参会，我国共有 60 名代表（其中我国台湾地区代表 18 名）参会，提供论文 42 篇（其中有 12 篇为大会报告）。会议交流了 5 篇邀请报告、57 篇口头报告、49 篇口述墙报和 61 篇张贴报告，并设有 7 个专题讨论会议，交流的热点包括颜色质量、用 LED 作为标准灯的 L 光源和参考光谱、不舒适眩光评价、智能照明、照明测量、照明中的暂态光调制（频闪）、照明与健康、道路照明和照明环境设计等。会议同期召开了 45 场 CIE 各技术分部和相关技术委员会（TC）会议，国际照明委员会第 1 分部（视觉与颜色分部）的中国代表徐海松、第 2 分部（光和辐射的物理测量分部）的中国代表潘建根、第 4 分部（交通运输照明与室外应用分部）的中国代表林燕丹以及第 6 分部（光生物与光化学分部）的中国代表牟同升分别参加了各自所在分部的相关会议。

2018 年，由中国照明学会、日本照明学会及韩国照明电气设备学会共同组织，日本照明学会主办的第十一届亚洲照明大会在日本召开。会议主题为“LED 时代：来自亚洲的挑战”（The LED Age：Challenge from Asia），来自中国、日本、韩国、印度和新加坡等国家和地区的 150 余名代表参会，共交流 27 篇口头报告、21 篇短口头报告和 80 余篇张贴报告，内容涵盖人居照明、智能照明、照明设计、颜色科学、光污染和光健康等热点问题。本次大会共征集论文 129 篇，我国专家提供了 63 篇论文，天津大学、复旦大学、浙江大学、同济大学、武汉大学、重庆大学、中国传媒大学和大连工业大学等单位的专家学者参加了会议并分享了颜色质量、光污染、健康照明、住宅照明、照明工程设计和灯具应用等领域的新成果。中国照明学会副理事长、同济大学郝洛西教授担任了此次亚洲照明大会中方主席。

### 3. 参与国际标准制定，贡献中国智慧和中国方案

随着我国照明事业的蓬勃发展，我国积极参与国际标准的制定，不断贡献中国智慧和中国方案，在国际标准研制上发挥了重要的作用。在照明领域，制定国际标准的主要有 IEC、ISO 和 CIE 这三家国际组织，其中 ISO TC274 Light and Lighting 负责制定光和照明的国际标准。ISO TC274 中国技术归口单位为北京半导体照明科技促进中心，副组长单位为北京电光源研究所，成员单位为中国照明学会和深圳市计量质量检测研究院。2017—2018 年，我国照明科技工作者在 ISO TC274 光与照明技术委员会、IEC TC34 照明电器委员会和国际照明委员会光与近视工作组中担任要职，参与并主导相关国际标准的制定工作，积极参与国际标准化活动，在一些国际标准制定中提交了中国方案，主要工作内容见表 5。

**表 5　2017—2018 年我国照明科技工作者参与照明标准制定的主要工作**

| 组织名称 | 工作内容简介 |
| --- | --- |
| ISO TC274 光与照明技术委员会 | 2017 年，ISO TC274 光与照明技术委员会的 WG3“Maintenance Factor”、WG1“Energy Performance of Lighting in Buildings”、“Commissioning Process of Lighting Systems”、ISO/TR21783 Integrative lighting-Non-visual effects 等会议及第五次成员大会在荷兰标准化研究所召开，来自 13 个国家和地区的近 40 人参加。国家半导体照明工程研发及产业联盟高伟、浙江大学牟同升、中国建筑科学研究院王书晓和中国标准化研究院蔡建奇等参加会议<br>2018 年，国家半导体照明工程研发及产业联盟阮军作为中国代表团团长率领 7 名中国代表参加在加拿大多伦多大学举行的 ISO TC274 光与照明技术委员会第六次成员大会，来自 14 个国家和地区的 41 名专家、学者出席。会议就智能道路照明系统标准、光与近视、非视觉效应等进行了研讨。中国代表进行了《Intelligent LED Street Lighting System》标准提案报告，该提案从智慧城市的角度提出的涵盖户外智能照明基础要求、技术要求和测试方法的标准体系。中国标准化研究院代表分享了《Human Factor Testing on the Index of Healthy and Comfortable Lighting》工作的研究进展。作为第二工作组召集人，中国建筑科学研究院王书晓主持召开了第 7 次 WG2 会议，并在 TC274 全体会议作 WG2 召集人报告和 TC205 联络人报告，主导制定的 WG2 标准提案 ISO/TS 21274《Light and lighting—Commissioning of lighting systems》(照明系统调试方法）达成立项推进意向 |
| 国际照明委员会光与近视工作组 | 2017 年，国际照明委员会（CIE）中期会议上中国标准化研究院蔡建奇就视觉健康舒适度系列国际标准提案进行了专题汇报，CIE 第六分部会议上对相关标准内容和标准提案事宜进行了详细讨论，完成了标准立项前的全部工作。CIE 2018 智慧照明专题会议上，CIE 面向视觉健康研究领域成立了由中国标准化研究院为主导的光与近视工作组，后续将成立技术工作委员会，启动该研究中基础术语与概述标准的立项工作。视觉健康舒适度系列标准由中国标准化研究院视觉健康与安全防护实验室主导研制 |
| IEC TC34 照明电器委员会 | 2017 年 3 月 9 日—2017 年 3 月 10 日，IEC TC34/AG4 照明系统咨询顾问组会议在德国慕尼黑召开。来自美国、德国、荷兰、中国、韩国和日本等国家和地区的约 15 名咨询顾问组专家出席会议，国家电光源质量监督检验中心（北京）张伟以咨询顾问组专家成员身份参会。会议明确了由国家电光源质量监督检验中心（北京）提出的“将照明系统作为标准化对象”的概念，并就照明系统标准体系基本框架形成共识。同时，国家电光源质量监督检验中心（北京）提出的《办公场所用照明系统特殊要求》《照明系统的能耗的估算方法》标准项目建议被纳入基本框架<br>2017 年 6 月 12 日—2017 年 6 月 16 日，IEC TC34/PT63105、PT63103、PT63116 和 PT63117 项目组会议在荷兰代尔夫特召开。国家电光源质量监督检验中心（北京）张伟参加了会议。IEC TC34/PT63105 项目组的任务是研制 IEC 技术规范《IEC TS63105 Lighting system and related equipment—Vocabulary》(照明系统和相关设备　术语和定义)；IEC TC34/PT63103 项目组的任务是研制 IEC 国际标准《IEC 63103 Apparatus for lighting purposes—Non-active mode power measurement》(照明相关设备　非主功能模式功率的测量)；IEC TC34/PT63116 项目组的任务是研制 IEC 国际标准《IEC 63116 Lighting systems—General requirements》(照明系统　一般要求)；IEC TC34/PT63117 项目组的任务是研制 IEC 国际标准《IEC 63117 General requirements for lighting systems—Safety》(照明系统　安全要求)。国家电光源质量监督检验中心（北京）参与了 PT63105、PT63103 项目提案文件的编写，以起草组成员（项目组专家成员）身份参与技术规范的制定，并作为 PT63116、PT63117 项目的主导起草单位<br>2017 年 6 月 19 日，IEC TC34 工作组会议在德国法兰克福召开，上海时代之光照明电器检测有限公司施晓红参加了 WG1（LUMEX）灯具工作组会议，提出了 4 项提案，4 项提案中的 3 项得到会议支持，其中 IEC 60598-1：2014 第 3.2.21 条的修改提案上升为新的 DC；IEC 60598-1：2014 第 8.2.1 条的修改提案更新后提交下次 LUMEX 会议；IEC 60598-1：2014 第 4.21 条的修改提案更新后提交下次 LUMEX 会议<br>2017 年 10 月 11 日～2017 年 10 月 13 日，IEC TC34/AG4 照明系统咨询组会议及 IEC TC34/PT63117 项目组会议在奥地利多恩比恩召开，国家电光源质量监督检验中心（北京）张伟出席会议。作为 PT63117 项目组召集人（组长），张伟主持了 IEC TC34/PT63117 项目组会议，会议对 IEC 63117 标准稿做了逐条确认，就标准的范围、照明系统网络分类和照明系统电气安全要求达成共识<br>2018 年 10 月，国际电工委员会（IEC）第 82 届大会在韩国釜山召开。会议主要梳理汇报了 IEC TC34 委员会所属各工作组、项目组和咨询组等工作进展情况，达成了 39 条决议。会议期间讨论了上海时代之光照明电器检测有限公司 LUMEX 成员施晓红提交的 4 个文件，其中修改 IEC 60598-1：2014（IEC 60598-1/AMD2/FRAG23）的 CD 文件（34D/1387/CD）意见汇总处理表，经讨论会议支持该文件上升至 CDV，另 3 个文件是对 IEC 60598-2-8（手提灯）、IEC 60598-2-11（水族缸灯具）和 IEC 60598-2-21（灯带）的修改提案，修改建议涉及定义、结构和附录，3 个文件均得到会议支持，将作为 DC（征求意见稿）文件提交 34D 秘书处，并在 IEC 成员国流转征求意见。国家电光源质量监督检验中心（北京）牵头的 4 个项目，由张伟作为代表在会议中做了汇报，得到了参会代表的高度认可。其中，IEC 61167 AMD1 已通过 CDV 阶段投票，即将正式发布；IEC 60050-845（国际电工术语：照明）标准主要技术内容已全部确定，进入 CDV 阶段；IEC 63116（照明系统　通用要求）和 IEC 63117（照明系统　安全要求）取得了重要进展 |

## 四、总结与展望

2019年是中华人民共和国成立70周年。站在这个具有特殊历史意义的重要时间节点，回顾2017~2018年我国照明科技与工程设计学术发展的情况，是为了更好地总结经验、把握规律，增强面对挑战、开拓前进的勇气和力量。通过回顾2017~2018年我国照明学术发展的情况，得到如下启示：

（1）照明行业深入贯彻新发展理念，不断迈向高质量发展。中共十八届五中全会提出的“创新、协调、绿色、开放、共享”五大发展理念，为我国各行各业的发展提供了战略指引。2017—2018年，广大照明科技工作者在新发展理念的引领下，积极推动照明产业的创新与转型升级，创造了喜人的新业绩。产业规模持续扩大，目前我国是全球最大的照明电器产品生产国和出口国，产品远销全球220多个国家和地区；产业结构不断优化，产品从低附加值向高附加值升级，企业从劳动密集型向技术密集型发展，产业从粗放型转向集约型；核心技术稳步提升，标准体系不断完善，创新应用成为驱动照明行业发展的主要动力。

（2）半导体照明是照明行业的中心话题。基于第三代半导体材料的半导体照明，不仅是第三代半导体产业的重要突破口，还是我国照明产业深刻变革的核心动力。目前我国是全球最大的半导体照明生产、消费和出口国，正蹄疾步稳迈向半导体照明产业强国。半导体照明不仅引发了照明领域的一场技术革命，为照明行业发展开启了无限的可能性，还催生了蓝光危害、非视觉生物学效应和基于半导体照明的高品质全光谱等关键性科学技术问题，同时也为城市景观照明、舞台影视照明、交通运输照明、文化旅游照明和植物工厂照明等创造了新的更大的发展空间。

（3）跨界融合成为照明行业发展的重要趋势。人工智能、移动互联网等新兴技术的发展，为智能家居照明、智慧城市照明和智能型植物工厂等提供了技术支撑。随着健康照明、农业照明、智慧照明的发展以及半导体照明创新应用新领域的开拓，照明与生物学、医学、植物学、动物学、智慧城市和智能家居等多个行业的交叉融合不断深入，跨界融合正向着更深层次和更高水平的方向发展，相应地，照明行业学术研究的对象和思维方式也向着开放性、创造性和综合性等方向发展。这也意味着照明行业重大科学与关键技术问题需要多行业多学科多领域的科研人员的团队合作和协同攻关，比如以“光与健康”作为研究核心的国家重点研发计划“战略性先进电子材料”重点专项“面向健康照明的光生物机理及应用研究”项目就集聚了涵盖光学、人类功效学和临床医学等领域半导体照明光健康研究的优势力量，汇聚了中国科学院苏州生物医学工程技术研究所、中国标准化研究院、同济大学、复旦大学、温州医科大学、浙江大学、南昌大学、中国计量大学和中国科学院半导体研究所等16家项目参与单位。

（4）我国日益走近世界照明科技舞台中央。改革开放40多年来，我国照明科技与工程设计事业发展从小到大、从弱到强、从制造到创造、从引进来到走出去，实现了跨越式发展，成为具有全球影响力的照明大国。2017—2018年，以习近平同志为核心的党中央推动深入实施创新驱动发展战略，体制改革与科技创新双轮驱动，科研人员的创新活力获得极大程度的激发，我国照明事业取得了一系列的成就，半导体照明前沿技术不断突破，具有自主知识产权的功率型硅基黄光、绿光及紫外芯片光效达到世界先进水平，钙钛矿发光二极管研究取得了具有自主知识产权、有世界影响力的创新成果，高速LED可见光通信系统实现了传输速率新的突破，我国跻身半导体照明技术强国行列。广大照明科技工作者用伟大的创新实践为世界奉献了港珠澳大桥照明、厦门金砖峰会夜景照明和上合组织青岛峰会夜景照明等伟大工程，用实际行动演绎了照明行业精彩的中国故事。

时代是思想之母，实践是理论之源。虽然当前面临着不稳定不确定因素明显增加、原始创新能力不足和关键核心技术缺乏等问题和挑战，但是我国照明事业发展仍处于重要战略机遇期，拥有足够的韧性、巨大的潜力和不断迸发的创新活力。随着我国照明界国际学术话语权的不断提升，我国照明科技工作者日益走近世界照明科技舞台中央，我们相信，在广大照明科技工作者的不懈努力下，一个百花齐放、百家争鸣、具有国际影响力和学术引领作用的中国照明学术生态必将逐步呈现在世人面前。

## 参 考 文 献


[1] 中国照明学会. 中国照明工程年鉴（2017）[M]. 北京：机械工业出版社，2018.

[2] 中国科协学会服务中心. 中国科技期刊发展蓝皮书（2017）[M]. 北京：科学出版社，2018.

[3] 郭伟玲. 基于LED的半导体照明与超越照明进展 [J]. 照明工程学报，2019，30（1）：3.

[4] 朱琳，王娜娜，王建浦，等. 我国钙钛矿发光二极管的研究进展与展望 [J]. 照明工程学报，2019，30（1）：4.

[5] 林克斌，卢建勋，冯文静，等. 绿光钙钛矿发光二极管的发展现状和展望 [J]. 照明工程学报，2019，30（1）：5.

[6] Jiang Fengyi，Zhang Jianli，Xu Longquan，et al. Efficient InGaN-based yellow-light-emitting diodes [J]. Photonics Research，2019，7（2）：144-148.

[7] 迟楠，石蒙，哈依那尔，等. LiFi：可见光通信技术发展现状与展望 [J]. 照明工程学报，2019，30（1）：1-9.

[8] Ai Xin, Evans Emrys W, Dong Shengzhi, et al. Efficient radical-based light-emitting diodes with doublet emission [J]. Nature, 2018, 563: 536-540.
[9] Liu Zhiqiang, Yi Xiaoyan, Wang Liancheng, et al. Impurity resonant state p-doping layer for high-efficiency nitride-based light-emitting diodes [J]. Semiconductor Science and Technology, 2018, 33 (11).
[10] 刘慧. LED 与光辐射计量测试 [J]. 照明工程学报, 2019, 02: 3.
[11] 代彩红, 王彦飞, 吴志峰, 等. 紫外辐射度计量及其进展 [J]. 照明工程学报, 2017, 28 (2): 17-22.
[12] 刘慧, 魏岚, 赵伟强, 等. 可见波段 LED 光谱标准灯的研制 [J]. 照明工程学报, 2019, 30 (2): 1-3.
[13] 戴宝林, 戴聪棋, 贺洪朝, 等. 妆点华夏之礼, 彰显大国之尊——中国尊大厦超高层建筑夜景照明的新高度 [J]. 照明工程学报, 2019, 30 (1): 69-72.
[14] 许东亮. 足下之光 生活之光 纽带之光——厦门重点片区夜景照明规划及实施的思考 [J]. 照明工程学报, 2017, 28 (5): 2-4.
[15] 朱晓君. 上海合作组织青岛峰会主会场室内照明设计 [J]. 照明工程学报, 2018, 29 (3): 4-5.
[16] 刘厚诚. 植物照明研究与应用新进展 [J]. 照明工程学报, 2018, 29 (4): 3.
[17] 刘文科. "月宫一号" 植物舱中的 LED 植物照明 [J]. 照明工程学报, 2018, 29 (3): 13.
[18] 郝洛西. 健康照明研究聚焦 [J]. 照明工程学报, 2017, 28 (6): 3.
[19] 郝洛西, 曹亦潇, 崔哲, 等. 光与健康的研究动态与应用展望 [J]. 照明工程学报, 2017, 28 (6): 1-15.
[20] 郝洛西. 聚焦人居健康 共创行业未来 [J]. 照明工程学报, 2018, 29 (6): 8-9.
[21] 蔡建奇. 聚焦 "光健康与光医疗" [J]. 照明工程学报, 2018, 29 (6): 7.
[22] 叶炜, 吕伟, 洪宽, 等. 基于 NB-IoT 技术的道路照明智能控制系统 [J]. 照明工程学报, 2017, 28 (5): 20-23.
[23] 肖辉. 半导体照明智能技术研究与应用 [J]. 照明工程学报, 2017, 28 (5): 1.
[24] 中国照明学会, 国家半导体照明工程研发及产业联盟. 基于窄带物联网 (NB-IoT) 的道路照明智能控制系统技术规范: T/CIES 015—2017 [S]. 2019.
[25] 周倜. 云上贵州 智慧遵义——贵州遵义市人民路基于 5G 技术的智慧灯杆项目 [J]. 照明工程学报, 2019, 30 (2): 93-94.
[26] 肖辉. 智慧灯杆研究与应用进展 [J]. 照明工程学报, 2019, 30 (4).
[27] 肖辉, 李文超, 朱应昶, 等. 多功能智慧灯杆系统应用研究 [J]. 照明工程学报, 2019, 30 (4): 1.

# 2018 年中国半导体照明产业发展态势

吴 玲
(国家半导体照明工程研发及产业联盟)

经过多年的高速发展，我国半导体照明产业获得长足进步，产业规模全球领先，关键技术与国际先进水平差距不断缩小，企业竞争能力持续提升，市场渗透和产品出口稳步增长，我国成为全球最大的半导体照明生产、消费和出口国。2018 年，在国内外复杂的经济环境下，国内半导体照明产业经受价格下跌、库存高企和资金链短缺等多重压力，整体增速放缓，进入成熟发展期。

## 一、产业发展现状

### (一) 整体增速放缓，产业步入成熟

产业整体增速放缓。LED 产业经历了 2016 年的市场回暖和 2017 年的供需两旺，2018 年产业逐步进入成熟期，增速明显放缓。2018 年行业总产值达到 7374 亿元，全年增速为 12.8%，较 2017 年下降 12.5 个百分点。其中上游外延芯片规模 240 亿元，中游封装规模 1054 亿元，下游应用规模 6080 亿元。2011—2018 年我国半导体照明产业各环节产业规模及增长率如图 1 所示。

#### 1. 上游高集中寡占，价格存货承压

上游因由前期扩产，芯片库存高位、价格回调，需求趋冷，进入下调周期。受前两年产能迅猛扩张和下游需求增速放

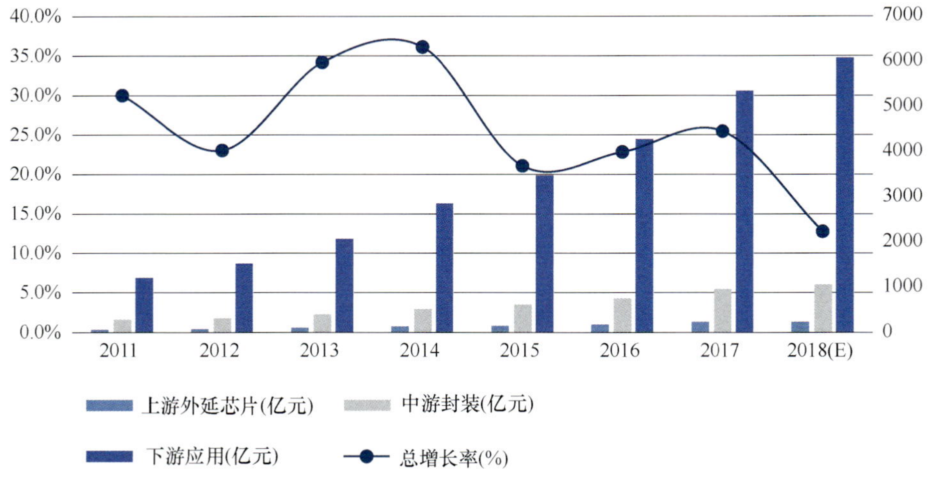


图 1 2011—2018 年我国半导体照明产业各环节产业规模及增长率（数据来源：*CSA Research*）

缓影响，2018 年供求形势逆转，产品价格较上年下降了 10%～20%，上游厂商库存压力巨大且不断攀升（库存销售比 58.8%），库存周转率也处于低位。但受益于部分原材料价格下降（蓝宝石、PSS 成本下降）、发光效率提升（切割尺寸更小、良率提升）、产品升级、新增设备成本下降（国产设备导入）以及产量大增摊薄固定成本等因素影响，芯片厂整体毛利率仍能维持。

上游的竞争格局进一步向寡头格局发展。两极分化严重，龙头聚拢度进一步提高，大企业战略调整，小企业生存艰难，基本放弃扩张，未来两年将面临生存还是退出的选择。上游产能竞争格局如图 2 所示。

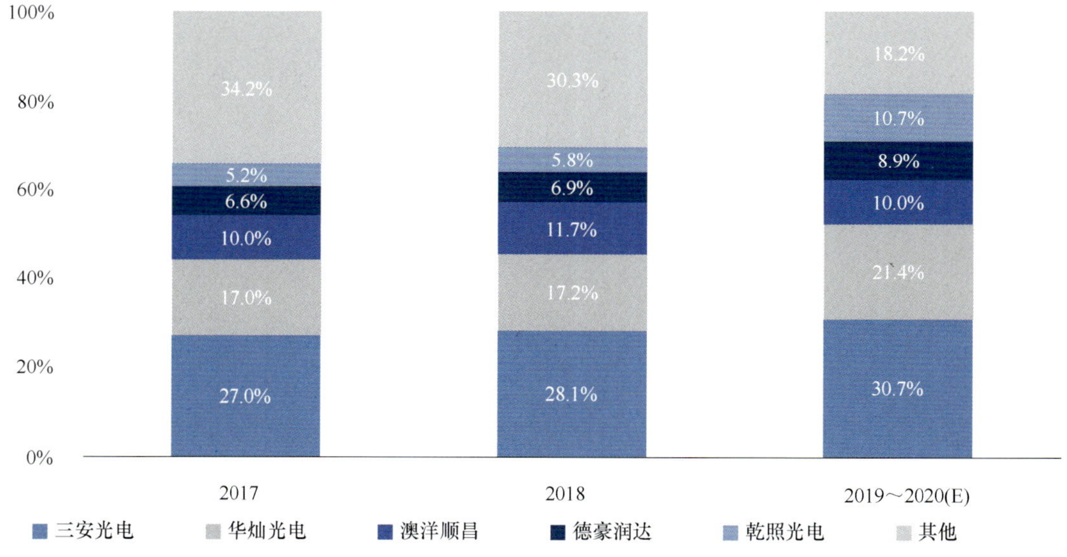


图 2 上游产能竞争格局（数据来源：*CSA Research*）

从芯片结构来看，蓝绿是主流，性能持续提升，产能陆续释放，毛利仍然较高，通用照明仍是其主要市场，但 Mini LED 所带来的背光和显示市场成为蓝绿去化的新增长点。红黄产能小幅上涨，但占比有所下降，全色系产品价格较为平稳。红外产品逐步量产，紫外产品渗透加速。

**2. 中游增长放缓，产品价格微调**

中游发展放缓，上市公司转型和升级发展需求渐趋明显。中游封装呈现中度集约化，上市企业的规模仍在不断扩大，中小型低端封装企业的生存空间进一步受到挤压。封装的毛利率目前稳定，未来行业扩张速度和盈利空间将双双放缓，行业内公司主要发展方向：一是扩大规模，产生规模经济或垄断优势；二是纵向延伸或跨界，寻找新的盈利点。

**3. 下游需求萎缩，集约程度提高**

下游通用照明市场承压，增长乏力。通用照明仍是最大的应用市场，占比达 44.1%，但增速放缓，2018 年约为 5.0%，产值达 2679 亿元。通用照明市场增长承压，替代性光源产品增长乏力，但特色灯具、特种照明、高附加值的产品和系统性服务表现仍然亮眼。从地区来看，一二线城市和东南部地区销售有所下滑，而三四线城市和中西部地区市场保持增长。从各环节来看，光源制造类增长乏力，而拥有较强设计能力、掌握渠道资源和具有品牌优势的灯具企业保持逆势增长。

景观照明热度趋理性。近年来，受益于大型会议及文化产业，城市景观照明热度持续攀升。但2018年，市政照明、城市灯光秀和文创旅游的热度逐渐趋向理性，受“去杠杆”的影响，工程回款周期拉长、保证金比例提高，竞争更加激烈。2018年，景观照明产值达1007亿元，仅次于通用照明，同比增长26%，占整体应用市场的16.5%，如图3所示。

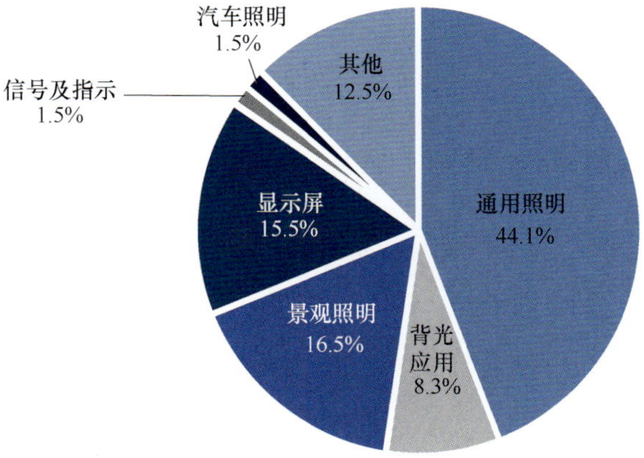


图3　我国半导体照明应用域分布
（数据来源：*CSA Research*）

显示应用持续发力，LED显示屏在租赁市场、室内酒店会议、零售百货、交通和教育等市场渗透加速，超小间距显示屏是市场主要驱动力。2018年，LED显示屏产值为947亿元，同比增长30.2%。汽车照明作为LED应用新突破点，实现同比20%的高增长。

创新应用商业化进程加速。农业照明、紫外应用市场推进速度较快，新产品不断推出，市场热度较高，已经开始起量。随着一些新兴技术如人工智能、自动化驾驶等应用的推动，红外LED应用也开始展露出增长势头。

大宗采购推动应用领域集约化程度加深。景观亮化中城市管理部门的大项目统一招标等推动下，品牌化、集约化程度加深。

企业效益稳中有降。2018年，34家LED主营企业合计营收为1026.51亿元，同比增长16.80%，增速较去年同期下滑8.77个百分点；合计净利润为30.14亿元，同比增长-62.29%，近5年来利润增速首次“由正转负”，在下行周期中，由并购产生的商誉减值明显，直接吞噬超40亿上市公司利润。此外，企业财务风险增加，上市企业整体资产负债率超过48%，总股权质押额达到488.5亿元，较2017年上升27.4%。

扩产并购热度下降。2018年行业并购整合活跃度以及整体交易规模出现了明显下降，发生并购整合交易38起，披露的交易总金额约115亿元，较2017年下降43%；年度行业扩产规模近200亿元，较2017年下降70%。

### （二）技术稳步提升，与国际并驾齐驱

“十三五”期间，国家通过重点研发计划“战略性先进电子材料”重点专项对半导体照明方向进行了重点部署，共安排专项经费5.5亿元。通过专项实施，从材料、器件、装备及应用示范等方面均成果显著。

材料与芯片技术持续提升。在低位错密度高质量GaN材料基础上开发的LED芯片光提取效率达到88%，研制出发光效率252lm/W（@5A/$cm^2$）高效白光器件。基于外延与芯片工艺的综合提升，UV LED芯片由实施前技术研发状态到开始实现商用，275nm深紫外LED芯片在350mA下光功率达到80mW。

硅基LED技术持续领先。在自主研发的MOCVD装备上，突破了高In量子阱生长技术，制备的硅衬底黄光（565nm）电光转换功率效率从专项实施前的15%，提升到26.52%，远高于国外公开报道的最好水平。

白光OLED技术不断突破。利用高折射率衬底耦合技术，实现了在1000cd/$m^2$条件下，光效达到164lm/W的小面积白光OLED器件。采用叠层结构及外光提取技术，在1000cd/$m^2$条件下，实现了$100 \times 100mm^2$的白光OLED面板光效达到108lm/W，显色指数为80，半衰寿命为21000小时。

材料与装备不断填补空白。GaN单晶衬底直径达到130mm，同质外延2DEG迁移率2113$cm^2$/V·s，为目前国际最高报道。制备出6英寸GaN HVPE设备、7片/48片高温MOCVD设备、2英寸AlN-PVT设备等多台样机，调试后均达到设备设计指标。上述单晶/衬底生长设备均为国际上无商用或对华禁运的材料生长核心设备。

创新应用初具规模。全光谱或类太阳光LED产品广泛出现，高品质健康照明成为现实。健康照明、智能照明和植物照明等创新应用技术不断突破。国家标准、团体标准在支撑产业发展和创新应用方面发挥越来越重要的作用。

### （三）市场渗透扩大，出口增速回落

2018年，LED已成为主流照明光源，替代性光源渗透率已近50%，LED通用照明已经进入成熟期，增长空间开始逐步见顶。2018年，我国国内LED照明产品产量约135亿只（套），国内销量约64亿只（套），LED照明产品国内市场份额（LED照明产品销售数量/照明产品总销售数量）达到70%。

同时，国内LED照明产品的在用量达到60亿只（套），国内LED产品在用量渗透率（LED照明产品在用量/照明产品在用量）也达到49%，2018年LED照明产品实现节电2790亿度，实现碳排放减少2.2亿吨。

出口增速回落。2018 年，我国 LED 照明产品出口额为 149.31 亿美元，较 2017 年同期同比下降 0.22%，出口价格指数呈振荡下降趋势。美国、欧盟和东南亚仍是主要出口地区。其中我国出口美国 LED 产品的出口额达 40.65 亿美元，与 2017 年对美国出口额相比增长 8.31%。占我国 LED 出口市场的 27.22%，美国仍是最大的海外市场。目前我国 LED 照明产品出口依存度超过 50%，由于人民币贬值和出口退税率的提高，中美贸易摩擦对我国 LED 产品出口短期影响尚不明显，但长期来看，贸易摩擦造成了市场信心不足，进一步加剧了产业资金困境。

综上所述，2018 年我国半导体照明行业负重前行，或将进入深度调整和持续洗牌阶段。未来几年随着渗透率提升，替代照明市场空间有限，企业将寻求改变照明形态、开展交叉领域合作，推动创新应用来开辟新的市场空间。

## 二、存在问题

现阶段我国半导体照明产业发展主要面临的挑战包括：

### （一）集成创新能力较弱

随着数字化、智能化和多功能浪潮同步到来，技术的交叉融合、跨界合作，以及应用领域的不断拓展，特别是半导体技术演进的广阔空间，带来灯具形式、照明方式和商业模式等的变革，将对我国半导体照明产业的技术创新与集成能力、系统服务能力以及企业综合竞争力等带来挑战。

### （二）结构性产能过剩

2016—2017 年高速增长下的行业迅速扩张导致 2018 年供求形势逆转，加之内需萎缩、出口承压，导致部分产能过剩，企业库存高企、资金周转压力加大以及结构性产能过剩问题较为突出。

### （三）创新应用亟待标准支撑

在通用照明日趋见顶情况下，智慧照明、农业光照、医学光疗、紫外 LED 和红外 LED 等创新应用技术加快发展，产品日新月异，国内外竞争日趋激烈。在此背景下，迫切需要加快 LED 在不同应用领域的名词术语、产品性能、规格接口和安全指标等方面的标准化研究和制定，实现快速、规模化应用，赢得竞争优势。

### （四）企业普遍面临资金困境

上市公司负债及股权质押比例过高，中小企业盈利能力低，资金筹措困难，抗风险能力弱。

## 三、发展建议

随着 LED 技术与新一代信息技术、人工智能技术、绿色低碳技术和生命科学技术等的融合发展，技术驱动向应用驱动转变趋势更加明显，半导体照明也将突破照明替代市场，以全新的灯具形式、照明形态，在智慧、健康、医疗和农业等创新应用领域开辟巨大的发展空间。此外，在照明领域竞争激烈的现实状况下，国际产业竞争的焦点将转移至 LED 短波长（紫外、深紫外）和长波长（红外）两端及其相关高附加值产品领域，如杀菌消毒、AR、VR 以及通信、安全等。在下一代显示技术方面，Micro LED 作为自发光显示技术的先进演进方向，将推动 LED 和显示技术的跨界融合发展，促进消费级显示技术进一步迭代升级。TFT-LCD、OLED 和 Mini/Micro LED 因其性能各异，未来将在不同应用场景中发挥各自的价值。

### （一）创新驱动，提升竞争能力

一是加强技术集成创新支持力度，进一步推动跨界融合，如推动光医疗、车用照明和智慧照明等领域的集成创新，根据终端市场需求研发具有高附加值的创新应用产品；二是鼓励大企业培育自主品牌，鼓励中小企业发力应用细分市场，谋求差异化发展，如植物光照、汽车照明、Mini /Micro LED、紫外 LED 和红外 LED；三是积极引导、鼓励 LED 照明提升产品质量，开展优质 LED 产品质量标识推进行动，加大优质产品宣传，净化市场环境。

### （二）结构调整，化解产能过剩

一是调整产业和产品结构，通过改进技术、提高性能，提升半导体照明产品在替代市场的竞争能力，同时，积极开拓和培育新兴利基市场如智慧照明、汽车照明和植物光照，加强在细分市场的布局，如特种照明应用等；二是加强市场准入管理，严格准入条件，同时建立运行监测体系和产能过剩预警制度，防止产能过剩；三是推进产业链兼并重组，加速淘汰“劣质”产品和企业，有效的兼并重组还可以从源头上平衡市场的供应需求关系，从而能够真正让市场走向引导产业发展方向。

### （三）标准引领，支撑创新应用

根据技术和市场发展趋势，在围绕智慧照明、农业照明、健康医疗照明和可见光通信等领域应用，开展标准研究。针对技术领先、使用范围广以及暂时没有国家标准和行业标准的新型 LED 照明产品，积极培育团体标准；针对用量大、需求迫切的创新应用产品的通用规格接口，如智慧照明软硬件接口、智能控制器接口等，通过企业共同投入，开展共性技术研发，并推动科技创新成果转化为标准；积极参与国际标准制定。

### （四）多措并举，降低企业负担

一方面落实民营企业支持政策，切实降低企业成本，保障就业人数；另一方面拓宽企业融资渠道，降低民营企业融资成本，鼓励社会资本投资 LED 产业，鼓励企业通过金融市场开展融资。此外，鼓励企业通过资本市场融资，特别是发挥科创板对科技创新的突破性支持，增强 LED 中小型创新型企业融资能力。

### （五）扩大出口，开拓国际市场

鼓励出口型企业开拓“一带一路”沿线国家/地区的市场，支持具备条件的企业在海外建设生产基地和分支机构。在知识产权、信用保险和税收保障方面提供更多便利，为企业和产能“走出去”保驾护航。

# 2018 年中国照明电器行业运行情况及趋势展望

温其东
（中国照明电器协会）

## 一、大浪淘沙，产业格局日趋明朗

### （一）外延芯片板块：扩产后遗，产能消解，寡头格局

2017 年起，整个 LED 上游迎来一轮扩产高峰。各大国内外延芯片厂商都进行了投产扩产，还有海外巨头也都在扩产方面有所动作。中国大陆厂商占据了全球 85% 的 MOCVD 机台增量和 93% 的外延产能增量，至 2018 年底，中国大陆 MOCVD 累积装机量已超过全球的半壁江山，更是集中了全球 2/3 的外延产能。而市场如何消解这样的爆棚产能也成为 2018 年度上游的重要看点，却逢各类应用整体需求状况相对低迷，虽然仍有部分厂商的产能尚未全面释放，LED 芯片价格的整体下行却已成事实。外延芯片板块见表 1。

**表 1 外延芯片板块**

| 企业名称 | 股票代码 | 相关业务 | 2018 年业绩 | | | | | | 相关业务占比 | 相关联公司 |
|---|---|---|---|---|---|---|---|---|---|---|
| | | | 营收/亿元 | 同比 | 净利润/亿元 | 同比 | 扣非净利润/亿元 | 同比 | | |
| 三安光电 | 6000703 | 外延芯片 | 83.64 | -0.35% | 28.30 | -10.56% | 22.48 | -15.28% | LED 芯片 80.50% | 朗明纳斯/安瑞/璨圆/阳光三安/晶安/科税/天电 |
| 华灿光电 | 300323 | 外延芯片 | 27.32 | 3.87% | 2.44 | -51.43% | 0.29 | -89.26% | LED 芯片 71.10%/衬底片 17.16%/MEMS7.14% | 蓝晶/美新半导体 |
| 澳洋顺昌 | 002245 | 外延芯片 | 42.55 | 18.58% | 2.26 | -36.35% | 1.84 | -42.63% | 外延芯片 29.78% | 木林森 |
| 乾照光电 | 300102 | 外延芯片/照明 | 10.30 | -8.91% | 1.80 | -14.52% | 0.33 | -76.32% | 外延芯片 98.84% | 乾照照明/圣西朗 |
| *ST 德豪 | 002005 | 外延芯片/封装/照明 | 40.01 | -4.80% | -5.81 | 40.16% | -6.61 | 41.34% | LED 芯片及应用 43.18% | 锐拓/三颐/怡迅/雷士 |
| 聚灿光电 | 300708 | 外延芯片 | 5.59 | -10.02% | 0.20 | -81.48% | -1.22 | -237.67% | 外延芯片 82.11% | |

从 2018 年公开业绩报表来看，上游主要外延芯片厂商的营收、净利润和扣非净利润等各项业绩指标均比较惨淡。而其业绩全面下滑正是源于上述遍及整个上游的扩产“军备竞赛”。大肆扩产的后遗症一方面影响了产能利用率从而影响单位生产成本；另一方面也加剧了上游厂商日益增大的库存压力，库存周转率也处于相对低位。从 2019 年一季度公开业绩来看，各上游厂商业绩普遍下行的状况并未得到缓解。

而在“产业向大陆聚拢，产能向龙头聚集”的大背景下，规模制胜的高度集约化格局将令部分举棋不定或力有未逮的厂商已面临“不进则退，退无可退”的困境。国内上游板块愈发呈现“两极分化，剩者为王”的高度集中格局，未来市场上的玩家数量可谓“屈指可数”。而事实上我们看到，每年都有厂商呈现“掉队”态势。

### （二）封装板块：代工聚集，双向压力，中度集约

封装板块近两年继续受益于下游依旧旺盛的需求和国际代工业务的扩大，整体呈规模扩充态势，和上游外延芯片及下游照明应用的局面类似，全球的封装产能也呈现出向中国聚拢的趋势。当然，代工订单也不会一劳永逸，需要各封装厂商随时枕戈待旦，以应对不断变化和提升的要求，若要进一步获得全球性发展还需延展自身的品牌路线、研发能力和专利布局。国内封装企业代工概况见表 2。

表 2　国内封装企业代工概况

| 国际厂商 | 代工封装厂商 |
|---|---|
| OSRAM Opto Semiconductors | 国星光电 NATIONSTAR；REFOND；Lextar Lextar Electronics |
| CREE | 天电光电 LIGHTNING；Lextar Lextar Electronics |
| LUMILEDS | 天电光电 LIGHTNING；APT 晶科电子 APT Electronics Co., Ltd.；REFOND；开发晶 KAISTAR |
| SEOUL SEMICONDUCTOR | 天电光电 LIGHTNING；REFOND |
| SAMSUNG | AMTC；inteled；LatticePower；LEDTEEN 硅能照明 |

2018 年来看，受到上游外延芯片扩大产能和下游照明应用需求偏弱等供求关系方面的影响，此前全行业封装器件供不应求的状况已转变为现在的供大于求，在上下游双向压迫下，照明用封装器件的出货量增长乏力，价格下行压力较大，也导致各主要厂商的营收增长率和毛利率水平比 2017 年同期多有所下滑。图 1 所示为全球照明用封装器件市场占有率情况和中国照明用封装器件市场占有率情况。

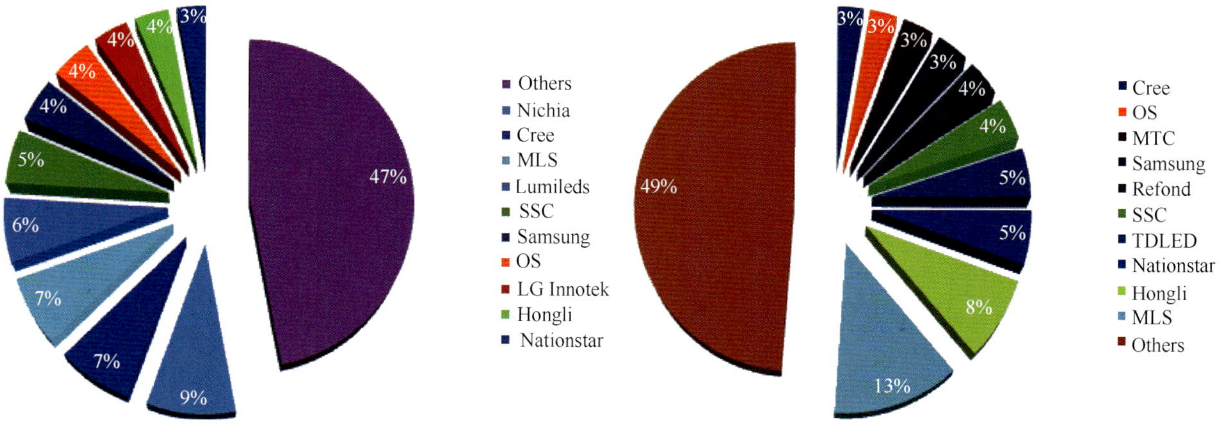


a) 全球照明用封装器件市场占有率情况　　b) 中国照明用封装器件市场占有率情况

图 1　照明用封装器件市场占有率情况

无论如何，木林森、国星和鸿利等国内领先厂商目前已能在全球 LED 封装产业中占据重要席位，而在庞大的中国照

明应用市场中，中国厂商挟主场之威亦可以与国际巨头们分庭抗礼甚至风头更劲。中游封装相对于高度集约化的上游具有一定的需求定制化和渠道分散化特点，基本呈现中度集约化。各大领先厂商也相对稳健，并未如上游般大肆军备竞赛，但标准品的低产能必将导致高成本的道理放之四海而皆准，同时没有一定的产能规模作基础，“差异化”这张牌也是很难打出。大规模封装上市企业的业绩规模不断扩充的同时，进一步挤压了中小型低端封装企业的生存空间，未来经过兼并重组和自然淘汰，依然也会是少数派存活的寡头格局。

### （三）配套板块：规模扩充，盈利乏力，竞争加剧，成本上升

在下游照明应用端产能结构性过剩的行业环境下，数量依旧庞大的应用厂商的存在是各配套企业业务发展的基础，配套领域的集约化程度相对较高，供应商直接面对单一类型客户厂商的商业模式也相对简单。配套板块涵盖了驱动电源、机械配件、光学配件、生产和检测设备以及原材料元器件等核心厂商。

从2018年各主要配套厂商的公开业绩综合来看，其营收规模的扩充体现了下游应用领域虽然低迷但依旧庞大的需求，行业竞争及跨领域渗透持续加剧，材料、人工、物流及土地等成本的刚性上升，导致了各厂商盈利乏力。支撑其业绩的来源主要包括产能扩充释放、市场销售提升、成本结构优化、跨界业务延伸和收购业务并表等；但同时下一步也需面对研发投入、技术升级、模具更新、库存压力、毛利下滑、成本上升、交期延迟和投资风险等诸多影响业绩的因素。

后续发展中，下游照明应用端将向更为追求系统智能化和产品高品质化方向发展，对相关配套产品的智能化、模块化、紧凑化、高效率、高可靠性和长寿命等方面有着更高要求，相关配套企业也将随下游应用厂商进入了规模化/集约化和个性化/定制化结合发展过程，而在这一体系下缺乏规模生产优势和技术或市场独特竞争力的企业将举步维艰。

### （四）照明工程板块：业绩亮眼，趋向平稳，未雨绸缪

景观照明成为照明行业的热点，主要源于以下因素推动，一是投资需求；二是民生需求；三是政治需求。诸如杭州G20峰会、厦门金砖国家峰会、青岛上合组织峰会、北京一带一路峰会、上海进口博览会、深圳特区成立暨改革开放40周年、武汉军人运动会等这些接踵而至的大型活动，还有将来要举办的京张冬季奥运会、杭州亚运会等，这些大型活动都助推着景观照明向大规模、高规格方向发展，同时也带动了产业链各相关企业的业务，这当中尤以大型照明工程公司为甚。照明工程板块见表3。

表3　照明工程板块

| 企业名称 | 股票代码 | 相关业务 | 2018年业绩 | | | | | | 相关业务占比 | 相关联公司 |
|---|---|---|---|---|---|---|---|---|---|---|
| | | | 营收/亿元 | 同比 | 净利润/亿元 | 同比 | 扣非净利润/亿元 | 同比 | | |
| 碧水源 | 300070 | 照明工程 | 115.18 | -16.34% | 12.45 | -50.41% | 12.77 | -43.70% | 景观亮化19.44% | 良业 |
| 利亚德 | 300296 | 照明工程 | 77.01 | 19.01% | 12.65 | 4.53% | 12.02 | 2.89% | 景观亮化28.91% | 金达/中天/普瑞/万科时代/君泽/品能 |
| 名家汇 | 300506 | 照明工程 | 13.07 | 91.61% | 3.16 | 81.83% | 3.15 | 80.04% | | 永麒/光彩明州 |
| 奥拓电子 | 002587 | 照明工程/显示 | 15.73 | 51.12% | 1.80 | 36.09% | 1.69 | 44.52% | 景观亮化59.07% | 千百辉 |
| 洲明科技 | 300232 | 显示/照明/工程 | 45.24 | 49.29% | 4.12 | 45.01% | 4.03 | 58.79% | 景观亮化10.90%/照明6.67% | 爱加/柏年/康利/翰源/安吉丽 |

2018年总体来看，照明工程板块的各厂商业绩依旧亮眼，在整体乏善可陈的照明行业中可谓风景这边独好，但已不似2017年和2018年上半年那样全线高歌猛进。虽不能妄下结论景观照明的高峰已过，但是其从高速发展期已步入平稳发展期应该是不争的事实。

同时，由于目前大型景观工程项目前期较高的垫资金额和后期较长的回款周期，以及项目对工程公司注册资本、规模业绩和设计施工等各方面资质的较高要求等，这些因素大大提升了准入门槛，使得这些规模化项目主要集中于以全国80余家双甲资质的工程公司为代表的少数企业手中。

### （五）照明应用板块：整体乏力，趋向集约，双轨发展

一直以来，我国照明电器行业的特点是企业数量众多、单体规模偏小、民营成分为主、整体产业集中度不高，全行业

数万家企业中，规模以上企业仅约2800家。LED进入普通照明领域后，客户需求多样化导致的产品类型多样化及市场渠道多样化的特点更为突出，很多企业要承受大量的小批量非通用产品的研发投入和模具压力。而近年来这种情况正在逐渐改观，诸如目前大型房地产开发商的精装房联合采购，酒店、餐饮、超市和家居等商业连锁品牌的集团化采购，海外市场中大型连锁商超的集中标准品采购，景观亮化中城市管理部门的大项目统一招投标等，这些大体量终端客户的需求正趋向于集约，而在这一供应链条中，将形成标准规范、规模庞大、品牌集中和品类标准的新局面。在需求端逐步走向集中的情况下，照明应用板块也体现了较为明显的产业集约化趋势。

产业集约化也将引发照明应用厂商朝着规模化和差异化双轨制发展。规模化发展的企业主要为两类：一类为内销自主渠道型企业，代表为欧普、雷士、三雄、佛照和西顿等，属于照明行业的大众品牌，此类企业为配合渠道向产品线"大而全"的方向发展趋势愈发明显；另一类为外销大量代工型企业，代表为立达信、阳光、得邦、凯耀、生迪、强凌、通士达和龙胜达等，主要客户为跨国照明巨头飞利浦、朗德万斯、松下、通用等和北美家居商超大户家得宝、好事多、罗氏、沃尔玛等贴牌。在国际市场价格竞争激烈和LED替换产品已近高峰的形势下，外销龙头企业目前正在有意地逐步退出一些"高危"市场和低利润业务，增加产品中的灯具和IoT产品比重。

差异化发展则主要体现在外销特色市场型企业，代表为红壹佰、泰格、力美和前程等，主攻一些特色外销市场和品牌；优势特色单品型企业，代表为山蒲、晨辉、珈伟、光阳、勇电、诚泰、宜美、赛尔富、华普永明、星光和雅江等，拥有行业领先的主打拳头产品；专业细分市场型企业，代表为：汤石、三本、太龙、优为、华格、特优仕、茂域、石客、金莱特和康铭盛等，为某些领域的专业品牌；特种照明领域型企业，代表为海洋王、华荣、星宇、恒之源、鸿联和普罗斯等，从事无论是技术上还是渠道上都存在着相当的门槛的特种照明市场；成品工程综合类企业，代表为三思、飞乐、三星、华体、证通和洲明等。

而从2018年各主要应用厂商业绩来看，通用照明厂商的业绩大多乏善可陈，增收不增利的现象较为普遍，在通用照明市场价格竞争激烈和LED替换产品已近高峰的形势下，业绩相对较好的主要是从事专业细分市场和特种照明领域的厂商，这类企业的存在也给我国照明行业大量存在的中小型规模企业提供了差异化发展的启示。诸如主要从事供特殊应用环境（诸如电力、冶金、铁路、石化、消防、煤炭、港口、场馆、航空和船舶等）使用的专业照明设备的海洋王和华荣；专注于为国产和合资汽车品牌配套车灯总成的星宇。这类企业共同点是所从事领域细分，专业性强，无论从技术上还是渠道上都存在着相当的门槛，较高的门槛就将相当数量的竞争者拒之门外，使得这一领域的市场具备较高的市场回报、相对理性的价格竞争和较为可观的发展潜力。而通用照明厂商中的"逆势而上"的发展范例当属欧普照明，其近年来的发展势头有目共睹，在珠三角湾区投建新厂，并广为招贤纳士；推出"集成整装"业务，作为其立足于照明产业的传统优势并加强拓展品类的有效延伸；同时还跨界联合华为，推动互联互通的智能家居生态链建设。从近年来的业绩也能看出，欧普无论是营收增长率还是利润率等指标都可称得上行业翘楚，且直奔百亿目标而去。

在未来发展过程中，各通用照明厂商在保持自身优势项目的同时，还应多加关注景观照明、智能照明、车用照明、农业照明、健康照明、轨道交通照明、体育场馆照明、离网照明、各商业细分空间照明、户外照明及多功能灯杆等多个细分领域。

总之，在整体市场环境并不算理想的情况下，照明应用厂商虽然承受着需求低迷、成本上升和毛利下滑等诸多压力，但头部的优质企业的营收占全行业比重与日俱增，同时随着LED照明产品步入相对成熟稳定期，相关标准化体系的完善与生产自动化进程的加快，这种市场洗牌引起的两极分化直至优胜劣汰的持续进行，将继续推进整个行业的集约化整合。

## 二、群雄逐鹿，细分市场渐入佳境

图2所示为全球LED通用照明各产品市场份额。

### （一）景观照明

我国城市化进程不断深化以及市场需求不断提升，包括大型活动的驱动、城市设施的升级、灯光文旅经济的兴起、特色小镇的建设、PPP模式的发展以及居民生活需求的提高等。道路、隧道和景观等照明工程更趋向于规模化、高端化、个性化和艺术化发展。而景观照明作为一个投资相对少、见效较明显的，能够拉动城市经济、弘扬城市文化进而体现城市精神的手段，愈发受到各界的重视。而通过承接这些项目，也大大带动了产业链各环节相关企业的业务，因此，景观照明板块也成为照明行业聚焦的热点市场。

当然，在风景这边独好的形势下，也需警惕快速发展扩张带来的种种问题。诸如：

#### 1. 光干扰/侵扰问题

目前景观亮化项目中大量媒体立面等手段的不当应用而形成的光干扰/侵扰问题，对基本社会活动和生态环境造成影响，学界和居民对此问题反应强烈。

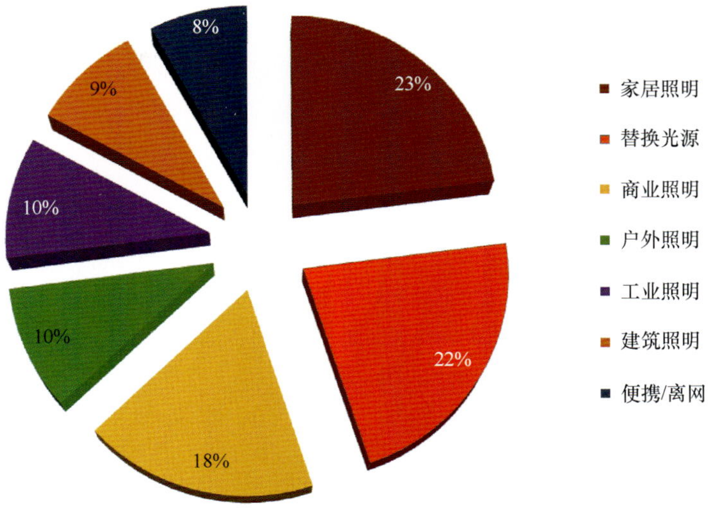


图 2　全球 LED 通用照明各产品市场份额

**2. “千城一面”问题**

现在好的项目一出来，各城市便竞相效仿，但缺乏对本身城市文化特点和精神内核的理解和把握，照搬照抄而导致了“千城一面”问题。这也与我们现在的工程上马仓促有关，很多项目前期没有更充裕的时间进行规划和设计。

**3. 工程质量问题**

现在的大多重点工程都是“工期紧、时间短、任务重、难度大”，工程前期论证时间长，施工时间不足，在这种情况下完成的工程项目就存在质量方面的极大隐患。

**4. 资金问题**

目前普遍存在工程前期大量垫资施工，进而产生资金压力和政策风险；工程后期影响到整个产业链各端现金流状况的大额应收账款回款周期长、难度大；还有就是部分地方政府好大喜功，举债建设，使得亮化水平与其经济社会发展水平不相匹配，铺张浪费之外也增加了资金风险。

**5. 可持续发展问题**

如景观亮化工程后期运营维护的资金和部署问题，工程项目后期特许经营延续性的课题，以及景观照明步入平稳期后的应对等问题。

针对这些存在的问题，政府相关部门也在积极筹划出台相应措施，核心在于要求地方亮化水平要和当地经济社会发展水平相适应，同时加强规划管控、提升建设水平且做好运行管理。

## （二）商业照明

近年来，实体商业受到消费信心不足，电子商务冲击，税费、用工和租金等成本上升等多方冲击，可谓形势严峻，而提升环境档次，加强用户体验也成为了实体商业的当务之急，在这种局势下，照明在体验式消费环境中的作用也愈发重要，其在商业空间中的应用趋势主要有：

**1. 市场再细分**

商业照明作为通用照明的一个细分领域，随着客户需求的高端化、个性化和定制化发展，市场也向着再细分的趋势发展，包括酒店、店铺、办公、商超、馆藏、餐饮和教室等多个再细分领域。

**2. 产品更集成**

商业照明产品中，各种一体化集成的线性导轨系统在 2018 年德国展后如雨后春笋般纷纷涌现，一个灯具系统以固定、磁吸或嵌入的形式，集成了多款照明功能，可根据客户需求实现直接或间接照明、均匀或重点照明、洗墙或直射照明等。同时照明系统的一体化思路目前在空间应用中也不仅局限于光源与灯具的一体化，还延展至灯和建筑物本身的一体化。

LED 因其本身特点使得具备兼容性和互换性的照明单元模块化成为可能，模块化设计体现在一方面可用多模块构成整灯，小巧紧凑、变化多端以及安装和替换便捷；另一方面，同一系列模块可以衍生出多种应用，可通过变换模块数量、更换透镜或反射器等光学部件和替换支撑机械部件来满足不同照明需求，这一做法不仅便于风格统一，也利于节约成本。

**3. 品质愈提升**

如今的商业空间照明应用环境下，一方面对灯具和电源的质量有着基本要求，同时进一步对光品质有着更高的追求，器件厂商在不断提升产品色彩逼真度、色彩饱和度和近自然光谱等光色进阶指标上做足文章，灯具厂商则在产品的材料选用、配光研究、眩光处理和制造工艺等方面登峰造极，也都是为了实现以人为本的照明。

同时从客户需求和成本承受能力角度上看，商业空间也应是智能控制率先渗透的领域，智能控制可从商业空间中灯光的效果表现、控制管理和数据采集等方面提供便捷，也将促成物联网应用不断延伸，同时智能化的商业照明系统在合理日光采集和减少能源消耗等方面也可发挥积极作用。

### （三）智能照明

首先要明确所谓智能照明不是以单个普通照明产品而存在，照明的智能化思路应是个系统化概念，结合照明产品、传感器、通信装置并通过无线或有线控制系统软硬件组成的“自适应”的系统解决方案。这成为智能家居延展至智能建筑乃至智慧城市中的一部分存在并服务于人类活动中。我们现在市面上的一些智能产品诸如室内的“智能球泡”，可调亮度、色温和色彩，但仅仅做到了可调，并未满足“自适应”这一条件，只能姑且称为可调/可互联照明；现在很多人关注的户外“智慧灯杆”，集合了道路照明、交通指示、信息显示、环境监测、视频监控、射频识别、通知广播、充电设施和无线网络等功能于一身。但单个灯杆仅含多功能，亦未满足“自适应”，仅姑且称之为集成/多功能灯杆。而所谓智能是系统功能复杂化设计落实到用户体验的简单化和便捷化，而不是为了可控而刻意强加功能。

近年来，照明行业中跨界智能的案例屡见不鲜，多业态跨界合作势必是推动智能照明发展的有效方式；还有更多的是照明行业普遍存在的中小企业，其体量缺乏整合能力，既不能自建平台亦不能合建平台，这时就可选择不建平台顺势而为的做法，我们更多的企业首要的还是应该把自己擅长的、分内的且力所能及的事情做好，让自己的产品成为整套系统中不可或缺的且他人不得不整合的电器终端。“总想着改变世界的人，往往最后被世界改变；总想着坚守本分做好自己的人，反而更有机会创造奇迹。”世界有时就是这样。

而照明的智能化发展能否顺利推进，也取决于其可靠性、用户体验、系统成本和市场规模的发展，从而决定未来照明企业在智能家居和智慧城市产业中的地位。

### （四）车用照明

全球汽车市场是个准亿级市场，中国就占到其中的三成份额，是世界头号汽车生产大国，同时也是首屈一指的汽车消费大国。中国汽车市场的销量在过去 10 年中增长了 3.5 倍，在过去的 20 年中增长了 18 倍，在过去的 30 年中增长了 60 倍。但随着全球经济社会的进步，尤其是快速发展中的人口大国，我国的人均汽车保有量仍有较大成长空间，汽车市场依然潜力无穷。

伴随汽车产业的发展，作为车辆零部件中的重要一环，车用照明也随之快速发展，其主要功能在于一是为车辆内部外部提供主动照明功能；二是被动的提示信号功能，它不仅直接影响整车性能和行车安全，而且在提高运输效率、节能减排等方面均具有重要意义。近几年来，车用照明产业凭借其较高的市场回报、可观的发展潜力和相对理性的价格竞争已成为照明行业的焦点。而 LED/OLED 和激光、新能源汽车、自动驾驶、智能互联以及自适应灯光等新技术发展更为此风口加持不少，未来车灯的智能化、互联化、数字化和个性化也是大势所趋。

目前，全球车灯总成前装市场主要由日欧寡头领军。车灯核心部件之一的器件/模组领域，上游大厂也拥有技术、认证和专利等多方位的领先优势。面对这样一个无论技术还是渠道都具有相当门槛且处于保守供应链中的市场，希望介入的国内厂商需预期回归理性、做好规划布局、增强竞争实力且紧跟潮流形势，以应对发展中遇到的各种困难和阻力。而随着我国本土汽车制造商市场份额持续增长和 LED 等新光源在车用领域的应用普及，以华域视觉、常州星宇、南宁燎旺、浙江天翀、江苏彤明、芜湖安瑞、山东鲁得贝和浙江嘉利等为代表的中国车灯厂也将在全球车用照明市场的舞台上扮演更重要的角色。

### （五）农业照明

#### 1. 植物工厂

随着人口增加和城市化进程，土地和水资源的紧缺，食品安全问题日益突出，现代农业的理念日渐深入人心，植物工厂也开始逐步进入实质应用阶段，在农场餐厅、生鲜超市、集装箱、温室大棚和垂直农场等场合有所应用。松下、三菱、昕诺飞、欧司朗、京东、京东方、富士康和中科三安等都建有规模不等的植物工厂，甚至有植物培植系统跟随人类远涉重洋乃至飞向太空。目前我国基本掌握了 LED 光源技术、光温耦合节能环境控制、营养液配比、蔬菜品质调控以及智能控制等植物工厂必备技术。但植物工厂还存在初期建设成本较高、能耗依然较大和出产价格较高等问题。加强基础研究、技术突破、降低成本、加强推广以及建立可持续盈利的商业模式均非常重要。

#### 2. 农业照明

广义的农业照明涵盖种植业照明、养殖业照明和渔业照明等领域，它源于农业模式发生变化，并非新兴技术，在传统照明时代就已广泛应用。光照既是能量源又是信号源，在植物工厂中是重要的一环。农业照明也是一项融合植物学、园艺学、环境工程、光学、电学和控制技术等多学科交叉的综合系统集成工程，门槛较高，需同时解决植物光生物学、LED 照明技术和光环境控制等有机融合发展的问题，多方充分的跨界协作应用和交叉基础研究十分重要。植物本身的前沿系统性研究是核心要素，而照明行业不仅要解决植物生长所需的光谱分布、光合强度、光照周期和均匀照度等问题，更重要的还是解决产品本身的问题，比如在很多的大功率应用场合，因效率、成本和可靠性问题，传统的高压钠灯和金卤灯依旧是主力产品。

国内农业照明领域的发展可以说是初级阶段，整体水平还落后于先进的日本、美国和荷兰等国，市场接受度低、综合型人才缺乏、中上游核心技术缺失、专利布局不足、成本投入较高、企业产出效率偏低、相关标准体系不完善以及普遍存在的“重光照轻植物”的思路等问题都制约了农业照明市场的发展。国内农业照明领域发展仍然“路漫漫其修远兮”。

### （六）健康照明

2002 年，美国科学家在哺乳动物视网膜中发现了除杆状细胞和锥状细胞之外的第三类感光细胞，即感光视网膜神经节细胞。这项发现表明人类的生物节律和认知表现明显地受到光环境的影响。这也对照明科学的研究方法提出了新要求，照明质量的评价由原来单一的偏重视觉效果功能性评价逐步过渡到对视觉、生理和情感等与人体健康密切相关因素的多重评价。

健康照明具备宽泛的应用领域，涉及家居、商业、医疗和教育等多个领域，也是个跨领域跨学科的综合课题，不仅为照明产品的制造，还包含了光与人类健康关系的研究，从而通过照明改善并提高人类社会活动的质量，促进人的心理和生理健康。最终以实现我们常说的“以人为本的照明（Human Centric Lighting）”。图 3 所示为照明对人类的影响。

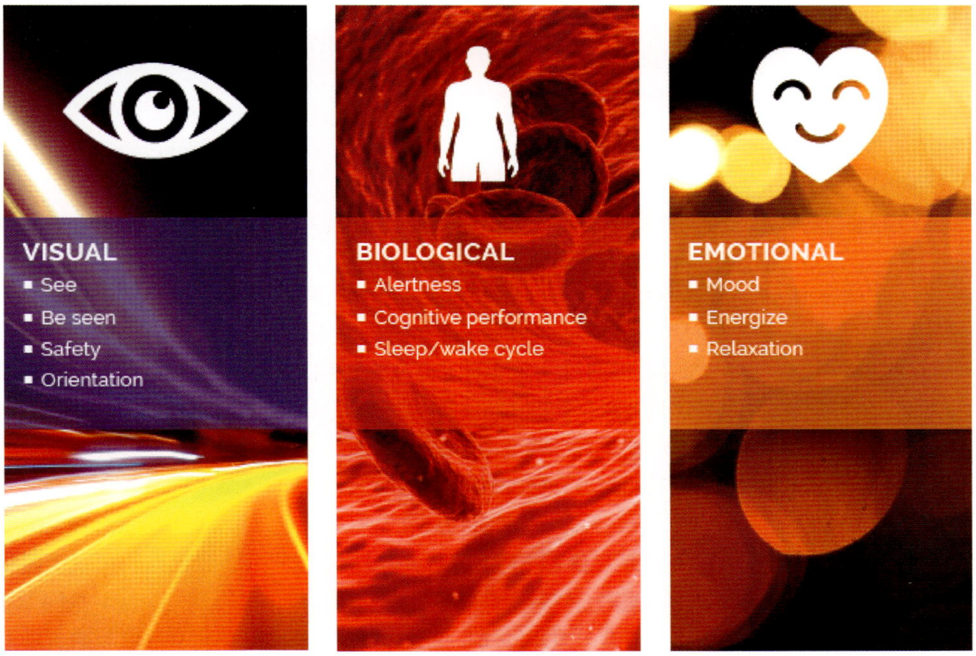


图 3　照明对人类的影响

而什么是以人为本的照明，一言以蔽之，就是“合适的光为合适的人在合适的时间出现在合适的地点”，如图 4 所示。

### （七）轨道交通照明

随着我国高铁事业的快速发展和城市轨道交通的基建投入，轨道交通照明也成为一个值得关注的新热点，涵盖车厢的内外部、作业场地、车间车库、站房和其他配套房屋等功能与非功能区域的照明。行业中已有相当数量的企业介入这一领域，包括深圳恒之源专业于高铁地铁车厢内外部照明；三思、欧普、雷士、西顿、阳光和通士达等企业在地铁站房照明也颇具经验。而 2018 年 11 月，铁路总公司出台的铁路站房将优先采用 LED 照明产品的指导意见，无疑将推动 LED 照明在轨道交通照明领域的应用。LED 筒灯、面板灯、条形灯和天棚灯在不同空间场所的应用将逐渐广泛，而因可靠性、性价比和光环境适用性等问题所限，LED 在高大空间，以及光照辐射强、通风散热条件差等场所的应用普及率相对较低，LED 照明在此仍有继续进步的空间。

### （八）体育场馆照明

该领域第一个特点是非常专业，要满足竞技条件和电视转播的双重要求，对光环境的要求非常之高，比如高照度、高均匀度、高显色性、低频闪和无眩光等，还需兼顾能效。Musco、Signify、Thorn、Siteco、CU 和 GE 等外资公司在这一领域具备很强的竞争实力。

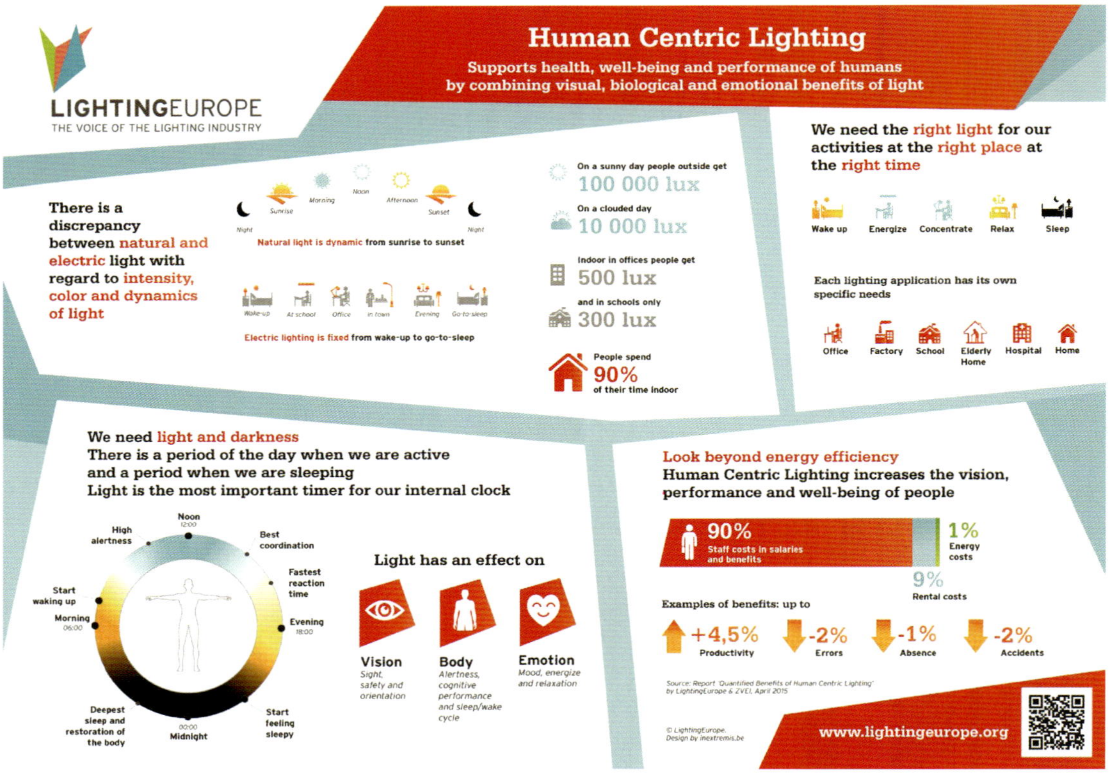


图 4　以人为本的照明

另一个特点是标准种类繁多，包括国家标准、行业标准、各国际体育组织的标准、国际照明委员会的标准和专业广播电视机构标准。用于不同体育项目的场馆，其执行的标准不同；而同一体育场馆，若举行不同等级的比赛，照明的标准也是不同的（例如国标就分六级）。此外，还分产品标准和应用标准，产品标准决定产品是否满足安全和性能指标要求；应用标准决定产品如何适用。两种标准既相互关联，又相对独立。

中共十九大报告提出，广泛开展全民健身活动，加快推进体育强国建设，筹办好京张冬奥会和残奥会。在此号召的推动下，体育场馆也逐步受到各界的重视，体育场馆照明这一高门槛市场也应值得有意愿有条件的照明厂商关注。

## （九）离网照明

离网照明（Off-grid lighting）顾名思义就是指不依赖市电电网而利用独立的发电装置提供照明应用的系统，这也并非新的行业概念，在传统照明时代已经有着广泛应用。LED 逐步进入通用照明后，由于 LED 本身点光源体积小和可低压驱动的特点，加之其光效的不断提升，小功率即可满足大部分照明需求，也使得离网照明得到长足发展，其特点是简易便携且适用性强，在不便连通市电或需要临时性应急性照明的场合下具有其独特优势。

根据世界银行报告，全球 70 多亿人口中，仍有高达 30 亿人口生活在少电缺电环境中，其中缺电人口仍超过 10 亿，主要分布在印度和非洲等欠发达地区，这些没有电力或没有稳定电力供应的人口被称为“离网”人口，这些“离网”人口的照明需求再加上一些临时性、应急性照明的场合，再配合以太阳能、风能等清洁能源，离网照明的市场前景蔚为可观。国内知名厂商康铭盛、金莱特、珈伟和海洋王等为该领域的领军企业，而产品质量是目前行业中亟待解决的问题，毕竟无论何种照明产品，首要是安全，接着是舒适，最后才讲节能。

## （十）户外照明

### 1. 路灯

至 2018 年，全国路灯管理部门管辖的路灯约为 3500 万盏，其中 LED 路灯率已由三年前的约 15% 上升至目前的约 30%，上升势头良好，主要来源于新建道路路灯的安装和原有路灯的替换改造。

传统光源依然占七成，特别是高压钠灯目前仍为我国道路照明的主力产品，整体来看，中国道路照明处于平稳发展时期，替换潜力依然可观，但也是循序渐进的逐步替代过程。图 5 所示为中国存量路灯各产品占比情况。

### 2. 集成/多功能灯杆

现在照明行业里的一大热点就是所谓的“智慧杆”，指一些单体灯杆可承载道路照明、交通指示、信息显示、环境监测、视频监控、射频识别、通知广播、充电设施和无线网络等多种功能，也是作为构建智慧城市的一个接入终端，笔者姑

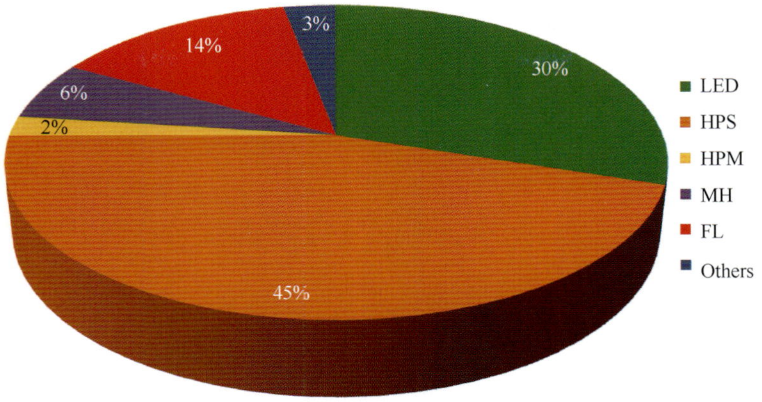


图5　中国存量路灯各产品占比情况

且称之为集成/多功能杆。

2018年5月，工信部和国资委联合发文，就积极推动电信基础设施和能源、交通等领域社会资源的共建共享；积极推进通信塔与路灯、监控和交通指示等杆塔资源双向共享，推动“多塔合一”、“多杆合一”等问题发布了实施意见。为迎接首届进口博览会，上海住建委发布了《上海市道路合杆整治技术导则》，并以此为依据进行了道路合杆整治的EPC工程；深圳市也发布了《多功能智能杆建设发展三年行动计划》；而后是5G的加快推进，各地筹备大面积铺设基站，又为灯杆提供了承载5G基站的可能性；2018年年底，广东省和深圳市等相关单位又相继成立了“智慧杆产业联盟”。“智慧杆”产业呈现出一片欣欣向荣的景象。

近些年来，照明行业经历过“路灯热”“室内热”“智能热”“灯丝灯热”和“景观热”等多个热潮，开始无不是一拥而上，最后总有相当数量的企业败兴而归。所以一切事物的发展，总要有个循序渐进的过程，基础才牢靠，发展才可持续。

## 三、风起云涌，资本市场整合频频

### 1. 德豪雷士，你来我往

收购惠州雷士、增持蚌埠三颐、收购怡迅光电、雷士全资控股芜湖雷士电商，若这一系列令人眼花缭乱的操作能够得以顺利完成，德豪雷士组合也将实现上中下游全产业链的进一步整合，德豪润达将更偏重于前期研发与生产制造，雷士照明也将更专注于后端的国内外及线下线上渠道的轻资产业务。

### 2. 欧普扩军，剑指百亿

投建新址，招贤纳士；推出“集成整装”；联合华为推出智能化新品。2018年8月，欧普联合华为智选举办了新品上市媒体品鉴会。照明产品也是华为智选唯一首发的品类。会上，欧普研发生产的华为智选读写台灯和香薰助眠灯的正式发布，体现了欧普在为消费者提供人性化的智能照明场景化解决方案的同时，也在致力于推动互联互通的智能家居生态链建设。

### 3. 飞乐重整，尚能饭否

2018年6月，飞乐音响公告称，对现有组织架构进行调整，撤销智慧城市运营事业部、渠道业务事业部、研发中心、金融创新部和飞乐大学；合并生产运营中心、工程项目管理中心和信息技术部，成立运营中心。主要业务分成三个板块即亚明、申安和喜万年（飞乐投资管理）。

过去一年，飞乐第一大股东上海仪电集团累计已为其提供4.3亿元财务资助。但在巨额商誉减值、应收账款和库存跌价等风险高悬的情况下，飞乐音响2018年的业绩仍颇为严峻。

### 4. 洲明中山投资，提前布局产能

2019年1月，洲明科技发布了有关拟投资建设洲明中山智能制造基地项目的进展公告。为此将投资注册成立一家独立法人公司——洲明民众项目公司，首期实缴注册资金1.5亿元。项目建设规划为智能工厂和研发检测中心。建设智能化、自动化生产线，涵盖LED全彩显示屏、LED照明系列产品等主营制造业务，并布局Mini/Micro LED业务。

### 5. 木林森马不停蹄

2018年11月，木林森拟公开发行总额不超过26.6亿元的可转债，投资于小榄LED封装产品生产项目、小榄LED电源生产项目、义乌LED照明应用产品自动化生产项目及偿还有息债务。三大项目完全达产后，每年分别可生产高性能LED封装产品14896KK、LED驱动电源197584万只以及LED照明应用产品27885万只。

2018 年 12 月，木林森公告同意其全资子公司和谐明芯（义乌）光电科技有限公司通过整体吸收合并的方式对另一全资子公司义乌木林森照明科技有限公司进行整合。和谐明芯在木林森收购 LEDVANCE 过程中曾立下汗马功劳。

除了募投项目产能逐步释放，整合子公司资源外，木林森海外关厂动作仍将持续进行，这将是木林森未来能否轻装上阵的关键。

**6. 鸿利携手阳光，发力主营业务**

2018 年 4 月，鸿利智汇子公司江西鸿利与阳光照明子公司厦门阳光、阳光美加、鹰潭阳光四方共同签署合资协议，在江西赣江新区临空组团管理委员会园区共同出资 1 亿元设立江西鸿利智达有限公司，主要生产 LED 灯丝及 SMD 器件产品。

在国资背景的金舵投资入主之后，鸿利智汇又拟与叙永投资及开元城投共同设立成都开元金舵 LED 产业发展基金，继续发力 LED 封装、车灯和车联网服务三大主营业务板块。

**7. 照明工程领域动作频频**

（1）万润科技

2018 年 3 月晚间，万润科技公告拟以不超过 2.09 亿元和 2.55 亿元，分别收购广东中筑天佑美学灯光有限公司 51.02% 股权和南京朗辉光电科技有限公司 51% 股权。两家公司均拥有城市及道路照明工程专业承包壹级资质和照明工程专项设计甲级资质，即“双甲”资质。

（2）名家汇

2018 年 3 月，名家汇公告连发，拟以 2.48 亿元现金收购浙江永麒照明工程有限公司 55% 股权，并拟投资共 1110 万元（占 30% 股份）参股深圳市光彩明州照明技术发展有限公司。两家公司也均拥有施工和设计的“双甲”资质。此外，为了推进多个 PPP 项目，名家汇还与其他工程公司及业主方成立了多家工程项目公司。

（3）洲明康利

2018 年 5 月，洲明科技公告，为支持其 2017 年收购的全资子公司山东清华康利城市照明研究设计院有限公司景观照明相关业务的开展，拟以自有资金人民币 1.92 亿元对清华康利进行增资，增资完成后，清华康利的注册资本将由人民币 1.08 亿元增加到人民币 3 亿元。

（4）利亚德

2018 年 1 月，利亚德全资子公司深圳金达照明正式更名为“利亚德照明股份有限公司”。2018 年 4 月，利亚德为了进一步提高其全资子公司西安万科时代系统集成工程有限公司的发展速度，扩大业务规模，拟对西安万科增资，增资完成后，西安万科注册资本将从 4540 万元增至 10600 万元。

在目前国内体量庞大且快速增长的城市景观照明市场持续火热态势下，一方面上市公司不会错过利用资本手段介入该业务领域的机会，另一方面大型重点工程的前期高额垫资和后期较长回款周期使得工程公司也有寻找资金后盾的需求，双方一拍即合，从而加快了整合速度。

遍览照明行业相关上市公司 2018 年业绩，感慨这一年中国资本市场可谓风波诡谲。A 股频频创下新低，大小股东叫苦不迭，同时汇率大幅走低，P2P 平台持续爆雷，债务违约大量出现，越来越多民企面临严峻的流动性危机；融资环境趋紧，使得大比例股权质押现象普遍导致平仓风险骤升，下半年国资高频入资民营上市公司；遭遇史上最严 IPO 发审，照明行业全年无一达阵（对比 2017 年全行业 12 家企业成功上市）；有企业大股东减持抽身，也有企业四季度纷纷回购股权增强信心，更有企业年底因业绩不利大额计提商誉、库存、应收账款减值而亏损数亿元，可谓“幸福千篇一律，不幸却各有不同”。照明上市公司亦无法独善其身，承受各种压力的同时也不曾停下整合的脚步。中国的企业普遍追求更大而非更强，因为做大规模在一定程度上意味着可以占用更多资源从而拥有高抗风险能力，但作为照明制造业做大的同时也会因投入大而加重资产，重资产又必然带来高负债率，风险递进。在整个照明行业要从扩大数量往提升质量上发展的趋势下，企业自身也要有更清醒的定位。

## 四、国资活跃，入主民企屡见不鲜

我国照明行业的一个典型特点就是民营企业为主，这也是整个轻工制造业共通的特点。仅有个别企业具有国资背景，如佛山照明、国星光电、飞乐音响、通士达、高新经纬和中电熊猫等。

2018 年以来，中国股市频频创下新低，同时汇率大幅走低，P2P 平台持续爆雷，股票质押平仓屡屡发生，债务违约大量出现，越来越多的中小民企面临严峻的流动性危机。在这种形势下，“国资系”在 A 股市场开启了大手笔高频次的“抄底扫货”模式。2018 年全年，包括央企、中直单位和地方国资委等在内的“国资系”主体入主民企的案例不下 40 起，还有多家公司引入国资作为战略投资者，部分民企已彻底改头换面成为国有。这当中，优质公司是国资参与控股权转让交易时的首要考量因素，业绩不佳或者没有核心业务的空壳公司无缘本轮热潮。

照明行业也有多家相关企业接受了国资入主和注资，包括：

2018年8月，东山精密拟转让5.05%股份（5405.4万股）给苏州尧旺，转让价款总额为12亿元。苏州尧旺为苏州市吴中金融控股有限公司全资子公司，实控人为苏州市吴中区国资委。

2018年10月，乾照光电公告，山西黄河股权投资管理有限公司代表太行产业并购私募基金受让第二大股东王维勇持有6.39%股权（4600万股），转让总价为2.97亿元。交易完成后，太行产业并购基金持股4600万股，而王维勇则为清仓式减持。黄河投资为山西太行产业基金的全资子公司，实控人追溯为山西省财政厅。

2018年10月，科恒股份公告称，与江门市金融投资控股有限公司签署了《支持扶助意向书》，江门国资委旗下的江门金控将以双方约定的方式向其提供流动性支持，以化解其短期资金风险。

2018年11月，鸿利智汇公告称，公司第一大股东金舵投资累计通过二级市场增持公司3567.96万股，达到公司总股本的5%。本次增持后，泸州老窖集团全资子公司金舵投资成为公司控股股东，四川省泸州市国资委成为公司实际控制人。

2018年11月，万润科技拟向湖北省国资委旗下的湖北省宏泰国有资本投资运营集团有限公司转让20.21%的股权。交易完成后，湖北省国资委将成为公司实际控制人。

2019年1月，碧水源5位股东拟将持有的10.7%股份（3.37亿股）转让给川投集团，转让完成后，川投集团持股10.7%，将成为公司第二大股东。此外，股份转让完成后，为达到川投并表要求，可能采取包括但不限于董事会改组、剩余股份表决权委托至川投集团、后续非公开发行或者股份转让等方式。若全部交易实施完毕，公司实际控制人将变更为川投集团，而川投集团实控人为四川省国资委。

而南昌光谷得以成功收购长方集团，也离不开南昌工业控股和南昌国资创投等国资的支持。此外，显示屏企业联建光电近期也接受了山东国资的注资。

本轮“国资系”的高频驰援入主，与去杠杆和股市调整所带来的民企融资难以及由此衍生的债务难题密切相关。同时，部分上市公司大股东拿自己的股权质押融资也是基于金融收缩政策导致的融资环境趋紧，一些高比例股权质押的公司面临平仓风险，通过引入国资股东，有利于缓解资金压力，稳定投资者信心。当然，引入国资也并不一定会提振股价，毕竟最终还是要看公司的基本面情况。

在整体经济处于弱势阶段，也期待这一轮的整合能够最大限度地发挥市场化配置资源功能，实现国资民资的相互结合、优势互补的混合所有制。

## 五、蜀道艰难，新股发审全面收紧

2017年全年，共有438家公司成功IPO，数量创下中国资本市场有史以来之最，照明行业也空前地共有三雄极光、得邦照明、光莆股份、超频三、太龙照明、华荣股份、鸣志电器、华体科技、聚灿光电、晨丰科技、华阳集团和伊戈尔等12家照明行业相关企业先后登陆沪深主板。而进入2018年以后则盛况不再，为确保只有高质量的公司才能够上市，以便逐步改善股市的稳定性和高质量，IPO发审骤然收紧。

2018年7月，继明微电子二度闯关IPO失败和达特照明撤回申请暂缓IPO之后，国内最大的LED照明驱动IC公司晶丰明源也吃了闭门羹，IPO申请未获通过。

已搭上资本快车的主板上市公司为了拓展其发展空间，采用资本手段介入各细分领域，而企业通过资本手段收购后，完成的组织结构的调整也能促进其本身的转型升级和跨界发展，也是企业未来成长扩张的一个便捷模式。2019年伊始，史上最严IPO发审似有缓解迹象，在这里也祝愿新一批志在登陆主板的中微半导体、浩洋电子、凯耀照明、豪尔赛、罗曼股份、达特照明、爱克莱特、公牛和格利尔等行业先锋们好运！

## 六、热潮退却，三板照企纷纷离场

自2013年12月31日面向全国接收企业挂牌申请起，被称为“中国的纳斯达克”的全国中小企业股份转让系统（新三板）作为一个新兴的中小企业股份转让平台，一度成为很多目前不具备主板上市条件的中小企业实现融资和并购梦想的路径。新三板挂牌公司顶峰时接近12000家，目前在有进有出之间总数也超过10000家。而经过前两年的新三板登陆热潮之后，因其估值较低，市场流动性不足，融资能力较弱；企业登陆新三板后概念透支，后手乏力，成本上升；还有就是被认为是曲线救国的系统内转板制度依旧悬而未决等诸多问题接连显现，致使其发展态势已高潮退却，步入新阶段。

总体来看，虽然2018年四季度股转公司推出了一系列存量改革政策，包括股份回购办法实施、指数管理办法落地以及二级市场个人股转免税等，“精选层”似乎也在酝酿推出。但正如前文所述的其本身先天不足的各项短板，使得其挂牌热潮已退，更名摘牌大势已至，加之同为注册制“科创板”的呼之欲出，将会对本具备一定制度优势的新三板再添沉重打击。在此当中大部分中小企业挣扎度日，只能充当资本大潮中的看客和过客；相对少数业绩良好且具备核心竞争力的企业以及部分处于创新层的企业还是具备一些机会。当然，最终无论上市与否，都是要靠企业自身真实业绩来说话。

## 七、好风借力，政府补贴热情不减

进入 2018 年以来，本已似乎波澜不惊的照明行业政府补贴热潮重现。笔者整理了 2018 年国内照明行业相关企业获政府补贴额在亿元以上的情况。可以看出补贴主要集中在产业链中上游的外延芯片和封装，主要是因为中上游的技术门槛相对较高，设备和研发投入相对较大；加之去年上游迎来一轮扩产高峰，各厂商无论从市场需求的战术考量还是从竞争环境和发展远景的战略规划，都要紧跟投入；补贴的主体以浙江义乌、江苏宿迁、福建泉州和江西吉安等地的政府力度最大，也是由于目前这几个地区是光电产业招商的热点地区，很多补贴内容与招商引资活动息息相关；补贴事由则包括基建补助、产业资金、科研补助、设备补贴、贷款贴息和纳税奖励等多个名目。

事实上，近年来国内企业在 LED 中上游业务方面取得了举世瞩目的长足进步，相关产品的性价比已直逼国际一流厂商，这也使得 LED 器件代工订单逐步向中国厂商集中，在前期发展中政府补贴起到了一定积极的扶持作用。但补贴过多过热也可能会导致产能过剩而加剧价格竞争，引起部分企业的补贴依赖，同时加大欧美国家对华贸易壁垒的风险，并不利于整个产业的健康可持续发展。

## 八、雪上加霜，各项成本刚性上扬

### （一）原材料元器件成本上升

受国际经济周期变化等外部因素影响，也有环保去产能、废纸进口禁令等宏观政策因素影响，2018 年国内多个品类的原材料包括铝材、铜材、纸和天然橡胶等均在大幅涨价，进而导致电容、电阻、电感、纸箱和塑料等各种产业链必需的材料涨价。

总之，此轮原材料价格的大幅上涨给企业带来了全方位压力，原材料成本投入加大导致资金流动减缓、财务成本上升且风险进一步加大；同时市场资源短缺情况增多，还会造成客户取消订单、增加物流成本以及违约索赔等后续损失；加之全年照明市场较为平淡，终端价格上行乏力，对广大照明企业来说无疑是雪上加霜。

在这种严峻形势下，作为企业来讲，应从交易为基础的战术采购管理转向以流程为导向的战略供应管理，建立高效的企业供应链管理体系；还有就是要加快产业的转型升级，从低附加值向高附加值转型，从数量优势向品质优势转型，以应对加强环保和去产能的大趋势。国家也应该从增强大宗商品供应能力，给规范企业减轻负担，加强对不规范企业的监管惩处等方面多下功夫。

### （二）劳动力供给不足及成本上升

我国的人口结构近些年来发生了较大变化。人口老龄化加剧，出生率连年降低，制造业劳动适龄人口数量同样自 2013 年起进入下降通道。

劳动力供给的减少以及经济水平的提升，带动薪酬社保水平的提高，也推动了劳动力成本的上升。年轻一代进城务工人员也不再愿意如上一代般从事像制造业这种高强度重复性的流水作业。加之我国照明制造业主要集中在江浙闽粤沪等东南沿海经济发达省份，生活成本相对较高，加剧了这些区域的制造业劳动力缺口。经有关机构测算，事实上目前我国部分发达地区制造业用工成本已高于工业机器人成本。

由此，成本使然，照明制造业的生产自动化前景可期且势在必行。

### （三）土地资源紧缺

土地问题也是近年来行业发展中的一个突出问题，对受到行政区划规模所限的深圳、中山古镇等照明制造业集聚区来说这一问题显得尤为突出，高达上百万的工业用地价格已不是问题，工业用地存量供应不足才是核心，企业要发展壮大和扩充规模，只有开辟新战场。珠三角地区已日趋饱和，产业转移的需求和诸如江西南昌、九江、宜春、赣州和浙江义乌等地针对照明产业的地方招商政策相呼应，部分企业开始向中西部地区转移拓展。

照明行业以珠三角、长三角和闽三角为主的产业分布格局正逐步发生变化，部分企业也形成了以东南沿海地区厂区研发设计营销为主，中西部地区厂区生产制造仓储为主的双中心模式。

## 九、乍暖还寒，出口市场稳中有升

### （一）概况：传统产品持续下行，LED 替换高峰已近

2018 年全年，虽然有全球市场需求依然偏弱、中美贸易摩擦升级和汇率波动频繁等不利因素存在，但中国照明电器行业出口额达到 443 亿美元，实现了同比增长 7.52%，自 2016 年出口导向转向消费内需导向出口下跌后呈现持续回暖态势，但经历了之前多年的高速增长期后，整体增速已放缓，如图 6 所示。

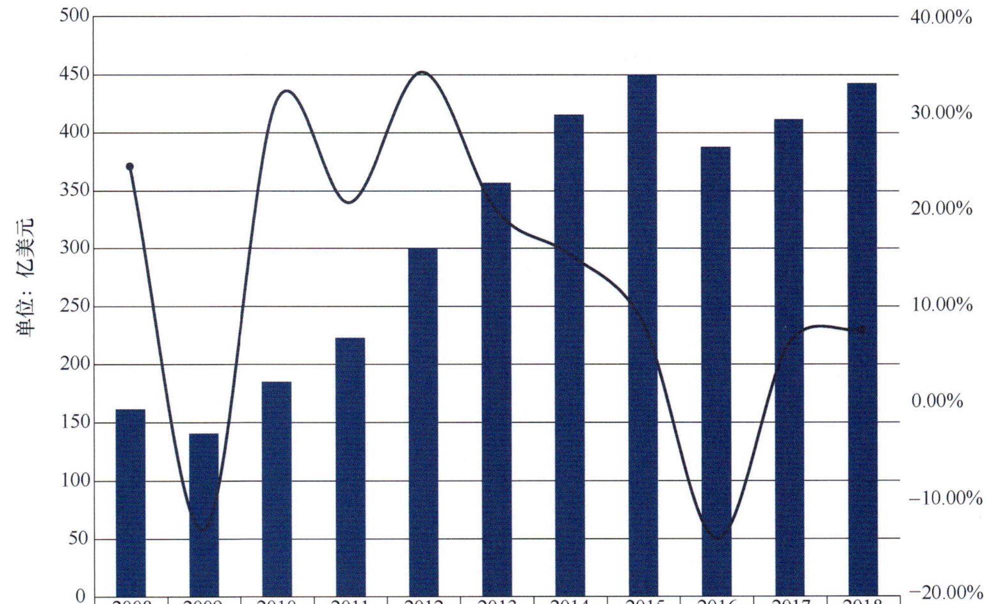


| | 2008 | 2009 | 2010 | 2011 | 2012 | 2013 | 2014 | 2015 | 2016 | 2017 | 2018 |
|---|---|---|---|---|---|---|---|---|---|---|---|
| 出口额 | 162 | 141 | 185 | 223 | 300 | 357 | 416 | 450 | 388 | 412 | 443 |
| 增幅 | 24.60% | −13% | 31.20% | 20.80% | 34.30% | 20% | 15.40% | 8.30% | −14% | 6.20% | 7.52% |

图 6　2008—2018 年中国照明电器行业出口情况

## 1. 传统产品

传统照明产品包括热辐射光源类的高耗能的白炽灯和卤钨灯，荧光灯类的紧凑型荧光灯和直管/环形荧光灯，高强气体放电（HID）灯类的高压汞灯、高压钠灯和金属卤化物灯。图 7 ~ 图 10 所示分别为 2010—2018 年中国白炽灯、卤钨灯、荧光灯和 HID 灯出口情况。

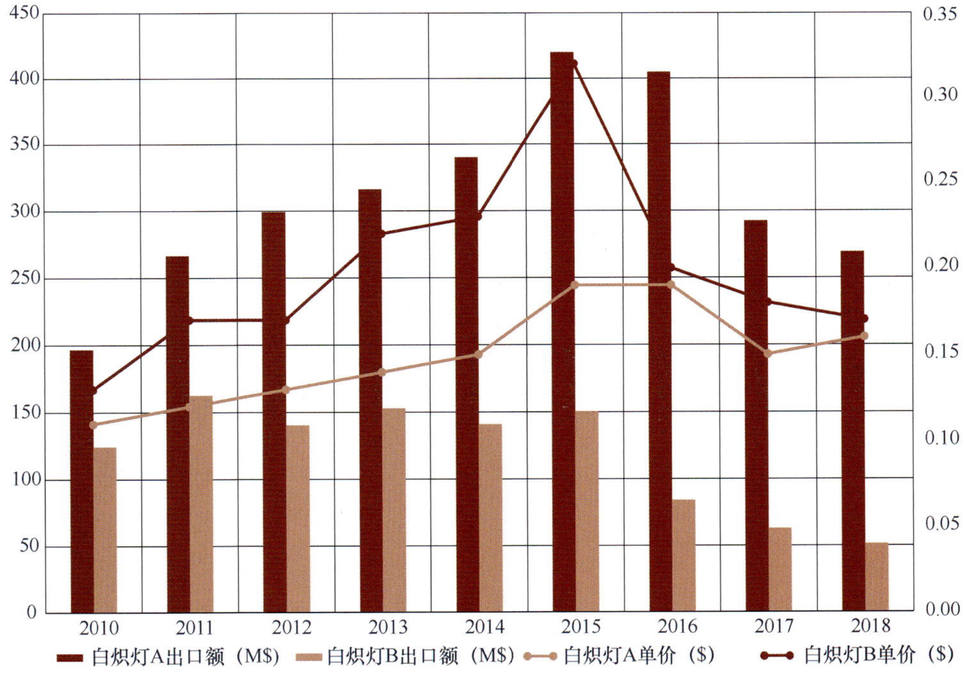


图 7　2010—2018 年中国白炽灯出口情况

笔者将其分为三种情况：

一是白炽灯和 HID 灯中的汞灯，均属高耗能产品，全球的趋势也是逐步淘汰，因此其下滑趋势明显。

二是荧光灯类和 HID 灯中的金卤灯，这两类产品分别在室内和室外的应用场所中受 LED 产品的冲击更为直接，近年来下降趋势也十分明显。

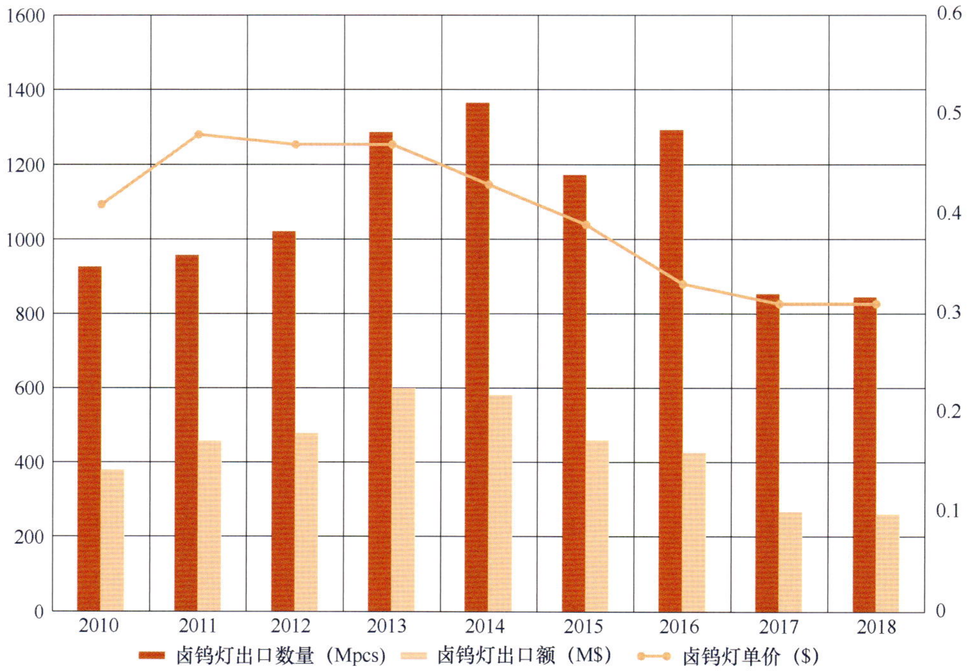


图 8　2010—2018 年中国卤钨灯出口情况

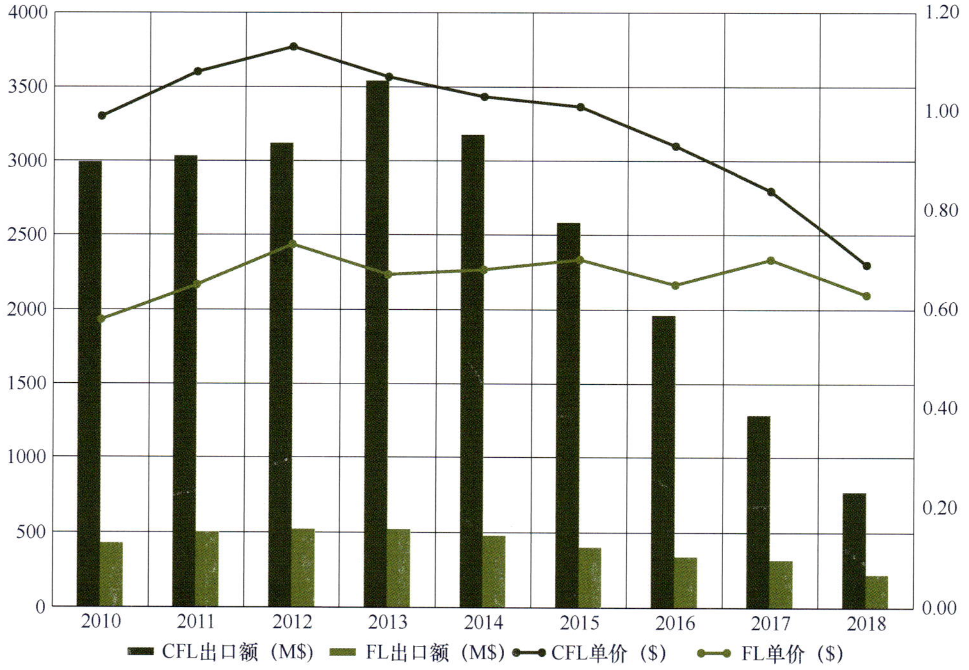


图 9　2010—2018 年中国荧光灯出口情况

三是较为特殊的卤钨灯和 HID 灯中的高压钠灯，这两类产品发展曲线具有一定波段性，相比较其他传统光源产品，下降趋势并不明显。卤钨灯因其优良的光色品质和相对于白炽灯的高效能深受欧美市场的青睐，但因主要市场都相继出台卤钨灯禁令，将使其真正步入下行区间，后文将专门谈及。高压钠灯相对平稳的原因在于，高压钠灯依然为室外照明的主力产品，即便在 LED 路灯替换率在全球领先的中国，LED 占比仅 30%，高压钠灯占比仍达到 45%，从全球范围来看更是如此。各跨国企业包括 PHILIPS、LEDVANCE、GE、Venture、Iwasaki 和 Ushio 等巨头都几乎已不再制造钠灯产品，订单集中在中国生产。

整体而言，LED 照明产品和传统照明产品将在市场上长期并存，呈现此消彼长的逐步替代趋势，LED 比重逐年升高，但并非爆发式的一蹴而就。

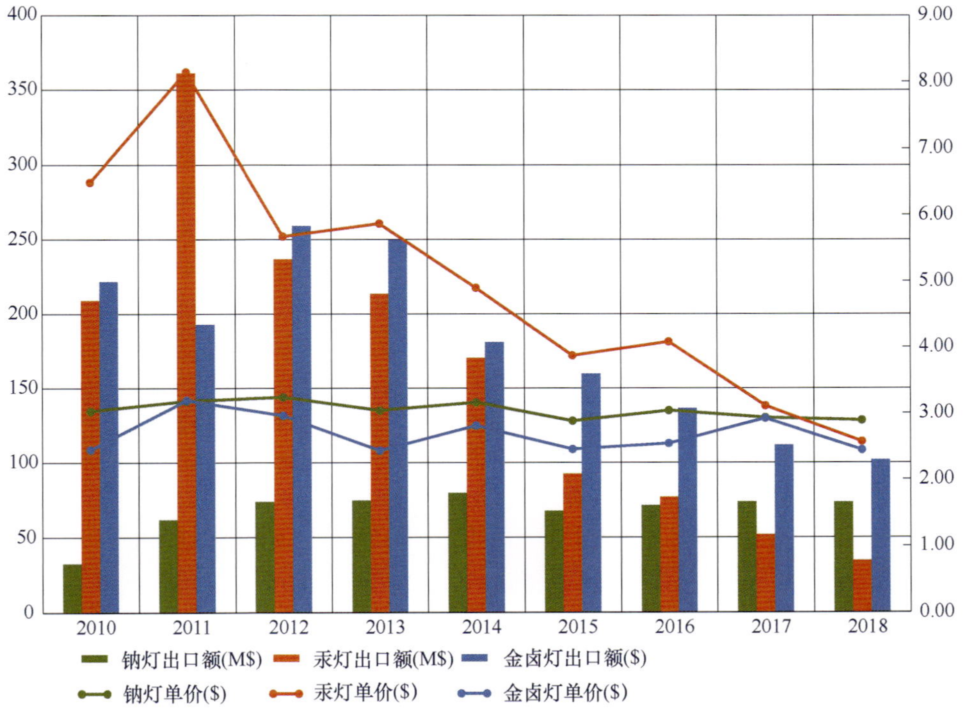


图 10　2010—2018 年中国 HID 灯出口情况

## 2. 灯具产品

两类主要的灯具产品，包括 HS 编码 94051000 的固定式灯具和 HS 编码 94052000 的可移式灯具，主要体现了国民经济的基本需求，和整个出口的发展曲线非常接近，也体现了全球经济处于低谷并在艰难回暖时期。图 11 所示为 2010—2018 年中国主要灯具产品出口情况。

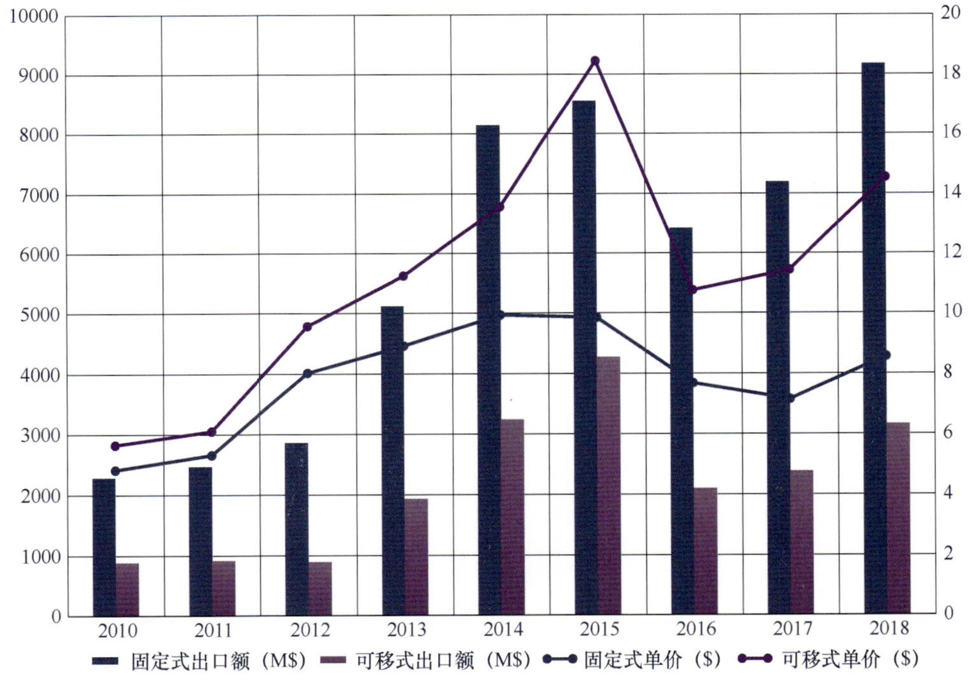


图 11　2010—2018 年中国主要灯具产品出口情况

## 3. LED 产品

图 12 所示为 2010—2018 年中国 LED 照明产品出口情况。总体上看，随着 LED 照明产品近年来产业链各端技术日新月异的进步，性价比进一步提升，已向普通照明各个领域逐渐普及，出口也迎来了快速的增长，但需求相对萎缩、增长基

数增大和 LED 长寿命导致的市场峰值变换等客观原因使然，LED 照明产品增速放缓也是大势所趋。其占整个出口份额逐年上升，体现了 LED 对传统照明的逐步替代。

2018 年全年 LED 照明产品出口额达到 325 亿美元，同比增长 4.47%，占整个出口额比重达 73.36%。

（注：全部 LED 照明产品数据主要来源于多个海关 HS 编码，包括电光源品类中 2017 年新增的 85395000 “发光二极管（LED）灯泡（管）”，即 LED 球泡和灯管；灯具品类中的 94051000 “枝形吊灯及天花板或墙壁上的电气照明装置”，即固定式灯具；94052000 “电气的台灯、床头灯或落地灯”，即可移式灯具；94053000 “圣诞树用的成套灯具” 和 94054090 “未列名电灯及照明装置”，即包括其他 LED 灯具及室外灯具等。）

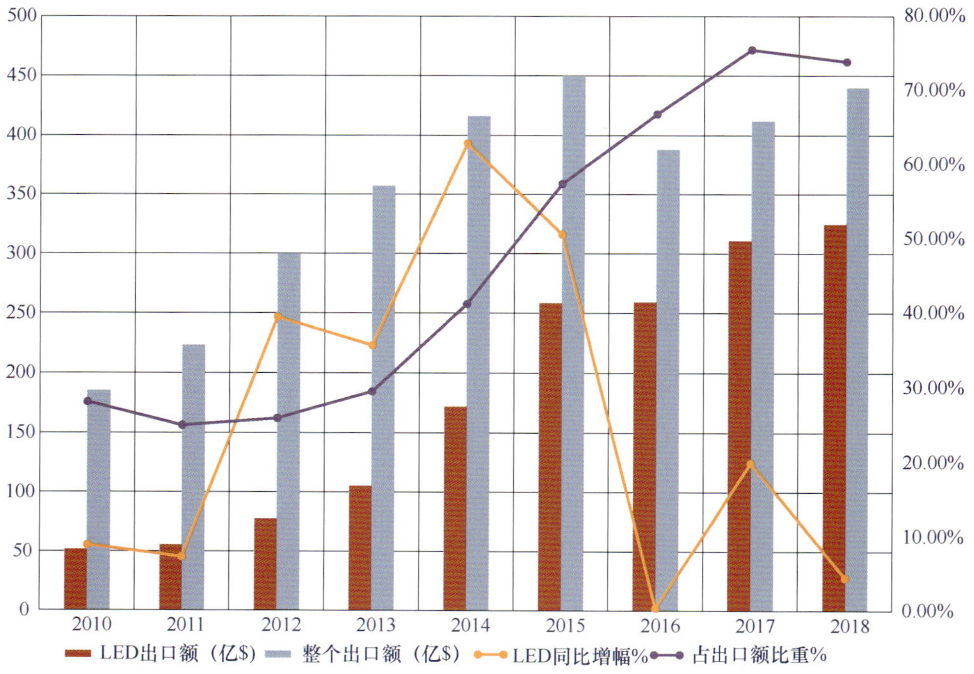


图 12　2010—2018 年中国 LED 照明产品出口情况

图 13 所示为 2018 年中国出口光源数量占比情况。2018 年全年，中国共出口光源产品约 102.5 亿只，其中白炽灯 19.9

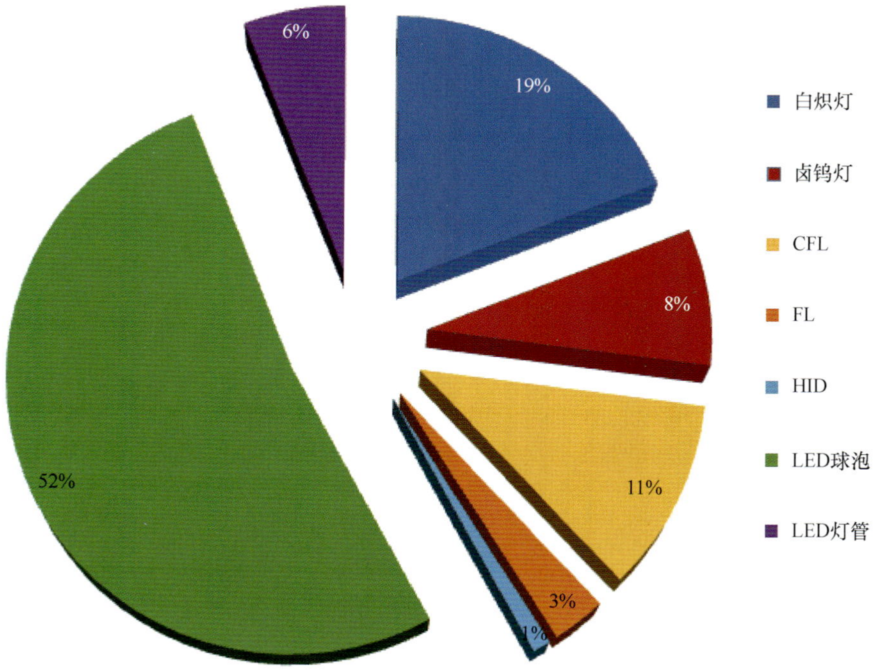


图 13　2018 年中国出口光源数量占比情况

亿只，卤钨灯 8.4 亿只；紧凑型荧光灯 11.1 亿只，直管/环形荧光灯 3.4 亿只；HID 灯三种共 0.7 亿只；LED 球泡 53 亿只，LED 灯管 6 亿只。LED 替换类光源占比已达到 58%，但传统光源占比仍超过 40%，替换市场依旧具备一定潜力。

图 14 所示为 2018 年 LED 替换类光源（85395000）出口分月情况。从 LED 替换类光源出口分月数据来看，下半年开始，LED 替换类光源每月的出口同比均为负增长，可以说，替换市场虽然还具备一定潜力，但其替换峰值已近；而每月的产品单价均低于去年同期，也体现了海外市场残酷的价格竞争。

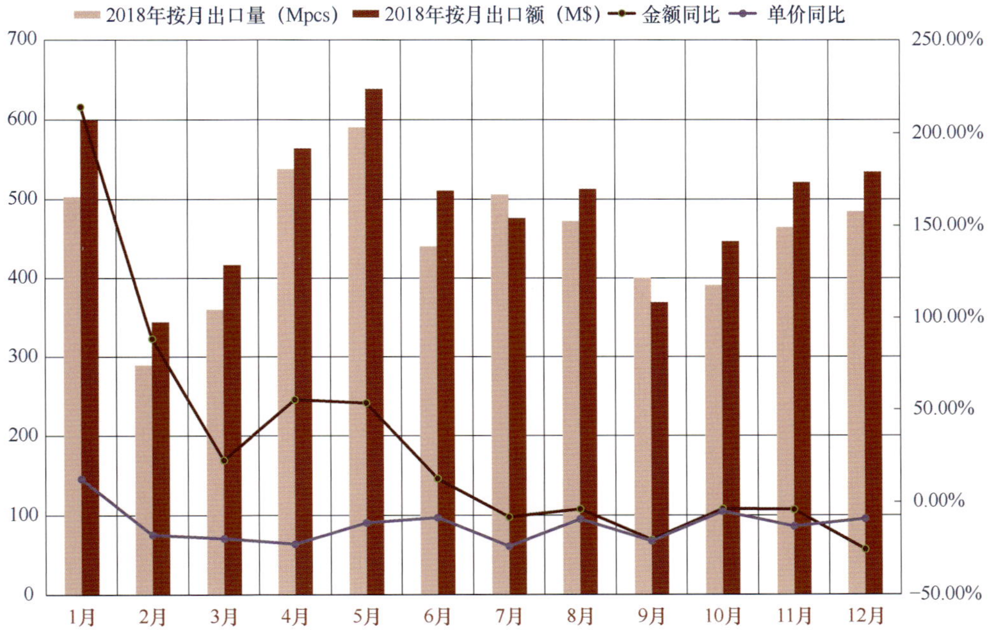


图 14　2018 年 LED 替换类光源（85395000）出口分月情况

### （二）目的国：整体循序渐进，东南亚成为亮点

图 15 所示为全球各地区 LED 照明市场份额，从全球 LED 照明市场版图来看，中美欧是并驾齐驱的三大市场，美国是单一的最大的外销市场；中国的内销市场也具备较大空间，渠道为王；欧洲市场看似统一但实质却是由相对分散的充斥着个性化差异化需求子市场构成的联合体；亚太、拉美和中东非市场是由新兴经济体组成的快速成长中的潜力市场；而日本市场由于 LED 起步较早，发展较快，LED 光源已趋近饱和，LED 一体化灯具则是方兴未艾。

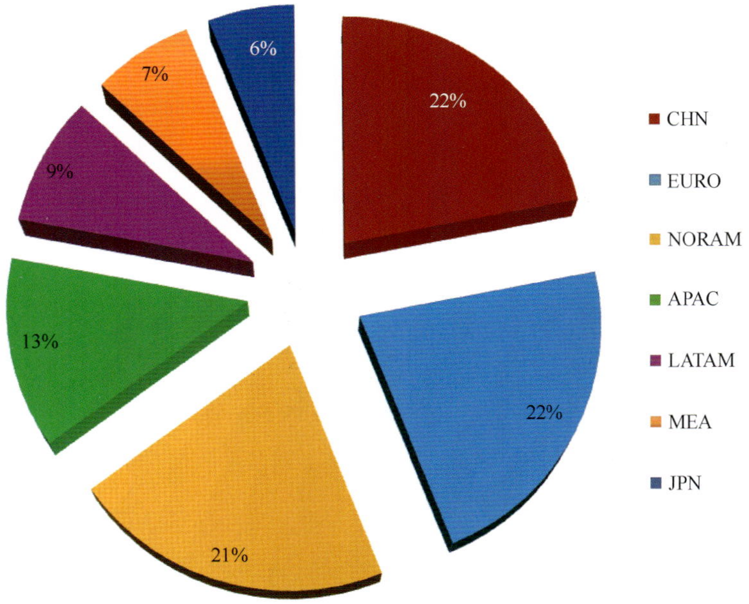


图 15　全球各地区 LED 照明市场份额

LED 照明产品出口目的国来看，主力构成还是老牌的发达经济体和潜力的新兴经济体。传统大户美欧日依旧处于重要地位，美国依然作为我国照明产品出口头号市场的地位不可动摇且一览众山小，也并未受到中美贸易摩擦的过多影响，全年增幅依旧达到 15%；加拿大、日本和欧盟中的德英荷法也常年位列前茅。

新兴经济体方面来看，东南亚国家成为亮点，其中越南可谓大黑马，增速惊人，和 2015 年助力俄罗斯登上榜眼高位的中俄黑龙江边贸类似，这次中越广西边贸为其杀到探花位贡献良多，东南亚其他国家诸如新加坡、马来西亚、印尼、泰国等和越南一样具备蓬勃的发展动力；金砖国家中，俄罗斯市场比之遭受制裁的危机年份逐步回暖，巴西近年来国内的政治经济形势不稳导致增长乏力，印度因和中国之间的 SKD 和 CKD 贸易盛行致使成品量进一步下滑；中美洲的墨西哥和中东的沙特、阿联酋也值得关注；未列出的我国香港地区市场主要地位依旧是转口。

LED 替换类光源产品方面，各国替换类光源产品单价多处于下降态势，LED 光源产品的价格竞争激烈形势可见一斑。其中值得注意的是，越南、菲律宾和伊朗产品单价仅有几美分，明显低于正常水平，是由于其进口产品中以大量的低价的微型 LED 灯泡为主；巴西、俄罗斯、印尼、马来西亚和沙特市场单价均偏低，不足 1 美元；日本和新加坡市场产品单价相对较高，其中日本依旧独步天下，超过 4.5 美元，这也解释了主攻日本市场的爱丽思、康佳和聚作等企业出口单价高企的现象。

市场表现方面，散件贸易盛行的印度和伊朗，其光源成品量已双双跌出前 20。东南亚市场表现依旧十分突出，越南、菲律宾、印尼、泰国、新加坡和马来西亚六大主要市场均跻身前 20，且增长态势强劲。

东南亚市场，是个 GDP 超过印度、但人口只有印度一半的市场。其中，越南、新加坡、马来西亚、印尼、泰国和菲律宾这六国占到中国照明产品出口到东南亚市场总额的 98%，在全球照明市场需求偏弱的情况下，东南亚各国依然维持着两位数增长，且 LED 产品占比不断提升，值得广大出口企业关注。

### （三）企业：价格竞争愈发激烈，增收不增利普遍存在

2018 年，全部 LED 照明产品出口前 20 名的企业总出口额约为 38 亿美元，占整个 LED 出口额的 11.7%。其中，立达信、阳光和得邦三驾马车的前三位置依然稳固，但是继续上升已遭遇天花板。生迪、强凌、龙胜达、木林森新和、欧普、恒太、晨辉等企业增长较快；飞利浦灯管代工大厂快捷达的表现则有所下滑。图 16 所示为 2018 年 LED 照明产品出口企业排名。

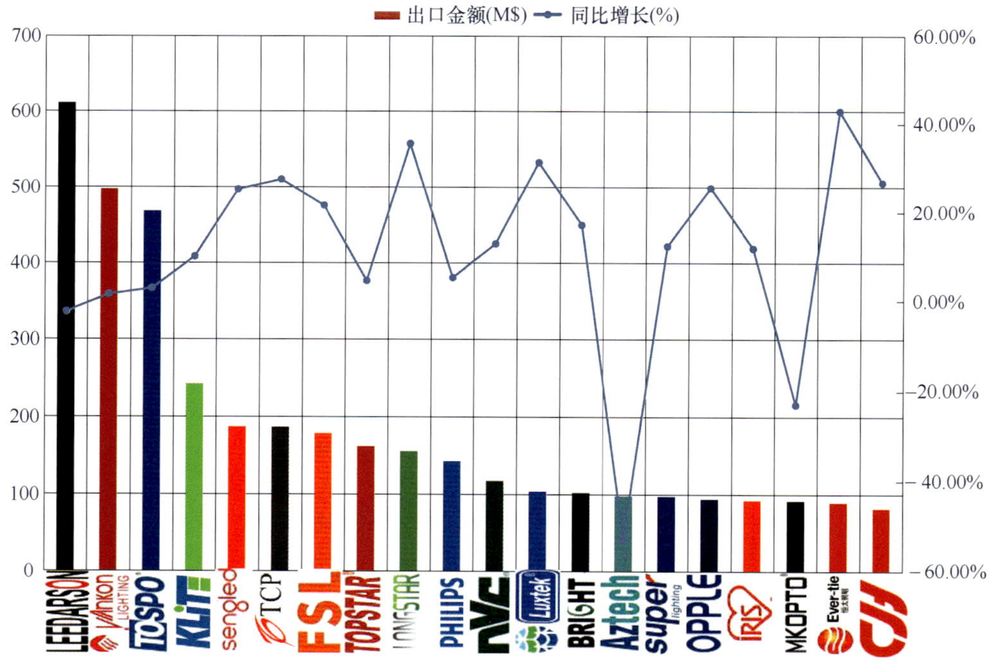


图 16 2018 年 LED 照明产品出口企业排名

LED 替换类光源出口方面，2018 年出口前 20 名的企业出口额约为 26.64 亿美元，占到整个 LED 替换类光源产品出口额的 45%，集中度较高，同时伴随着出口企业数量减少。可以说 LED 替换类光源这种规模化标准品出口市场未来也是少数派的游戏，大企业扩大规模和中小企业差异化发展都更要依靠发展一体化灯具和智能化系统。排名前列的企业如立达信、阳光、得邦等在光源和灯具的比重方面已经在逐步作出调整。而从绝大多数出口企业单价降低的形势可以看出，2018 年海外市场的价格竞争愈发激烈，广大出口企业要依仗更庞大的出口数量来维系出口金额的小幅增长，利润则受到很大挤

压，所以2017年出口企业虽然十分努力，但增量不增收、增收不增利的现象较为普遍。而快捷达、山蒲、豪恩、晨辉等单价明显较高的原因是其出口产品以LED灯管为主。

图17所示为2018年中国LED球泡出口企业情况。LED替换类光源分产品来看，LED球泡方面，排名和整个LED替换类光源排名基本吻合，立达信、阳光和得邦在球泡方面出口量的巨大领先优势奠定了其整个出口业绩名列前茅的基础，外销市场所谓“得北美者得天下”，球泡前10的企业也基本都有巨量的北美市场来支撑业绩；此外，灯丝灯成为亮点之一，木林森（新和）、浙特（杭科）、天都（及安缦）等以灯丝灯出口为主的企业2018年尤其是上半年增长较快。

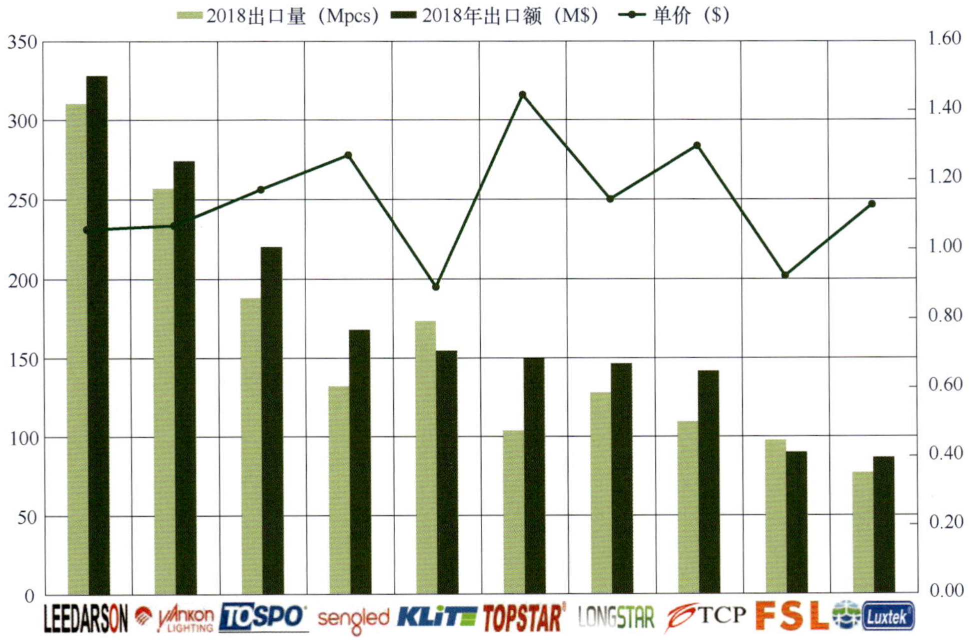


图17　2018年中国LED球泡出口企业情况

图18所示为2018年中国LED灯管出口企业情况。LED灯管方面，快捷达下半年势头有所回升，超越山蒲夺回头名位次，晨辉（瑞新）、豪恩、泛美、普为等增速不俗；值得注意的是，爱丽思主打日本单一市场，因而出口单价一骑绝尘。

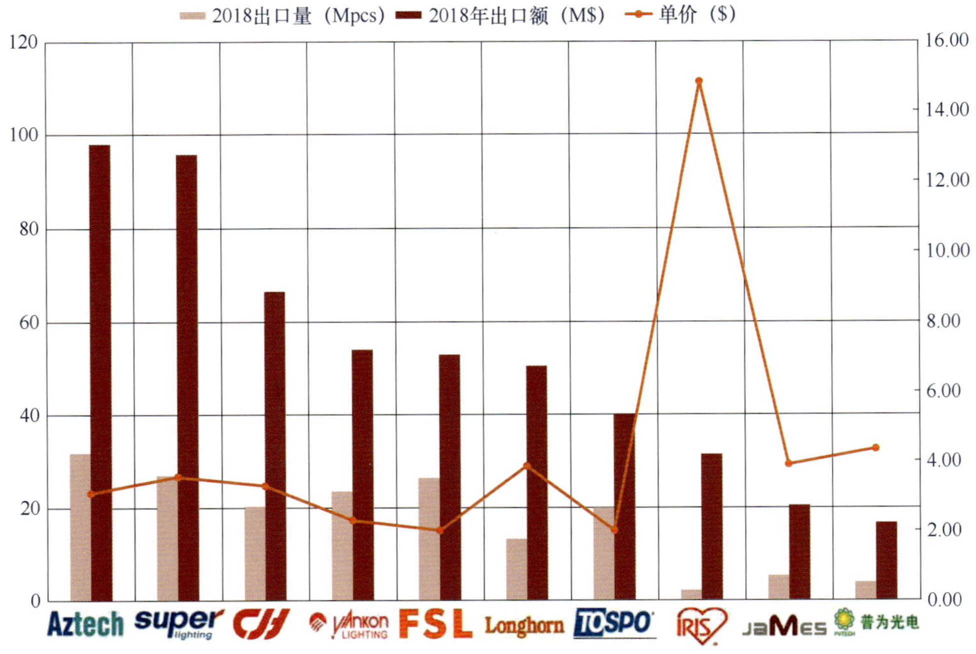


图18　2018年中国LED灯管出口企业情况

## 十、大国博弈，中美摩擦一波三折

### （一）背景

中国和美国互为对方的最大贸易伙伴，而中美贸易争端是中美经济关系中的重要问题。中美贸易争端主要发生在两个方面：一是中国具有比较优势的出口领域（诸如采用 301 调查）；二是中国没有优势的进口和技术知识领域（例如采用 337 调查）。前者基本上是竞争性的，仅影响销售，不影响研发和制造；而后者是市场不完全起作用的，直接打击的是前端的研发和制造，它们对两国经济建设和长期发展的影响是不同的。

2018 年 3 月 23 日，美国宣布将基于对中国发起的 301 贸易调查，对从中国输美产品加征关税，并限制中国企业对美投资。中美双方经过 8 个月多回合的互相加征产品关税的较量，于 2018 年末双方达成共识暂时停止关税大战，进行两边贸易磋商。

### （二）加征关税涉及的照明行业相关产品

#### 1. 第一轮 500 亿美元

第一轮美对华加征关税 500 亿美元产品清单中，主要涉及的是中上游的芯片和封装器件以及电光源配件产品，而这一领域中国厂商出口比例甚小，销往美国方向则更少，影响有限。

#### 2. 第二轮 2000 亿美元

美对华第二轮 2000 亿美元产品加征关税产品清单相较于第一轮的 500 亿美元产品清单，对我国照明行业对美出口的影响面要大得多。除白炽灯类光源（HS 编码：853922 和 853929 等）和 LED 替换类光源（HS 编码：85395000）等产品外，本次加征关税名单涵盖了绝大部分照明行业相关的产品，比之前的拟征税名单仅少了 85041000 放电灯或放电管用镇流器、85121020 自行车用电气照明设备和 85121040 自行车用视觉信号装置等寥寥几项。

### （三）美国市场的重要地位

美国作为我国照明产品出口的头号市场的地位不可动摇，在各品类照明产品出口上几乎都是位列榜首且一览众山小，2017 年全年中国出口到美国的全部照明产品出口额约为 108 亿美元，占到整个照明产品出口额的 1/4（整个出口额 412 亿美元），在我国照明产品对外贸易中占有举足轻重的地位。而本次加征关税清单中涉及输美产品约 80 亿美元，约占中国照明产品对美出口额的 75%，约占整个中国照明产品出口额的 20%。

照明行业外销可谓是“得北美者得天下”。我国照明产品出口排名前 20 的企业，几乎都有巨量的美国市场做支撑，其业务一些是给 PHILIPS、LEDVANCE、GE 和 FEIT 这类跨国企业贴牌；一些是给当地具备强大渠道能力的 HomeDepot、Costco、Lowes 和 Walmart 等大型家居商超贴牌；还有一些则是走进口商的通路。相当数量的照明出口企业的美国市场出口额占其整个出口额的 60% 以上，个别企业甚至要超过 90%。所以无论是全行业的出口还是单个企业的出口，美国市场都是毫无疑问的重中之重。

### （四）影响之现状

#### 1. 汇率大幅波动

中美贸易战愈演愈烈，也导致了人民币大幅贬值。美元兑人民币汇率已从 2017 年年初最低时的 6.3 以下狂飙突进，曾一度接近破 7。2017 年美元暴跌令出口企业长吁短叹，2018 年则换成国内电子器件产品分销商叫苦不迭。虽然人民币贬值在一定程度上抵消了国内出口企业所遭受的加征关税影响，但无论是大涨还是大跌，汇率短期内的异常剧烈波动都会打乱市场的价格体系，进而影响企业的出口业绩和毛利率。

#### 2. 照明产品出口退税税率上调

2018 年下半年，国家财政部先后宣布 LED 光源（HS 编码：85395000）和灯具（HS 编码：9405 系列）等相关照明产品的出口退税税率从原有的 13% 上调至 16%，可以说这一举措也部分抵消了加征关税带来的负面影响，即使是短期利好。

#### 3. 美国照明企业多轮涨价

2018 年 5 月起，率先由北美灯具大厂 Acuity brands 和 Eaton（Cooper Lighting 母公司）宣布涨价，此后，Venture Lighting、RAB Lighting、GE 旗下 Current、LEDVANCE 旗下北美 Sylvania 和 Panasonic 旗下环球迈特 ULT 等多家厂商纷纷上调产品价格，其中部分厂商已多次上调价格。其原因不仅在于 LED 照明快速发展挤压了传统照明产品的生存空间，使其失去规模经济效应以及原材料、人力和物流等各项成本上涨，最主要的还是应对加征关税所带来的影响。

#### 4. LED 光源暂时无虞

LED 替换类光源产品（HS 编码：85395000）未在第二轮 2000 亿美元加征关税名单中。过去的 LED 照明产品均列入 HS 编码为 94054090 的税目中，而该 HS 编码由国际海关组织（WCO）于 2017 年新设，加之光源产品的关税一般税率本身比灯具产品的一般税率要低，未来预计将有更多的符合该税目要求的 LED 光源产品从 94054090 中转移至 85395000 中。

### 5. 对美出口实际影响有限

应该说中美贸易摩擦对照明行业会在一定程度上遏制美国客户需求，部分订单会转移至印度、墨西哥、越南和马来西亚等国；但从2018年照明产品出口美国的实际数据来看，9月份全球的数据下滑，第四季度开始则逐步回归正常轨道，全年中国照明产品对美出口额仍同比增长10%以上。所以说，10%的关税税率尚处于双方可以承受的范围内，同时人民币贬值，出口退税税率提升和美企涨价等因素部分抵消了关税影响，这一轮中美贸易摩擦对我们照明行业出口的心理影响大过实际影响！

## （五）照明企业海外设厂之建议

2018年中美贸易摩擦愈演愈烈之时，有为数不少的照明企业考虑为应对加征关税，意在越南、印度、墨西哥和马来西亚等国家设立海外工厂。笔者在这里谈下个人看法。

首先需要明确海外设厂的目的，如果仅是为应对加征关税的贸易壁垒而进行的措施，显得有些冒进。目前形势来看，加征关税确实属于短期阶段性行为，以海外设厂这种长期行为来应对短期困境，风险较大。需要考虑的因素包括：

（1）大额投入

海外设厂需要较大的投入，目前行业还处于产能过剩且需求趋弱的形势下，现金流对融资环境困难中的企业来说显得如此重要。

（2）综合成本

海外设厂要考虑实际的综合成本，比如表象上人工成本虽低于国内，但人工效率输出更低；而劳动力成本通常也不是建厂的唯一决策要点，还要兼顾考量潜在内需市场发展、物流仓储便利程度、土地升值空间以及中国式的管理文化是否可以得到有效输出等方面，而产业链配套也是个核心问题，尤其对于产业链较长的照明行业来说。

（3）投资风险

还需要考虑当地的政府支持政策与经商环境，当地的政治社会发展稳定程度和合作伙伴信誉度等潜在不稳定因素，这些也可能引发投资风险。

（4）投资回报

比如在印度设立工厂只需考虑印度内销市场是否能支撑产能，而在越南投入则必须综合考虑内销与出口需求之后再考虑建厂投产。

（5）贸易反规避

即便加征关税将来成为长期行为，在海外工厂的体系搭建完成后，也需警惕美方的贸易反规避措施。

（6）案例

2019年伊始，继欧普和木林森之后，两大照明配套厂商英飞特和晨丰科技也完成了印度子公司的注册登记。印度政府自身比较重视照明产业制造，整灯关税也较高，和中国间SKD/CKD的半成品贸易盛行，作为配套企业在印度设点可谓有的放矢。

总之海外设厂是企业的重要举措，也存在诸多不确定因素，还需广大照明企业自身审时度势、深入调研、厘清优劣、因地制宜、谨慎从事。毕竟这个时代是比谁更少犯错的时代。

## （六）中国制造地位不可替代

中美互征关税如火如荼之时，也有人提出对美国寻找照明产品制造替代国的担忧，在这里笔者也要再次强调下中国照明产品的制造地位的不可替代性。

以美日德等为代表的具有照明全产业链制造能力的发达经济体，虽具备先进的装备水平和较为完备的产业链体系，但其未形成规模效应，同时受困于人工、物流和供应链成本较高的局限，照明产品的性价比特别是光源产品无法和中国竞争；加之本土市场需求量较大，仅依靠自身的制造能力尚不能完全满足本国需求，遑论供应全球。总体而言，这类国家不具备通用照明产品全面的合理性价比的自给自足能力。

以印度、越南等国为代表的具备一定照明产品制造能力的新兴经济体，首先均存在产业链配套不完善的通病，且还需面临各自政治经济形势复杂、社会效率低下以及各类资源匮乏等诸多问题，短期较难形成气候。其目前生产规模和能力也不能满足全球市场多元化的、发展迅速的且高性价比的全方位需求。

总之，中国贵为照明产品的世界工厂，生产的产品在全球市场的占有率已超过50%，这一成就绝非一日之功。在可以预见的未来，寻找另一个能够在照明产品的数量和性价比上双重满足全球市场需求从而替代中国制造地位的国家是“不可能的任务”。

全球格局下看，中美贸易争端在未来将是长期存在的，但是中美双边产业互补性的基本格局短期内不会改变，照明产品作为代表国民经济基本需求的日用消费品，依旧具备较强的需求基础以及较好的发展潜力。

## 十一、日薄西山，卤钨禁令接踵而至

图 19 所示为 2010—2018 年中国卤钨灯出口情况。一直以来，卤钨灯因其优良的光色品质和相对于白炽灯的高效深受喜爱低温高显的欧美市场青睐，因而无论从近年的产量还是出口情况来看，其发展曲线具有波段性，相比较其他传统光源产品，下降趋势并不明显；同时国内生产卤钨灯的企业如佛山照明、常州福兴、浙江生辉、安徽世林、广明源等企业还抓住了卤钨灯订单集中的“黄金尾巴”，利润颇丰。但下一步这一状况将发生变化。

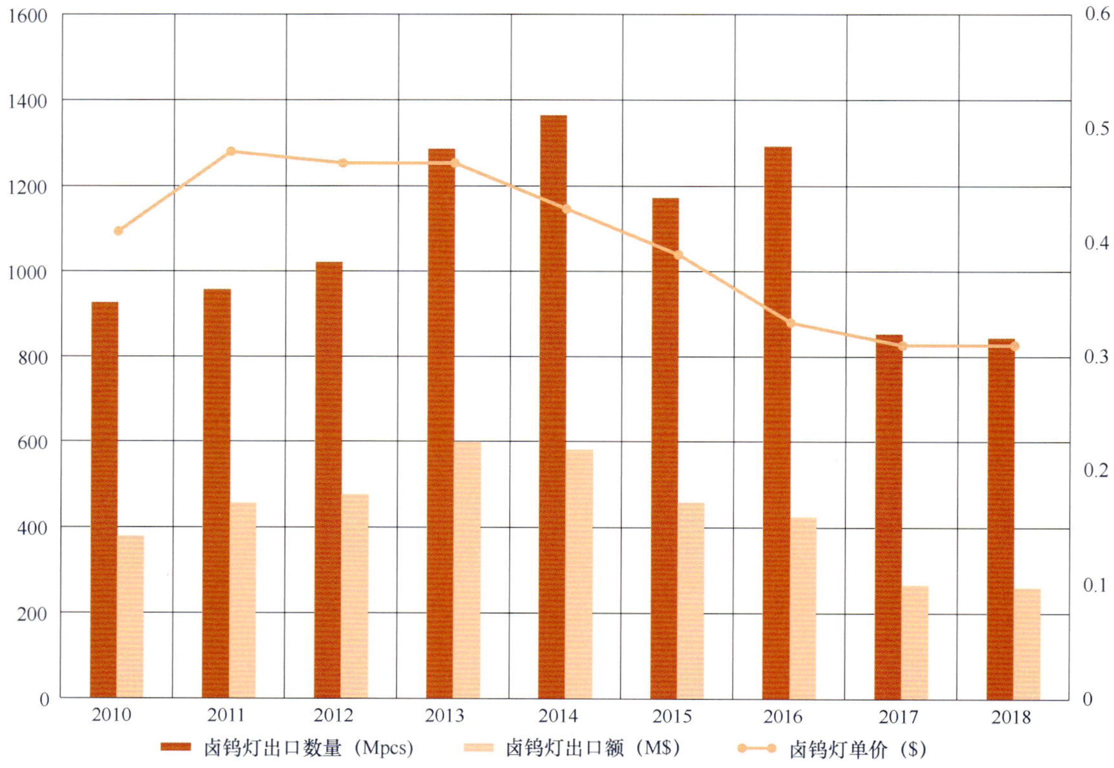


图 19　2010—2018 年中国卤钨灯出口情况

2018 年 9 月 1 日起，欧盟 ErP 指令（Energy-related Products，即能源相关产品生态设计要求）中的（EC）244/2009 的第六阶段要求生效，要求将在欧盟市场上不再投放某类低能效的非定向家用卤钨灯。这也意味着不能满足指令能效要求的普通照明用梨形透明玻壳卤钨灯，也就是我们常说的“泡中泡”将在禁售之列。而特殊照明用卤钨灯，诸如烤箱灯等；定向卤钨灯，诸如 Mr 系列、Par 系列等；G9 灯头单端卤钨灯和 R7s 灯头卤钨灯（即常见的双端卤钨灯）等并不受影响。需要注意的是，该禁止措施并不适用于已经在商店货架上和仓库中的相关产品。如图 20 所示为 2018 年逐步淘汰的卤钨灯以及仍然可用的卤钨灯。

a) 2018年逐步淘汰的卤钨灯　　b) 仍然可用的卤钨灯

图 20　2018 年逐步淘汰的卤钨灯以及仍然可用的卤钨灯

（EC）244/2009 第六阶段要求原本是在 2016 年 9 月 1 日生效，后在欧洲照明协会（Lighting Europe）的建议下，欧盟委员会新出台的（EU）2015/1428 条例中将其生效日期推后两年至 2018 年的 9 月 1 日。

图 21 所示为 2018 年中国卤钨灯（85392190）出口分月情况。从 2018 年卤钨灯出口分月情况来看，8 月份卤钨灯出口量和金额即断崖式下滑，单价有所上升是因为不在禁售之列的卤钨灯产品主要为单价较高的反射型和特殊用途产品。未来可以预见，在欧美澳几大主要市场均计划淘汰普通照明用卤钨灯的形势下，将使其真正步入下行区间，相关 LED 替换类光源产品诸如 LED 灯丝灯等产品会迎来一轮增长机会。

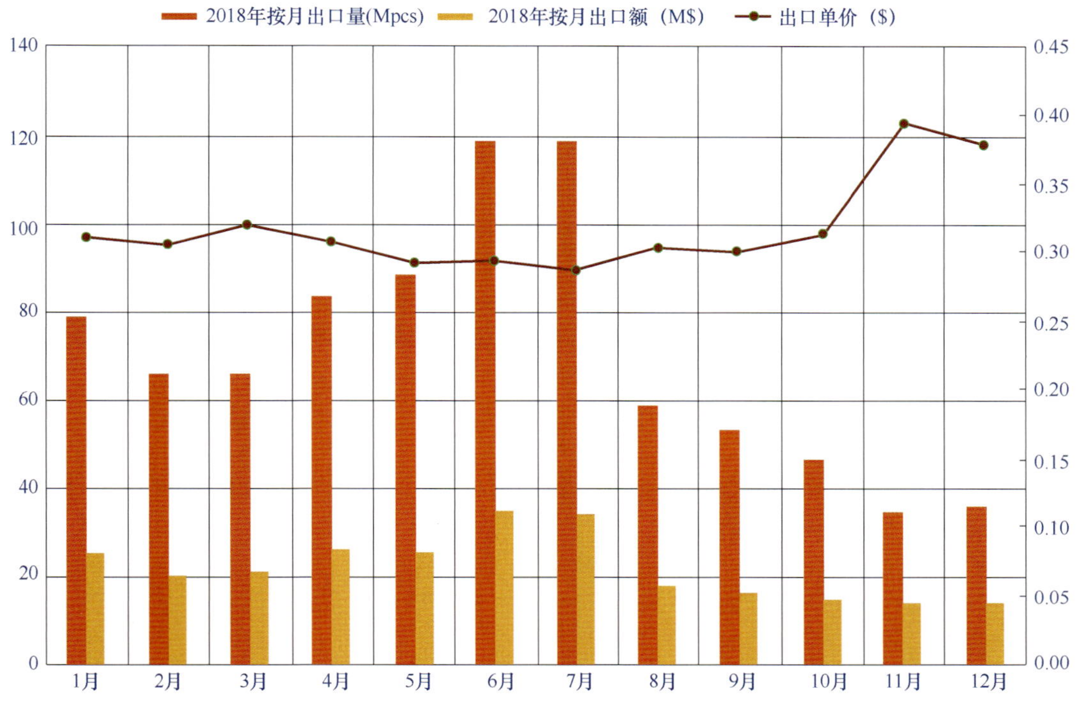


图 21 2018 年中国卤钨灯（85392190）出口分月情况

## 十二、压力山大，国际巨头战略转型

### （一）SIGNIFY

2018 年 3 月，法兰克福照明展期间飞利浦照明宣布计划将公司名称改为 Signify。2018 年 5 月 16 日，联合国教科文组织设立的全球第一个“国际光日”（International Day of Light），同时飞利浦照明控股（Philips Lighting NV）正式更名为昕诺飞控股（Signify NV），同期还发布了“昕诺飞”这一中文名字。根据和皇家飞利浦的授权协议，其照明产品将延用 PHILIPS 这一百年品牌，同时发布的还有其物联网品牌 Interact。新公司名源自对照明的全新定义：光已成为一种智能语言，连接和传递信息。这也标志着昕诺飞下一步关注重点，将从传统的照明产品制造，转向物联网时代的互联照明系统方案服务以及光信号通讯。

2018 年 8 月，昕诺飞宣布完成了对城市景观照明厂商深圳磊明科技的收购，磊明相关业务将由新成立的深圳磊飞照明来管理和运营，新公司也将继续使用 LiteMagic 和 LiteMeta 作为产品品牌。此次收购加强了昕诺飞在中国正快速发展的城市景观照明市场的布局。

2018 年 11 月，昕诺飞和西蒙电气作为照明行业代表参加了首届进口博览会。

2018 年 12 月，昕诺飞将其垂直腔面发射激光器（VCSEL）业务，即位于德国乌尔姆的 Philips Photonics 公司出售给德国老牌激光器公司 Trumpf。这和其老对手欧司朗在 VCSEL 领域的系列布局动作背道而驰。

### （二）OSRAM

2017 年以来，在成功分割 LEDVANCE 后，OSRAM 加快转型步伐，频频出手，先后收购或通过其旗下风险投资事业部 Fluxunit 控股了十余家公司，涵盖车用照明、农业照明、医疗照明、娱乐照明、智能控制、物联网数据平台、光管理软件、激光器和传感器等多个领域，此外还和德国汽车零部件巨头大陆集团成立了合资公司，与日本 LED 器件大厂 Nichia 商议光电产品与技术应用领域中的专利交互授权。

2018 年 8 月，OSRAM 决定出售其 LSS 事业部中的 LS 照明解决方案业务，这当中包括德国的 Siteco 灯具业务，以及北美的 Sylvania Lighting Services（SLS）业务；而 Traxon 和 e：cue 的相关业务，以及位于亚洲的灯具、动态照明和控制系统业务则不在本次出售之列。后续到 2019 年 1 月，OSRAM 将总部位于美国马萨诸塞州威尔明顿的 SLS 业务出售给了美国西科国际（WESCO）。

OSRAM 将 CLB 和 LLS 事业部分拆给 LEDVANCE 后为三个事业部：照明解决方案和系统（LSS，含照明解决方案部门 LS 和数字照明系统部门 DS）、特种照明（SP）及光电半导体（OS）。2018 年 11 月，OSRAM 宣布从 2019 年财年起，三大事业部重新调整为汽车（AM）、数字（DI）和光电半导体（OS）。

这一系列的调整布局，体现了 OSRAM 将专注发展基于半导体技术的高科技产品，一方面强化其在车用、农业、健康、医疗和娱乐等多个特种照明细分市场的优势；另一方面也在不断增强物联网数据平台、智能控制、光管理软件、身份识别、激光和传感技术等高科技领域的业务，进而彰显其从传统照明公司向高科技公司发展的战略构想。

### （三）ZUMTOBEL

长期位列欧洲三巨头之一的奥德堡 ZUMTOBEL 集团，主要动作是整合旗下品牌，应对竞争变化。原本旗下为 zumtobel（室内灯具）、Thorn（室内外灯具）、Tridonic（驱动、调光器和 COB 器件）、acdc（景观照明灯具）和 Reiss（特种灯具）五大品牌。今年则新设立了 eco Thorn，即经济型索恩以应对愈演愈烈的价格竞争和 zgs，即 zumtobel group service 以顺应已成燎原之势的照明系统解决方案潮流。

### （四）LEDVANCE

在 2018 年的两大行业盛会 Light + Building 2018 和第 23 届广州照明展上，LEDVANCE 均高调亮相，并展示了新的灯具设计语言，即“SCALE”设计理念，可在家居、办公、商业、工业和户外等多种应用场合根据客户需求来提供一站式定制化产品服务。在 OSRAM 转型的背景下，LEDVANCE 体现了“更深的橙”，其承接了 OSRAM 的照明业务方面的衣钵并将进一步深化。

2018 年 11 月，LEDVANCE 宣布任命其监事会主席林纪良（Lawrence Lin）为全球 CEO 及常务董事，以接替在任短短不足九个月的谭昌琳博士（Jacob Tarn）。同时，木林森和 LEDVANCE 间也在加快整合，木林森的北美外销业务 Forest Lighting 将并入 LEDVANCE；而 LEDVANCE 位于美国宾夕法尼亚州的圣玛丽工厂将重组为木林森在美国的独立制造子公司；此外，LEDVANCE 位于美国肯塔基州的凡尔赛工厂将在 2019 年 9 月底之前逐步停止生产。可以预期未来其关厂动作将持续进行。

这一系列的调整也预示着 LEDVANCE 将致力于超越原有 OSRAM 和北美 SYLVANIA 传统光源制造商的形象，逐步转型为创新驱动从而引领行业的照明解决方案提供者。

### （五）GE

身负 250 亿美元的巨额有息负债的 GE 集团出售照明业务的消息自 2017 年开始便甚嚣尘上，扑朔迷离，众说纷纭。

继 2017 年宣布退出亚洲和拉美市场后，又在 2018 年 2 月份同意出售其在欧洲、中东、非洲和土耳其的业务以及全球汽车照明业务。买方是 GE 匈牙利公司前总裁 Joerg Bauer 控股的公司，在收购后过渡期间会使用 GE 照明品牌，之后新公司最终将以原 Tungsram 的品牌进行运行。

2018 年 11 月，GE 宣布将旗下 Current 出售给美国私募股权公司 American Industrial Partners（AIP）。Current 的业务包括 LED 和传统照明解决方案，以及各种连接传感器、控制和软件。作为拟出售的一部分，Current 将根据许可协议继续使用 GE 品牌。GE 照明的北美消费者照明业务不包括在此次交易中，GE 仍在积极出售此业务。

### （六）CREE

2016 年，德国半导体巨头英飞凌（infineon）一度宣布将以 8.5 亿美元的现金收购美国 CREE 旗下的 Wolfspeed 公司（射频功率器件业务）。但此交易在 2017 年被美国外国投资委员会（CFIUS）以国家安全问题为由叫停。2018 年 3 月，CREE 反而宣布以 3.45 亿欧元收购 infineon 的射频功率器件业务。

此前 CREE 高调进军照明应用领域，业绩却长期受困于照明应用业务的低毛利。其在新 CEO 上任后，和原 CEO 持相左发展思路，即更加重视其原优势项目的碳化硅衬底各类器件业务的发展。自此，CREE 重新回到了器件为主业的轨道上。

### （七）北美照明企业纷纷涨价

2018 年 5 月起，率先由北美灯具大厂 Acuity brands 和 Eaton（Cooper Lighting 母公司）宣布涨价；此后，Venture Lighting、RAB Lighting、GE 旗下 Current、LEDVANCE 旗下北美 Sylvania 和 Panasonic 旗下 ULT 等多家厂商纷纷上调产品价格，其中部分厂商已多次上调产品价格。

这一波涨价原因不仅在于 LED 照明快速发展挤压了传统照明产品的生存空间，使其失去规模经济效应以及原材料、人力和物流等各项成本上涨，RAB Lighting 也因不断上升的成本和市场复杂性在去年年底宣布退出加拿大市场，最主要的还是应对美国对华 301 调查加征关税所带来的影响。

### （八）Nichia

2018 年 7 月，日亚化学（Nichia Corporation）宣布，因照明用、背光用 LED 需求持续强劲，加上 LED 业务扩大至汽车照明等领域，因此决定在其德岛县鸣门工厂内兴建新厂房，扩充 LED 产能。新厂的总投资额（包含厂房建设费用和设备投入）预计可达 160 亿日元（约合人民币 9.76 亿元），完工投产后，预计 2021 年鸣门工厂的 LED 产能将扩至现在的 2 倍。

另有报道称，日亚化学还计划在中国华南建立合资工厂，生产用于智能手机和汽车照明的 LED 产品，日亚将持有合资企业 18% 的股份，合资方还包括台湾光磊（Opto Tech）。

日亚化学是享誉全球的五大 LED 厂商之一，主营业务为 LED 器件、荧光粉和电池材料等，日本本土五个工厂位于阿南（总部和两个工厂）、德岛、鸣门和鹿儿岛。其中 LED 器件营收规模超过 20 亿美元，高居全球第一。本次扩产也是一贯谨慎的日亚化学应对激烈竞争环境的策略。

### （九）日本照明企业战略收缩

近年来，随着日本本土 LED 替换市场日趋饱和，中国企业的快速进步，日企整体表现低迷，其中本土双雄 Panasonic 和 TOSHIBA 首当其冲，Panasonic 近些年先后关闭了包括中国、印尼和日本本土的多家照明工厂。TOSHIBA 也已先后关闭了本土的多家照明工厂，在决定 2019 年 3 月底关闭其沼津工厂后，其本土照明工厂将仅余鹿沼工厂一间；此前宣布退出刚进入仅一年的硅衬底白光 LED 业务；还将中国照明业务打包出售给了康佳照明。2018 年 11 月，因连年亏损，NEC 也宣布将退出照明业务，将旗下 NEC Lighting 出售给日本未来基金（NMC）。NEC Lighting 2017 年营收约 172 亿日元（约合人民币 10.6 亿元），员工 400 名。

目前，日本照明应用企业在日本本土和东南亚仍具备一定市场份额，但整体处于战略收缩阶段。

### （十）晶元光电

2019 年 5 月，我国台湾地区 LED 大厂晶元光电宣布 2019 年底拟将三大事业部门独立成晶电企业、晶成半导体与晶电科技 3 家公司，初期将以晶电企业持股另外 2 家公司，未来不排除独立上市。

三家公司中，晶电企业负责 LED 及激光业务，晶成半导体则涵盖 VCSEL（垂直腔面发射激光器）和电力电子元件代工业务（主要为硅基氮化镓功率器件），晶电科技则主营模块与元件相关业务。

分而治之也是为了应对自 2018 年开始的我国大陆芯片厂商的大肆扩产潮以及照明、背光和显示等市场的价格冲击。其将运营重点从 LED 产能军备竞赛，逐步转向 VCSEL、激光以及功率器件代工等利基业务。

### （十一）Fagerhult/iGuzzini 抱团取暖

2018 年 10 月，瑞典灯具大厂 Fagerhult 以 3.85 亿欧元（约合人民币 30.12 亿元）收购意大利照明品牌 iGuzzini。iGuzzini 总部位于意大利雷卡纳蒂，2018 年营收约为 2.4 亿欧元（约合人民币 18.78 亿元），员工 1470 名。合并后的新公司预计年销售额将超过 80 亿瑞典克朗（约合人民币 60.82 亿元）。瑞典 Fagerhult 和意大利 iGuzzini 都是灯具领域有口皆碑的著名品牌，这次合并也是典型的强强联手。

### （十二）车灯并购案此起彼伏

LG 收购 ZKW，Magna 收购 OLSA，Varroc 收购 Sa-ba Automotive，Calsonic 收购 Marelli。在通用照明市场已厮杀成为“红海”的今天，汽车照明产业凭借其较高的市场回报、可观的发展潜力和相对理性的价格竞争等优势，已经成为全球各路厂商密切关注的“蓝海市场”。

综上，国际照明巨头们的转型和调整，是顺应时势的动作，并不意味他们已经完全失去了技术、专利和品牌方面的优势，而是在日趋激烈的竞争中，这种优势比之传统时代已不再显著，而且已经深刻地影响到其自身的盈利模式，而寻求在照明产业的新阶段重新占据领先地位。在这一点认知上，我们不可妄自菲薄，亦不可夜郎自大。

### 结语：

2018 年是整个照明行业负重前行的一年。从经济大形势看，整体宏观经济增速放缓、金融去杠杆致融资环境趋紧、社会消费需求萎缩以及实体经济困难加剧；而外销方面受到全球需求不振以及中美贸易摩擦加剧的负面影响。行业大环境则是行业竞争环境惨烈，体现在人工、土地、物流和材料等各项成本刚性上涨，产能结构性过剩，产品同质化严重，内外销市场均存在激烈价格竞争等问题。

图 22 所示为 2007—2018 年中国照明电器全行业销售额。从趋势图中可以看出，由于上述宏观经济形势周期和产业自身发展周期的综合原因，2018 年内销有所下降，外销则小幅增长，整个中国照明电器行业已从前些年的高速增长转为平稳发展，LED 照明前期作为一个成长期的产品迎来较高的增长率，如今步入成熟期后，其发展也必然进入稳定的更注重发展质量的阶段。在这种相对弱势的大环境下，是挤压产业中不良泡沫、加快新陈代谢的过程，也正是一个行业淘汰低效产能、消灭低劣产品、杜绝低价竞争、整治低端企业的整合机会，这在年景好的时候反而更难做到。同时随着 LED 照明技术和市场进入成熟期，相关标准化体系的完善与生产自动化进程的深化，能够加快提升全行业的规范化和集约化。

而对代表行业头部企业，并拥有资本手段整合能力的上市公司来说，2018 年业绩大额亏损的企业多为未能专注于本

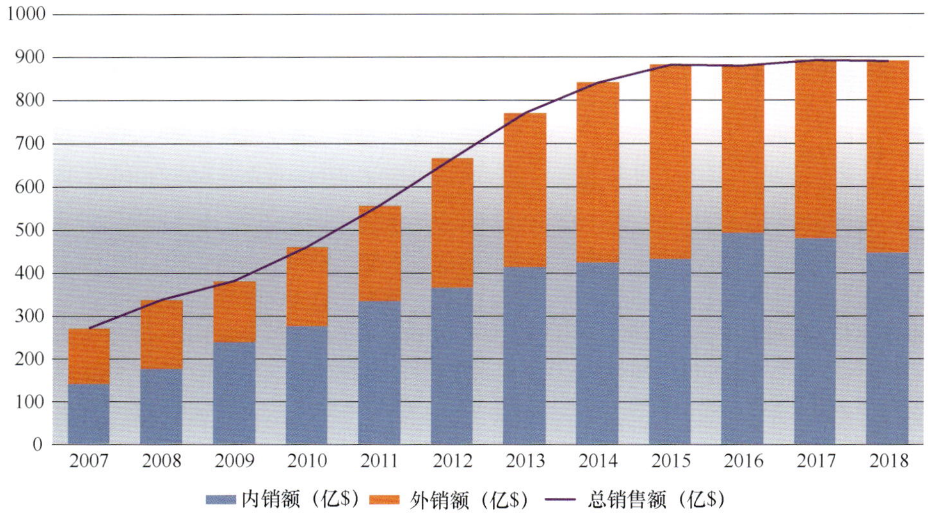


图 22　2007—2018 年中国照明电器全行业销售额

业，转而投入到那些“看上去很美”，自身却未必擅长的领域，大肆扩张并购的初期可能业绩突飞猛进，风光无两；一旦后期业绩不佳，不得以大额计提商誉减值导致巨额亏损，实为得不偿失。照明企业首先还是要做擅长的领域，聚焦主业。

照明产品作为代表国民经济基本需求的日用消费品，依旧具备较强的刚性需求基础以及较好的发展潜力。中国目前依然是全球最大的照明电器产品生产国和出口国，同时本身也是个和北美体量相媲美的巨大消费市场，产品远销全球 220 多个国家和地区，遍及世界的各个角落，在全球市场的占有率已超过 50%，规模优势无可撼动，制造地位无可替代。在目前国家深化供给侧结构性改革、环保去产能以及金融去杠杆的宏观形势下，整个行业发展周期也是趋向稳定的时候，未来照明的发展方向就是要从数量优势往质量优势上发展，即产品从低附加值转向高附加值升级、企业从劳动密集型向技术密集型发展、产业从粗放型转向集约型，继而从照明制造大国发展到照明制造强国，从照明的中国制造（Made in China）进化成照明的中国创造（Made by China）。

# 城市景观照明的发展脉络分析

窦林平
（中国照明学会）

以 1989 年上海外滩景观亮化为标志，拉开了中国城市景观照明建设的大幕。三十年来，中国的城市景观照明伴随产业的发展、技术水平的提升和设计手法的多样化有了长足的进步，对美化城市、丰富人们的业余生活和发展夜游经济促进消费起到了积极的作用，特别是重大国际性活动中灯光更是发挥出了其独特的作用，提升了国家形象。回顾、总结和分析三十年来城市景观照明的发展历程、经验、教训和作用，对预判未来城市景观照明的发展趋势极为重要。

## 一、城市景观照明发展 1.0

1989 年，改革开放十年，中国经济有了长足的进步，城市基础设施建设加快，居民生活水平提高，人们的业余生活逐渐丰富，夜晚成为人们活动交流的重要时间段。为满足城市居民夜晚出行及打造城市形象的需要，上海市政府相关部门在国内率先采用以高压气体放电灯为光源的投光灯或泛光灯，以投光的形式替代之前普遍采用的以白炽灯作为建筑轮廓的照明方式，对形成于 20 世纪 30 年代上海外滩的万国建筑群实施了灯光亮化工程。

矗立于黄浦江畔不同国度、不同风格的各式建筑，在灯光的照射下展现着不同于白天的独特魅力，灯光语言淋漓尽致地诠释着每幢建筑设计师的创意，灯光衬托下的各式建筑倒映在波光粼粼的黄浦江面，形成了极具特色的外滩景色。图 1 所示为 1990 年的上海外滩夜景，图 2 所示为 1990 年上海外滩白天。

黄浦江畔夜景亮化工程的成功实施，为国内其他城市实施夜景亮化工程起到了示范作用，各地相关政府管理部门纷纷

图 1　1990 年的上海外滩夜景

图 2　1990 年上海外滩白天

前来考察学习，掀起了国内中心城市夜景亮化工程的第一轮建设高潮。

但是限于当时的技术和产品，许多夜景亮化工程并不尽如人意，主要表现在几个方面：①因单纯的采取投光灯、泛光灯直接照射到建筑表面的照明方式将建筑照亮，与白天在太阳光下人们看到的建筑区别并不大，不能很好地诠释建筑特点。②灯具安装在建筑立面的方式影响白天的建筑美观，安装在立杆上远距离投射，散溢光多，产生光污染或眩光。③采取这种照明方式，许多灯光会通过窗户进入房间，影响房间里的人休息且眩光严重。

随着全国各地景观亮化工程的开展，存在的问题引起了行业人士的关注，并在项目的设计和施工中加以改进。特别是 2008 年住建部颁布了行业标准《城市夜景照明设计规范》，从标准的角度，对城市夜景照明加以规范。同年，中国照明学会经人社部授权开展了专业照明设计师的职业资格培训工作，为行业培养专业人才。标准的实施和专业人才的培训，对夜景亮化工程的水平提升起到了积极作用。工程名称也从夜景亮化工程改称为城市景观照明，名称的改变，从另一个方面也反映了夜晚的照明不只是亮化，还要做到亮而美。

## 二、城市景观照明发展 2.0

从单纯的亮化向亮而美转变，照明设计师们根据建筑的特点进行局部照明的设计，用灯光体现建筑师的设计思想、建筑风格，采取点、线、面的设计手法替代原来的投光灯、泛光灯的照明手法，改变了把建筑全面照亮的方式。在公园、广场、桥梁和河岸根据需要采用庭院灯、草坪灯、护栏灯、洗墙灯和照树灯等专业灯具进行照明，特别是采用数码管配控制系统带来色彩的变化。夜晚的照明已不是简单地将空间照亮，而是具备了景观功能。

伴随 LED 照明产业的进步，LED 的照明产品逐步在景观照明项目中得到应用，其色彩丰富及变化为景观照明提供了更多的表现手法。值得一提的是 2008 年北京奥运会，开幕式中的画轴、升起的五环，使人们对 LED 的应用有了全新的认识。特别是国家游泳中心（水立方）的外立面采用带有控制的 RGB LED 照明灯具，通过侧装内透的照明方式，白天看不到灯具保持外立面美观，夜晚蓝色的灯光透过膜形成变化的照明效果，整体建筑晶莹剔透。水立方外立面景观照明是国内首次在大型国际赛事中大型建筑上采用 LED 照明，具有划时代的意义。图 3 所示为水立方外景。

图 3　水立方外景

2010 年上海世博会、广州亚运会上，LED 照明的应用更加普遍。广州电视塔“小蛮腰”的照明应用，将 LED 照明的色彩变化体现得淋漓尽致，对 LED 照明在景观照明中的全面应用起到了积极的推动作用。广州电视塔采用 6000 多套 RGB LED 照明灯具，与塔身钢结构完美结合，灯光精准控制，不产生散溢光，与周边环境相融合，塔身散发出熠熠生辉的照明艺术效果，更显婀娜多姿。十年后的今天，灯光下的“小蛮腰”还是大量游客参观、游览和拍照留念的重要场所。图 4 所示为“小蛮腰”的风采。

## 三、城市景观照明发展 3.0

2013 年南昌一江两岸景观照明的实施，充分发挥了 LED 照明的优势特点，开创了 LED 照明在景观照明中应用的新形式。图 5 所示为南昌一江两岸的夜景。

为开展夜晚旅游，拉动经济，南昌市文旅集团 2013 年、2014 年分两期投资进行赣江两岸景观照明建设，特别是在赣江两岸 297 栋临江建筑上首次采取媒体建筑的照明方式，通过联动控制模式，形成光影变换的江岸线。江西是国内的旅游大省，南昌一江两岸灯光实施后，特别是新颖的灯光表现手法，让前来江西旅游的游客耳目一新，文旅集团还开展了江游，让前来游览的游客乘船一览赣江两岸的夜晚风光。有了一江两岸灯光联动表演，许多游客留在了南昌，为南昌带来了旅游收入，拉动了经济增长。

图4 “小蛮腰”的风采

图5 南昌一江两岸的夜景

南昌一江两岸灯光的建设，不仅为依托景观照明发展夜游经济起到了示范作用，同时也改变了城市景观照明的建设模式，对推动照明产业进步、促进工程公司和相关生产企业规模发展起到了积极作用。之前，国内的景观照明建设大多为单体项目，业主按照照明规划分别实施，项目体量小、金额低，实施过程中业主互相比“亮”，造成景观照明的不统一、光污染严重，很难保证满足照明规划要求。而南昌一江两岸灯光项目，由政府统一规划、投资，对项目范围内所有建筑、江岸、步道、桥梁和树木的景观照明统一建设，项目规模和投资大幅度提高。

2016 年杭州 G20 会议的召开，景观照明在其中发挥的作用被全球所看到，人们记忆最深刻的就是 G20 会议期间的灯光和舞蹈。图 6 所示为 G20 主会场夜景。

G20 会议引爆了景观照明的建设高潮。G20 会议结束后，杭州钱江两岸灯光和西湖的灯光吸引了大量的游客和市民。G20 景观照明的成功实施，为后续在大型国际会议或国内重大活动中采用景观照明带来了示范效应。

图 6　G20 主会场夜景

2017 年厦门金砖会议，2018 年青岛上合峰会、上海进博会，为迎接深圳建市 40 周年，北京一带一路和亚洲文明大会以及在 2019 年 10 月武汉召开的世界军体会，近几年中所有的大型活动，灯光在其中都发挥着重要作用。大型活动结束，灯光也成为市民和游客争相观看的重要内容，会后经济明显，正应了习近平主席的话“办好一场会，搞活一座城”。图 7 所示为厦门夜景灯光，图 8 所示为青岛浮山湾夜景，图 9 所示为深圳市民广场人头攒动。

图 7　厦门夜景灯光

图 8　青岛浮山湾夜景

图 9　深圳市民广场人头攒动

城市景观照明的价值和作用得到了社会的认可，其一是信息传播价值，2018 年的国庆期间，全国各地播放的一曲“我爱你中国”配合媒体建筑灯光表演感动了多少人；其二是社会价值，灯光的实施，吸引了大量的市民晚上走出家门，提升了市民的获得感、幸福感和安全感；其三是经济价值，景观照明的实施，拉动了旅游，带动了夜游经济的发展。

正是这些价值和作用，成就了这一轮景观照明的迅猛发展。LED 照明的色彩变化、内容展现、联动、与周边环境的融入和结合，景观照明充分体现了“艺术 + 技术”的表现手法，已从单纯的技术向艺术跨界。

城市景观照明经过三十年的发展，其已成为城市建设的重要内容之一。从行业的角度来说，景观照明呈波浪式发展态势，新的技术、新的产品、新的设计手法和新的需要，都会引发景观照明新一轮的发展，从 1.0 到 3.0，基本上保持着 7 ~ 8 年呈现增长，2 ~ 3 年进入低谷。这一轮的发展是 2013 年起步，2019 年的 10 月达到阶段性高点，照明工程公司、相关生产企业需要寻求新的增长点，才能保证照明景观建设的健康和可持续发展。

2018 年 3 月，文化和旅游部批准设立，并于当月挂牌办公，通过“文化 + 旅游”，以文旅、文创发展旅游，拉动内需。特别是 2019 年，中央又提出发展“夜游经济”，各地政府也相应地推出了发展“夜游经济”的配套措施，进一步强化旅游经济。2019 年国办又印发了《关于进一步激发文化和旅游消费潜力的意见》，鼓励“夜游”和“沉浸式”文旅消费。这些政策的推出，都为景观照明的创新发展提供了动力，如何以政策为导向，寻求到发展的抓手，成为照明人需要思考和探索的问题。从发展的角度，城市景观照明将进入 4.0，将文化融入灯光，从“艺术 + 技术”向“文化 + 科技”转变。灯光秀、演绎灯光等表现形式将成为夜晚常态景观照明中的燃点、高潮，让游客在享受美轮美奂灯光的时候，还能够了解到城市的文化、历史和特色。图 10 所示为温州山体灯光秀。

图 10　温州山体灯光秀

可喜的是，部分工程公司已为景观照明 4.0 做好准备，成立了相应的文化公司或文创公司。相信伴随技术、艺术、科技和文化的深度融合，城市景观照明将会更加璀璨夺目，对美化城市、拉动经济以及提升城市居民和游客的幸福指数做出更大贡献。

# 国外景观照明现状分析

李奇峰

（BPI 照明设计有限公司）

北美 IES 照明奖、英国 LDA 奖和 IALD 国际照明设计奖是国际上最著名的三个照明设计奖项，每年都能吸引全球范围内众多优秀项目的参与，代表了当前国际上照明设计的风向标，从中我们可以看出照明设计发展的现状和趋势。

## 1　北美 IES 照明奖

IES 照明奖［IES Illumination Awards，2009 年之前的名称是 IIDA（International Illumination Design Awards）］由超过百

年历史的 IES（Illuminating Engineering Society of North America，北美照明学会）颁发，一年一届。迄今为止，IES 照明奖已经成功举办到第 46 届。

IES 照明奖并不限定于北美地区的项目，而是一个开放性的国际奖项。评选过程中，首先从众多的报奖项目中选取“Award of Merit（优秀奖）”大名单，来表彰本年度的优秀照明设计作品，再从这个包含数百个项目的大名单中，选取最终获奖名单。2019 年最终的奖项包括三个类别：室内照明设计奖、室外照明设计奖、节能与环保设计奖。每个类别的获奖项目又可分为三个级别：

杰出奖（Award of Distinction），奖励照明设计中的非凡成就。

卓越奖（Award of Excellence），奖励对光的艺术和科学运用的杰出贡献。

特别提名奖（Special Citation），对项目中特殊元素的奖励。

2019 年第 46 届 IES 奖获奖名单如下：

1.1　室内照明设计杰出奖

1）大拱门博物馆，美国圣路易斯

2）KYOTO KAGURAOKA REN GETSU-SO，日本京都

3）LAKEVIEW PENTHOUSE，美国芝加哥

4）上海融创销售中心，中国上海

1.2　室内照明设计卓越奖

1）“SMARTASS”运动俱乐部，乌克兰基辅

2）DREAMWORKS ANIMATION ZONE，阿联酋迪拜

3）HEARST DIGITAL MEDIA，美国纽约

4）SILVER OAK ALEXANDER VALLEY WINERY INTERIOR，美国加利福尼亚州希尔兹堡

1.3　室内照明设计特别提名奖

1）历史创新提名奖：辛辛那提音乐厅，美国辛辛那提

2）照明设计与用户空间强烈相关提名奖：OPS JP LORD，美国奥马哈

1.4　室外照明设计卓越奖

1）埃菲尔铁塔，法国巴黎

2）美狮美高梅，中国澳门

3）RH NEW YORK FAÇADE，美国纽约

4）SUN LIFE BUILDING，加拿大蒙特利尔

5）VON KARMAN CREATIVE CAMPUS，美国加利福尼亚尔湾

6）韦恩州立大学，麦克伊利奇商学院，美国底特律

1.5　室外照明设计特别提名奖

投影与照明无缝艺术性融合特别提名奖：ART ON THE MART，美国芝加哥

1.6　节能与环保设计卓越奖

莫斯科进化大厦，俄罗斯莫斯科

作为历史最为悠久的一项照明奖，IES 照明奖注重照明与建筑的结合，并鼓励在照明新技术、节能和环保方面做出优秀示范的项目参与。奖项的评委来自建筑设计和照明设计相关领域，评奖体系则完全以项目的照明设计过程和实现效果与评判标准的契合度的高低为出发点，而不会在项目间进行优劣比较。

IES 照明奖的主要奖项分为室内、室外两个大类，并未限定项目使用功能上的具体类型。比如今年室内奖的获奖项目就包含了博物馆（美国大拱门博物馆，见图 1）、历史建筑（辛辛那提音乐厅，见图 2）、俱乐部（“SMARTASS”运动俱乐部，见图 3）和办公室等多种类型；室外奖获得者既包括埃菲尔铁塔这样的传统地标建筑，也包含 VON KARMAN CREATIVE CAMPUS 这样的室外园林景观项目。无论是何种使用功能的建筑，获奖项目的照明都能与建筑和装饰协调一致。值得一提的是，芝加哥的 ART ON THE MART 项目（见图 4）获得“投影与照明无缝艺术性融合特别提名奖”，可见这种带有灯光表演性质的项目在国外依然是新鲜事物，远不像国内遍地开花的情况。在某种程度上，IES 并没有把灯光投影的设计当成照明设计。

## 2　英国 LDA 照明设计奖

英国 LDA 照明设计奖由《照明》杂志（Lighting magazine）颁发，同样提倡将照明完全融入建筑和景观环境中的设计理念，但与 IES 奖相比，LDA 更注重照明的艺术性和创造性。

图 1 美国大拱门博物馆

图 2 辛辛那提音乐厅

图 3 “SMARTASS”运动俱乐部

图 4 ART ON THE MART

LDA 每年首先在网站上公布各奖项的入围名单，2019 年 5 月 16 日晚，在伦敦 Troxy 剧院公布了第 43 届照明设计奖最终获奖名单，包括 11 项工程设计奖、1 项新兴实践奖、1 项年度照明设计实践奖、2 项年度灯具奖、1 项年度供应商奖、1 项年度产品设计师奖、1 项出版商终身成就奖和旨在表彰年轻设计师的“40 under 40”奖。其中 11 项照明工程设计奖分别是：

1）年度酒店项目：木守·西溪酒店，中国杭州

2）年度餐厅项目：四季餐厅，美国纽约

3）年度零售项目：墨尔本机场 T2 Luxury Mall，澳大利亚

4）年度办公项目：Nousaku office and factory，日本富山

5）年度休闲项目：上海大剧院，中国上海

6）年度世遗项目：International Presbyterian Church，英国伊令

7）年度公共空间和景观项目：City Link Sound Tube，澳大利亚墨尔本

8）年度日光项目：阿布扎比卢浮宫博物馆，阿联酋

9）年度综合项目：上海融创销售中心，中国上海

10）年度灯光艺术项目：Halo，英国伦敦

11）年度低预算项目：竹迹馆，台中世界植物博览会，中国台湾

LDA 的奖项设置并没有简单地按照室内、室外等常规分类方法，而是按照项目使用功能，分为酒店、餐厅、零售、办公、休闲、世遗和公共空间/景观等类别，这些项目的灯光通常是室内外合二为一不可分割。除此之外，还充分考虑到灯光与建筑之间的关系，设置了日光、综合、灯光艺术和低预算四个特别的奖项，以对灯光与日光、建筑、艺术和预算的结合做出表彰。

中国设计师无疑是本届 LDA 的最大赢家，共有木守·西溪酒店（见图 5）、上海大剧院（见图 6）、竹迹馆（见图 7）

和上海融创销售中心（见图 8）4 个项目获得了最高荣誉，涵盖了酒店、休闲、综合和低预算项目，显示了中国照明设计领域的蓬勃发展和国际影响力的扩大，已经逐渐走上世界舞台。

图 5　木守·西溪酒店

图 6　上海大剧院

图 7　竹迹馆

图 8　上海融创销售中心

上海融创销售中心在获得 IES 室内照明设计杰出奖的同时，又在 LDA 获得年度综合项目大奖，成为唯一一个在两个国际奖项获得最高奖的中国项目。

## 3　IALD 国际照明设计奖

IALD 国际照明设计奖由国际照明设计师协会（International Association of Lighting Designers）主办。IALD 建立于 1969 年，总部位于美国伊利诺伊州的芝加哥，它是全球唯一面向独立职业照明设计师的国际性权威机构，致力于通过推动职业照明设计师的进步和社会认可，为卓越的照明设计建立一套全球规范。IALD 倡导事业有成的照明设计师是提供创新、实用并且经济上可行的照明方案的主要来源，他们理解照明在建筑和室内设计中的作用，能够利用自己丰富的照明知识和系统经验来改善并提升设计。

当地时间 2019 年 5 月 22 日晚，第 36 届国际照明设计奖（IALD，International Lighting Design Awards）颁奖典礼暨国际照明设计师协会成立五十周年庆典，在美国费城水晶宴会厅举行。来自 11 个国家的 23 个项目获奖，其中包括 12 项优秀奖（Award of Merit）、11 项卓越奖（Award of Excellence），并从卓越奖中产生 1 项光辉奖（Radiance Award）。

IALD Radiance Award 光辉奖：菲茨罗伊酒店（见图 9），英国伦敦

IALD Award of Excellence 卓越奖：

1）安特卫普圣母大教堂及其周边，比利时

2）彭博社欧洲总部，英国伦敦

3）爱默生学院餐厅，美国

4）德国里德林根镇桥梁，德国

5）伦敦煤气厂，英国伦敦

6）大拱门博物馆，美国圣路易斯

7）伦敦密特拉神庙彭博艺术空间，英国伦敦

8）松阳石门廊桥，中国浙江

9）MEIXI URBAN HELIX，中国长沙

10）富士山世界遗产中心，日本

IALD Award of Merit 优秀奖：

1）英国伦敦 AMARANTHYNE，英国伦敦

2）Amorepacific 总部，韩国首尔

3）BPX ENERGY，美国

4）Centro Botín 艺术文化中心，西班牙

5）多伦多伊顿中心连廊，加拿大

6）乌镇北栅粮仓展厅及工作室，中国浙江

7）堪萨斯大学医学中心大楼，美国

8）堪培拉 RAKU 餐厅，澳大利亚

9）ROTHY'S 店铺，美国旧金山

10）苏格兰议会辩论厅，苏格兰

11）STOVNERTARNET（THE STOVNER TOWER），挪威

12）瓦巴什高架火车站，美国华盛顿

与 IES 奖、LDA 奖的区分室内外或者项目使用功能不同，IALD 奖项设置完全打破了项目类别的区分，从而以更纯粹的灯光效果的角度来评判照明设计。获奖项目既包括规模宏大的街区整体照明设计，比如比利时安特卫普圣母大教堂及其周边，也包括多伦多伊顿中心连廊（见图 10）、美国旧金山 ROTHY'S 店铺这样的小型项目；既有彭博社欧洲总部、韩国首尔 Amorepacific 总部（见图 11）这样华丽的现代建筑，也有伦敦菲茨罗伊酒店、浙江松阳石门廊桥这样的历史古迹。清华大学建筑学院张昕工作室的两个项目，松阳石门廊桥和乌镇北栅粮仓展厅（见图 12）及工作室分别获得卓越奖和优秀奖，成为中国照明设计力量的代表，得到全球视野的捕捉及肯定。

图 9　菲茨罗伊酒店

图 10　多伦多伊顿中心连廊

IALD 认为照明设计师是创造新颖、实用且经济的照明解决方案的无尽泉源，他们理解照明在建筑和室内设计中所扮演的角色，并以自己所具备的对照明设备及系统的丰富知识与经验为设计带来画龙点睛的效果。IALD 鼓励会员独具美学与技术专长，以其在照明设计领域内卓越的领导才能和杰出表现，让世人认识并欣赏人类生活中光的力量，并创造一个更美好的世界。

图 11 韩国首尔 Amorepacific 总部

图 12 乌镇北栅粮仓展厅

本届获奖项目充分诠释了 IALD“为全球卓越照明设计树立标杆”的理想。我们从每个获奖项目中，都能看到灯光与建筑设计的完美结合。无论在设计概念、设备安装还是最终实现的效果层面，照明都真正成为建筑不可缺少的一部分。

## 4 结论

IES、LDA 和 IALD 的奖项设置不同，但三者的共同点是强调纯粹的建筑照明设计、注重照明与整体环境的和谐。这些奖项不但关注照明设计最终实现的效果，同样关注设计的过程，以及照明设计师在项目执行过程中的作用，鼓励照明设计师以发散性的思维、缜密的逻辑来面对挑战，并以丰富的经验和严谨的态度，提出系统的解决方案。

项目知名度或者明星建筑师的参与，无疑能增加获奖的筹码，比如埃菲尔铁塔、纽约四季餐厅（见图 13）和阿布扎比卢浮宫博物馆（见图 14），这些项目本身就受到极高的关注度，优秀的建筑和室内设计为照明设计提供了良好的条件。但不可否认，这些项目在照明设计方面同样可圈可点，照明设计师以敏锐的眼光发现建筑的美，更能以专业的姿态在项目的全过程中起到重要的作用。

图 13 四季餐厅

图 14 阿布扎比卢浮宫博物馆

大体量、高投资并不是评奖的标准，反而是一些小而精的项目，在设计概念层面协调处理照明与建筑空间的关系，在照明技术应用层面上拓展思路，充分表现建筑、空间和材质的特点，更能获得评委的青睐。

# 媒体建筑综述

常志刚
（中央美术学院建筑学院）

## 一、媒体建筑定义

媒体建筑，英文为 Media Architecture，其定义有一个发展的过程。国际媒体建筑学会（MAI，Media Architecture Institute）创始人之一，新南威尔士大学 M. Hank Haeusler 博士于 2009 年对媒体建筑（Media Architecture）做过阐述，“广义的建筑定义经常包含整体的建成环境的设计，因此可以把媒体建筑描述为在城市空间中产生影响的具有动态图像、图形和文字的媒体立面”。这是媒体建筑定义的开端。

国际媒体建筑学会中国分部（Media Architecture Institute CHINA）负责人，中央美术学院常志刚教授认为通常意义上，可以从三个层面把脉媒体建筑：

1）媒体功能的呈现：媒体建筑是建筑表皮与数字媒体影像相结合的一种新的建筑形式。

2）艺术特质的呈现：媒体建筑可看作是具有科技属性的艺术装置，科技为其根本支撑，艺术为其活化要素。

3）鲜明的整合特征：媒体建筑堪称多专业、多领域、跨学科整合的典范，建筑专业之外，还广泛涉及视觉传达、广告策划、影视动画、交互媒体、装置艺术、公共艺术、数字科技、智能控制、半导体照明和绿色节能等诸多领域。

## 二、媒体建筑历程

媒体建筑的发展历史并不长。1986 年，建筑师伊东丰雄于日本横滨的作品“风之塔”（见图 1）被认为是媒体建筑的发端。1990—1995 年，LED 技术成熟，商业对 LED 技术的广泛应用促成了媒体建筑的快速发展。例如 20 世纪 90 年代中期，时代广场开始发展高级的商业活动，大量的霓虹灯广告和显示屏走上时代广场的建筑立面。

图 1 “风之塔”夜景

2001 年，一群艺术家在柏林利用一栋建筑沿街立面的窗户设置公共艺术作品，他们在房子上面 8 个楼层的每个窗户后面放置了荧光灯管，把每一个窗户作为一个可独立控制的单色的像素点，于是整个办公楼沿街立面就形成了 8×18 共 144 个像素点的矩阵，通过一个计算机控制系统和交互平台，市民和游客使用手机发送指令给交互平台，就可以在大楼的立面上控制或得到一个图形或动画。这件公共艺术作品被公认为是媒体建筑的雏形。（见图 2）

图 2　办公楼沿街立面的窗户设置的公共艺术作品

2003 年，在维也纳建成的格拉茨美术馆（Graz Art Museum），环形荧光灯管被安装在玻璃幕墙的后面并由 BIX system 控制明暗形成不同的图形影像和动画，被认为是世界上第一个媒体建筑。（见图 3）

图 3　格拉茨美术馆（Graz Art Museum）

2007 年，媒体建筑学会（MAI）在英国伦敦举办了首次会议，会议的主题是大规模集成显示屏对于建筑和城市生活的影响。随着之后媒体建筑峰会和展览在全球范围的举办，媒体建筑开始成为学术理论界探讨的议题。

2015 年，媒体建筑峰会（MAS）在北京中央美术学院成功举办，并成立了国际媒体建筑学会中国分部（Media Architecture Institute CHINA）。2018 年，媒体建筑双年展（MAB18）在北京中央美术学院成功举办，成为媒体建筑双年展历史上与会人数最多的一届展会。

2010 年之后中国出现了大量媒体建筑，尤其是 2015 年以来我国媒体建筑发展速度、建设规模、综合复杂程度都居世界前列，其中以杭州 G20、厦门金砖会议和青岛上合会议期间的媒体建筑为代表，几百栋建筑联动，形成几公里延展的城市尺度的巨屏，重塑了城市的夜间景观，极具视觉震撼。它们甚至成为城市名片乃至国家形象的展现，形成了巨大的社会影响。(见图 4)

图 4 杭州 G20 峰会夜景

## 三、媒体建筑特征

媒体建筑是多重因素相互作用下动态发展的过程，这个过程随时代和技术发展实时变化。

媒体建筑区别于其他建筑的特质是其媒体性。媒体建筑注重信息的交流传播，并且能够提供这样的条件，无论是单向的信息输出传播，还是双向的互动交流，甚至于成为制造事件的绝佳载体，而这种载体不再局限于传统建筑中的静态空间。其具有以下三方面的主要特征：

1）立面肌理可变性——多样化的技术支持

目前，机械化立面、LED 立面和投影化立面是实现立面肌理可变的三大手段。

2）空间限定相对自由性——功能使用趋于智能、以空间为媒体终端

媒体建筑的空间限定相对自由性是从内部功能出发，对空间进行智能化分隔，以多媒体装置信息化为手段来实现。

3）互动参与和沉浸体验性——人与建筑实时沟通、对话

实现空间使用者的沉浸体验、达到互动参与是媒体建筑目前的高阶形式，其中，沉浸体验是互动参与的里程碑式阶段。(见图 5)

## 四、媒体建筑学术理念

2004 年，哥伦·哈丁（Glenn Harding）提出“数字化场所营造（Digital Placemaking）”概念，意在公共场所中设置城市大屏幕（Urban screens），针对地域文化和受众特点播放非商业性的内容，或是可以简单与观者互动的游戏，为相同地域中的人群提供可交流的话题，提高场所中人群的参与度，从而提升场所的活力。

国际媒体建筑学会创始人之一，悉尼科技大学马丁·汤姆奇（Martin Tomitsch ）博士根据内容载体的特点进行分类，将这种数字化场所营造的概念进一步延展，分为社区、场景和基础设施三种场所营造，向人们阐释数字化场所营造的方式

图 5　实现空间使用者的沉浸体验的媒体建筑

由于场所的不同也存在着差异性。由此，媒体建筑形式和方法的重要性开始让位于对场所的解读和定义。

此后，连接城市（Connecting City）组织将数字化场所中相互作用的要素归纳为：行动（Action）、分享（Shared Experience）、在场（Human Presence）、环境感知（Environment & Sense Ecology）、场所营造（Placemaking）。同时根据时下的城市发展绘制三种城市远景：网络化的城市（The Networked City）、参与城市（The Participatory City）、可见与不可见城市（The In/Visible City）。将媒体建筑的重点从内容表达转为关系的阐述。

2016 年，著名艺术家拉斐尔·洛扎诺（Rafael Lozano-Hemmer）在多伦多国际媒体建筑峰会（MAS）上向大家分享了自己多年的实践案例。他的作品开始关注公众在公共空间的自我表现，注重观念表达和形式改变以及可能的延展性，让公众认识到技术本身具有创造的潜力，或者是技术能挖掘群体无意识的创造潜力。

2019 年，中央美术学院常志刚教授提出第三屏概念，指出在电脑、手机之后，媒体建筑将成为城市生活的第三屏，以媒体建筑为核心的智能化光环境将率先成为以物联网为基础构成的超级视觉系统，通过交互行为实现人与人、人与环境的互联，打造城市空间中的交流与信息平台，并通过采集数据，服务智慧城市建设。（见图 6）

图 6　灯具作为城市肌肤的神经元末梢具备了成为物联网终端的基本功能

## 五、媒体建筑发展展望

在互联网出现之前，建筑师担负着促进人类交流的使命，即制造场所这一交流的“服务器”。如果说古典建筑提供了三个维度的交流空间，那么具有流动性的现代主义建筑则提供了四个维度的交流空间。而到了 21 世纪，媒体建筑的出现则又一次增加了空间的交流维度。

媒体建筑开启了城市中场所营造和空间交流的新的维度：建筑不再是静态的、固定的，而是动态的和有表情的；不再只是交流的场所，而成为交流的对象；不再只是人与人的交流，而且增加了人与环境的互动；建筑不再只是空间交流的载体，而化身为城市空间中社交互动的独特平台和装置，成为一种新的沟通渠道；建筑不再只是一种“景物”和“背板”，而成为社会媒体的生产者和信息传播的主体本身，具有更加突出的公共性，辐射到人们的生活；建筑和环境不再限于物理空间，而成为物理世界与虚拟世界之间的入口和界面，在混合空间中创造出全新的“交流”范式。

媒体建筑远超出照明设计或其延展的范畴，是基于本体质变和基因突变而产生的新的建筑“物种”，国际媒体建筑学会创始人之一，新南威尔士大学的 M. Hank Haeusler 博士在访谈中提出，媒体建筑是 21 世纪的建筑，是第二机器时代的建筑。

智慧城市是 21 世纪人类信息技术（互联网、物联网、大数据、云计算和智能传感器等）的集成形态，其最大的贡献将是极大地提高城市的创新性、有序性和持续性，这些贡献将建立在大数据、信息透明和交流最大化的基础上。智慧城市作为一个社会和城市形态，不是各种技术的堆砌，人的观念及其行为方式是至关重要的，而承载这一切的是建筑与城市。

媒体建筑具备这样的发展潜质：在建筑和城市中实现物理空间与虚拟空间的有机结合，并能够为互动性社交活动提供装置和平台，发展成为“智慧生活”的载体。（见图 7）

图 7　在建筑和城市中实现物理空间与虚拟空间的有机结合

# 第二篇　政策、法规、标准篇

ICS 29. 140. 99
K 70

# T/CIES

# 团 体 标 准

T/CIES 015—2017

# 基于窄带物联网（NB-IoT）的道路照明智能控制系统技术规范

**Technical specification for smart control system of road lighting based on Narrow Band Internet of Things (NB-IoT)**

**2018-05-18 发布** **2018-05-18 实施**

中国照明学会
国家半导体照明工程研发及产业联盟 发布

# 目　次



# 前　言

根据中华人民共和国工业和信息化部发布的《关于全面推进移动物联网（NB-IoT）建设发展的通知》（工信厅通信函［2017］351 号）的要求，为了促进窄带物联网 NB-IoT 技术在照明行业的应用推广，本规范编制组首次提出基于 NB-IoT 的道路照明智能控制系统的架构以及相关技术指标，将 NB-IoT 技术应用到道路照明系统。在广泛征求意见的基础上，制定本规范。

本规范的主要内容包括：1. 总则；2. 规范性引用文件；3. 术语和定义、缩略语；4. 控制系统；5. 单灯控制器；6. NB-IoT 网络通信系统要求；7. 中央管理系统；8. 调试与验收等。

请注意本文件的某些内容可能涉及专利。本文件的发布机构不承担识别这些专利的责任。

本规范由中国照明学会、国家半导体照明工程研发及产业联盟联合发布并负责管理，由编委会负责具体技术内容的解释（编委会由主编和参编单位组成，具体组成情况如下）。本规范在执行过程中，如发现需修改和补充之处，请将意见和有关资料寄送至中国照明学会智能控制专业委员会秘书处［地址：上海市杨浦区四平路 1230 号同济大学建筑设计研究院（集团）有限公司五楼。邮编：200092］。

本规范主编单位：中国照明学会
国家半导体照明工程研发及产业联盟
华为技术有限公司
福州物联网开放实验室

本规范参编单位：同济大学
浙江大学
同济大学建筑设计研究院（集团）有限公司
清华大学建筑设计研究院有限公司
深圳市路灯管理处
常州市路灯管理处
上海市政工程设计研究总院
中国计量科学研究院
常州市武进区半导体照明应用技术研究院
飞利浦照明（中国）投资有限公司
江苏宏力照明集团有限公司
浙大网新科技股份有限公司
浙江比弦物联科技有限公司
上海仪电集团（上海飞乐音响股份有限公司）
深圳市洲明科技股份有限公司
英飞特电子（杭州）股份有限公司
杭州华普永明光电股份有限公司
天津工业大学
郑州信大捷安信息技术股份有限公司
欧司朗（中国）照明有限公司
厦门华联电子股份有限公司
浙江晶日照明科技有限公司
广州市莱帝亚照明股份有限公司

鸿利智汇集团股份有限公司
北京新时空科技股份有限公司
横店集团得邦照明股份有限公司
龙腾照明集团有限公司
哈尔滨照明检测中心
氙泰科技（上海）有限公司
上海三思电子工程有限公司
深圳市科华特科技有限公司

本规范主要起草人员：肖辉、阮军、邵海刚、高腾、叶炜、齐飞、袁圆、高伟、许明伟、孙浩嘉、黄峰、熊敬康、李雪峰、夏林、刘锁龙、吴春海、陆继诚、吕国峰、谈彪、王科明、蒋宇杰、濮斌、乔新昱、黄建明、刘熙胖、牛萍娟、刘慧、张俊斌、张帆、沈庆跃、吕鹤男、吕天刚、聂李迅、姜玉稀、樊庆伟、李澄、李红双、袁潜龙、赵科飞。

本规范主要审查人员：戴德慈、孙兰、罗毅、邴树奎、高飞、徐华、窦林平、李炳华、汪猛、李铁楠、陈壬贤。

# 基于窄带物联网（NB-IoT）的道路照明智能控制系统技术规范

## 1 总则

**1.1** 为提高道路照明的智能化水平，规范道路照明智能控制系统的技术要求，制定此规范。

**1.2** 本规范规定了基于窄带物联网（NB-IoT）道路照明智能控制系统的总体要求、架构、功能、性能指标，单灯控制器，网络通信系统和中央管理系统以及系统调试与验收等。

**1.3** 本规范适用于新建、扩建和改建的城市道路、隧道、公路及与其相连的特定场所的照明系统，其他相关场所在技术条件相同时也可参考执行。

**1.4** 道路照明智能控制系统除应符合本规范外，尚应符合国家现行有关标准的规定。

## 2 规范性引用文件

下列文件对于本文件的应用是必不可少的。凡是注日期的引用文件，仅注日期的版本适用于本文件。凡是不注日期的引用文件，其最新版本（包括所有的修改单）适用于本文件。

GB 17625.1 电磁兼容 限值 谐波电流发射限值（设备每相输入电流≤16A）

GB/T 17743 电气照明和类似设备的无线电骚扰特性的限值和测量方法

GB/T 18595 一般照明用设备电磁兼容抗扰度要求

GB 19510.1 灯的控制装置 第1部分：一般要求和安全要求

GB 19510.12 灯的控制装置 第12部分：与灯具联用的杂类电子线路的特殊要求

GB 19510.14 灯的控制装置 第14部分：LED模块用直流或交流电子控制装置的特殊要求

GB/T 35255 LED公共照明智能系统接口应用层通信协议

CJJ 89 城市道路照明工程施工及验收规程

YD/T 2583.14 蜂窝式移动通信设备电磁兼容性要求和测量方法 第14部分：LTE用户设备及其辅助设备

3GPP TS 36.201 LTE；演进通用陆地无线接入（E-UTRA）；LTE物理层；综述［LTE; Evolved Universal Terrestrial Radio Access (E-UTRA); LTE physical layer; General description］

3GPP TS 36.211 LTE；演进通用陆地无线接入（E-UTRA）；物理信道和调制［LTE; Evolved Universal Terrestrial Radio Access (E-UTRA); Physical Channels and Modulation］

3GPP TS 36.212 LTE；演进通用陆地无线接入（E-UTRA）；复用和信道编码［LTE; Evolved Universal Terrestrial Radio Access (E-UTRA); Multiplexing and channel coding］

3GPP TS 36.213 LTE；演进通用陆地无线接入（E-UTRA）；物理层程序［LTE; Evolved Universal Terrestrial Radio Access (E-UTRA); Physical layer procedures］

3GPP TS 36.214 LTE；演进通用陆地无线接入（E-UTRA）；物理层；测量［LTE; Evolved Universal Terrestrial Radio Access (E-UTRA); Physical layer; Measurements］

3GPP TS 36.300 LTE；演进通用陆地无线接入（E-UTRA）和演进通用陆地无线接入网（E-UTRAN）；综述；第2阶段［LTE; Evolved Universal Terrestrial Radio Access (E-UTRA) and Evolved Universal Terrestrial Radio Access Network (E-UTRAN); Overall description; Stage 2］

3GPP TS 36.321 LTE；演进通用陆地无线接入（E-UTRA）；媒体访问控制（MAC）协议规范［LTE; Evolved Universal

Terrestrial Radio Access (E-UTRA); Medium Access Control (MAC) protocol specification]

3GPP TS 36.322 LTE；演进通用陆地无线接入（E-UTRA）；无线链路控制（RLC）协议规范 [LTE; Evolved Universal Terrestrial Radio Access (E-UTRA); Radio Link Control (RLC) protocol specification]

3GPP TS 36.323 LTE；演进通用陆地无线接入（E-UTRA）；分组数据会聚协议（PDCP）规范 [LTE; Evolved Universal Terrestrial Radio Access (E-UTRA); Packet Data Convergence Protocol (PDCP) specification]

3GPP TS 36.331 LTE；演进通用陆地无线接入（E-UTRA）；无线资源控制（RRC）；协议规范 [LTE; Evolved Universal Terrestrial Radio Access (E-UTRA); Radio Resource Control (RRC); Protocol specification]

## 3　术语和定义、缩略语

### 3.1　术语和定义

下列术语和定义适用于本文件。

**3.1.1**

**窄带物联网　narrow band internet of things; NB-IoT**

基于3GPP演进的通用陆地无线接入（E-UTRA）技术，使用180kHz的载波传输带宽，支持低功耗设备在广域网的蜂窝数据连接。

**3.1.2**

**基于NB-IoT的道路照明智能控制系统　smart control system of road lighting based on NB-IoT**

通过无线通信方式接入网络实现状态监测、照明控制、实时管理等功能。

**3.1.3**

**NB-IoT终端芯片　NB-IoT terminal chipset**

承载NB-IoT终端侧通信技术和通信协议的集成电路，用于支持单灯控制器实现NB-IoT无线通信。

**3.1.4**

**NB-IoT通信模组　NB-IoT communication module**

基于NB-IoT终端芯片的通信模块，集成于单灯控制器中完成无线通信功能。

**3.1.5**

**NB-IoT单灯控制器　NB-IoT light controller**

基于NB-IoT通信模组的单灯控制器，通过NB-IoT无线通信制式与中央管理系统进行数据通信，实现对照明设备的运行状态反馈、照明控制等。

**3.1.6**

**NB-IoT网络　NB-IoT network**

由运营商提供，包括支持NB-IoT技术的运营商基站及核心网设备等的无线网络。

**3.1.7**

**IoT平台　IoT platform**

NB-IoT网络连接管理的平台，支持单灯控制器和其他类型终端的接入，支撑端到端的网络双向通信等。IoT平台为中央管理系统屏蔽不同类型终端的不同接口及网络差异，并向中央管理系统开放标准的API接口。

**3.1.8**

**中央管理系统　central management system**

由计算机、数据库服务器、显示终端等硬件和支持智能监控和管理的软件组成，以统一的人机交互界面来实现照明系统的实时监测、控制和管理的系统。

**3.1.9**

**一跳网络　single hop network**

NB-IoT网络由运营商提供和维护，NB-IoT道路照明智能控制系统中的任意NB-IoT单灯控制器和中央管理系统直接通过一条无线链路进行双向通信的网络。

**3.1.10**

**参考灵敏度电平　reference sensitivity level**

在指定参考测量信道配置下，基站天线连接器接收到满足吞吐量性能要求的最小平均功率。

**3.1.11**

**在线率　online rate**

控制系统中终端设备在线数量与所有在用终端的比值，不包括停电、停用、报停、检修状态的终端设备。

### 3.2 缩略语

下列缩略语适用于本文件。

API：应用程序接口（Application Programming Interface）

AWGN：加性高斯白噪声（Additive White Gaussian Noise）

IoT：物联网（Internet of Things）

MTBF：平均无故障时间（Mean Time Between Failures）

RSRP：参考信号接收功率（Reference Signal Received Power）

SINR：信号干扰噪声比（Signal to Interference Plus Noise Ratio）

3GPP：第三代移动通信合作伙伴项目（3rd Generation Partnership Project）

## 4 控制系统

### 4.1 总体要求

道路照明智能控制系统宜采用 NB-IoT 新一代通信技术，以无线通信方式接入移动蜂窝网络，网络由运营商建设与维护。NB-IoT 道路照明智能控制系统采用一跳网络控制，达到对道路照明单灯全面监测、智能控制、精准管理，实现按需照明、节能减排，保障道路照明的亮灯率和管理要求。

### 4.2 系统架构

基于 NB-IoT 的道路照明智能控制系统架构如图 1 所示，从上至下依次是中央管理系统，NB-IoT 网络通信系统（含 NB-IoT 网络和 IoT 平台），单灯（含单灯控制器）。中央管理系统通过 NB-IoT 网络通信系统与单灯控制器进行双向通信。

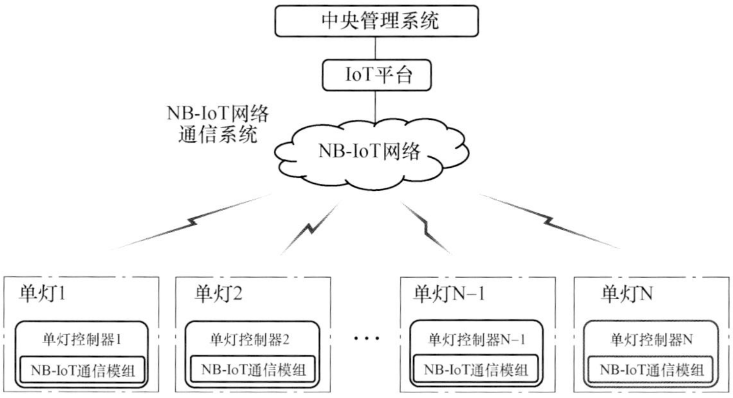


图 1 基于 NB-IoT 的道路照明智能控制系统架构

### 4.3 系统功能

#### 4.3.1 一般要求

基于 NB-IoT 的道路照明智能控制系统应能实现单灯控制、状态监测、参数设置、数据处理、系统管理等功能。

#### 4.3.2 单灯控制

控制系统应支持中央管理系统远程控制相应的单灯控制器，实现下述控制功能：

a）开关控制：可以进行灯具的开关控制；

b）调光控制：可以进行调光实现功率控制；

c）单灯/编组控制：可以进行单灯控制以及通过对若干单灯进行编组实现分组控制；

d）就地控制：可以进行分散就地控制和集中管理；

e）控制策略：可以通过设定的控制策略进行控制，包括基于时段的控制、基于地理位置的控制、应急状况控制、离线状况控制、基于光照度等环境参数的控制等。

#### 4.3.3 状态监测

控制系统应具有系统运行状态自动监测功能。监测内容包括：

a）运行参数：电压、电流、功率、功率因数等运行参数和运行状态；

b）能耗数据：时段用电量、总用电量等；

c）故障信息：通信异常、电力线路异常、单灯故障等信息，及故障报警；

d）无线信号质量数据：无线信号强度 RSRP、无线信号干扰噪声比 SINR、无线信号覆盖等级等；

e）环境信息：光照度等环境参数。

#### 4.3.4 参数设置

控制系统应支持相关参数的设置，包括：

a）灯具参数：可以设置并记录灯具参数；

b）时段控制参数：可以设置分时段控制；

c）地理位置参数：可以设置并记录地理位置；

d）调光控制参数：可以设置调光比例；

e）环境参数：对于一定规模的照明控制系统，可以设置光照度、温湿度等环境参数。

#### 4.3.5　数据处理

控制系统应能对数据进行记录和处理，包括：

a）亮灯率统计：通过对亮灯率限值的设置，判断亮灯率统计值是否超限，并及时报警，对相关状态事件做记录；

b）工作时长：对时段工作时长、累计工作时长等进行统计；

c）用电量统计：对用电量进行统计；

d）超限报警：通过对电压、电流限值的设置，判断电压或电流是否超限，并及时上报；

e）状态记录：对单灯控制器上报的单灯状态做记录；

f）数据管理：应具备数据备份、数据检索、数据导出、数据恢复、数据统计、制表和打印功能等。

#### 4.3.6　系统管理

系统管理应具有下列功能：

a）在线升级：单灯控制器支持在线升级应用程序，方便版本更新；

b）系统时钟获取：具有获取网络时钟的功能；

c）设备运行管理：能够记录灯具状况，并设置单灯控制器运行参数；

d）运行日志管理：包括各类用户创建的信息、用户登录信息、灯具及单灯控制器的运行状态、各类故障和报警、管理员对系统配置参数的修改等；

e）人员权限管理：具有权限管理功能，对登录系统的所有操作人员应经过身份认证后授予一定的管理权限，并按权限范围进行操作；

f）资产管理：照明设施的档案管理，照明设施信息的增加、删除、修改、查询等，统计各类设施的数量；

g）资产维护：当有故障产生，系统主动上报故障并自动产生派工单，安排相应的管理人员进行维护。

### 4.4　系统性能指标

#### 4.4.1　一般要求

基于 NB-IoT 的道路照明智能控制系统应保证数据的准确性和完整性。

#### 4.4.2　控制成功率

中央管理系统应支持重传机制。系统的控制成功率不应低于 99%。控制成功率的定义参见附录 B.1。

#### 4.4.3　在线率

单灯的在线率不应低于 99%。

#### 4.4.4　实时性要求

中央管理系统下发单灯实时控制指令进行开关灯操作，单灯实时控制的系统响应时间应不大于 5s。控制系统响应时间的定义参见附录 B.2。

## 5　单灯控制器

### 5.1　可靠性

单灯控制器的平均无故障时间 MTBF 不应小于 30000h。单灯控制器具有断电时能够存储相关运行数据的能力。

### 5.2　安全性

单灯控制器的安全性应符合 GB 19510.1 和 GB 19510.14 的有关规定。

### 5.3　绝缘性

单灯控制器的绝缘性应符合 GB 19510.1 和 GB 19510.14 的有关规定。

### 5.4　电磁兼容性

**5.4.1**　单灯控制器的谐波电流应符合 GB 17625.1 的有关规定。

**5.4.2**　单灯控制器的无线电骚扰特性应符合 GB/T 17743 的有关规定。

**5.4.3**　单灯控制器的电磁兼容抗扰度应符合 GB/T 18595 的有关规定。

**5.4.4**　NB-IoT 模式下的电磁兼容性应符合 YD/T 2583.14 的有关规定。

### 5.5　环境适应性

单灯控制器宜能够在 −35℃ ~ +65℃ 的环境温度下正常工作。

### 5.6　结构要求

单灯控制器的结构应符合现行国家标准 GB 19510.1 和 GB 19510.12 的有关规定。

### 5.7　通信要求

#### 5.7.1　参考灵敏度电平

参考灵敏度电平的测试方法应符合附录 A.5 的有关规定。单灯控制器在 AWGN 信道下的参考灵敏度电平应小于 −125dBm。

#### 5.7.2 其他要求

除本文件规定外，支持 NB-IoT 无线通信制式的模组及单灯控制器应符合附录 A.4 的有关规定。

## 6 NB-IoT 网络通信系统要求

### 6.1 NB-IoT 网络技术要求

#### 6.1.1 一般要求

NB-IoT 网络设备应符合以下国际标准的有关规定：

3GPP TS 36.201、3GPP TS 36.211、3GPP TS 36.212、3GPP TS 36.213、3GPP TS 36.214、3GPP TS 36.300、3GPP TS 36.321、3GPP TS 36.322、3GPP TS 36.323、3GPP TS 36.331。

NB-IoT 网络设备应符合附录 A.1、附录 A.2、附录 A.3、附录 A.6 的有关规定。

#### 6.1.2 安全要求

NB-IoT 网络的鉴权、加密和完整性保护要求应符合附录 A.6 的有关规定。

#### 6.1.3 信号质量要求

NB-IoT 网络信号质量应符合下列要求：

a）无线信号强度：RSRP > －90dBm；

b）无线信号干扰噪声比：SINR > －3dB。

### 6.2 IoT 平台要求

IoT 平台应具有对单灯控制器的连接管理和设备管理功能，包括接入控制、访问控制、群组管理、消息流控、端到端故障定界、安全隐私保护、设备注册及配置、多协议适配等，并向中央管理系统提供业务能力开放接口。

## 7 中央管理系统

**7.1** 中央管理系统宜由计算机、数据库服务器、显示终端等硬件和包含智能控制算法、图像处理技术、地理信息系统、定位技术等相关技术融合的软件组成。

**7.2** 以统一的人机交互界面来实现照明系统的实时监测、控制和管理。具体包括单灯控制、状态监测、参数设置、数据处理、系统管理、资产管理等功能。

## 8 调试与验收

### 8.1 系统施工

基于 NB-IoT 的道路照明智能控制系统施工应符合 CJJ 89 的有关规定。

### 8.2 系统调试与试运行

基于 NB-IoT 的道路照明智能控制系统调试应做好系统调试记录并符合下列规定：

a）中央管理系统上所列的成功入网的单灯的数量和位置与实际施工安装的单灯的数量和位置应保持一致；

b）中央管理系统可成功控制系统中的任意单灯；

c）以上调试完成后，进行系统试运行，应在中央管理系统每日查询系统运行状态、运行数据、故障状况和异常数据，各类数据应正确、完整。

### 8.3 系统验收

#### 8.3.1 验收资料

基于 NB-IoT 的道路照明智能控制系统在系统验收时，应提交下列资料：

a）施工图及设计变更文件；

b）项目竣工报告及竣工图；

c）系统所用设备清单、说明书、合格证、检验报告、操作手册；

d）系统设备施工和安装记录；

e）系统调试记录及试运行记录。

#### 8.3.2 验收标准

基于 NB-IoT 的道路照明智能控制系统的验收应符合 CJJ 89 的有关规定。

## 附录 A （资料性附录） 其他引用通信标准名录

以下通信行业标准已由中国通信标准化协会发布报批稿公示，等待工业和信息化部批准。

**A.1** 面向物联网的蜂窝窄带接入（NB-IoT）无线网总体技术要求

**A.2** 面向物联网的蜂窝窄带接入（NB-IoT）基站设备技术要求

**A.3** 面向物联网的蜂窝窄带接入（NB-IoT）基站设备测试方法

**A.4**　面向物联网的蜂窝窄带接入（NB-IoT）终端设备技术要求

**A.5**　面向物联网的蜂窝窄带接入（NB-IoT）终端设备测试方法

**A.6**　面向物联网的蜂窝窄带接入（NB-IoT）安全技术要求和测试方法

## 附录 B　（资料性附录）控制成功率和控制系统响应时间

### B.1　控制成功率

NB-IoT 采用无线通信技术，相比有线传输方案，容易受到无线电波的干扰，导致数据发送失败。控制成功率指中央管理系统向单灯控制器发送控制命令，其成功控制的次数与控制的总次数的比值。为了提高系统控制的可靠性，控制成功率按式（B.1）计算，系统对单灯控制器的控制成功率测试方法见附录 C。

$$\eta_s = \frac{n_1}{n} \times 100\% \quad \text{(B.1)}$$

式中　$\eta_s$——控制成功率；

$n_1$——控制成功的次数（控制器应用层允许三次重传）；

$n$——控制的总次数。

### B.2　控制系统响应时间

控制系统响应时间指中央管理系统发送信息（或命令）到单灯控制器，最终信息显示或命令执行完毕所需的时间。单灯控制的响应时间根据式（B.2）计算，现场一般性测试的方法见附录 C。

按式（B.2）计算单次控制系统响应时间：

$$T = T_2 - T_1 \quad \text{(B.2)}$$

式中　$T$——单次控制系统响应时间值；

$T_2$——中央管理系统从单灯控制器得到的反馈控制命令的时间；

$T_1$——中央管理系统向单灯控制器发送的控制命令的时间。

## 附录 C　（规范性附录）现场应用的一般试验方法

### C.1　概述

为了更好地保障本文件中基于 NB-IoT 的道路照明智能控制系统的现场应用，提供可靠的通信网络质量，本附录列举了主要通信指标的现场应用的一般试验方法，包括测试系统示意图和测试步骤。

### C.2　控制系统的一般试验要求

依照附录 A.5 的试验方法进行。

### C.3　测试系统示意图

依照 NB-IoT 照明智能控制系统的架构和现场测试要求，测试系统原理图如图 C.1 所示。通过中央管理系统读取系统测试时需要的数据，完成控制成功率、系统响应时间等测试。

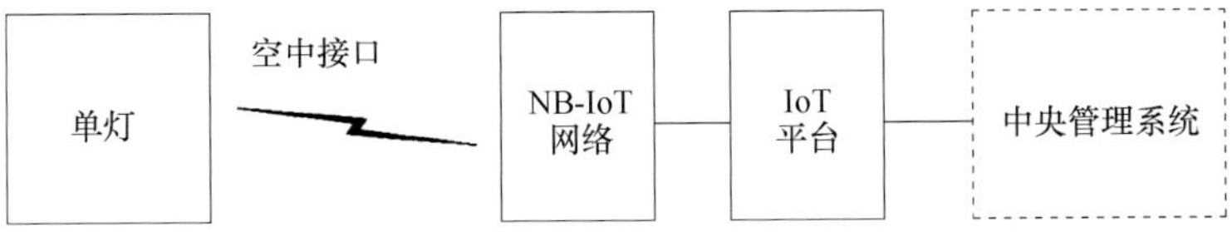


图 C.1　系统响应时间和系统控制成功率测试原理图

### C.4　控制成功率测试

步骤如下：

a）系统通电并运行中央管理系统；

b）设置每 30s 下发一次测试命令至系统中的每个单灯控制器，并达到每个单灯总控制次数不少于 200 次；

c）通过中央管理系统查看单灯控制器成功执行测试命令的次数并记录；

d）控制成功率的计算方法参照附录 B.1。

### C.5　系统响应时间测试

步骤如下：

a）在进行控制成功率测试的同时，查看中央管理系统对测试命令下发和命令响应的时间；

b）系统响应时间的计算方法参照附录 B.2。

### C.6　单灯控制器无线信号质量数据上报测试

步骤如下：

a）系统通电并运行 IoT 平台；

b）在 IoT 平台上选择对应的路灯设备，查看无线信号质量数据；

c）可以查询到无线信号强度 RSRP，无线信号干扰噪声比 SINR，信号覆盖等级的数值，通过测试设备 USB Dongle 测试数据比对，确认 IoT 平台数值与实际环境一致。

ICS 510.60
M 70/79

# T/CIES

# 团 体 标 准

T/CIES 016—2018

# 电视演播室灯光系统运行维护标准

# Standards for operation and maintenance of TV studio lighting system

2018-12-05 发布 2019-02-18 实施

中国照明学会 发布

# 目 次



# Contents

# 前　言

本标准主要内容包括：1 总则；2 术语和定义；3 一般规定；4 系统运行操作；5 系统设备维护维修等。

本标准由中国照明学会负责管理和条文的具体解释。执行过程中如发现需要修改或补充之处，请将意见和有关资料寄送至中国照明学会舞台电影电视照明专业委员会（地址：北京市复兴路 11 号中央电视台制作部，邮编：100859）。

主编单位：中国照明学会舞台电影电视照明专业委员会

参编单位：中央广播电视总台
北京星光影视设备科技股份有限公司
浙江大丰实业股份有限公司
广州市河东电子有限公司
江苏领焰智能科技股份有限公司
广东华晨影视舞台专业工程有限公司
浙江广播电视集团
河北广播电视台
天津广播电视台
江苏省广播电视总台
北京广播电视台
黑龙江广播电视台

主要起草人：王京池、甄何平、郭亮、高园缘、郭振渊、刘明、孔令根、李儒华、顾海峰、臧鹏、秘根杰、陈永刚、刘娟。

主要审查人：刘军、林培群、钟国虹、王宏磊、江中鸿、陈建民、秦小刚、杨振勇、徐挺、李传舵、任杰。

# 电视演播室灯光系统运行维护标准

## 1 总则

**1.1** 为了规范电视演播室（以下简称演播室）灯光系统的运行维护，保证系统的正常、安全运行，特制定本标准。

**1.2** 本标准适用于演播室的灯光系统，也可作为其他演出、录制场所灯光系统的参照。

**1.3** 演播室灯光系统运行维护应在保证人身安全、播出安全、设备安全的条件下进行。

**1.4** 演播室灯光系统运行维护除应按本标准执行外，还应符合国家现行有关标准的规定。

## 2 术语和定义

下列术语和定义适用于本文件。

**2.1**

**布光　lighting distribution**

通过设置演播室内灯具出光的高度、方向、亮暗等，达到摄像机拍摄人物、景物照明需要的过程。

**2.2**

**灯光控制台　light control console**

控制灯光效果变化的操作台，是演播室灯光控制系统的核心设备。

**2.3**

**直通柜　lighting power distribution cabinet**

控制非调光灯光回路的开关柜。

**2.4**

**周边控制设备　peripheral control equipment**

灯光控制台之外的其他控制设备。

**2.5**

**吊挂装置　rigging device**

吊挂灯具或景物的电动或手动装置。

**2.6**

**电动提升装置　motorized lifting device**

实现演播室内灯具及吊挂设备空间定位的电动升降机构。

**2.7**

**布光控制台　light distribution console**

控制提升装置和电动灯具机械动作的操作台。

**2.8**

**电动灯具　motorized fixture**

通过电机驱动控制，完成相应机械动作变化的灯具。

**2.9**

**收缆器　cable lifting equipment**

实现收放线缆的功能，可使线缆与吊杆同步升降的装置。

**2.10**

**电动吊杆　motorized hoist**

一种配备了电源插座、信号接口，可通过钢丝绳或钢带与提升机联接的电动吊挂装置。

**2.11**

**配电柜　power cabinet**

对电源进行开合、切换、控制和保护的设备，通常由进线柜、切换柜、出线柜等组成。

**2.12**

**配电箱　power distribution box**

具有电源分配、隔离、通断及过载、短路、漏电保护等功能的配电装置。

**2.13**

**电脑灯　moving light**

可通过灯光控制台控制亮度、色彩、图案、动作等灯光效果变化的灯具。

**2.14**

**追光灯　follow spotlight**

用于远距离追踪投射人物或景物的高照度、光斑轮廓明显的灯具。

**2.15**

**万向头滑车　universal jointer**

使滑动轨在固定轨上任意滑动的联接器。

**2.16**

**桁架　truss**

一种可快速组合成各种形状框架的矩形或三角形标准结构件，可通过提升装置吊装，或者支撑在地面上，用于吊挂设备的专用结构装置。

**2.17**

**LED 灯具　LED light**

用发光二极管（LED）作为光源的灯具。

## 3　一般规定

**3.1**　演播室灯光系统运行维护应符合本标准要求。

**3.2**　设备运行维护应按照相应设备技术要求进行。

**3.3**　演播室灯光系统的运行维护须由专职运行人员完成；专职运行人员应由技术负责人、操作人员和维修人员组成。

**3.4**　技术负责人负责制定演播室灯光系统运行操作规程，负责制定维护、维修计划并组织实施。

**3.5**　操作人员须经技术负责人授权，应经过专业培训并通过考核，完成设备日常运行操作。

**3.6**　维修人员须经技术负责人授权，应经过专业培训并通过考核，实施日常维护、维修工作。

**3.7**　运行人员必须经过上岗培训，才能从事演播室灯光系统运行维护工作。

**3.8**　灯光系统开启前须巡视、确认具备安全开启条件。

**3.9**　完成录制后须巡视、确认现场具备安全离场条件。

**3.10** 系统设备维护、维修应包括日常维护、定期维修和全面检修。

**3.11** 维护、维修应遵循预防为主的原则，坚持日常维护制度，应按管理规程和设备制造商提供的维修手册进行。

**3.12** 系统运行维护过程中，发现问题应及时处理并做好记录。

**3.13** 日常维护应由演播室维修人员负责实施；定期维修应由技术负责人和设备厂商共同实施；全面检修应由技术负责人委托设备厂商负责实施。

**3.14** 设备维修需更换关键零部件时，宜采用原厂提供的配件。

**3.15** 演播室应制定维护、维修记录制度，建立设备维护、维修档案。

**3.16** 系统长期不使用时，应至少2个月通电一次，每次通电2h以上。

**3.17** 定期维修宜不少于每季度1次，全面检修应不少于每年1次。

**3.18** 系统设备全面检修内容，除本标准规定条款外，还应包括维护、维修计划中的项目。

**3.19** 系统设备全面检修后，检修单位应出具正规检修报告。

**3.20** 除特殊情况外，主要灯光设备的使用年限宜符合表1的规定。

**表1 主要灯光设备使用年限参考表**

| 设备名称 | 灯光控制台 | 周边控制设备 | 信号传输设备 | 配电柜/配电箱 | 调光柜/直通柜 | 吊挂装置 | 布光控制台 | 线缆 | 电脑灯 | 追光灯 | 其他灯具 |
|---|---|---|---|---|---|---|---|---|---|---|---|
| 年限/年 | 9 | 9 | 8 | 12 | 10 | 12 | 12 | 12 | 6 | 8 | 7 |

**3.21** 当专业灯光设备使用超过8年，信息网络设备使用超过5年，且单次维修费用超过原值的30%时，不宜再维修。

**3.22** 演播室工作现场照明应符合GY/T 5061《广播电影电视工程技术用房一般照明设计规范》的规定。

**3.23** 控制室和配电机房应符合GYJ 43《广播电视中心技术用房室内环境要求》的规定。

## 4 系统运行操作

**4.1** 吊挂系统

**4.1.1** 运行人员配备

吊挂系统运行时，应配备技术负责人1名、操作人员2名及以上、维修人员1名及以上。

**4.1.2** 一般规定

**4.1.2.1** 应按照设备操作手册进行操作。

**4.1.2.2** 控制台操作人员应能直接或者借助视频设备观察到吊挂系统工作区域，否则，须有专人向操作人员发送操作指令。

**4.1.2.3** 在进行超越限位范围的应急操作时，须有专人在现场观察吊杆运行状态，且与操作人员保持良好通信。

**4.1.2.4** 系统运行时，吊挂装置下方严禁人员停留或通过，确保工作区域中的人员和设备安全。

**4.1.2.5** 系统严禁超载，严禁载人。

**4.1.2.6** 系统运行时，如果发现异常应立即按下急停按钮。

**4.1.3** 电动提升系统操作规程

**4.1.3.1 操作前的检查**

操作要求如下：

a）检查电动提升装置、电动吊杆、收缆器是否处于正常状态。

b）检查负荷是否超限，分布是否均匀。

c）检查钢丝绳有无乱绳现象。

d）检查布光控制系统，确认各项功能正常；核对布光控制台显示的各吊挂装置的高度、位置、限位状态等信息是否与实际相符。

e）检查灯具等设备安装是否牢固、保险措施是否到位。

f）检查收缆器的出线方向是否符合产品使用要求。

g）检查、确认吊挂装置运行时不会与周边物体发生碰撞或剐蹭。

**4.1.3.2　操作运行**

操作要求如下：

a）按照说明书要求为系统顺序送电，确认各项指示正常。

b）吊挂装置运行时，应先点动试运行，确认运动状态与反馈信息一致。

c）吊挂装置运行时，应有专人监视其周边情况，集控运行时还应注意同步情况，避免发生碰撞或拉抻线缆。

**4.1.3.3　运行结束**

操作要求如下：

a）按说明书要求顺序断电。

b）确认系统无异常后，运行人员方能离场。

**4.1.4　手动吊挂装置操作规程**

**4.1.4.1　滑轨装置**

操作要求如下：

a）检查轨道有无明显形变，万向头滑车是否正常。

b）检查限位挡块是否松脱。

c）检查轨道负荷是否超限。

d）检查滑动线缆装置是否正常。

e）移动灯具滑车时，不应超过活动线缆的行程范围。

f）调整完毕后，应锁止万向头滑车和灯具滑车。

**4.1.4.2　手动垂直吊杆/手动铰链吊杆**

操作要求如下：

a）装卸灯具时，操作人员应不少于 2 名。

b）检查吊杆与灯具连接是否正常。

c）检查吊杆负荷是否超限。

d）检查弹簧拉力与载荷是否匹配。

e）在滑轨上移动吊杆时，应用杆控杆操作灯具滑车，不得拖拽灯具带动吊杆移动。

f）杆控杆操作时，严禁拖拽电缆。

g）吊杆调整完毕应确保锁止。

**4.1.5　桁架与电葫芦操作规程**

**4.1.5.1　桁架**

操作要求如下：

a）检查、确认桁架结构无脱焊、开裂、明显形变等异常情况。

b）检查、确认桁架间连接牢固、稳定、可靠。

c）采用吊带吊装时，吊带应缠绕、包围整个桁架。

d）检查桁架与提升设备连接是否牢固、可靠，是否满足承重要求。

e）检查负荷是否超限，分布是否合理。

f）悬吊桁架时，吊点不宜少于 3 个。

g）桁架跨度应符合产品的技术要求。

h）桁架须可靠接地。

i）地面搭建桁架应设置防倾覆设施，加装防坠落装置。

**4.1.5.2　电葫芦**

操作要求如下：

a）检查电葫芦链条、链袋、吊钩、电源接头、信号插头等是否正常。

b）检查提升重量是否超限。

c）运行时，应先点动试运行，确认运动状态与反馈信息一致。

d）运行时，应有专人监视周边情况。集控运行时还应注意同步情况，避免发生碰撞或拉抻线缆。

**4.2　灯光控制系统**

**4.2.1　运行人员配备**

宜按灯光控制台数量配置操作人员，不得一人多岗。

**4.2.2 一般规定**

**4.2.2.1** 应按照系统设备操作手册进行操作。

**4.2.2.2** 控制台及系统设备须由技术负责人授权的专人操作。

**4.2.2.3** 工作台面不得摆放食品、饮料及其他杂物。

**4.2.3 操作规程**

**4.2.3.1 操作前的检查**

操作要求如下：

a）检查、确认系统设备外观完好、安装正常。

b）检查、确认系统设备电源连接正常。

c）检查、确认系统设备信号接口连接正常。

d）查看演播室工作日志记录并处理遗留问题。

**4.2.3.2 操作运行**

操作要求如下：

a）系统送电前，应确认各控制设备电源开关处于关闭状态。

b）按工艺总闸、分控开关、控制台、周边控制设备、调光柜/直通柜顺序依次送电。

c）确认控制台及周边控制设备的运行状态正常。

d）确认备份系统正常。

e）按照信号系统图检查、确认各链路信号传输稳定、无干扰现象。

f）运行时，全程监控系统设备反馈信息，确保系统运转正常。

**4.2.3.3 运行结束**

操作要求如下：

a）存储备份程序。

b）按照调光柜/直通柜、周边控制设备、控制台、分控开关、工艺总闸顺序依次断电。

c）填写工作日志。

d）确认系统无异常后，运行人员方能离场。

**4.3 配电系统**

**4.3.1 运行人员配备**

应配备技术负责人 1 名、操作人员 2 名及以上、维修人员 2 名及以上。操作人员宜持有国家相关部门颁发的低压电工职业资格证。维修人员须持有国家相关部门颁发的低压电工职业资格证。

**4.3.2 一般规定**

**4.3.2.1** 应按照设备操作手册进行操作。

**4.3.2.2** 由技术负责人授权专人操作，严禁他人擅自操作配电设备。

**4.3.2.3** 配电机房不得存放易燃易爆危险品，不得摆放食品及其他杂物。

**4.3.2.4** 配电柜操作维护通道上应铺设绝缘垫。

**4.3.2.5** 二级以上新闻直播演播室须配备 UPS 电源。

**4.3.3 操作规程**

**4.3.3.1 送电前检查**

操作要求如下：

a）检查、确认仪表及信号指示灯、报警装置完好齐全，指示正常。

b）检查、确认所有用电负载的开关断开。

c）检查、确认开关的操作手柄、按钮等状态正确。

d）检查、确定演播室具备送电条件。

**4.3.3.2 运行操作**

操作要求如下：

a）按总开关、分开关的顺序逐级合闸，并确认指示正常。

b）应安排技术人员定时巡查，检查并记录电压、电流等运行数据，检查设备有无异常声响、异味、过热等现象，发现异常，应采取相应措施处置并及时报告。

c）有重大直播任务时，应安排专人在机房值班。

d）UPS 电源因故旁路时，应查清原因、排除故障、及时还原。

e）运行中出现跳闸故障，须查清原因、排除故障后方可再次合闸，并做记录。

f）运行中出现缺相故障，须分闸、查清原因、排除故障后方可再次合闸，并做记录。

**4.3.3.3　运行结束**

操作要求如下：

a）断开所有用电负载的开关。

b）按分开关、总开关的顺序逐级断电。

c）确认系统无异常后，运行人员方能离场。

## 4.4　灯具

### 4.4.1　运行人员配备

安装吊挂灯具时，人员配备应不少于 2 名。追光灯等特种灯具的操作人员应通过专门培训。

### 4.4.2　一般规定

**4.4.2.1**　安装维修灯具时，须确认切断电源。严禁带电作业。

**4.4.2.2**　安装灯具时，应选用能承受至少灯具 10 倍重量的配套灯钩。

**4.4.2.3**　安装灯具时，应选用合适长度并符合 GB 7000.217《灯具　第 2-17 部分：特殊要求　舞台灯光、电视、电影及摄影场所（室内外）用灯具》中规定的保险链，正确连接灯体与悬吊装置。

**4.4.2.4**　应采用带保护接地的电缆和接插件。

**4.4.2.5**　灯具的额定功率不得超过其供电回路的配置容量。

**4.4.2.6**　链式供电连接的灯具，最大链接数量应不大于灯具产品说明书的规定值。

**4.4.2.7**　使用 Y 形连接电缆供电时，须计算每条电缆的负载，保证电缆和接插件不超载。

**4.4.2.8**　灯具的 DMX512 控制信号应采用信号分配器进行分配，不得采用并联分配。

**4.4.2.9**　DMX512 信号采用链式连接时，最大链接数应不大于 32 台，末端应安装终端电阻。

**4.4.2.10**　二级以上新闻直播演播室主持人面光灯具应接人 UPS 电源供电。

### 4.4.3　操作规程

**4.4.3.1**　安装前，应检查确认电脑灯等带动作灯具的灯体转动部分处于锁定位置。

**4.4.3.2**　安装时，须确认灯具与灯钩连接牢固、灯钩与悬吊装置锁紧、保险链安装规范、线缆与灯体无缠绕。

**4.4.3.3**　安装时，灯具之间以及灯具与其他装置之间的距离不应小于灯体上标识的最小距离。

**4.4.3.4**　热光源灯具须保证聚光焦点远离幕布等可燃物。

**4.4.3.5**　电脑灯宜保证一致的初始安装角度。

**4.4.3.6**　灯具的安装角度应在其标称工作角度范围内。

**4.4.3.7**　接通电源之前，应解除电脑灯等带动作灯具的锁定机构。

**4.4.3.8**　灯具通电后，检查灯具复位是否正常，信号接收是否正常。

**4.4.3.9**　用灯光控制台逐台检查灯具各项功能是否正常。

**4.4.3.10**　强热辐射的光束灯具在使用过程中须避免光斑长时间照射在易燃物上。

**4.4.3.11**　气体放电光源灯具，应先关光源，待光源冷却后再断电。

**4.4.3.12**　灯具断电，确认无异常后，运行人员方能离场。

# 5　系统设备维护维修

## 5.1　吊挂系统

### 5.1.1　电动提升装置

**5.1.1.1　日常维护**

具体内容如下：

a）检查装置外观是否完好。

b）清除设备表面灰尘、异物。

c）检查减速机构有无异响、漏油，运转是否平稳。

d）检查钢丝绳/钢带排绳是否正常，有无脱槽、损伤、缠绕等异常情况。

e）检查传动机构有无异物侵入。

f）检查上、下限位及极限开关有无异常。

g）检查电缆有无磨损、破损、裸露等异常现象。

#### 5.1.1.2 定期维修

除 5.1.1.1 的内容外还应包括：

a）检查减速机润滑油液位情况。

b）检查钢丝绳/钢带是否有损伤，锁扣是否有松动。

c）检查是否有溜车、失控等不安全因素。

d）检查行程限位、防冲顶、松断绳开关是否正常工作。

e）检查急停开关功能是否正常。

#### 5.1.1.3 全面检修

除 5.1.1.2 的内容外还应包括：

a）检查额定荷载下运行是否平稳、有无异常振动、杂音等现象。

b）检查减速机润滑油脂质量，并按要求更换。

c）检查减速机蜗轮副或齿轮磨损情况，影响性能的及时更换。

d）检查轴承润滑是否良好，清洁轴承并加注润滑脂。

e）检查减速机温度是否正常、电机电流是否稳定。

### 5.1.2 电动吊杆

#### 5.1.2.1 日常维护

具体内容如下：

a）清除表面灰尘、异物。

b）检查各类电源、信号接插口及指示灯是否正常。

c）检查吊装的灯具等设备是否牢固稳定，保险装置是否完备。

d）检查钢丝绳/钢带与杆体的连接点有无异常。

e）检查收缆是否正常。

#### 5.1.2.2 定期维修

除 5.1.2.1 的内容外还应包括：

a）检查接线端子、电气元件是否松动。

b）检查杆体是否水平，各钢丝绳/钢带是否均衡受力。

#### 5.1.2.3 全面检修

除 5.1.2.2 的内容外还应包括：

a）检查杆体是否变形。

b）检查钢丝绳/钢带是否有损伤及锈蚀。

c）钢丝绳/钢带涂油防锈保护。

d）检查电缆是否有损伤及老化现象。

### 5.1.3 收缆器

#### 5.1.3.1 日常维护

具体内容如下：

a）检查电缆是否同步收放。

b）检查电缆有无磨损、破损、裸露等异常现象。

c）检查电缆与设备层出线槽（孔）有无剐蹭。

#### 5.1.3.2 定期维修

除 5.1.3.1 的内容外还应包括：

a）检查电动收缆器限位开关及极限开关是否正常。

b）检查驱动机构的张力是否正常。

c）检查接线端子、接插件有无异常。

#### 5.1.3.3 全面检修

除 5.1.3.2 的内容外还应包括：

a）检查驱动机构润滑情况，加注润滑脂。

b）校验驱动机构的张力。

c）检查电缆是否有油污及老化现象，清除油污，更换老化电缆。

**5.1.4　布光控制系统**

**5.1.4.1　日常维护**

具体内容如下：

a）清除设备表面灰尘、异物。

b）检查设备电源、信号接插口是否正常。

c）检查设备的显示、指示状态是否正常。

d）检查控制台按键开关、推杆等是否正常。

e）检查控制柜有无异响、异味等。

**5.1.4.2　定期维修**

除5.1.4.1的内容外还应包括：

a）清理设备内部灰尘、异物。

b）检查设备内部部件是否连接可靠，信号指示是否正常。

c）检查设备散热风机是否正常。

d）检查控制柜接线端子、线缆是否有过热现象。

e）检查接地是否正常。

f）检查所有电动吊杆、电动灯具运行是否正常。

**5.1.4.3　全面检修**

除5.1.4.2的内容外还应包括：

a）检测系统所有功能。

b）检查变频器运行参数是否设置正常。

c）检查断路器是否正常。

d）检查交流接触器接触、分断是否正常。

e）检查继电器接触、分断是否正常。

f）检查控制台软件版本并及时升级。

**5.1.5　滑轨装置**

**5.1.5.1　日常维护**

具体内容如下：

a）检查轨道及滑车上有无异物。

b）检查轨道有无明显形变，万向头滑车、灯具滑车是否正常。

c）检查限位挡块、轨道连接板螺栓是否松脱。

d）检查滑动线缆装置是否正常。

e）检查轨道上吊装的灯具等设备是否牢固稳定。

**5.1.5.2　定期维修**

除5.1.5.1的内容外还应包括：

a）检查轨道紧固件是否松动。

b）检查轨道限位挡块是否牢固。

**5.1.5.3　全面检修**

除5.1.5.2的内容外还应包括：

a）额定载荷下，检查装置各部件是否正常。

b）检查轴承润滑是否良好，清洁轴承并加注润滑脂。

**5.1.6　手动垂直/手动铰链吊杆**

**5.1.6.1　日常维护**

具体内容如下

a）检查吊杆伸缩是否灵活。

b）检查有无溜杆现象。按需调整恒力弹簧张力、阻尼机构摩擦力。

c）检查线缆有无松脱。

d）检查灯具连接是否牢固、稳定。

**5.1.6.2　定期维修**

除 5.1.6.1 的内容外还应包括：

a）检查恒力弹簧张力是否正常。

b）检查阻尼机构是否正常。

c）检查吊杆固定连接螺栓是否松动。

d）检查铰链卡簧是否脱落。

**5.1.6.3 全面检修**

除 5.1.6.2 的内容外还应包括：

a）额定载荷下，检查伸缩是否正常。

b）检查更换疲劳失效的恒力弹簧。

c）检查轴承润滑是否良好，清洁轴承并加注润滑脂。

**5.1.7 桁架**

**5.1.7.1 日常维护**

具体内容如下：

a）表面除尘。

b）检查桁架结构有无脱焊、开裂、明显形变等异常情况。

**5.1.7.2 定期维修**

除 5.1.7.1 的内容外还应包括：检查并紧固桁架间的连接螺栓。

**5.1.7.3 全面检修**

除 5.1.7.2 的内容外还应包括：

a）检查螺栓、防松止动垫圈、螺母是否有锈蚀、损伤现象。

b）探伤检查桁架结构安全性。

**5.1.8 电葫芦**

**5.1.8.1 日常维护**

具体内容如下：

a）表面除尘。

b）检查链条、链袋、吊钩、电源接头、信号插头等是否正常。

c）检查运行时有无异响。

d）检查是否有漏电现象。

**5.1.8.2 定期维修**

除 5.1.8.1 的内容外还应包括：

a）检查链条/钢丝是否有损伤。

b）检查吊钩是否有变形、损伤。

c）检查线缆绝缘是否良好。

**5.1.8.3 全面检修**

除 5.1.8.2 的内容外还应包括：

a）额定载荷下，检查运行是否正常。

b）检查减速箱齿轮、轴承等传动机构磨损状况。

c）检查制动器磨损情况，更换磨损严重的制动器。

d）检查减速箱和轴承润滑是否良好，清洁并加注润滑脂。

**5.2 灯光控制系统**

**5.2.1 灯光控制台和周边控制设备**

**5.2.1.1 日常维护**

具体内容如下：

a）清除设备表面灰尘、异物。

b）检查设备电源线、信号线连接是否正常，标识是否完好。

c）检查设备的显示、指示状态是否正常。

d）检查控制台按键、推杆等是否正常。

e）检查设备操作系统启动是否正常，反馈信息是否正确。

f）检查散热风机是否正常工作。

**5.2.1.2　定期维修**

除5.2.1.1的内容外还应包括：

a）设备内部除尘。

b）检查设备内部部件、接插件连接是否可靠。

c）检查主板电池、内置充电电池是否正常。

d）检查控制台可用存储容量，清除无用数据。

e）检查控制台软件版本并及时升级。

**5.2.1.3　全面检修**

除5.2.1.2的内容外还应包括：

a）检查结构件是否变形。

b）检查设备电源、信号接口是否损坏。

c）对所有按键、推杆全面维护保养。

d）触摸屏、轨迹球等部件校准。

e）设备功能全面检测。

f）系统软、硬件升级。

**5.2.2　调光柜/直通柜**

**5.2.2.1　日常维护**

具体内容如下：

a）设备表面除尘。

b）检查设备电源线、信号线连接是否正常，标识是否完好。

c）检查散热风机是否正常工作。

d）检查功率输出模块指示是否正常。

e）检查中央控制器及控制信号是否正常。

f）检查终端设备是否受控，反馈信号是否正常。

**5.2.2.2　定期维修**

除5.2.2.1的内容外还应包括：

a）设备内部除尘。

b）检查设备内部部件、接插件连接是否可靠。

c）检查接线端子、线缆是否有过热现象。

d）检查接地是否正常。

**5.2.2.3　全面检修**

除5.2.2.2的内容外还应包括：

a）检查信号接口是否氧化、损坏。

b）检查接线端子是否有松动、接触不良、烧焦等异常现象。

c）检查抽屉式模块推拉是否顺畅，定位是否准确。

d）检查控制模块（晶闸管/继电器开关）是否老化、损坏。

e）检查主、备控制电路板是否正常。

f）检查所有控制回路工作是否正常，指示灯工作是否正常。

g）系统软、硬件升级。

**5.2.3　信号系统**

**5.2.3.1　日常维护**

具体内容如下：

a）设备表面除尘。

b）检查设备电源线、信号线连接是否正常，标识是否完好。

c）检查设备的显示、指示状态是否正常。

d）检查DMX512信号线、网线及光纤外观是否完好。

e）检查散热风机是否正常工作。

**5.2.3.2 定期维修**

除5.2.3.1的内容外还应包括：

a）设备内部除尘。

b）检查信号线桥架有无变形，是否导致线缆损伤。

c）检查设备内部部件、接插件连接是否可靠。

d）检测信号传输质量。

**5.2.3.3 全面检修**

除5.2.3.2的内容外还应包括：

a）检查信号接口是否氧化、损坏。

b）检查连接线是否有腐蚀、氧化、破损。

c）检查确认设备端口标识正确。

d）检查信号配线盘及其跳线是否正常、可靠。

e）检查信号线桥架是否损坏。

f）检查设备各功能，确认正常运行。

**5.3 配电系统**

**5.3.1 配电柜/配电箱**

**5.3.1.1 日常维护**

具体内容如下：

a）设备表面除尘。

b）检查设备仪表显示是否准确，指示灯是否正常。

c）检查、确认设备标识是否清晰、准确、完整。

d）检查操作手柄、按钮是否正常工作。

e）检查、确认设备无异响、无异味、无漏油。

f）检测接线端子有无过热现象。

g）检查、确认开关无卡滞现象。

h）检测配电各相负荷，确保无不平衡现象。

i）检查配电机房照明、通风、温度、湿度等环境条件是否正常，确认无渗漏水现象。

**5.3.1.2 定期维修**

除5.3.1.1的内容外还应包括：

a）设备内部除尘。

b）检查母线、二次回路接线、电缆接头、接线端子，确保无松动、氧化、老化现象。

c）检查、确认开关、继电器能正常工作。

d）检查、确认机械联锁能正常工作。

e）检查抽屉式开关推拉是否顺畅、定位是否准确。

f）检查接地有无松动、锈蚀现象。

g）检查金属部件是否有氧化、损坏现象。

**5.3.1.3 全面检修**

除5.3.1.2的内容外还应包括：

a）检查、确认各仪表的安装和接线完好。

b）检测安全保护接地电阻，确保在规范标准所规定的范围内。

c）检查、确认手柄操作机构灵活、可靠。

d）检查空气开关的触点是否有烧熔痕迹，检查灭弧罩是否烧黑和损坏。

e）检查绝缘件是否有裂纹、损坏、放电痕迹等异常现象。

f）检查并紧固接线端子。

g）检查浪涌抑制器状态是否正常。

**5.3.2 UPS**

**5.3.2.1 日常维护**

具体内容如下：

a）设备表面除尘。

b）检查面板显示状态是否正常。

c）检查是否有过热现象。

d）检查风机运转是否正常。

e）检查是否有异常噪声。

**5.3.2.2　定期维修**

除5.3.2.1的内容外还应包括：

a）检查失电情况下工作是否正常。

b）检测试验充电、放电功能是否正常。

c）检查显示控制屏操作按钮功能是否正常，检查功能参数是否正常。

**5.3.2.3　全面检修**

除5.3.2.2的内容外还应包括：

a）设备内部除尘。

b）检查内部部件是否完好，接插件、连接点是否接触牢固、可靠。

c）检查蓄电池组电压、单体电池电压是否正常。

**5.3.3　线缆及接插件**

**5.3.3.1　日常维护**

具体内容如下：

a）检查外观、标识是否完好。

b）检查线缆敷设是否正常，接插连接是否正常。

c）检查线缆、接插件有无异味、过热现象。

**5.3.3.2　定期维修**

除5.3.3.1的内容外还应包括：

a）检查桥架有无变形。

b）检查接插件是否完好。

c）检查接线端子连接牢固、可靠，确认无虚接、无发热现象。

d）检查线缆有无损伤。

**5.3.3.3　全面检修**

除5.3.3.2的内容外还应包括：

a）检查电缆有无老化现象。

b）检查接地装置是否完好。

**5.4　灯具**

**5.4.1　日常维护**

具体内容如下：

a）灯体表面除尘。

b）检查灯体是否出现变形、破损、腐蚀等影响灯具正常使用的情况。

c）检查机械传动部件是否正常。

d）检查悬挂、锁紧和保险装置，是否安全牢固。

e）检查光源是否正常点亮。

f）检查反光碗、透镜等光学部件。

g）检查调光、变色、变焦等功能是否正常。

h）检查接插件、线缆是否有松动、破损、过热及老化等现象。

i）检查灯具（光源）使用时间，宜在接近灯具（光源）预期寿命时更换灯具（光源）。

**5.4.2　定期维修**

除5.4.1的内容外还应包括：

a）检查、清洁灯体内部。

b）检查、清洁光源部件，达到使用寿命应及时更换。

c）检查、清洁光学部件，更换损坏部件。

d）检查、清洁电路板、电机、风机、滤网和散热片等部件。

e）检查灯具运转定位是否准确。

**5.4.3 全面检修**

除 5.4.2 的内容外还应包括：

a）清洁并检查灯体，按需要进行整形、补漆或更换等处理。

b）给机械传动部件加注润滑脂。

c）检测照度、色温和显色指数，与初始数据比对。

## 6 本标准用词说明

**6.1** 为便于在执行本标准（规范、规程）条文时区别对待，对要求严格程度不同的用词说明如下：

a）表示很严格，非这样做不可的：正面词采用“必须”或“须”，反面词采用“严禁”；

b）表示严格，在正常情况均应这样做的：正面词采用“应”，反面词采用“不应”或“不得”；

c）表示允许稍有选择，在条件许可时首先应这样做的：正面词采用“宜”，反面词采用“不宜”；

d）表示有选择，在一定条件下可以这样做的，采用“可”。

**6.2** 条文中指明应按其他有关标准执行的写法为：“应符合……的规定”或“应按……执行”。

# 参考文献


[1] GB 7000.1 灯具 第1部分：一般要求与试验

[2] GB 7000.217 灯具 第2-17部分：特殊要求 舞台灯光、电视、电影及摄影场所（室内外）用灯具

[3] GB/T 13582 电子调光设备通用技术条件

[4] GB/T 14218 电子调光设备性能参数与测试方法

[5] GB 50054 低压配电设计规范

[6] GB 50169 电气装置安装工程接地装置施工及验收规范

[7] GB 50303 建筑电气工程施工质量验收规范

[8] GY/T 302 电影电视用白光 LED 灯具技术要求和测量方法

[9] GY 5045 电视演播室灯光系统设计规范

[10] GY/T 5061 广播电影电视工程技术用房一般照明设计规范

[11] GY 5070 电视演播室灯光系统施工和验收规范

[12] GYJ 43 广播电视中心技术用房室内环境要求

[13] WH/T 32 DMX512-A 灯光控制数据传输协议

[14] WH/T41 舞台灯具通用技术条件


# 条 文 说 明

## 1 总则

**1.2** 本标准适用于演播室灯光系统的运行、维护、维修，同样也可作为剧场、摄影棚、实景演出等场所的灯光系统的参照。

**1.3** 人身安全、播出安全、设备安全是运行维护工作的前提，必须严格保证。

## 3 一般规定

**3.4** 维护、维修计划应包括需要维护、维修的项目，实施时间，维修周期，预算等内容。

**3.5** 操作人员须经技术负责人授权，才能从事灯光系统运行操作，应具有相应的专业知识和工作经验，经过专业培训并通过考核，熟悉设备情况和操作规程，在运行过程中能发现故障点并能做出应急处置。

**3.6** 维修人员须经技术负责人授权，才能从事灯光设备维护、维修工作，应具有相应的专业知识和经验，经过专业培训并通过考核，熟悉设备原理、结构、性能，能对设备的常见故障进行维修处理。

**3.10** 定期维修是指每隔一段时间，对设备的全面维护保养和对关键部件的检修；全面检修是指在停产状况下，对设备的全面检查修理。

**3.13** 负责实施维修的设备厂商可以是原设备的生产商或代理商，也可以是技术负责人指定的专业维修公司。

**3.17** 定期维修和全面检修周期是在 41 家电视台、生产企业调查表的基础上形成的。使用率低或一次布光长期不变的演播室可适当延长周期。

**3.20** 本条款是在 28 家电视台、生产企业调查问卷的基础上归纳统计形成的。使用率低或长期不使用的设备，可适当延

长使用年限。

**3.21**　本条款参考了《中央电视台技术运行管理办法基础保障篇》（2013年9月汇编），第四章第三节中的1. 维护维修管理总则的内容。

## 4　系统运行操作

**4.1.1　运行人员配备**

吊挂系统技术负责人可以由演播室灯光技术负责人指定。吊挂系统运行时，操作人员可以由技术负责人、维修人员兼任，但不能影响正常的安全操作运行。

**4.1.5.1　桁架**

i）地面搭建桁架的防坠落装置，是指在紧靠横梁滑套下方的桁架立柱弦杆间横插入槽钢等作为保险销。

**4.2　灯光控制系统**

灯光控制系统不包含布光控制系统。

**4.3.1　运行人员配备**

配电系统操作人员可以由技术负责人、维修人员兼任，但不能影响正常的安全操作运行。

**4.3.2**　一般规定

**4.3.2.5**　二级以上新闻直播演播室是指副省级以上电视台的新闻直播演播室。

**4.4.2　一般规定**

**4.4.2.2**　根据GY 5045《电视演播室灯光系统设计规范》的要求，所选用悬吊装置的吊具，其安全系数应不小于9。根据GB 7000.217《灯具　第2-17部分：特殊要求　舞台灯光、电视、电影及摄影场所（室内外）用灯具》中支架（灯弓）的相关规定，选用的灯钩应能承受至少灯具的10倍重量。

**4.4.2.6**　链式连接是电气安装中导线连接的一种方式。其特征是通过一个设备将这个设备与其他设备的导线连接起来。

**4.4.2.7**　Y形连接电缆是指一分二、一分三等转接电缆。

**4.4.2.9**　按照DMX512信号标准协议规定，采用链式连接时，单位负荷最多不应大于32个，末端应安装120Ω、1/4W的电阻。

**4.4.2.10**　依据《国家广播电影电视总局令（第62号）》的规定，二级以上新闻直播演播室主持人面光灯具应接入UPS电源供电。

**4.4.3　操作规程**

**4.4.3.4**　热光源灯具主要是指卤素灯光源灯具。

**4.4.3.10**　强热辐射的光束灯具是指大功率卤钨光源和气体放电光源灯具。

## 5　系统设备维护维修

**5.1.1.3　全面检修**

b）一般使用第一年后需更换润滑脂，更换时用煤油清洗（或其他清洗剂），第二年开始只需要检查润滑脂质量，加注润滑脂；更换润滑脂时，必须把旧润滑脂全部放掉，同时还要检查减速箱是否有杂质，并且对减速箱进行彻底清洁，再将新的润滑脂注入。

**5.3.1.3　全面检修**

b）在1kV以下中性点直接接地系统中，接地电阻应小于或等于4Ω；共用接地体（联合接地）接地电阻应不大于1Ω。

**5.4.1　日常维护**

i）LED灯具的光源一般不能由用户更换，光源的更换要由生产商或代理商完成。热光源在接近使用寿命时，会出现照度降低、炸泡等现象，要及时更换。

**5.4.3　全面检修**

c）主要是指检测LED灯具。

ICS 91.160.20
K 70

# 团 体 标 准

T/CIES 018—2019

# 村镇照明标准

## Standard for town and village lighting

**2019-08-16** 发布　　**2019-10-01** 实施

中国照明学会　　发布

# 目 次



# 前 言

根据中共中央、国务院发布的《乡村振兴战略规划（2018—2022年）》的要求，村镇照明应坚持以人为本，规范村镇照明规划、设计、建设和管理，提升村镇照明设施水平，创造良好的劳动和生活环境，提高人民生活质量。标准编制组经广泛调查研究，认真总结实践经验，参考相关标准，并在广泛征求意见的基础上，编制了本标准。

本标准主要技术内容：1. 范围；2. 规范性引用文件；3. 术语和定义；4. 基本规定；5. 村镇照明规划；6. 村镇照明设计；7. 村镇照明施工；8. 安全保护要求；9. 检测验收；10. 维护管理等。

本标准由中国照明学会负责管理，由编委会负责具体技术内容的解释。在执行过程中，如发现需要修改或补充之处，请将意见和建议寄送至中国照明学会（地址：北京市东城区交道口南菊儿胡同7号307室），或发送至邮箱 zmgcqk@163. com。

本标准主编单位：中国照明学会

本标准参编单位：中央美术学院建筑学院
北京清城品盛照明研究院有限公司
央美光成（北京）建筑设计有限公司
北京清控人居光电研究院有限公司
清华大学建筑设计研究院有限公司
常州市城市照明管理处
武汉市园林建筑规划设计院
江苏宏力光电科技股份有限公司
江苏中泉建设工程有限公司
山东清华康利城市照明研究设计院有限公司
安徽普照照明环境工程有限公司

本标准主要起草人：牟宏毅、马晔、张亚婷、徐华、张华、刘锁龙、郑炳松、何斌、郭文俊、杨念东、赵俊波、张倩倩。

本标准主要审查人：郝洛西、邴树奎、高飞、李炳华、何崴、冀晓健、王小冬、荣浩磊、常志刚、马金柱、张训、王杰。

# 村镇照明标准

## 1 范围

**1.1** 为加强村镇照明建设和管理的技术指导，规范村镇照明规划设计，确保照明设施得到合理科学的布局和落实，满足安全要求，制定本标准。

**1.2** 本标准规定了村镇照明规划、设计、施工验收、维护管理的要求和措施。

**1.3** 本标准适用于新建和改建的村镇照明规划、设计、施工验收、维护管理。

**1.4** 本标准的道路照明，包含镇区道路照明和乡村内部道路照明。

## 2 规范性引用文件

下列文件对于本文件的应用是必不可少的。凡是注日期的引用文件，仅注日期的版本适用于本文件。凡是不注日期的引用文件，其最新版本（包括所有的修改单）适用于本文件。

GB/T 2900.65 电工术语 照明

GB 7000.1 灯具 第1部分：一般要求与试验

GB 20052 三相配电变压器能效限定值及能效等级

GB 50052 供配电系统设计规范

GB 50054 低压配电设计规范

GB 50057 建筑物防雷设计规范

GB 50169 电气装置安装工程接地装置施工及验收规范

GB 50188 镇规划标准

GB 50303 建筑电气工程施工质量验收规范

GB 50343 建筑物电子信息系统防雷技术规范

GB/T 51224 乡村道路工程技术规范

GB/T 35626 室外照明干扰光限制规范

CJJ 45 城市道路照明设计标准

CJJ 89 城市道路照明工程施工及验收规程

JGJ/T 163 城市夜景照明设计规范

## 3 术语和定义

GB/T 2900.65 和 GB 50188 界定的以及下列术语和定义适用于本文件。为了便于使用，以下重复列出了 GB 50188 中的某些术语和定义。

**3.1**

**镇区 seat of government of town**

镇人民政府驻地的建成区和规划建设发展区。

[GB 50188—2007，定义 2.0.3]

**3.2**

**村庄 village**

农村居民生活和生产的聚居点。

[GB 50188—2007，定义 2.0.4]

**3.3**

**镇区道路 town road**

镇区内部的道路。

**3.4**

**乡村道路 village road**

村庄以及规模和形态接近于村庄的乡内部道路。

**3.5**

**主干路 main trunk road**

连接镇区内部最主要的中心区域及主要出入口的道路。

**3.6**

**干路 trunk road**

除主干路外，其他连接镇区内部主要区域的道路，或连接乡村内部各主要区域及主要出入口的道路。

**3.7**

**支路 branch road**

连接镇区或乡村内部各区域或干路的道路。

**3.8**

**巷路 aller**

连接住宅与支路的道路。

**3.9**

**村镇生产空间 village and town production space**

以提供农产品为主体功能的空间，兼具生态功能。

**3.10**

**村镇生态空间 village and town ecological space**

具有自然属性、以提供生态产品或生态服务为主体功能的空间。

**3.11**

**历史文化名村/名镇 historic village and town**

由住房和城乡建设部与国家文物局公布的、保存文物特别丰富并具有重大历史价值或革命纪念意义，能较完整地反映一定历史时期的传统风貌和地方民族特色的村镇。

**3.12**

**传统乡村 traditional villages**

形成较早，拥有较为丰富的物质和非物质文化遗产，具备一定历史、文化、科学、艺术、社会、经济价值，具有地域文化特色或者传统风貌的乡村。

**3.13**

**乡村休闲 village leisure**

以乡村空间环境和乡村特有的资源为依托，以乡土文化体验为主要内容的一种休闲形式。

**3.14**

**文物古迹 historic area**

人类在历史上创造的具有价值的、不可移动的实物遗存，包括地面、地下与水下的古遗迹、古建筑、古墓葬、石窟寺、石刻、近现代史迹及纪念建筑等。

**3.15**

**村镇照明 village and town lighting**

村镇功能照明和景观照明的总称，泛指村镇范围内的道路、街巷、广场、生活服务、历史文化名村/名镇，传统乡村以及其他建（构）筑物的功能照明或者景观照明。

**3.16**

**功能照明 functional lighting**

通过人工光以保障人们出行和户外活动安全为目的的照明。

**3.17**

**景观照明 landscape lighting**

在户外通过人工光以装饰和造景为目的的照明。

**3.18**

**村镇照明设施 village and town lighting facilities**

用于村镇照明的照明器具以及配电、监控、节能等系统的设备和附属设施等。

**3.19**

**干扰光 obtrusive light**

由于数量或方向特性引起人们烦恼、不舒适、注意力分散或观看重要的信息（如交通信号）的能力下降的溢散光。

**3.20**

**［光］照度 illuminance**

表面上一点的照度是入射在包含该点面元上的光通量 $d\Phi$ 除以该面元面积 $dA$ 所得之商。单位为勒克斯（lx），1lx =

1lm/m$^2$。

**3.21**

［光］亮度 **luminance**

单位投影面积上的发光强度，其计算公式为：

$$L = \mathrm{d}^2\Phi\ (\mathrm{d}A \cdot \cos\theta \cdot \mathrm{d}\Omega)$$

式中：$L$——亮度，单位为坎德拉每平方米（cd/m$^2$）；

$\mathrm{d}\Phi$——由给定点的光束元在包含给定方向的立体角元 $\mathrm{d}\Omega$ 内传播的光通量，单位为流明（lm）；

$\mathrm{d}A$——包括给定点的光束截面积，单位为平方米（m$^2$）；

$\theta$——光束截面法线与光束方向间的夹角，单位为度（°）；

$\mathrm{d}\Omega$——给定方向的立体角，单位为球面度（sr）。

## 4 基本规定

**4.1** 村镇照明应以村镇的产业兴旺、生态宜居、乡风文明、治理有效、生活富裕为前提，本着经济合理、保护环境、安全出行、突出特色、节能便利的原则进行建设。

**4.2** 村镇照明宜有照明专项规划专篇。

**4.3** 村镇照明规划应以县（市）域城镇照明规划为依据进行制定。

**4.4** 村镇照明设计应符合村镇照明专项规划的要求。

**4.5** 村镇照明应采用与村镇发展水平相适宜的照明技术，节约和集约利用资源，确定照明工程的检测验收和维护管理要求。

**4.6** 村镇照明应围绕村镇社会生活和经济发展需要，优先发展和建设功能照明。

**4.7** 村镇照明应以保护生态环境为前提，严禁在村镇生产空间的基本农田、农林用地、牧草地、园地、苗圃打谷场等设置景观照明，严禁在村镇生态空间的行洪河道、水源保护区、自然保护区等设置景观照明。

**4.8** 村镇照明对历史文化名村/名镇，传统乡村等历史遗迹应采取维持原貌原形的原则。

**4.9** 根据村镇经济发展、旅游需求，历史文化名村/名镇、旅游景点等可适当进行旅游区域内部及周边景观照明建设。

## 5 村镇照明规划

### 5.1 照明规划原则

**5.1.1** 村镇照明规划应当从村镇实际出发，尊重居民意愿，体现当地特色，依据当地经济社会发展水平、生产方式、生活习惯和经济发展规划制定。

**5.1.2** 应制定村镇功能照明、景观照明、照明配电、照明节能环保与生态规划控制要求。

**5.1.3** 宜提出村镇照明分期建设及实施保障建议。

**5.1.4** 应提出分模式控制的要求。

**5.1.5** 照明应体现村镇文化特色，保护传统、民族和地方夜间生活形态。

### 5.2 功能照明规划

**5.2.1** 应根据村镇地理环境、财政条件、村镇用地和道路交通规划等情况，确定村镇功能照明总体结构与布局。

**5.2.2** 应以 GB 50188 和 GB/T 51224 中的道路分级为基础，结合道路所在村镇照明分区、空间结构形态和景观价值进行功能照明分级。

**5.2.3** 应从居民夜间出行需求出发，对村镇道路系统和公共服务空间进行照明规划，提供安全可靠的夜间光环境。

**5.2.4** 宜根据村镇供电网络规划和建设要求，确定道路照明供电系统规划的原则。

### 5.3 景观照明规划

**5.3.1** 应注重整体村镇景观照明的塑造，根据发展需要对历史文化名村/名镇、传统乡村特色景观、旅游景点等进行重点建设。

**5.3.2** 应根据村镇总体布局及功能分区，进行亮度等级划分，合理塑造具有观赏价值、文化价值或者科学价值等的村镇景观照明。

**5.3.3** 应统筹考虑自然景观特色、人文景观特色、历史风貌等的保护和发展。

**5.3.4** 应根据载体的分类、载体属性、人文与美学价值、夜间使用频率、环境亮度等，确定区域整体照明能耗、照明方式、亮（照）度水平、光源颜色、照明控制方式等，并应符合下列要求：

a）亮（照）度水平应以保证居民的生产、生活为准；

b）应根据地理位置、人文景观的不同情况因地制宜，采取相适应的光色，宜适当控制彩色光；

c）除旅游景区外，村镇景观照明不宜采用动态照明。

**5.3.5**　村镇照明区域可分为禁止建设区、限制建设区、适宜建设区：

a）禁止建设区：自然保护区，天文台所在地区，村镇生产空间的基本农田、农林用地、牧草地、园地、苗圃打谷场等，村镇生态空间的行洪河道、水源保护区、自然保护区等。

b）限制建设区：村庄的主要入口，居民夜间活动的主要场所等，属于低亮度区。

c）适宜建设区：镇广场或商业区，有旅游需求的自然或人文景观等，属于中等亮度区。

### 5.4　照明配电规划

**5.4.1**　照明配电规划应包括预测村镇所辖地域范围内的用电负荷、确定电源和电压等级，配置供电设施。

**5.4.2**　照明配电规划应符合下列要求：

a）应远近期规划相结合，以近期为主，考虑远期发展的可能，满足村镇照明用电及其增长的需要；

b）保证供电的可靠性和良好的电能质量；

c）应节约投资和减少运行费用。

**5.4.3**　配电线路的布置，应符合下列规定：

a）宜沿公路、村镇道路布置；

b）在条件允许时，配电线路宜采用埋地方式。

**5.4.4**　村镇照明用电宜单独计量。

### 5.5　照明节能、环保与生态规划

**5.5.1**　村镇照明，在生态保护区、天文观象站等区域，符合 GB/T 35626 中的规定。

**5.5.2**　村镇内机动车道路照明功率密度值（LPD）应符合 CJJ 45 的规定。

**5.5.3**　应选择高效低耗、长寿命的光源、灯具和控制装置。

**5.5.4**　在自然条件允许的地方，宜使用风能、太阳能等可再生能源。

**5.5.5**　景观照明开启时段应以当地居民的作息为准，不应干扰居民夜间生活。

**5.5.6**　景观照明功率密度值应不高于 JGJ/T 163 的要求。

**5.5.7**　村镇照明应避免对动植物的生长、各养殖业的干扰。

## 6　村镇照明设计

### 6.1　功能照明设计

**6.1.1**　村镇道路照明应根据道路使用功能设计，道路类型可分为：

a）镇区道路分为主干路、干路、支路、巷路四级；

b）村庄道路分为干路、支路、巷路三级。

**6.1.2**　设置连续照明的机动车道的照明标准值应符合表 1 的规定。

**表 1　村镇道路照明标准值**

| 道路分级 | 道路类型 | 路面平均亮度/($cd/m^2$)（维持值）路面平均 | 路面平均照度/lx（维持值） | 眩光限制阈值增量 TI/%（最大初始值） |
|---|---|---|---|---|
| 镇区道路 | 主干路 | 1.00/1.50 | 15/20 | 10 |
| | 干路 | 0.75/1.00 | 10/15 | 10 |
| | 支路 | 0.50/0.75 | 8/10 | 15 |
| | 巷路 | 0.40 | 5 | — |
| 村庄道路 | 干路 | 0.50/0.75 | 8/10 | 15 |
| | 支路 | 0.50 | 5/7.5 | — |
| | 巷路 | 0.40 | 5 | — |

**6.1.3**　应根据交通量大小和车速高低，以及交通控制系统和道路分隔设施完善程度，确定同一级道路的照明标准值。对交通控制系统和道路分隔设施不完善的道路，宜选择表 1 中的高挡值；当交通量小或车速低时，宜选择表 1 中的低挡值。

**6.1.4**　道路交会区的照明标准应比非交会区的照明水平高出 50%。

**6.1.5**　路灯设置及控制方式：

a）主干路、干路、支路应根据道路横断面形式、宽度、照明要求等进行灯具布置；巷路宜在入口、交会区设置照明

设施。

b）在山路或坡道上设置照明时，应使灯具在平行于路轴方向上的配光对称面垂直于路面。在凸形竖曲线坡道范围内，应减小灯具的安装间距，并应采用截光型灯具。

c）曲线路段、交叉路口、广场、停车场、桥梁、坡道等特殊地点应比平直路连续照明的亮度高、眩光限制严、诱导性好。

d）在环境景观区域设置的高杆灯，应在满足照明功能要求的前提下与周边环境协调。

e）夜间宜通过自动控制的方式来降低路面照度水平，节约能源。

f）村镇照明宜采用遥控控制系统，应能根据季节变化合理设置开关灯时间，并能根据天气阴晴变化修正开关灯时间。

g）宜根据道路交通量变化和管理需求，选择片区控制、回路控制和单灯控制等方式。并应具备手动控制功能。

**6.1.6** 标识照明：

a）村镇的主要出入口的标志物宜设置照明；

b）广场等活动区应以满足功能照明为主，如台阶坡道、坡道、与水相邻等与行走安全相关的区域应保证照度大于10lx，公共活动场所照度大于5lx，障碍物应设置标识照明。

**6.1.7** 其他区域的功能照明：

a）商业街道、集贸市场宜根据夜间使用需求确定是否设置照明；

b）广场或公园等宜根据开放时段确定是否设置照明；

c）商业街道、集贸市场、广场最小水平照度为5lx～10lx，公园最小水平照度不得低于2lx；

d）停车场的照度应根据停车场交通量的大小，流量高时为20lx，流量中等时为10lx，流量低时为5lx。

## 6.2 景观照明设计

### 6.2.1 建构筑物景观照明

应符合下列要求：

a）景观照明灯具应结合建筑构件设置，尽量隐蔽灯具，其外观、颜色宜与建构筑物协调一致；

b）不宜对居住用地进行景观照明；

c）建筑的管线敷设及灯具安装不应损坏其建筑结构。

### 6.2.2 文物古迹景观照明

应符合下列要求：

a）应尽量避免在文物古迹上设置照明设备；

b）安装方案应进行充分论证，并经文物主管部门批准后实施；

c）根据被照物的材质，应选择无紫外线的光源，或加设滤除紫外线的设施；

d）安装在可燃材料表面的灯具，应采用符合要求的灯具。

### 6.2.3 乡村休闲景观照明

应符合下列要求：

a）宜以乡村特有的自然景观、田园风貌或生活形态等为主体内容，体现夜间乡村休闲文化主题；

b）夜间乡村休闲游览区域应设置应急照明，在供电中断时能保证游人安全疏散；

c）照明设施应隐蔽或伪装，避免破坏白天的自然景观；

d）应减少景观照明对动物作息和植物正常生长的干扰。

## 6.3 照明配电设计

**6.3.1** 村镇照明用电负荷应为三级负荷，设计应符合 GB 50052 和 GB 50054 的规定。

**6.3.2** 村镇照明设备供电电压宜为0.23/0.4kV。照明灯具端供电电压不宜高于其额定电压值的105%、低于其额定电压值的90%。

**6.3.3** 变压器（箱变）和配电箱的位置宜设在照明负荷中心，并便于施工和维护。变压器应选用结线组别为 Dyn11 的三相配电变压器，能效等级应符合 GB 20052 的规定。

**6.3.4** 村镇照明应采用专用的供配电回路供电，功能照明和景观照明应设置单独计量装置，不应与其他用电负荷混用。

**6.3.5** 三相配电干线的各相负荷宜分配平衡，最大相负荷不宜超过三相负荷平均值的115%，最小相负荷不宜低于三相负荷平均值的85%。照明单相分支回路电流值不宜超过32A。

**6.3.6** 三相四线配电，中性线截面不应小于相线截面；当截面积在 $35mm^2$ 以上时，中性线截面不得小于相线截面的50%。

**6.3.7** 配电回路应装设短路保护、过负荷保护和接地故障保护。

**6.3.8** 道路照明宜在每个灯杆处单独设置短路保护，景观照明光源功率在250W及以上者，宜设置短路保护。

**6.3.9** 室外配电设施应根据设置位置的环境，采取相应的防雨防腐措施，不应安装在地势低洼处。

### 6.4 照明节能、环保与生态设计

**6.4.1** 树木应选择适当的照明方式，控制光照方向和光照强度。

**6.4.2** 不宜将灯具直接安装在树木上，在树木周边的照明灯具不应影响树木的枝叶和根系生长。

**6.4.3** 珍贵树木不应设置景观照明。

**6.4.4** 应合理选择光源的功率及其光谱和灯具的照射方向，减少昆虫在灯具表面积聚。

### 6.5 照明设施选择

**6.5.1** 应采用LED灯或高光效的气体放电灯。

**6.5.2** 应按照照明场所的需求选用配光适宜、控光性能好的高效灯具。

**6.5.3** 路灯的效能应大于120lm/W，LED灯具连续燃点6000h 的光源光通量维持率不应小于98%。

**6.5.4** LED 驱动装置效率应大于80%。

**6.5.5** 灯具应符合GB 7000.1的要求。

**6.5.6** 灯具电源应通过CCC国家强制性产品认证。

**6.5.7** 灯具及安装固定件应具有防止脱落的安全防护措施。

**6.5.8** 宜使照明设施的形状、尺度和颜色与环境相协调。

## 7 村镇照明施工

**7.1** 应按照CJJ 89施工，确保照明设施安全、经济地运行。

**7.2** 照明工程建设应先设计后施工。

**7.3** 村镇照明所采用的电器设备均应符合国家现行技术标准的规定，产品施工前应按下列要求进行检查验收：

a）电器设备的技术文件应齐全，包装和密封完整良好，并有合格出厂证等铭牌；

b）按照装箱清单检查清点，型号、规格和数量应符合设计要求，附件、配件应齐全。

**7.4** 照明施工管理应符合下列要求：

a）承担村镇区内照明工程施工任务的单位，必须具有相应的施工资质等级证书或者资质审查证明，并按照规定的经营范围承担施工任务。

b）施工单位应按照设计图纸施工。任何单位和个人不得擅自修改设计图纸；确需修改的，须经设计单位同意，并出具变更设计通知单或者图纸。

c）施工单位应确保施工质量，按照国家现行施工质量验收标准的规定施工，不得使用不符合工程质量要求的照明产品及其配件设备。

## 8 安全保护要求

**8.1** 电气装置的下列金属部分均应接零或接地保护：

a）配电箱、柜的金属框架和底座；

b）配电装置的金属构架以及靠近带电部分的金属遮拦和金属门；

c）电力电缆的金属铠装、护套、接线盒、桥架、槽盒和保护管；

d）灯具的金属外壳、灯座、钢灯杆；

e）其他因绝缘破坏可能使其带电的外露导体。

**8.2** 严禁采用铝导体和可弯曲金属导管做接地极和接地线，接地线严禁兼做他用。

**8.3** 防雷要求应符合GB 50057和GB 50343的要求。

**8.4** 单相开关应装在相线上，零线和PE线上严禁装设开关或熔断器。

**8.5** 电气装置的外露可导电部分均应可靠接地，除应符合本标准要求外，尚应符合GB 50169的规定。

**8.6** 当采用TN系统时，在线路分支、末端及中间适当位置和配电箱处，PE线应做重复接地，接地电阻不应大于10Ω，系统接地电阻不应大于4Ω。

## 9 检测验收

**9.1** 照明工程质量竣工验收，应符合CJJ 89和GB 50303的有关规定。

**9.2** 应由建设单位项目负责人（总监理工程师）主持，施工单位项目经理、项目技术负责人和质检员、施工员、施工单位的质量或技术负责人以及设计单位的设计人员，共同进行质量验收。

**9.3** 验收应填写各分项工程质量检验表和竣工验收记录维护管理表，不合格者应整改后再验收。

## 10 维护管理

**10.1** 设施的产权单位对工程的质量和照明效果实施有效的监督。

**10.2** 运行维护单位应具有机电安装或城市道路照明工程专业施工资质和安全生产许可证。

**10.3** 设施的维护管理单位应建立健全管理、运行、维护的各项制度；制定突发事件的应急预案和措施；明确岗位责任制，维修人员应持证上岗。

**10.4** 应加强村镇照明安全检查，对易出现安全隐患的部位应重点巡视检查，重大节日前应对重点设施进行全面检查维护，保证村镇照明的正常运行。

**10.5** 村镇照明设施故障处理应及时修复，严禁白天开灯检修，并按计划进行维保，达到以下主要考核指标（见表2）。

**表2 照明设施运行维护主要考核指标**

| 序号 | 项目 | | 单位 | 指标 | 备注 |
|---|---|---|---|---|---|
| 1 | 设施完好率 | 功能照明 | % | ≥95 | |
| | | 景观照明 | % | ≥90 | |
| 2 | 亮灯率 | 主干路 | % | ≥98 | |
| | | 干路、支路、巷路等 | % | ≥96 | |
| 3 | 照明质量达标率（应符合6.1的规定） | | % | ≥90 | 亮（照）度、均匀度、眩光、环境比等 |
| 4 | 配电系统功率因数 | | | ≥0.85 | |

**10.6** 巡视检查人员应具有现场处理一般故障和应急处理紧急故障能力，巡视检查时应记录系统运行参数和照明效果并应定期做运行情况分析。

**10.7** 照明设施应在规定的时间开启与关闭，按设计的模式和控制程序运行，并应能在特殊需要时紧急开启与关闭。

# 国际照明委员会（CIE）关于蓝光危害的立场声明

很多媒体报道声称发光二极管（LED）等光源的使用会对人体健康造成危害，这类危害一般称为“蓝光危害（BLH）”，泛指实际的眼损伤风险及对一般健康状态的影响。

术语“蓝光危害”仅在考虑到眼视网膜组织的光化学风险（技术上称为“光斑病变”）时使用，通常与凝视阳光或焊接电弧等明亮光源有关。术语中包括“蓝光”，因为光化学损伤的风险取决于波长，并在光谱位于435～440nm的蓝光波段达到峰值。国际非电离辐射防护委员会（ICNIRP）发布了“蓝光危害函数，并规定了波长相关加权函数和指导性曝光极限[1]。CIE已将此函数标准化，并作为CIE S 009：2002《灯和灯系统的光生物安全》（现为IEC/CIE 62471：2006[2]）的一部分。没有任何证据表明人体偶尔暴露在限值范围内的光辐射下会对健康产生任何不利影响。

LED等白光灯具，通常会包含与蓝光危害相关的光。看起来“偏冷光”的灯或高色温的灯，相对于“偏暖光”或低色温的灯而言，可能包含更多的蓝光成分。常规照明用的白炽灯和LED灯中，相同色温的灯具其蓝光危害曝光极限是相同的。实用评估表明，在合理可预见的使用状态下，灯具是不会超出蓝光危害曝光限值的。此外，这种灯具的蓝光曝光程度经常是低于观视蓝天时的曝光程度的。

对实际情况中考虑人眼的曝光程度是非常重要的[3]。已有大量研究和媒体报道声称，白光光源对人眼健康存在不利的影响。这些研究大多数是基于非常规的状态，包括长时间曝光、高色温LED灯（蓝光成分非常多）、显著超出ICNIRP曝光极限的曝光、凝视光源、使用夜行动物模型或人体离体细胞。

白色光源发出接近蓝光危害曝光极限剂量的蓝光时，其发出的光会很亮，这样就产生了令人不适的眩光。凝视这样的光源会被认为是不正常的行为。另外，高色温的照明对于大多数人而言都是令人不愉快和不舒服的，尤其是作为家居照明。对于行为正常的人来说，每天都会有大量的时间暂时暴露在高剂量的光照中。然而，一天当中这些曝光量的累积并不会超过蓝光危害曝光限值。

虽然CIE认为对于一般照明中使用的白光光源甚至是富含蓝光成分的光源来说，“蓝光危害”不是问题，但是对于多日连续暴露于接近蓝光危害曝光极限的光辐射的情况，CIE建议需持谨慎态度，事实上应避免暴露在这种情况下。对于白光光源来说，这种情况是不太可能出现的，但是对于主要发出蓝光的光源来说，这种情况则是有可能的。

对于儿童眼睛暴露在主要发出蓝光的光源照明环境中的情况，我们应关注并予以考虑。即使没有超过蓝光曝光极限，这样的光源对于儿童来说可能也会因为太亮了而使得他（她）们感到眩晕。因此，CIE 不建议对儿童可能看到的玩具和其他设备使用蓝光指示灯。如果在此类产品中使用蓝光作为主要光源，那么对应的蓝光曝光极限应降低为原限值的十分之一。这对于发出紫光和深紫光的光源来说更为重要。

有文献称蓝光暴露可能与发生年龄相关性黄斑变性的风险有关。这种说法目前是推测性的，并没有同行评议作为支撑。

当提及昼夜节律紊乱或睡眠障碍时，我们不应使用术语“蓝光危害”。不过，考虑到公众担忧蓝光对人类健康的非视觉影响，CIE 已发布了一份立场声明[4]，同时将考虑适时发布该声明的更新文件，例如 CIE S 026：2018[5]。

# 参考文献

[1] ICNIRP. Guidelines on limits of exposure to incoherent visible and infrared radiation [J]. Health Physics, 2013, 105 (1): 74-96.

[2] IEC 62471：2006/CIE S 009：2002. Sécurité photobiologique des lampes et des appareils utilisant des lampes /Photobiological safety of lamps and lamp systems (bilingual edition) [Z].

[3] SLINEY D H, BERGMAN R, O' HAGAN J. Photobiological Risk Classification of Lamps and Lamp Systems—History and Rationale [J]. LEUKOS, 2016, 12 (4): 213-234.

[4] CIE. Position statement on non-visual effects of light-recommending proper light at the proper time [Z] June 28, 2015.

[5] CIE S 026/E：2018. CIE System for Metrology of Optical Radiation for ipRGC-Influenced Responses to Light [Z].

——本文由中国标准化研究院视觉健康与安全防护实验室主任、
《照明工程学报》编委蔡建奇研究员翻译、供稿
（更多内容可以查阅 CIE 官方网站）

# 第三篇 照明工程篇

# 3.1

# 城市照明规划

# 北京城市照明专项规划的回顾与展望

荣浩磊　李丽　戎海燕
（北京清华同衡城市规划设计研究院）

北京是一座有着三千多年历史的世界著名古都和现代化国际城市。二十多年来，通过有组织的规划建设，北京的城市照明在全国一直处于领先位置。北京城市照明历久弥新，融入源远流长的古都文化、丰富厚重的红色文化、特色鲜明的京味文化和蓬勃兴起的创新文化，成为新时代北京城市记忆中不可缺少的部分。

作为城市重要的经营手段，城市照明在提升城市形象、表达文化意象、促进市民出行方面的作用日益凸显，逐渐成为展示城市软实力、塑造旅游品牌、实现综合收益的平台[1-6]。北京城市的照明建设始终在“十一五”“十二五”的照明规划指导下，稳步提升，有序发展。

## 1. 北京城市照明规划建设回顾

北京有组织的夜景照明建设始于 1997 年，在北京市市政管理委员会（现为北京市市政市容管理委员会）的指导下，在社会各界的大力支持与协助下，经过 10 年的建设与完善，逐渐形成了以天安门地区为中心，以连缀中国古典建筑的南北中轴线为主线，以重要、繁华街道地区为集中区域，以二、三、四环和若干辐射道路为延伸，以及上述范围内的建（构）筑物、景观、景点夜景照明为基础的北京城市夜景照明体系。

“十二五”时期，初具体系的北京城市夜景照明围绕建设中国特色世界城市的目标要求，提出“夜间景观吸引力国内领先、环保节能水平国内领先、夜间公众活动照明国内领先、城市照明管理水平国内领先”的建设目标。

1）基本实现路灯建设城乡全覆盖，节能、监控管理水平国内领先。2006 年，随着农村路灯“亮起来”工程的进行，太阳能路灯建设展开；2012 年，住建部城市照明节能专项检查中，北京在全国领先；2013 年，成立了北京市城市照明监控指挥中心；2015 年，全市共有 90 万盏太阳能路灯，其中城市有 55 万盏，农村有 35 万盏，含 17 万盏太阳能路灯。

2）稳步完善规划景观架构，景观照明体系基本形成。从 2005 年首次编制照明专项规划至今，各城区以专项规划为指导，分别落实了部分重点建设项目，包括特色景点照明项目、区域照明提升项目等。“十一五”末，初步形成了以天安门广场为中心，以长安街及其延长线和中轴线为重点，以繁华地区为集中景区，以重要的交通枢纽为特色，具有一定规模、一定水平和艺术价值的北京城市景观照明体系（见图 1）。

图 1　“十一五”时期城六区景观照明

“十二五”时期，进一步补充提升了重点区域，形成了“三环、六线、十七区、滨水界面”的景观照明体系（见图 2）。

3）以国庆 60 周年、APEC 会议等大事件为契机，标志性夜间景观不断涌现，自发建设积极性不断提升，建设水平显著提高（见图 3）。

金融街　　西城文保区　　奥园观光塔

图 2 “十二五”时期城六区景观照明

图 3 具有一定代表性的统一建设及自发建设照明项目

4）各城区城市照明规划工作协同推进。至“十二五”时期末，北京城市景观照明法律法规、地方标准的设置专项逐渐细化，规划体系进一步完善，对节能环保、视觉品质、规划落地更加关注。在市级照明主管部门的组织下，完成了各城区城市照明专项规划的编制，成为了“十二五”时期城六区照明专项规划的有力补充，建立了全市覆盖的照明规划体系。

**2. “十三五”时期北京城市照明规划建设情况**

“十三五”时期北京城市发展正处于首都国际地位提升期、经济发展动力转换期、社会发展需求涌现期、空间发展布局优化期和城市服务功能突破期。同时，“十三五”在改善民生、扩大消费、环保节能、文化创新方面将体现“十二五”规划的延续性。

“十三五”时期北京城市照明围绕以下规划重点开展了一系列重点任务和重大项目落地工作。

2.1　基础保障与品质特色

2013 年 12 月，在中央城镇化工作会议上提出提高城镇建设水平，城市建设水平，是城市生命力所在。中央、社会各界和市民对首都“四个中心”城乡环境品质提出越来越高的要求。中心城道路建设的重点由快速路、主干路逐步向次干路、支路转移，满足城市发展重点区域对基础照明设施建设的刚需（见图 4）。

中央商务区(CBD)
整体亮度较低，地标建筑不突出

长安街及延长线
主次关系不清晰，整体不协调

新首钢高端产业综合服务区
大量轮廓照明方式，色彩动态失控

图 4　区域夜间形象与城市建设水平及发展定位不符

在现有城市景观建设的基础上，通过改善照明布局与照明方式，加强城市文化个性表达，打造了一批承载历史文化、传播城市文明、凝聚当代精神、突出时代特征的城市景观照明精品（见图 5）。

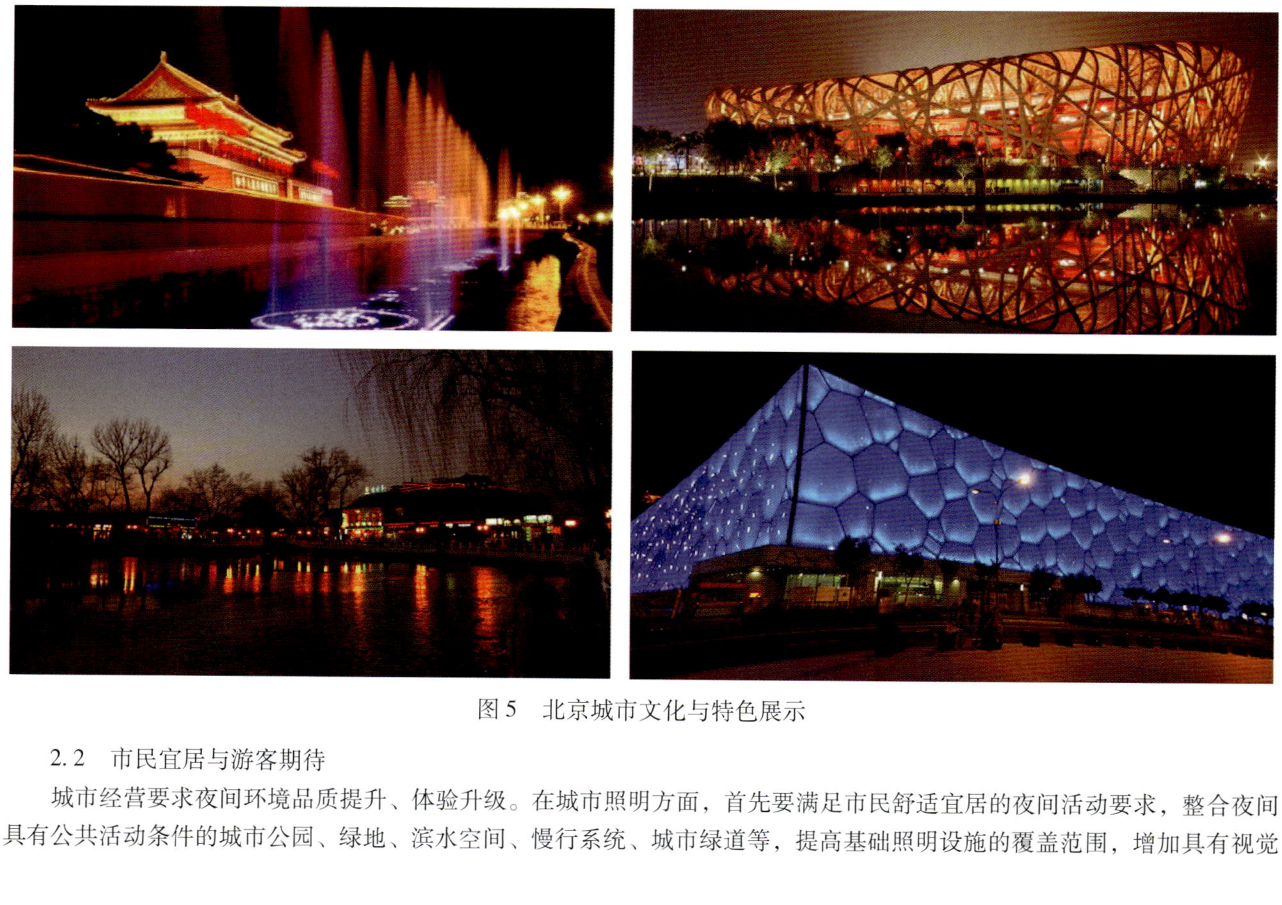

图 5　北京城市文化与特色展示

2.2　市民宜居与游客期待

城市经营要求夜间环境品质提升、体验升级。在城市照明方面，首先要满足市民舒适宜居的夜间活动要求，整合夜间具有公共活动条件的城市公园、绿地、滨水空间、慢行系统、城市绿道等，提高基础照明设施的覆盖范围，增加具有视觉吸引力的景观照明节点，满足市民夜间安全保障、视觉舒适与审美体验等多重需求。根据游客从“初到城市”到“感受城市”逐渐融入的期待变化，分层次筛选旅游区域及观赏对象，由城市门户及进入路径第一印象区域，到特色标志性景观节点，到历史文化街区，通过复现白天的景观、提炼文化符号、结合风土民俗等逐层深入的照明手法，形成从识别到观赏到体验不断升级的夜间旅游感受（见图6）。

第一印象　→　特色景观　→　风土民俗

图6　游客从“初到城市”到“感受城市”的期待变化

2.3　区域一体与规划协同

北京非首都核心功能疏解，推动区域和城乡协调发展，对照明规划统筹协调和保障能力提出了更高要求。结合“十三五”时期首都城乡环境建设的主要任务，对四类环境区域（见图7）建设：进京第一印象区、重点区、市民生活区、薄弱区，结合重大活动、事件与项目，明确照明建设目标、建设策略和市级重点建设项目。

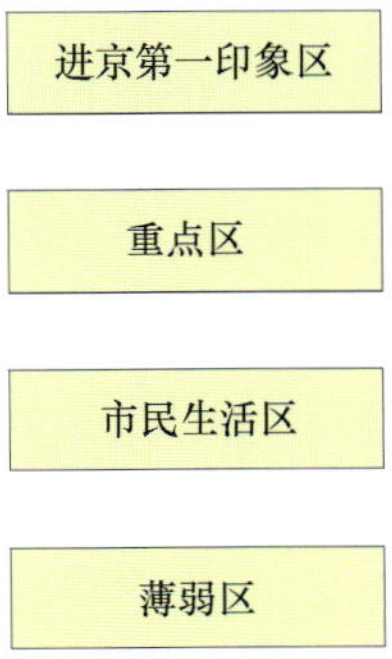


首都四类环境区域

图7　四类环境区域照明建设

2.4　日常景观与重大节庆

在城市照明专项规划组织的问卷调查中，被访者对重大节庆照明（见图8）的态度十分鲜明，近60%的人认为非常必要，近40%的人认为有一定帮助，没有人认为毫无必要。可见，北京作为国家首都，重大活动众多，传达主流信息的需求突出。2019年新中国成立70周年北京市灯光秀的选址布局、设计建设进行了系统性部署，充分发挥了优势，同时控制了负面影响。

1）空间上审慎选择。空间布局上，可分市、区两级，选择供外部观赏地标和允许人员驻留的区域、节点设置灯光秀。选择对象应具有高度识别性，属于北京的独有意象；具备较好的观赏视角（包括航拍）；如果有人流聚集，应有良好的抵达驻留、安保疏散条件；对负面影响（交通、扰民）能有效控制。

国庆期间夜景　　APEC会议期间夜景

图8　重大节庆期间夜景

2）时间上严格控制。根据布设时间和设备类型，灯光秀可分为长期和临时两类。临时灯光秀配合重大节日或者活动短时间集中演出，演出结束后撤走所有设备，不需要后期维护。长期灯光秀必须具备较好的安保运维条件，有固定演出日程。但即使是长期展示的灯光秀，也应在播放时间上严格控制，一般建议只在周末和节假日开启，平日每晚不超过半小时，以减少光污染和光干扰，节约能源。

3）内容上强调专属性和艺术性，形式上更加丰富。灯光秀的节目内容设计应深入挖掘城市文化元素，表现地域独有属性，避免各个城市节目内容雷同。此外，要提高艺术水准，以文化创意内涵丰富、并且特色突出的公益性内容为主。灯光秀的形式要契合建筑空间特征，应用前沿视觉科技成果，建设更多形式新颖、有科技感、可互动参与的文创灯光项目。

4）技术保障，规避负面影响。

安保：最重要的保障要素，要尽可能减少对交通的压力，在保障运营和规划安保方案时，应把控出入口，将入口和出口分开；有条件的可以设置人流监控，一旦有异常情况提前采取措施。

实施：要预留足够的供电容量，有完善的设备管理和运行规程，运用先进的控光、控声技术，避免或减少对居民生活的干扰。

通信：大量人流聚集会给网络通信带来很大压力，常规的无线控制系统往往容易失控，需要提前规划保障设备正常运行。必须严防黑客攻击系统更改节目内容。至少按照国家二级网络安全等级保护要求规划设计网络。要求控制系统对播放内容解码加密。

2.5 政府统建与规范引导

2017 年《北京市“十三五”时期城市照明专项规划》编制完成，重点解决城市照明布局的合理性问题，是空间对位的控制管理依据。为进一步提高城市照明品质，鼓励引导高水平的自发照明建设，从使用者的空间体验出发，编制《北京城市景观照明规划设计导则》和《北京城市副中心照明规划设计导则》，使城市照明在指标管理之外，还能有效实现效果管理。

编制总体规划层面的城市设计导则的核心意义在于协调城市重点区域间的形象关系，改善使用者对夜景环境的感知体验。以北京的中关村西区为例，仅有亮度、光色、动态的二维指标，审美和价值认同不一致，相同的指标，可能得到迥异的形象（见图 9）。局部地区详规或单体设计无法解决城市形象整体协调问题。

平均亮度：18cd/m²

光色：≤5500K,彩光不限

动态：动态不限

| 指标体系平均亮度/(cd/m²) | 高亮度环境区 | | | | 中亮度环境区 | 低亮度环境区 |
|---|---|---|---|---|---|---|
| | 公共中心 | | | 中心地区 | 副中心/边缘集团 | 新城/镇 |
| | 中心地区 | 副中心 | 边缘集团 | | | |
| 一级照明A | 25 | 20 | 18 | 15 | 10 | 8 |
| 二级照明B | 20 | 18 | 15 | 10 | 8 | 5 |
| 三级照明C | 10 | 8 | 5 | 5 | 5 | ＜5 |
| 四级照明D | 5 | 5 | ＜5 | ＜5 | ＜5 | ＜3 |

图 9 北京中关村西区夜景

只有跳出局部区域，放大到城市尺度，在城市视廊才会发现颐和园中可见中关村西区中钢大厦，照明方案则既要符合中关村西区发展的需要，又要尽可能减少对颐和园内部的干扰（见图 10）。

《北京城市景观照明规划设计导则》尝试从城市色彩分区出发，探寻北京城市重点区域间的形态差异与联系。赤、青、黑、白、黄是古都传统的五正色（见图 11）。照明从核心传统内涵区向外围国际形象区，色彩表达由纯粹的五正色逐渐过渡至间色。设计导则对传统区域中重要的视廊视线场景进行了模拟。

传统内涵区域内的地标建筑照明还原了建筑本身高饱和度赤、青、黄等颜色。比如天安门、正阳门箭楼、正阳门（见图 12）。

从万春亭看奥运中心区，传统轴线上钟鼓楼的五正色，与奥林匹克中心区高亮度、低纯度的间色形成色彩对比。从什刹海看 CBD，什刹海与 CBD 的中性白光形成古今对比（见图 13）。

2.6 北京城市副中心照明规划设计导则

《北京城市副中心照明规划设计导则》以“让人重回公共空间”为规划理念，强调公众需求响应的公平精准，保障夜间城市功能的实现；同时，利用照明视觉传达的多样性，提升空间资源使用效率，如图 14 所示。

夜景照明建设的标志性聚焦在两点，第一，尽情，关注人的情绪，形成多元互动的夜间空间体验；第二，尽智，通过对各使用群体的调查，对产品的研发，公平而又精准地满足使用者的需求。

## 3. 当前北京夜景照明发展与建设重点

2017 年，《北京市“十三五”时期城市照明专项规划》在国内首次提出了主题圈层发展城市夜游经济的理念，以中心

图 10　中关村西区中钢大厦照明方案

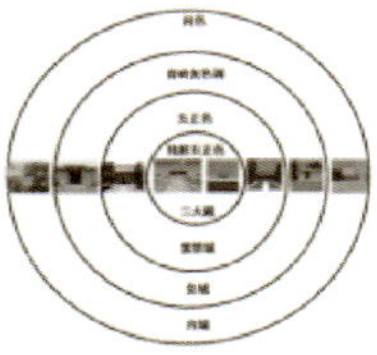

中心放射的城市色彩分区

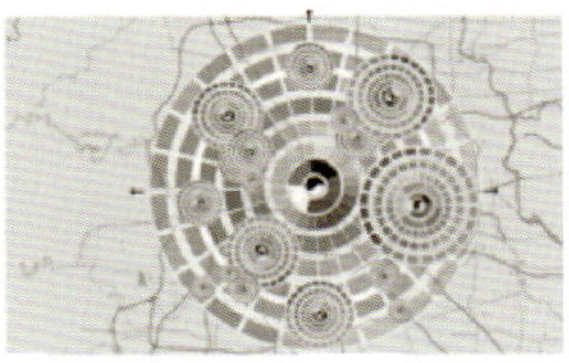

多中心的城市色彩分区

五正色

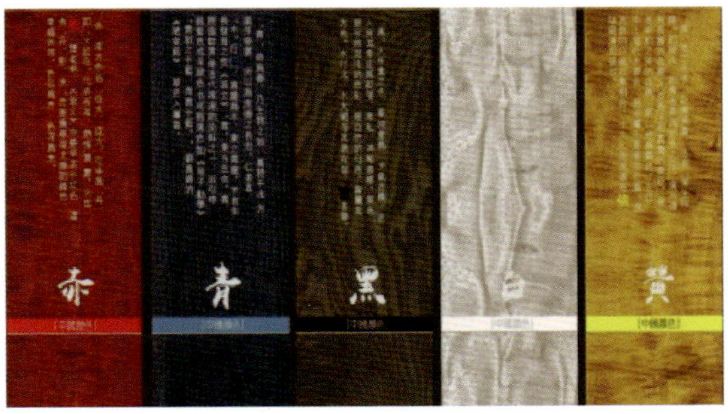



图 11　北京城市色彩分区

图 12　北京地标建筑照明

图 13 什刹海与 CBD 照明

| 区域 | 绿地（林间） | 城市广场 | 机动车道旁 |
|---|---|---|---|
| 色温目标 | 2700K | 4000K、6500K | 4000K、6500K |
| 主观感知 | 舒适性 | 安全感 | 明暗感 |
| 色温目标 | 2700K、4000K<br>优于6500K | 2700K<br>优于4000K、6500K | 6500K明亮、<br>4000K次之、<br>2700K最暗 |

图 14 北京城市副中心照明设计

城旅游资源为依托，规划长安街、中轴线、朝阜大街三大夜间旅游发展轴，及以天安门广场为核心景点的“中心城市”旅游圈、以什刹海为核心景点的“传统文化”旅游圈、以国贸和世纪坛为核心景点的“现代风貌”旅游圈、以三里屯为核心景点的“活力时尚”旅游圈、以中关村为核心景点的“创新学府”旅游圈、以奥体中心区为核心景点的“运动休闲”旅游圈、以 798 艺术区为核心景点的“艺术创意”旅游圈、以欢乐谷为核心景点的“游乐动感”旅游圈。

结合《北京市关于进一步繁荣夜间经济促进消费增长的措施》计划，北京市到 2021 年底将打造完成一批“夜京城”地标、商圈和生活圈。支持夜景亮化、美化工程改造提升，提升夜间消费场所辨识度和吸引力，增加夜间开放景区数量、延长开放时间，完善公共 WiFi 及 5G 通信等配套设施建设，组织开展夜间主题活动，丰富夜间消费供给，满足消费需求。

通过建立夜间旅游 APP 客户端，可由用户根据自身需求选择夜间游览景点，由系统自动生成多种旅游线路及活动推荐，为游客定制个性化的夜间导览。

## 4. 未来北京智慧城市建设展望

智慧城市建设是北京城市今后相当长时期内城市建设的主要目标，围绕智慧城市建设与管理过程中的重点环节，在整合城市城建、管理、运行中诸多信息资源的基础上，北京建立起面向城市基础设施安全运行管理的智慧市政、智慧城市照明的基础支撑平台和保障体系，同时，将在试点区域应用 5G 路灯，强化城市运行管理各环节的紧密衔接，实现城市建设管理由被动管理向主动服务转变，由单一封闭管理向多元开放互动管理转变，更好地为城市建设发展和人民群众的生产、生活服务。

## 5. 结束语

以上规划思路系统地阐述了 3 个五年规划时期北京城市照明专项规划的贯彻与传承，科学规范、合理有序地为北京传统与现代空间的夜景观、夜生活以及京城文化经营制定策略，延续过往、着眼当下、共创未来。

## 参 考 文 献

[1] 北京市“十三五”时期城市景观照明专项规划（2015—2020 年）.
[2] 城市夜景照明设计规范：JGJ/T 163—2008.
[3] 北京市城市夜景照明技术规范：DB11 T 388. 1—2006.
[4]“十一五”城市绿色照明工程规划纲要（建办城〔2006〕48 号）.
[5] 北京城市夜景照明管理办法 . 2008.
[6] 北京城市空间发展战略研究 . 2003.
[7] 北京“2008”环境建设指挥部办公室. 北京市重点大街重点地区环境建设概念规划成果. 2006.
[8] 北京市商务局. 北京市关于进一步繁荣夜间经济促进消费增长的措施（京商函字〔2019〕724 号）.

# 上海市景观照明总体规划的编制和实践

袁　樵
（复旦大学）

上海是中国最早进行景观照明建设的城市。经过 30 多年的建设发展，目前上海景观照明线路全长 140 多 km，上海的城市夜景已成为享誉中外的城市名片。在此基础上按照（原）建设部和国家发改委《关于切实加强城市照明节能管理严格控制景观照明的通知》（建城［2010］92 号）要求，上海需要制定规范的景观照明规划，并进一步提升上海夜景的能级和水准，面临着相当大的挑战和难度。作为《上海市景观照明总体规划》编制和实施工作的参与者，回首整个编制过程，感想颇多，在此略作回顾和总结，同时也期望所有的城市照明工作者能共同努力，进一步引领城市景观照明健康持续发展。

## 一、编制过程

当然并不能上手就直接开始无根无据的规划。在规划之前，我们配合复旦大学城市环境管理研究中心黄文芳副教授团队在上海市照明学会和上海市市容环境卫生行业协会城市景观灯光专业委员会的支持下完成了“上海景观灯光建设的绩效评估与长效运营机制研究”，通过研究和数据论证了上海景观照明过去几十年建设的成就，充分证明了景观灯光（照明）是上海城市建设必不可少的公共物品。本研究项目较早地在国内提出和验证了城市景观照明和夜间经济活动的互相促进作用。在此基础上提出了景观照明规划的目标，并要求与规划相配套，加强相应法规标准的颁布与实施，建立政府主导、社会参与的长效建设机制和运营机制。

对上海市城市总体规划及各上位规划、相关规划的分析研究也是非常重要的工作。尤其是上海市城市总体规划的修编，对景观照明规划的编制过程、编制目标等有较大的影响，在整个编制过程中一直根据总规修编的各项成果做持续的更新和补充。

在做整体全市的规划之前，我们也通过原卢湾区的景观照明规划、黄浦区的景观照明规划进一步回顾了上海景观照明建设的历程，明确了发展的方向。同时，上海市的景观照明规划和功能照明规划（道路照明规划）是独立分别进行的，我们复旦大学相关多个课题组承担了道路照明规划的几个子课题研究，其中有关景观照明和道路照明的关系的研究，对景观照明规划的编制也是有着十分重要的意义。

整个规划编制建立在完善的现状调研分析和研究之上。首先回顾研究了 2009 年上海市容景观中心编制的《上海市中心城重点地区景观灯光发展布局方案》。之后经过大量的实地调研、数据测量和分析、与 17 个区县（当时还有县）和市政府有关局办等管理部门的座谈和研讨，包括和上海及全国的有关景观照明规划、设计专家的座谈等，完成了比较全面的上海景观照明基础研究报告。

关于规划目标，研究认为，经过三十多年的发展，上海景观照明的现状无论是规模体量还是品质水平，都处在国内领先、国际一流的地位，同时，经过数十年的发展，上海景观照明积累了经验，也有发展潜力，具备了进一步提升发展的良好基础。因此，上海景观照明规划的目标，应该是具有中国特色国际领先的城市夜景照明。

关于发展思路，研究认为，上海景观照明规模体量与城市规模及运行现状总体基本匹配，夜景亮度总体饱和，中心城局部及新城（市镇）尚有发展空间，因此未来上海景观照明发展规模体量应该总体控制，适度发展，对现有景观照明存量进一步优化。

关于布局结构，研究认为，从展现城市形象的基本功能出发，上海景观照明未来发展，借鉴国外城市的先进经验，在景观照明规划布局上，应该打破行政分区的概念，根据上海城市规划的总体要求，从城市空间格局进行组织，凸显上海城市夜景的整体形象。

关于发展重点，研究认为，回顾总结上海过去二十多年景观照明发展历程，借鉴国内外城市夜景建设发展的经验和教训，按照上海城市发展“努力建设成为具有全球资源配置能力、较强国际竞争力和影响力的全球城市”的目标，上海未来城市夜景照明的核心区域应该仍然是外滩、陆家嘴区域，上海总体规划确定的公共活动中心、各类主体功能区、重点功能区也应该是景观照明进一步发展提升的重点。同时，从凸显城市整体形象，推进社会经济特别是旅游和文化产业发展的角度，景观照明规划还必须把黄浦江、苏州河、延安高架道路沿线作为上海景观照明未来发展的重要区域，新城（市镇）应该是未来景观照明增量的主要区域。

关于具体控制指标，研究认为，基于本市景观照明存在的照度过高、色温不恰当、动态光及彩光运用不当等影响夜景和谐与美观效果的问题，景观照明规划应该依据国家与本市相应的规范标准，确定相应的控制指标，以对未来本市景观照明建设发展做出具体的指导。

鉴于景观照明具有视觉效果的特殊性，为了保障规划实施过程中的和谐统一，使上述区域景观照明发展实施具有可操作性，在规划编制过程中，对上述跨行政区域的发展重点可以进一步编制概念规划；同时，为了保障上海景观照明规范有序、可持续发展，除了加快《上海市景观照明总体规划》的编制与颁布工作以外，还应该加紧研究制订上海市景观照明管理有关的地方法规、规范标准以及景观照明设计建设、维护和运行的机制。

经过多次向全市 17 个区县景观照明管理等部门的意见建议，在广泛听取意见、反复论证的基础上，形成《上海市景观照明总体规划（评审稿）》和《重点区域景观照明概念规划（评审稿）》。同时，本次规划编制过程中在标准的专项规划要求和法定批准文件外，鉴于景观照明的特殊性，为保障重要区域景观照明效果的整体和谐，帮助景观照明管理部门理解和掌握全市景观照明的未来远景，依据规划确定的要求和指标，会同上海同音照明设计工程有限公司汪幼江老师团队、上海众意城市市容景观创意艺术设计有限公司吴振伟老师团队编制了黄浦江（吴淞口至徐浦大桥）两岸、苏州河（外白渡桥至外环）沿线、延安高架道路—世纪大道（外环至世纪公园）沿线、人民广场地区、世博会地区和国际旅游度假区景观照明概念性规划。

2015 年 12 月 17 日，专家评审会通过了《上海市景观照明总体规划（评审稿）》和《重点区域景观照明概念规划（评审稿）》并给予了较高评价，认为“规划现状调研扎实，采用的技术路线规范，编制方法正确，所提出的目标和原则科学合理，规划成果文件结构完整，内容充实，达到了上海市景观照明规划编制要求，规划编制达到了国际先进水平”。2016 年上半年，根据专家评审会意见、建议，进一步对规划进行了修改和完善，形成了《上海市景观照明总体规划（送审稿）》和《重点区域景观照明概念规划（送审稿）》。之后根据上海市总规修编的成果做了适当调整和补充，经上海市人民政府文件（沪府发［2017］91 号）批准成为正式批复的上海市景观照明总体规划。

## 二、本次规划主要特点和成果

确立了上海景观照明规划体系。本次规划以上海市总体规划及上海特有的人文、地域特色为基础，统筹夜景布局、亮度、色温、动态照明、彩光应用、光污染控制等涉及景观照明品质全方位因素，通过专业化、系统化的统筹，建立了上海景观照明规划体系，不但填补了上海没有景观照明规划的空白，并且规划内容的很多方面在全国是首创，为上海景观照明未来健康发展奠定了基础。

明确了发展目标和思路。针对 2040 年上海城市发展“五个中心”和国际文化大都市的目标，对全市景观照明进行科学布局，明确构架，突出重点，加快建设与全球城市相匹配，体现上海特色的城市景观照明体系。在目前已有的“全国领先、世界一流”的城市景观照明的基础上，进一步明确提出未来建成具有“中国特色、世界领先”的城市夜景发展目标，并根据上海景观照明的实际，提出了“控制总量、优化存量、适度发展”的发展理念。

明确上海城市景观照明的布局。规划首次打破行政分区的概念、从全市范围统筹城市夜景布局，提出“一城（外环线内中心城区）多星（郊区新城镇）”的总体布局和中心城区里以黄浦江两岸、苏州河沿线和延安高架道路—世纪大道两侧以及人民广场、徐家汇、静安寺等区域、节点的“三带多点”夜景框架，明确了具有上海特征的城市夜景整体形象。

明确突出了发展重点和控制要求。规划明确了全市范围景观照明发展的核心区域、重要区域、发展区域、一般区域及禁设区域，从生态节能、光污染控制等方面提出了禁止性、控制性和限制性要求，并根据景观照明载体的性质、特点、材质的差异，对照明方式、亮度、照度、色温、彩光和动态光等要素提出了详尽的控制导则，使规划目标的实现和规划的实施具有可操作性。

编制了重点区域概念规划。鉴于景观照明的特殊性，为保障重要区域景观照明效果的整体和谐，在规划编制过程中，依据规划确定的要求，分别编制了黄浦江（吴淞口至徐浦大桥）两岸、苏州河（外白渡桥至外环）沿岸（见图1）、延安高架道路—世纪大道（外环至世纪公园）沿线、人民广场地区、世博会地区、国际旅游度假区景观照明概念性规划，为在这些区域实施景观照明建设提供针对性的指导。

图1　苏州河沿岸、人民广场等概念设计效果

## 三、《上海市景观照明总体规划》的实施过程

2017年《上海市景观照明总体规划》经上海市政府常务会议通过批准后正式发布。之后到目前的三年时间，就是如何使这份规划落地实施的关键时段。

首先，市委市政府和有关部门高度重视规划的实施落地。市绿化和市容管理局作为景观照明的管理部门，做好了景观照明规划的宣贯工作，多次组织了培训，将规划的主要内容、要求和执行计划等清晰地传达到全市各区景观照明管理部门的每一位技术、管理人员。

其次，在全市总规的基础上，要求全市17个区各自在总规的要求下编制本区的景观照明规划。目前全市各区都已进行了本区景观照明规划的编制或者修编工作，超过半数已经完成。

在此基础上，规划颁布后的市和区重要景观照明建设都是严格依据规划来指导和实施的。2017年进行了黄浦江两岸景观照明总体方案编制和各区的项目实施，都是严格按照景观照明规划的各项控制和要求，在规划中的重点地区概念方案基础上的深化、创新和完善，在实施过程中的各项标准、要求中都严格贯彻了规划的要求和限制，并在实施过程中逐步调整了不符合规划限制和要求的照明方式、亮度、色彩等情况。

近年来，各区的重要景观照明建设项目都由市绿化和市容管理局科技委员会下属的景观照明分委员会和各区的专家组，根据全市和本区规划的要求组织专家评审，确保方案和实施效果符合规划要求。有关的景观照明管理办法、电费补贴等长效机制的建立和完善，也在有条不紊地进行。截至目前，上海景观照明规划的执行力度和效果是非常明显的，各区的规划基本体现和完善了全市总规划的要求和布局，实施的新建和改建项目都按照规划要求的指标和限制来执行，全市的景观照明总体框架逐步呈现。5个重点区域的概念方案4个已经或者正在执行中，充分体现了本次规划编制的实际效果和指导意义。

未来，结合进一步出台的《上海市景观照明管理办法》等法规和文件，在上海建设“卓越的全球城市，令人向往的创新之城、人文之城、生态之城，国际经济、金融、贸易、航运、科技创新中心和文化大都市，国家历史文化名城，具有世界影响力的社会主义现代化国际大都市”宏伟目标指引下，按照科学蓝图规划的上海景观照明必将更加健康、有序的发展，更符合人民群众对美好生活的向往。

## 参 考 文 献


[1] 尉颖琪，王咏笑，王洁，等．城市景观的照明的国际经验及其对上海的启示［J］．照明工程学报，2015，26（3）：1-6.

[2] 王咏笑，尉颖琪，王洁，等．上海城市景观建设效益评价［J］．城市问题，2014，（10）：43-47.

[3] 黄文芳．“夜上海”明细账［J］．瞭望东方周刊，2014.

[4] 上海市城市总体规划（2017—2035年），2017.

[5] 上海市景观照明总体规划，沪府发［2017］91号文件.

[6] 上海市景观照明总体规划-项目研究报告，2017.

[7] 上海市景观照明总体规划编制说明，2017.

# 济南城市照明总体规划

（北京清华同衡规划设计研究院有限公司）

## 1. 项目简介

规划范围：济南市行政辖区范围，面积 7998$km^2$。

规划重点区域：中心城区、新旧动能转换先行区、空港和章丘区为主。

规划对象：规划范围内的城市道路、隧道、广场、公园、公共绿地、名胜古迹以及其他建（构）筑物的功能照明和景观照明。

规划年限：2018～2035 年。近期 2018～2020 年，远期 2021～2035 年。

## 2. 项目主要内容

（1）规划目标

实现“青山明泉融智慧、文化经营悦泉城”的城市照明目标定位。形成“安全智慧：功能优先、智慧门户”“文化自信：文化经营、独属泉城”“美好保障：生活美好、建设保障”的高品质夜间环境。

（2）合理分区

规划根据济南市夜间人流密集区、城市用地性质和建设重点，划分“高亮度环境区、中亮度环境区、低亮度环境区、暗天空保护区”四类环境区，照明建设强度逐级递减，高亮度环境区重点建设，中亮度环境区适当建设，低亮度环境区仅功能照明建设，景观照明按需建设，暗天空保护区严格控制，禁止景观照明建设。通过合理的照明分区，将济南市搭建成“明暗有序、重点突出、冷暖相宜、动静得当”的高品质夜间环境。

1）冷暖相宜、温馨人文，构筑“山泉湖河城”的特殊意向。根据区域性质的不同，赋予不同光色，以展现城市特色：历史城区、文物古迹和历史建筑以暖黄光为主；东部新城、新旧动能转换先行区、西客站片区、孙村中心区、新东站片区、临空城市次中心以及济南市十二个城市次中心，长清、章丘两个卫星城中心为中性白色；其他区域以暖白光为主；济南特有的山泉湖河景观可采用淡蓝色或淡彩，其中黄河可采用暖黄光展现黄河风采。

2）动静分区、限定频率。规划商业商务、娱乐、文化、体育用地、重要的特殊场景在节庆期间允许缓慢动态效果，即允许光色和亮度呈中等频率（每分钟变化 10 次左右）的变化。其他区域均为静态效果，保证夜间品质与氛围。

（3）功能照明

将“功能优先”，解决“黑灯瞎火”问题，为市民营造安全、明亮、舒适的夜间出行环境，作为规划的首要任务。其次，更应利用先进技术手段，将智慧照明、复合型路灯系统等要求和建设原则纳入规划内容中，同步形成智慧、便捷的出行环境。

规划本着城乡一体化的原则，按照济南市道路等级和区位将道路分为“一级道路、二级道路、三级道路”，对机动车道、道路交叉口、非机动车道赋予平均亮度、平均照度、均匀度、环境比等控制指标，指导城市功能照明建设。

在照明分区基础上，道路照明应将“功能＋艺术”结合，对城市道路进行主次分类，划分为 3 类：

1）“城市骨干路”两环四横六纵；

2）“特色人文道路”：“1＋5 特色街区”及各区县特色道路；

3）“一般功能道路”作为基底，满足国家要求即可。

（4）景观照明

如何在夜间展现济南文化底蕴，突出“山泉湖河城”的城市特色，仅通过照明分区和功能照明是无法完成的，因此，在景观照明部分，为增加济南市民的文化自信，规划将文化经营作为夜景的一部分，打造独属泉城的夜间形象。选取最能代表济南历史文化特色、契合城市规划主次布局与建设组织的“两核、三带、五心、多点”作为济南市景观照明架构，打造独属泉城的夜间“十二景”。

## 3. 规划实施效果

《规划》作为济南市城市照明建设、管理的依据，市域范围内的城市照明活动应执行本规划。在《规划》指导下，各区应积极开展重点区域城市照明详细规划的编制工作，进一步深化和落实本规划的相关控制要求，为城市照明实施项目提供设计指导和设计依据。实施效果如图 1～图 4 所示。

图 1 济南市“一湖一环”规划实施效果

图 2 “济南十二景”之——明湖秀，荷映船说

图 3 “济南十二景”之——古城文韵

图4 护城河，泛舟逍遥

# 长春新区夜景照明专项规划

（北京清华同衡规划设计研究院有限公司）

## 1. 项目简介

规划范围：包括长春北湖科技开发区、长德经济开发区、长春空港经济开发区、长春高新技术产业开发区，总面积176.5km$^2$。

规划对象：城市规划区范围内的道路、隧道、建筑、广场、公园、公共绿地、名胜古迹以及其他建（构）筑物通过人工光以装饰和户外造景为目的的照明。

规划年限：2018～2030年。

## 2. 项目主要内容

长春新区夜景照明以“魅力新城、科技智城、温馨暖城”为总体目标。以人的心理感受和视觉体验为出发点，结合新区夜景诉求，提出三大照明定位：国际魅力的窗口、科技文旅的圣地、温馨宜居的家园，从形象、活力、绿色三方面实现照明统筹。

（1）形象——国际魅力的窗口

规划从长春新区空间特征和片区特色出发，搭建“两核、四心、十六路、多点”的景观照明架构体系。充分考虑到长春新区作为严寒城市的气候特征，对于重点区域照明方式，进行夏秋季节和冬春季节的区分，将形象树立和吸引人气兼顾。

（2）活力——科技文旅的圣地

规划不仅仅是对夜间游览的组织，更是将人文关怀引入规划成果中。长春新区位于严寒地区，在规划前期的问卷调查中发现，长春新区市民夜间出行热情和需求高，但受到季节影响较大，冬季人气不足。因此，将严寒城市对温暖的渴望，小动物的栖息与关怀作为规划的源动力，进行重点编制。

（3）绿色——温馨宜居的家园

坚持节能环保、绿色照明的可持续发展原则，控制照明能耗，以及新技术、新产品的运用，规划还引入智慧灯杆多媒体监控系统、WiFi 热点等各种感知器，实现城市智慧管理，打造温馨绿色宜居的家园。借鉴国内外优秀的景观照明规划案例和景观照明项目，尤其是与长春城市纬度相同的寒地城市，总结适合长春新区运用的照明方式，如通过冬季光色可以适当偏暖，减少清冷颜色；近人尺度更加明亮，营造温馨热闹的氛围等，旨在实现宜居家园。

**3. 规划效果**

科技魅力核效果示意图如图 1 和图 2 所示。

图 1　科技魅力核——夏秋季节效果示意

图 2　科技魅力核——冬春季节效果示意

# 3.2

# 2018年优秀照明工程

# 厦门市重点片区夜景照明设计

**1. 项目简介**

坐落地点：厦门市

设计单位：栋梁国际照明设计（北京）中心有限公司

施工单位：龙腾照明集团有限公司、无锡照明股份有限公司、深圳市达特照明股份有限公司、山东万得福装饰工程有限公司、深圳市恒明星照明有限公司、北京新时空科技股份有限公司、深圳市金照明实业有限公司、深圳市千百辉照明工程有限公司、江苏承煦电气集团有限公司、利亚德照明股份有限公司、豪尔赛科技集团股份有限公司、同方股份有限公司

获奖情况：第十三届中国照明奖照明工程设计一等奖

**2. 项目详细内容**

（1）项目背景

厦门为福建省下辖副省级行政区，别称鹭岛，是国务院批复的中国经济特区，东南沿海重要的中心城市、港口及风景旅游城市。

（2）设计范围

厦门市重点片区、重要线路及其周边的建筑、道路、桥梁、绿化景观、天际线、岸线、山体等的夜景提升工作。

（3）设计理念

本次照明规划以“金色丝路，五彩厦门”为总体设计理念，以“立足生活之光，品味建筑之光”为特征，将厦门建设成一个立体化、多层次、体现山海格局风貌的海上花园城市。通过整体夜景照明规划，在理解城市的基础上，进行城市光环境意象的创造。栋梁国际在厦门会晤前期积极配合中央电视台、厦门各电视台及厦门日报等媒体进行宣传，总结方案成果、整理资料信息、梳理夜景特点，为会晤顺利进行贡献了一份力量，并荣获市委、市政府授予的“金砖国家领导人厦门会晤筹备及服务保障工作先进集体”荣誉称号。更重要的是把光留住，把最美的厦门夜间形象展示在世人面前，真正做到以人为本的设计，给厦门留下了一个个永久美好的夜景名片。

**3. 实景照片**

# 重庆市黔江区濯水景区夜景照明工程

## 1. 项目简介

坐落地点：重庆市黔江区濯水景区

设计单位：豪尔赛科技集团股份有限公司

施工单位：豪尔赛科技集团股份有限公司

获奖情况：第十三届中国照明奖照明工程设计一等奖

## 2. 项目详细内容

濯水古镇位于重庆市黔江区濯水镇境内，历史悠久，风格鲜明，作为重庆旧城老街的典型代表，濯水古镇街巷格局保留较为完整，具有浓郁的渝东南古镇格局，它既体现了与其他城市历史街区的差异，又承载着巴文化、土家文化与汉文化的融合、传承与创新，同时码头文化、商贾文化、场镇文化也在此地相互交织。

体现景区特质，展现文化融合，对于照明设计，需要从表达和限制的双重角度进行取舍，灯光既能表达建筑的厚重，又能体现不凡的品位。濯水古镇景区的夜景，通过充分的调研、完善的规划设计，令基调更为鲜明、场景益加丰富、特色尤为突出，白天的优质景观，在夜晚绽放出别样的精彩。

作为最大亮点的风雨廊桥，有着世界第一风雨廊桥的美称，是由蒲花飞龙、彩虹伏波、唐钟长韵、濯河怀远四个区段构成，灯光通过差异化的手法、明暗的排布及光色的延续，将四段风格不同的区段融为一体。廊桥屋顶通过灯光的展现，宛若一条金龙腾飞于江面，高染色性令夜景色彩绚烂醒目。采用高显色性暖色温灯光洗亮下层飞檐屋面，充分还原材质质感，微妙的色温变化丰富了细节层次，令风雨廊桥在夜间的观感丰富而立体；沿江景观的夜景，展现出辉映之光，着重体现出水中倒影的映衬，以金色至暖色温的过渡，通过层次的打造，突显出不同风格的建筑之间的差异及特质。江岸护堤通过下照射灯的序列排列，明暗分布的光影，宛如吊脚楼立柱般沉稳支撑，细微之处的灯光设置，亦能体现地方特色；内街展现静谧之光，通过局部点缀的灯光，重点突出窗格纹理，华灯初上之际，明暗交错之间，让游客行走在内街上，能够静心品味濯水之悠久厚重。

濯水古镇景区夜景照明的打造，为景区增加了一张新的宣传名片，从时间上扩大了景区的经营时段，在空间上营造了更为广泛的期待。“游古镇老街，品土家美食，听蓬江水音，赏濯水灯火”，夜景脉络贯穿融合于景区，点亮了每一处过目难忘的景色，亦映射了精彩濯水的游览记忆。

## 3. 实景照片

# 厦门国际会展中心夜景照明工程

## 1. 项目简介

坐落地点：福建省厦门市思明区会展路198号

设计单位：栋梁国际照明设计（北京）中心有限公司

施工单位：深圳市千百辉照明工程有限公司

获奖情况：第十三届中国照明奖照明工程设计一等奖

## 2. 项目详细内容

厦门国际会展中心及会展酒店位于厦门市思明区会展路198号，地处厦门半岛东侧，风景秀丽，交通便捷，与小金门岛隔海相望，直线距离仅4500米。会展中心占地47万平方米，总建筑面积34万平方米，包括一期、二期、三期、四期（含A7A8展馆）及一座拥有210间客房的四星级会展商务酒店，是集展览、会议、酒店、餐饮、旅游、广告、仓储为一体的大型现代化展览馆。

厦门国际会展中心建筑设计采用了中轴对称的设计形式，以一期为中心，二、三期居于左右，四期采用明框玻璃幕墙结构，耸立于会展中心的入口处，一期临海位置建设了会展中心酒店，整个建筑形式简洁有力且气势磅礴。

2017年金砖国家峰会，政府倾力组织、整合社会资源，对整个城市进行了一场全新的夜景照明规划设计，尤其对会展中心、会展中心酒店及周边片区进行了重点打造提升，项目竣工后所呈现出的最终效果得到了政府、业主单位和社会各界的认可，并且得到了国内各大相关主流媒体的大量关注和报道。

## 3. 实景照片

# 福建华安县仙都镇二宜楼夜景照明工程

## 1. 项目简介

坐落地点：福建华安县仙都镇大地村二宜楼

设计单位：中国市政工程华北设计研究总院有限公司

施工单位：横店集团浙江得邦公共照明有限公司

获奖情况：第十三届中国照明奖照明工程设计一等奖

## 2. 项目详细内容

二宜楼位于福建华安县仙都镇大地村，它是我国圆土楼古民居的杰出代表，以规模宏大、设计科学、布局合理、保存完好闻名遐迩，为全国重点文物保护单位，并被列入世界文化遗产名录，素有“土楼之王”“国之瑰宝”之美誉。

二宜楼灯光实景演绎项目以旅游体验、遗产文化活化为理念，以二宜楼墙面为载体，采用“脆弱文物保护性照明技术”，将建筑投影、景观绿化照明、舞台照明、雾森、气爆、水喷等多元化融合，通过剧本、动画、配乐、音效等手法展现华安“海丝”文化、玉石文化、铁观音文化和华安大地土楼群建筑文化。灯光演绎强调娱乐性、趣味性，通过营造主题鲜明、整体和谐、风格新颖、节奏明快的夜环境，带给游客视觉、听觉、触觉、嗅觉的绝佳体验，让二宜楼文化遗产融入当代人的生活，使人们能够在与历史文化的对话中增长知识、增添智慧、丰富心灵，项目实施进一步完善景区服务配套系统，提升景区品牌与品位，促进旅游经济的快速健康发展。

## 3. 实景照片

# 中国国际贸易中心三期夜景照明工程

**1. 项目简介**

坐落地点：北京市朝阳区建国门外大街 1 号院国贸三期 B 座

设计单位：Lighting Planners Associates Inc

施工单位：北京富润成照明系统工程有限公司

获奖情况：第十三届中国照明奖照明工程设计一等奖

**2. 项目详细内容**

国贸三期 B 座项目地处北京市朝阳区建国门外大街 1 号院，项目建筑面积 23 万平方米，塔楼高度 300 米，地上主体结构 59 层，由主塔楼、酒店裙楼、商业裙楼以及地下室组成，是一处集高档写字楼、现代化购物中心、豪华酒店、文化休闲娱乐设施为一体的大型综合项目。

**3. 实景照片**

# 咸阳市渭城北平街夜景照明工程

## 1. 项目简介

坐落地点：陕西省咸阳市

设计单位：重庆大学

重庆大学规划设计研究院有限公司

获奖情况：第十三届中国照明奖照明工程设计一等奖

## 2. 项目详细内容

咸阳素有“中国第一帝都”之称，是我国著名古都，也是中华民族发祥地之一，是中国历史上第一个统一的封建中央集权国家的都城，历史悠久，文物荟萃，素有“天然历史博物馆”之称。渭城北平街南端南阳门至北端北平街牌坊，总长570余米，建筑面积约11万平方米。是咸阳市老城区的核心区域，毗邻咸阳市唯一保存完好的明清城保护区，是咸阳市的商业美食街。打造前的北平街缺乏夜景照明，街区的传统建筑形象在夜间无法展现，与北平街的繁华氛围不符，影响了城市的整体形象。本设计注重传统历史文化与现代城市生活的结合，运用科技的灯光艺术表现北平街城市形象。采用整体把控、明暗有序、虚实结合及黄白光色调，注重建筑构件的细部灯光处理，注重节能与安全及眩光控制，整条街区基本做到没有眩光。通过本项目的设计及实施，展现了历史街区繁华热闹的夜间形象和典雅大气的传统建筑风貌，体现出了“中国第一帝都”的大气和现代都市的繁盛，全面提升了城市核心竞争力。

## 3. 实景照片

# 郑州市绿地中央广场夜景照明工程

## 1. 项目简介

坐落地点：河南省郑州绿地中央广场

设计单位：德国 GMP 建筑设计事务所

栋梁国际照明设计（北京）中心有限公司

河南新中飞照明电子有限公司

施工单位：河南新中飞照明电子有限公司

获奖情况：第十三届中国照明奖照明工程设计一等奖

## 2. 项目详细内容

郑州绿地中央广场由两栋 285 米高的双塔式建筑构成，矗立于宽阔的高铁站西广场西侧，夜晚华灯初上，灯光带给出站旅客强烈的视觉冲击，形成一道令人惊叹的城市天际线。项目总建筑面积 82 万平方米，总投资额 80 亿元，是目前中国建设高度最高、体量最大的双塔式超高层建筑。

建筑整体造型以“九曲黄河”为设计灵感，参差交错的结构形态彰显出建筑的大气磅礴。两栋双塔式超高层建筑，造型轻巧精致而又动感十足。

夜幕降临，耸立在广场中央的两座巨型光塔一直延伸向天空，轮廓剪影融入蓝色天空的瞬间是一幅令人赞叹不已的美景。转角间接光轻柔淡雅却又不失节奏韵律，悬浮的空中大堂上柔和的光仿佛轻抚着精致的材料。灯光让建筑与环境融为一体，置身其中宁静自然。

郑州绿地中央广场照明设计的最终目的在于体现建筑的独特性，强化城市门户及地标识别性，并在建筑语言层面创造最适宜的光影氛围。采用极简的设计手法，彰显非凡的建筑气魄，突出建筑本身的结构以及丰富的光影变化。

## 3. 实景照片

# 烟台市滨海夜景照明工程

## 1. 项目简介

坐落地点：山东省烟台市经济技术开发区滨海沿线

设计单位：中国建筑设计研究院有限公司

施工单位：烟台太明灯饰有限公司

获奖情况：第十三届中国照明奖照明工程设计一等奖

## 2. 项目详细内容

本项目位于山东省烟台市经济技术开发区滨海沿线，西起白银河入海口，东至夹河入海口，长约 15 千米，照明工程投资总额约 1 亿元，是当地重要的民生工程。

项目以“仙境海岸、魅力烟台”为主题，运用“烘托、提升、平衡、引导、守护”的灯光设计理念，采用无线智能控制技术，将千亩沼泽荒滩打造成了国家 AAAA 级景区的“万米金沙滩”！项目采用了多种类型的特色景观灯和雕塑小品，将功能照明、景观照明、文化表达完美融合，怡人怡景。通过无线智能控制系统、多级调光系统，实现了绿色节能照明和自动巡检的按需照明目标，最终呈现出迷人的仙境海岸夜景观。使滨海景区成为集休闲、文化、服务、展览等功能于一身的旅游新岸线，成为烟台经济技术开发区最佳公共活动舞台、开发区最靓丽的名片，是开发区旅游经济发展的景观带和烟台市城市展示窗口。成为百姓喜欢、游客向往的休闲旅游胜地。

该项目为促进当地旅游业和其他相关产业的发展起到了重要作用。项目建成后，当地旅游人次增长了 10 倍，酒店入住率爆满，房地产项目增长 2 倍，投资项目和务工人员数量大幅度提升。该项目得到了地方各级政府领导的高度评价，体现了以人民为中心的发展思想，增强了人民的幸福感、安全感、获得感。

## 3. 实景照片

# 福州市闽江两岸、西湖公园夜景照明提升改造工程

## 1. 项目简介

坐落地点：福州闽江两岸、西湖公园

设计单位：浙江城建规划设计院有限公司

施工单位：北京新时空科技股份有限公司

宝德照明集团有限公司

获奖情况：第十三届中国照明奖照明工程设计一等奖

## 2. 项目详细内容

在福州市委、市政府的重视和指导下，开展了福州闽江两岸、西湖公园夜景照明提升改造工程。该工程设计以“城为中心，江为纽带，山为背景”，将福州建设成一个立体化、多层次、体现山水格局风貌的魅力之城。根据建设内容设置照明策略，使夜景照明在大尺度上形成有序的排布。

1 标段闽江两岸：考虑到两个重要建筑群体（海峡金融商务区和中央 CBD）的夜景灯光之间缺少关联、较为混乱；另外，游船视点缺少视觉焦点和中心，节奏感不强。所以，将海峡金融商务区、鳌峰大桥以及世欧上江城设计成了一个 270° 的可观赏的 3D 成像灯光区域，成为夜游闽江的一个亮点。

2 标段西湖公园：在满足宾客的各种需要下亮度降低，保持一定的私密性。在光色上寻求统一，在细节中体现经典的同时营造环境的清幽静谧之美。西湖的照明体现着福州山水浓缩的品质，是整合后的一幅山水对话和交汇的长卷。以周边建筑为背景，岸线照明强调连续性，用淡色晕染出岸线的连绵，形成“水墨西湖”的灯光意境。

## 3. 实景照片

# 上海市新华红星国际广场 5 号楼夜景照明工程

## 1. 项目简介

坐落地点：上海市闵行区吴中路 1588 号

设计单位：上海艺嘉照明科技有限公司

施工单位：上海艺嘉照明科技有限公司

获奖情况：第十三届中国照明奖照明工程设计一等奖

## 2. 项目详细内容

上海市吴中路爱琴海购物公园夜景照明工程位于上海市闵行区吴中路 1588 号，上海吴中路爱琴海购物公园夜景照明工程依托建筑独特的外形设计以及个性化的幕墙结构，同时契合“爱琴海购物公园”的名称主题，营造优雅浪漫的温馨氛围。量身定制与建筑本身结构融为一体的可控制 LED 线条灯具、专业的配光技术及智能控制优势更大层次满足建筑夜景照明所需效果，它不仅仅是一张动态画面，更多的是塑造整个魔都浪漫氛围。同时，夜景艺术灯光控制系统与广场艺术音乐喷泉控制系统实现同步联动，声、光、水的完美融合，是艺术与科技的最高呈现。

## 3. 实景照片

# 上海市杨浦区南段滨江核心区夜景照明工程

## 1. 项目简介

坐落地点：上海市杨树浦路以南、秦皇岛路以东、定海桥以西区域

设计单位：上海罗曼照明科技股份有限公司

施工单位：上海罗曼照明科技股份有限公司

获奖情况：第十三届中国照明奖照明工程设计一等奖

## 2. 项目详细内容

为加快推进黄浦江两岸综合开发，按照“高起点规划、高水平开发”，打造“百年大计、世纪精品”的总体要求，充分发挥杨浦优势和特点，将杨浦滨江建设成为体现黄浦江两岸地区“重塑功能、重现风貌”的代表区域。杨浦滨江作为黄浦江现代服务功能向北延伸的重要发展区域，将突显智慧创新、文化体验、生态宜居的理念，形成科技和文化体验集聚带，打造上海“智慧”滨江。为进一步提升黄浦江两岸景观照明品质，更好地服务于上海市社会、经济、环境的协调发展，改善人居环境，延续城市文脉，注重生态环境建设，特进行此次照明工程设计。工程范围包括：杨树浦路以南、秦皇岛路以东、定海桥以西区域，总长度在5.5千米（包括该区域内的建筑、绿化、公共开放空间、功能性道路）。

## 3. 实景照片

# 北京市颐和园夜景照明工程

## 1. 项目简介

坐落地点：北京市颐和园

设计单位：深圳市高力特实业有限公司
天津大学建筑设计研究院

施工单位：北京平年照明技术有限公司

获奖情况：第十三届中国照明奖照明工程设计一等奖

## 2. 项目详细内容

颐和园是享誉世界的古典皇家园林，是全国重点文物保护单位，1998 年被列入世界文化遗产名录。

颐和园夜景照明项目的主旨在于有效提升世界文化遗产的展示功能，体现其独特的皇家园林晚间意境，在满足功能性、安全性的基础上，通过适当地开放颐和园夜间游览，满足人们的精神和生活需求，为国内外游客提供夜间游园服务。在 2008 年完成的佛香阁-排云殿夜景照明工程的基础上对原有的夜景照明设计进行深化和研究，通过多次组织现场踏勘调研、环境评估，综合专家和各方面意见，形成了一套比较系统且符合颐和园总规划及文保规划的设计方案，经国家及地方文物部门审批，最终通过方案审批并得以实施。

在颐和园现有的夜间光环境基础上，在满足功能和安全的前提下，充分运用当下先进的照明设备及可靠的控制技术，呈现多场景、可控制、舒适安全的中间视觉亮度关系。

## 3. 实景照片

# 潮州一江两岸夜景照明工程

## 1. 项目简介

坐落地点：广东省潮州市

设计单位：中国美术学院风景建筑设计研究总院有限公司

施工单位：福建通联照明有限公司

获奖情况：第十三届中国照明奖照明工程设计一等奖

## 2. 项目详细内容

本次亮化工程的主题为“一江两岸三山屹，明灭楼台号昌黎。水墨乡愁丹青韵，和风伴月思无邪”。潮州一江两岸夜景提升项目以广济桥为轴心向两侧展开设计，紧紧抓住潮州“山水皆姓韩”，强化区域元素整合，分节点成景，系统围绕活态文化、夜游业态的思路开展方案设计，北起金山大桥，南至韩江大桥段来提升韩江两岸景观亮化。驻足韩江西岸，流光溢彩的广济古桥映入眼帘，与东岸的景色连成一幅优美的韩江夜景图，结合音乐、投影、山体的大型户外灯光秀，充分展现了潮州古城山、水、人、城、文融为一体的意境，具有“古风伴潮韵，老城依新城”的潮州韵味。

## 3. 实景照片

# 长沙市梅溪湖国际文化艺术中心夜景照明工程

## 1. 项目简介

坐落地点：湖南省长沙市梅溪湖国际文化艺术中心

设计单位：BPI 上海碧甫照明工程设计有限公司

施工单位：深圳市凯铭电气照明有限公司

获奖情况：第十三届中国照明奖照明工程设计一等奖

## 2. 项目详细内容

长沙市梅溪湖国际文化艺术中心是全球著名建筑设计师扎哈·哈迪德继广州歌剧院、北京银河 SOHO、香港理工大学赛马会创新楼等后的又一个作品，作为城市化在变革潮流中作为先锋派角色，其具有得天独厚的大师气质。政府的支持、团队的打造，很大程度上能达到一个建筑改变一座城的效应，建筑本身独有的完美形体，以及连贯流动的灵魂是增进长沙强大城市感最好的途径。

国际文化艺术中心的总建筑面积为 12 万平方米，包括大剧院、小剧院与艺术博物馆三大主体建筑，以及多功能厅、酒店和各种配套设施，造型犹如一朵绽放的芙蓉花，蜿蜒迂回。

照明设计的出发点是抓住建筑的核心内在，建筑所传达出来的庄丽和流动感，再融合这些感受，通过光传达给周边以影响到城市，照明理念从流动的形体、虚实相映、能量绽放三个层次进行拓展创意和思考。

## 3. 实景照片

# 汉中市“汉山传奇”原创山体音乐灯光数字展演

**1. 项目简介**

坐落地点：陕西省汉中市南郑区

设计单位：利亚德（西安）智能系统有限责任公司

施工单位：利亚德（西安）智能系统有限责任公司

获奖情况：第十三届中国照明奖照明工程设计一等奖

**2. 项目详细内容**

“汉山传奇”原创山体音乐灯光数字展演项目，位于千古名城陕西省汉中市南郑区，是汉山景区开发建设中的又一个具有创新意义的大手笔。是区委、区政府在“追赶超越”中大力推动“四个南郑”建设的新举措。该项目以“汉山夜明珠”传说为主题，以汉山为载体，在视角主峰及两侧山脊和汉山广场，安装了大量灯具，通过高科技声光电远程控制，结合广场音乐、灯光、喷泉，为游客打造出一场别开生面、流光溢彩、绚丽震撼的“汉山传奇”原创山体音乐灯光数字展演视听盛宴。

该项目的建设，最大限度地和汉山景区其他部分进行了有效衔接，形成了汉山景区系统，有力地推动了南郑国家旅游示范县的建设，为南郑的经济发展做出了巨大贡献。

**3. 实景照片**

# 上海市外滩国际金融中心夜景照明工程

## 1. 项目简介

坐落地点：上海市外滩国际金融中心

设计单位：上海碧甫照明工程设计有限公司

施工单位：上海新炬机电设备有限公司

获奖情况：第十三届中国照明奖照明工程设计一等奖

## 2. 项目详细内容

项目坐落在上海城市及景观名片——外滩万国建筑博览群的“终点”。BFC 外滩金融中心不仅仅是历史与文化的传承者，更是上海这座城市新生命力的发扬和开拓者。复星艺术中心还被称为“会跳舞的房子”和“外滩之心”。

既要打造让世界重回外滩的精神力量，又要展现外滩延续的优雅魅力，这是一个延续了浦东浦西的传承与现代和未来的对话与过渡。处处体现以人为本的设计理念，建筑师通过运用石材、铜元素和玻璃，形成了 BFC 独一无二的“皮肤”，我们的照明系统通过对建筑“生长之美”“石光之美”“金属之美”的表达与升华，刻画了历史经验的美丽痕迹，把时光的记忆与现代的永恒之美表达得淋漓尽致。

“世界重回外滩”代表了外滩国际金融中心在上海的地位，它的地位如此重要，以致成为外滩万国建筑博览群中现代建筑的主角，建筑的光在夜上海天际线上散发的不仅仅是视觉上的美，更是一种对社会发展和时间沉淀的思考与尊重。

## 3. 实景照片

# 北京市雁栖湖环湖夜景照明工程

**1. 项目简介**

坐落地点：北京市雁栖湖

设计单位：北京清华同衡规划设计研究院有限公司

施工单位：北京良业环境技术有限公司

获奖情况：第十三届中国照明奖照明工程设计一等奖

**2. 项目详细内容**

围绕深化推进全国文明城区建设，全力做好“一带一路”高峰论坛服务保障工作，清华同衡规划设计研究院有限公司受北京雁栖湖生态发展示范区管理委员会委托，联合北京良业环境技术有限公司，承担了示范区21平方千米范围内的夜景照明工程。

本项目包含环湖山体、岸线、建筑和以范崎路为主的景观道路照明，工程范围覆盖12座山峰，面积约4平方千米，利用2万套投光灯在雁栖湖周围山体绘出一幅“山水画”。

项目重点是环湖群山，设计理念是实景表现“水墨山水和金碧山水”画卷，照明手法充分借鉴中国山水画中“染、皴、勾”的技法。近山用“染”，以大片柔和的灯光晕染出山体饱满的形态；中山用“皴”，选择表现山的主脊和副脊，画出山体的基本形态；远山用“勾”，用线条描绘山体的主脊轮廓。同时以水墨、金色、青绿、金碧等着色技法，并运用动态表演的形式，强调明暗虚实、浓淡多彩的山水画意境，为“一带一路”高峰论坛奉献美轮美奂的夜景。

**3. 实景照片**

# 赤峰市环城高速夜景照明工程

## 1. 项目简介

坐落地点：内蒙古赤峰市环城高速

设计单位：内蒙古北方时代设计研究院股份有限公司

施工单位：龙腾照明集团有限公司

获奖情况：第十三届中国照明奖照明工程设计一等奖

## 2. 项目详细内容

由龙腾照明集团有限公司实施的内蒙古赤峰市环城高速亮化工程 PPP 项目是国内单体最大的智慧太阳能路灯 PPP 项目，实现了从产品研发、照明设计、生产制造、工程实施、维护运营五维一体的服务运营体系。

赤峰市环城高速亮化路段全长 78.43 千米，其中环城高速主道路 56 千米，互通匝道 22.43 千米。按照城市快速路照明标准，安装路灯 4415 基，其中沿环城高速主道路安装路灯 3635 基，两侧对称布置，沿互通匝道安装路灯 780 基，单侧布置。项目概算投资 1.38 亿元。

龙腾照明设计团队独具匠心，将路灯的功能照明与景观照明有机结合，顶部造型由传统转经筒的造型转变而来，设置祥云纹样，传递吉祥、如意的美好寓意；同时将光源与灯臂进行了一体化设计，杜绝了日后灯具坠落的风险；对太阳能支架板进行了防风设计以及支架与杆体进行了一体化设计，有效降低了风阻，保证了充足的发电量；灯杆法兰与杆体连接部分进行了防撞式保护设计，进行了防撞缓冲，确保了高速公路行车发生碰撞情况下灯杆不至于发生倒塌。该项目太阳能电池板采用了最新的控制系统，实现了太阳能最大功率点跟踪（MPPT）充电技术和 LED 光源恒流驱动技术于一体的结合；同时该项目的智能感光系统在太阳能电池板内加入了全球最先进的感光芯片，能清楚地辨析白天黑夜，确保夜晚在太阳能电池板感受不到光的情况下，智能感光系统会自动打开，每到天黑时自动感应亮灯；次日天亮时会自动关闭，最大程度地增加能源的使用率，确保阴雨天气也不会对路灯照明造成影响；整个项目控制系统采用五遥智能控制系统，实现了遥控、遥测、遥信、遥调、遥视等智能控制管理于一体，实现了足不出户即可对整个项目全路段 24 小时每盏灯、每块太阳能电池板、每组蓄电池的实时监控等现代化管理手段，极大方便了高速公路路灯的管理水平与效率，最大化实现了节能目标，这在国内所有高速公路路灯项目中首屈一指，真正实现了智慧照明的落地与运行。

## 3. 实景照片

# 厦门国际会议中心室内实景照明工程

## 1. 项目简介

坐落地点：福建省厦门市思明区会展路 198 号

设计单位：北京市建筑设计研究院有限公司（第一建筑设计院）
北京太博光达照明设计有限公司

施工单位：中国建筑第八工程有限公司
中建八局第一建筑有限公司装饰分公司

获奖情况：第十三届中国照明奖照明工程设计一等奖

## 2. 项目详细内容

厦门国际会议中心坐落在厦门最美的环岛路上，交通便利、面向大海、视野开阔，是具有国际水准的高档会议场馆，毗邻厦门国际会展中心，由会议中心、五星级休闲度假酒店、音乐厅三部分组成，隶属于厦门建发集团。2017 年 9 月 3 日至 5 日，厦门国际会议中心作为金砖国家领导人第九次会晤主会场。

本着恢宏大气、庄重现代、高效节能的理念，结合室内设计方案，通过搭建准确的室内模型，对室内各个功能用房及通道进行实景灯光模拟，工程中所有将采用的灯具在采购前均经过样品实地测试，对灯具的尺寸、外观、功率、配光、色温、显指等一系列参数进行现场记录并与模拟场景中的参数进行比对。最终圆满地满足了会议视觉效果及摄影摄像的直播需求。

## 3. 实景照片

# 昕诺飞大中华区总部办公大楼室内照明工程

## 1. 项目简介

坐落地点：上海市

设计单位：飞利浦照明（中国）投资有限公司

施工单位：上海景泰建设股份有限公司

获奖情况：第十三届中国照明奖照明工程设计一等奖

## 2. 项目详细内容

昕诺飞大中华区总部办公大楼室内照明以健康、创新、绿色为主题，首次将健康建筑与人因照明概念作为设计之重，无论是高效节能的全 LED 照明系统、创新的 PoE 照明供电以及 VLC 照明光通信技术的运用，还是各功能区域照明控制系统的合理规划，以及丰富而极具创新的氛围照明与装饰照明的点缀，使得照明与室内设计完美地结合在一起，创造出自然、灵动、愉悦的光环境，同时融合科技感与艺术感，通过 IoT 平台与创新思维，充分延展了照明功能。

专家点评：昕诺飞大中华区总部办公大楼室内照明首次在办公区域应用 Tunable White 的全新 LED 健康照明科技，不仅模拟自然光，同时通过动态白光照明曲线，创造出了更人性化、更关注员工情绪及工作效率的动态照明环境，扩大了从绿色节能递进到健康照明的内涵。该项目体现了办公照明科技的未来方向，真正将以人为本的照明理念融入到室内环境中，充分展示了智能互联 LED 照明的无限可能，是当代办公照明设计及应用的旗舰。

## 3. 实景照片

# 国家奥林匹克体育中心体育场场地照明工程

## 1. 项目简介

坐落地点：北京市国家奥林匹克体育中心体育场

设计单位：北京市建筑设计研究院有限公司 BSD 设计所

施工单位：豪尔赛科技集团股份有限公司

获奖情况：第十三届中国照明奖照明工程设计一等奖

## 2. 项目详细内容

国家奥林匹克体育中心体育场地处北京，规模达 4 万个座位，在 2008 年，针对奥运会进行了灯光系统的改造，在北京奥运会上承担了足球、现代五项（跑步和马术）的比赛任务，经过 10 年使用期后，原有金卤灯出现大幅衰减，原照明系统的指标已不能满足要求。

为了获得更好的电视转播效果，同时降低运营成本，国家奥林匹克体育中心体育场决定对场地的灯光进行全面改造，经过调查研究，选择了玛斯柯新型 TLC for LEDTM 体育照明系统替代了原有金卤灯，玛斯柯 TLC for LEDTM 是从照明、结构到电气的一整套系统，不仅完全满足了场馆足球高清电视转播的需求，而且使整个场地的均匀度及眩光指数优于常见标准。

相比之前的金卤灯系统，在达到相同照度等级的同时，节能效率高达 33% 以上，大大降低了照明成本；LED 灯具配备的多重防眩光控制装置，可精确控制光线，并将场地眩光降到最低。根据 LED 灯具瞬时启闭的特性，玛斯柯为国家奥体中心体育场特别定制了绚丽的舞台效果，配合智能调光系统，灵活调节现场气氛，为运动员和观众打造出全新的比赛和观赛体验，实现了光随音乐变化的跃动之美。

## 3. 实景照片

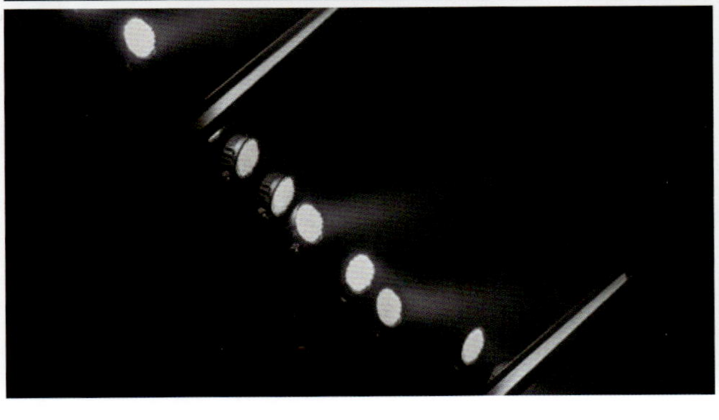

# 大型实景沉浸体验魔幻光影秀《满秀》

## 1. 项目简介

坐落地点：河北省承德市宽城

设计单位：北京中视光影灯光设计有限公司

施工单位：北京中视光影灯光设计有限公司

获奖情况：第十三届中国照明奖照明工程设计一等奖

## 2. 项目详细内容

《满秀》是国内首部以满文化为背景的沉浸式实景光影秀，它全新打造5D场景，带给观众全方位、多角度的视听盛宴。《满秀》以光影秀为载体，加上强大的演员阵容，全剧通过400多名演员的精彩表演，展现满族勇士们的勇猛顽强和满族少女们的勤劳聪慧，以“洪荒”“祈天”“家园”“诀别”“风云”“传承”六段剧情展现了满族先民创世神话史，充分展现了满族风情文化。

《满秀》的演出涉及土建、灯光、音响、投影、水火特效、舞台机械、威亚等多个技术和设备的配合。《满秀》运用了34台31000流明激光投影，呈现出1500平方米的影像，其中，山体部分18台，舞台区域12台，水幕4台。《满秀》水幕宽80米，高20米，水幕是通过一维成像水柱和二维摇摆水柱的组合形成，投影机采用背投方式。演出中运用了大量的舞台机械，其中包括升降长城、移动战车、升降平台、开和大嘴及升降栏杆。灯光方面采用现代的设计思维，借助多种现代高科技声、光、电效果，多方位立体烘托舞台气氛，采用节能和智能灯具，使得整个《满秀》项目节能环保。

## 3. 实景照片

# 湖南广播电视台1400平方米演播厅灯光吊挂系统改造项目

## 1. 项目简介

坐落地点：湖南广播电视台

设计单位：广东华晨影视舞台专业工程有限公司

施工单位：广东华晨影视舞台专业工程有限公司

获奖情况：第十三届中国照明奖照明工程设计一等奖

## 2. 项目详细内容

湖南广播电视台1400平方米演播厅灯光吊挂系统改造项目是在原电动、手动葫芦配合铝合金桁架吊挂方式的设备层结构基础上，设计安装了由49套数字化三维复合吊杆组成的吊挂矩阵。三维吊杆长2.5米，分布在7道30米长的轨道上，每道7套。该项目应用变频调速、PLC、工业以太网通信技术、工控机技术、Profibus DP网络通信技术、DMX512串行通信技术、编码器技术、激光测距等控制技术，实现对数字化三维复合吊杆在轨道上电动行走、上下升降、水平旋转的精准运行定位，并通过独立研发的可视化主备控台进行数字编程控制。

系统除了具有逻辑运算防碰撞多级保护功能外，还配置了雷达防碰撞、激光测距校正、机械限位和柔性连接、云台监控等多重防护措施，确保吊杆安全运行。

该灯光改造工程设计科学、技术先进、施工规范，系统投入运行后，有效地解决了不同节目灯具空间投光定位、排列造型费时费力的难题，很大程度上提升了湖南广电集团演播厅节目灯光制作水平。

## 3. 实景照片

# 山东广播电视台融媒体平台建设项目

## 1. 项目简介

坐落地点：山东广播电视台

设计单位：美国 Lighting design group 公司

北京星光公司

施工单位：北京星光公司

获奖情况：第十三届中国照明奖照明工程设计一等奖

## 2. 项目详细内容

山东广播电视台融媒体平台建设项目由美国 Clickspring Design 公司设计舞美场景，由美国 Lighting design group 公司设计灯光系统，由北京星光公司进行工程设计并安装施工。

本次融媒体平台建设项目包括街景演播室（主演播室）、L 型多功能演播室、VIP 演播室、新闻演播室、两个楼层站播区。其中街景演播室面积约 350 平方米，包含主播台区域、访谈台区域、站播区域及观众区域等四个功能区域。演播室舞美主要以实景和 LED 大屏相结合形式，四周墙面有 4 块可升降 LED 大屏，演区上方有 LED 天幕屏。L 型多功能演播室内包含主播台区域、访谈台区域和虚拟景区等三个功能区域。演播室灯具主要安装在迷你吊杆、上端的舞美框架以及墙面舞美景片上。灯具品种丰富，全部选用 LED 光源灯具，既有进口 LED 成像灯、染色灯、电脑图案灯，也有国产优质 LED 聚光灯。

该融媒体平台建设项目拥有国际化设计理念，安装施工规范合理，投入使用以来，各演区电视图像效果满意、画面场景精致、主持人形象靓丽，受到山东广电的肯定。

## 3. 实景照片

# 3.3

# 2019年优秀照明工程

# 曲阜孔子国际文化交流中心一期夜景照明工程

## 1. 项目简介

坐落地点：山东曲阜

设计单位：九格伙伴（北京）照明设计有限公司

施工单位：山东清华康利城市照明研究设计院有限公司

获奖情况：第十四届中国照明奖照明工程设计一等奖

## 2. 项目详细内容

孔子博物馆位于孔子故里山东曲阜，建筑由吴良镛院士主持设计，建筑面积为 4. 2462 万平方米，包含地面层（局部有夹层）和地上三层，是一座具有时代意义的重大文化工程，是儒家文化的集大成之所。

建筑亮化分为五个部分，分别是：顶、檐、拱、廊、基，不同的部位用不同的亮化手法，将建筑的大关系和层次感充分地表达出来，远观凸显建筑庄重、宏伟、大气，近观满足照度环境的和谐舒适，杜绝了眩光。顶部采用大功率窄光束彩色投光灯，彰显了孔子文化的丰富多彩与博大精深。檐部灯具采用 LED 瓦檐灯及 LED 嵌入式线性洗墙灯，色温 2300K，凸显了建筑物的宏伟大气。拱部灯具采用 LED 线性投光灯与 LED 灯带，色温 3000K，灯具交换点亮，突出了曲阜的经济蓬勃发展。廊部灯具采用 LED 水下灯和 LED 动态水纹灯以及 LED 投光灯，通过色彩的变换来体现建筑物的生动之美。基部采用 LED 嵌入式壁灯及 LED 方形投光，既体现基础轮廓的庞大又把基部的道路展现得淋漓尽致，展现了孔子文化源远流长及中国文化的特色。

## 3. 实景照片

# 曲阜尼山圣境大学堂室内照明工程

## 1. 项目简介

坐落地点：山东曲阜

设计单位：上海艾特照明设计有限公司

施工单位：上海中天照明成套有限公司

获奖情况：第十四届中国照明奖照明工程设计一等奖

## 2. 项目详细内容

尼山圣境是省级重点文化旅游项目，坐落于山东省曲阜市，是一个彰显齐鲁文化魅力的山水圣境、传承和弘扬先贤文化的人文圣境。大学堂是尼山圣境的核心建筑，又名儒宫，占地面积6.5万平方米，是一座集博物、典礼、讲堂、会议、演艺及餐饮配套功能于一体的综合性文化旅游建筑。

整体室内照明考虑在满足基本游览功能的需求之外，注重儒学文化氛围表达。根据孔子作为中国历史上伟大的思想家和教育家的定位，提炼出“儒学之光、烛照千秋”的照明主题概念。通过在整个儒宫内大量应用“烛光”的表达手法来烘托其照明主题。

其中仁厅是儒宫最核心的室内空间，规模宏大、书架成排、烛光摇曳，通过灯光、多媒体、传统乐器等不同的手段传递出儒家文化的精髓。仁厅的两侧“义、礼、智、信”四个厅以“白色、红色、黑色、青色”四个灯光颜色主题来对应中国四象“青龙、白虎、朱雀、玄武”。

儒宫整体采用智能照明控制系统，并为每个空间合理地分配回路及场景，确保可以高效节能地使用大学堂的所有场景。

## 3. 实景照片

# 上海市杨浦大桥夜景照明工程

## 1. 项目简介

坐落地点：上海市杨浦大桥

设计单位：上海市政工程设计研究总院（集团）有限公司

施工单位：上海罗曼照明科技股份有限公司

获奖情况：第十四届中国照明奖照明工程设计一等奖

## 2. 项目详细内容

本项目主要达到杨浦大桥主桥及滨江景观可视范围内的引桥部分（塔柱、拉锁、主桥桥侧、主桥桥腹、部分引桥桥侧）的夜景灯光效果，浦西段引桥长约85.8米，浦东段引桥长约79.1米，主桥长约1088米。在设计上突出虎虎生威的气势，打亮顶部虎头，强调虎身结构，表现桥梁结构强壮美；桥梁拉索提亮表现虎威气势，从美学上则表达刚性美与弹性美的强烈对比；桥侧面采取节奏变化灯光，表现天堑变通途的动感美；桥腹灯光打亮，水面倒影相映成趣。本项目整体以暗红色为主，体现工业印象，节假日桥侧和桥腹可单色流动变化。整体施工过程通过精准投射和精确配色，充分还原设计初衷，同时利用原有预留孔固定最大程度地保护桥梁结构，采用多重紧固技术，确保固定安全可靠。

## 3. 实景照片

# 青岛市奥林匹克帆船中心及国家会议中心夜景照明工程

**1. 项目简介**

坐落地点：山东青岛市

设计单位：中国建筑设计研究院有限公司

清华大学建筑设计研究院有限公司

施工单位：利亚德照明股份有限公司

获奖情况：第十四届中国照明奖照明工程设计一等奖

**2. 项目详细内容**

青岛奥帆中心景区位于“帆船之都”青岛市的浮山湾畔，总占地面积约45万平方米，是2008年北京奥运会帆船比赛和第29届残奥会帆船比赛举办场地，2018年6月，上合组织峰会在此举办，同时也是全国唯一“国家滨海旅游休闲示范区”，是万千游客来青岛必看的景点之一。

奥帆中心是青岛城市的旅游精华所在，是展现青岛城市形象的核心景观旅游区，可谓青岛的市民中心、会议中心、文化中心和城市客厅。

青岛奥帆中心最终照明设计方案主题为“天人合一，扬帆中国”。其中，会议中心灯光寓意着大国之光，扬帆远航。奥帆中心的照明结构为一核、一面、一带、三轴、十景。一核为青岛国际会议中心，一面为沿岸建筑面，一带为海岸线，三轴为火炬大坝、五环大坝、情人坝。十景为祈福灯塔、奥运火炬大坝、漫步情人坝、魅力海上剧院、奥帆博物馆、天合大道、帷幕彩虹、宝石港湾、奥帆丝带、心海广场。奥帆中心的夜景照明将树立青岛旅游及城市夜景新核心。

**3. 实景照片**

# 拉萨市大昭寺夜景照明工程

## 1. 项目简介

坐落地点：西藏拉萨老城区中心

设计单位：北京良业环境技术股份有限公司

清华大学（建筑学院）

施工单位：西藏朗明机电技术股份有限公司

获奖情况：第十四届中国照明奖照明工程设计一等奖

## 2. 项目详细内容

大昭寺位于拉萨老城区中心，是一座藏传佛教寺院，是西藏现存最辉煌的吐蕃时期的建筑，也是西藏最早的土木结构建筑，并且开创了藏式平川式的寺庙市局规式。环大昭寺内中心的释迦牟尼佛殿一圈称为“囊廓”，环大昭寺外墙一圈称为“八廓”，大昭寺外辐射出的街道叫“八廓街”，即八角街。大昭寺融合了藏、唐、尼泊尔、印度的建筑风格，成为藏式宗教建筑的千古典范。

大昭寺已有1300多年的历史，在藏传佛教中拥有至高无上的地位，是全国重点文物保护单位，为世界文化遗产。政府的支持、团队的打造，利用商业区灯光照度较高、实体建筑为较好受光载体的特点，采用间接照明、投射照明的方式，在很大程度上能改善大昭寺及周边整体环境、充分展示大昭寺夜间形象、营造城市文化氛围、增强城市空间吸引力、提升城市形象。

## 3. 实景照片

# “美丽青岛行动”浮山湾核心区夜景照明工程

## 1. 项目简介

坐落地点：山东青岛市

设计单位：栋梁国际照明设计（北京）中心有限公司

施工单位：豪尔赛科技集团股份有限公司

北京新时空科技股份有限公司

同方股份有限公司

深圳市千百辉照明工程有限公司

获奖情况：第十四届中国照明奖照明工程设计一等奖

## 2. 项目详细内容

青岛是沿海重要的中心城市，也是国际知名的旅游城市，青岛市夜景景观经过近些年亮化成果的累计，已有较好的夜景基础，由于受时间周期和技术因素的制约，整体夜景缺乏统一性、关联性和层次性。本次规划的目的：①完善功能景观照明；②构建城市夜景界面；③明确重点区域；④突出节点地标，将树立以浮山湾中心区为核心的青岛地景核心名片，塑造面向世界的长轴画卷。

设计说明：青岛市市南区浮山湾核心区将依托60多栋高层建筑，形成连续的夜景长卷，并结合其他高层建筑形成完整清晰的天际线。

设计理念：我们综合利用建筑结构的条件和可能性，用最新的科技手段，整合提升打造浮山湾的壮丽风景。平日节能模式下，用光体现城市天际轮廓线；节日模式下，点亮建筑立面及结构特征，突出城市核心；重大活动模式下，将建筑媒体立面作为大青岛的信息窗口和文化艺术的展示平台。每天播放15分钟的演绎灯光秀，在奥帆广场情人坝上及海上游览船等观景点，供游客及市民观赏。强化街道尺度功能性灯光和景观灯光增加地面亮度，突出政府到五四广场的轴线感，以此为中心向澳门路、东海路、香港路两侧延伸。浮山湾海岸线相比其他城市具有明显的长度优势，可观赏完整的浮山湾整体夜景效果，建成后必将成为世界著名的海湾明珠，同时也为青岛夜游打造出一道靓丽的风景。

## 3. 实景照片

# 台州市台州湾大桥夜景照明工程

## 1. 项目简介

坐落地点：浙江省台州市台州湾大桥

设计单位：浙江城建规划设计院有限公司

施工单位：浙江永通科技发展有限公司

获奖情况：第十四届中国照明奖照明工程设计一等奖

## 2. 项目详细内容

浙江省台州湾大桥及接线工程起点桩号 K98 + 858，路线起于三门县六敖镇，接三门湾大桥及接线工程，工程合同价格为 3313.2334 万元。

本次照明设计范围为台州湾跨海大桥、台州东互通、管理中心及收费站大棚。其中跨海大桥为双塔双索面叠合梁斜拉桥，全长 4038 米，北接临海，南承椒江。桥梁主跨 488 米，主墩有 64 根桩基，最长的桩基深 158 米，是目前已知国内入土最深的“第一深桩”，为国内桥梁施工之最，被誉为“中华第一桩”。本次桥梁照明设计本身包含功能性照明和景观照明两项内容，功能性照明主要解决夜间行走道路等交通问题。景观照明根据桥梁特点、通过恰当的照明手法体现出桥梁的立体感，从美学的观点出发表现大桥的魅力。利用灯光艺术效果，使蜿蜒伸展、错落有致的景观与川流不息的车流灯火形成一个动静结合的有机整体，创造一个舒适、惬意、美观的环境文化。形成一个以桥梁为核心的灯光景观节点。

## 3. 实景照片

# 婺源县文化广场及相邻路段夜景照明工程

## 1. 项目简介

坐落地点：安徽婺源

设计单位：龙腾照明集团有限公司

施工单位：龙腾照明集团有限公司

获奖情况：第十四届中国照明奖照明工程设计一等奖

## 2. 项目详细内容

婺源是徽州文化的发祥地之一，素有“书乡”“茶乡”之称，是全国著名的文化与生态旅游县，被外界誉为“中国最美的乡村”。

本项目以婺源文化广场为中心，涵盖西高速出口沿才仕大道、茶乡西路至茶乡东路灯光景观带；北高速出口沿朱熹大道、清华路、文公北路、文公南路至天佑路灯光景观带；文化广场及周边重点建筑；文公大桥至景观桥沿江景观带及周边的建筑；滨江宾馆至江湾大酒店沿河段及东门大桥桥拱。

其中文化广场的照明遵循“以婺源特色文化为魂，以创意为魄，以打造品质灯光为根”的宗旨，创新性地引入沉浸式照明理念，采用智能控制系统对广场的投影系统、灯光系统、雾森系统、音乐系统等进行统一智能一键式场景控制，结合动态水幕电影，彰显婺源城市韵味及历史人文。注重人的“情感共鸣”和“形体互动”，以体验为主，通过不同情景模式的演绎，让人沉浸其中，感受灯光的无限魅力。

对展示婺源城市特色、提高市民生活品质、促进城区商业旅游业的发展繁荣将起到积极的推动作用。

## 3. 实景照片

# 漳州三馆（博物馆、艺术馆、规划展示馆）照明设计工程

**1. 项目简介**

坐落地点：福建省漳州

设计单位：北京清控人居光电研究院有限公司

施工单位：北京新时空科技股份有限公司

获奖情况：第十四届中国照明奖照明工程设计一等奖

**2. 项目详细内容**

漳州三馆（博物馆、艺术馆、规划展示馆），是漳州市政府为了完善文化科技公共服务设施而建设的重点项目工程。总占地面积约 190 亩（约 12.67 万平方米），总建筑面积约 9.37 万平方米。

照明设计体现三馆本土文化的展示与传承、打造一个历史与现代、未来的漳州形象窗口。三馆用灯光重塑建筑的立体关系，突出品字中轴，低调内敛中体现闽南文化的神韵。对闽南传统建筑元素——“燕尾脊、骑楼”等特色突出表达，强化三大建筑对于漳州传统文化的时代意义。另外，灯光突出现代建筑空间组合形式和建筑材料的细腻呈现，表达出了漳州人对过去美好记忆的尊重和延续。

本项目尽可能将灯具隐藏，以减少对岸线及城市视看界面的影响；节能维护方面，项目在提升建筑亮度与均匀度的同时，根据建筑结构有针对性地选择灯具，以最优的灯光照明搭配，达到提高效果、减少能耗、方便维护的目的。

**3. 实景照片**

# 深圳市深南大道东段（上海宾馆—地王大厦）夜景照明工程

## 1. 项目简介

坐落地点：广东省深圳市

设计单位：深圳市千百辉照明工程有限公司
中规院（北京）规划设计公司
栋梁国际照明设计（北京）中心有限公司
北京清美道合景观设计有限公司
深圳市灯光环境管理中心

施工单位：深圳市千百辉照明工程有限公司

获奖情况：第十四届中国照明奖照明工程设计一等奖

## 2. 项目详细内容

2017 年，由深圳市罗湖区城管局牵头，与中国城市规划设计研究院开始编制的《罗湖区灯光区域详细规划》在“专项规划”的基础上，进一步明确了罗湖区内照明建设的重点片区与要素，提出“缤纷罗湖、人文罗湖、鼎新罗湖”的规划目标。

罗湖段：从红岭路至宝安南路两侧建筑夜景照明提升设计，共 16 栋楼体，包含深圳曾经的两大建筑地标（京基 100、地王大厦）等超高层建筑。项目整体以秀广场、塑地标、营氛围、靓大道为设计目标，通过大剧院广场及周边地标建筑的灯光联动，形成地标级城市秀场，打造“缤纷罗湖”繁华国际都市的新形象。项目竣工后，改变了地王大厦因建筑自身结构和材料的原因，十几年来政府和业主想尽各种办法都无法点亮的窘境，技术的成熟和设计理念的转变，让其重新焕发新颜。

福田段：深南大道东段，东起红岭路，西至华富路，总长约 2.4 千米范围内，沿街建筑、绿化的景观照明，以及华强北街道两侧建筑，地面绿化和构筑物的景观照明。共包含建筑 75 栋，绿化 5 千米，重要景观节点 3 处。

深南大道为深圳最重要的迎宾大道，是全市主要的连接线，号称“黄金通道”。福田段的景观照明设计主要为组团式营造，重点打造了红岭路口、市委周边、华强北等片区楼宇组团。同时对道路两侧绿化带进行了景观照明提升，在补充沿线人行道及绿道功能照明不足的同时，又起到了景观装饰作用。本次设计从城市尺度、街道尺度及近人尺度考虑，以人的体验感受为出发点，提高城市光环境水平为目标，进行了全方位的设计，实施后效果达到了设计预期目标。

## 3. 实景照片

# 上海市红星美凯龙家居艺术设计博览中心夜景照明工程

## 1. 项目简介

坐落地点：上海市

设计单位：上海艺嘉照明科技有限公司

施工单位：上海艺嘉照明科技有限公司

获奖情况：第十四届中国照明奖照明工程设计一等奖

## 2. 项目详细内容

红星美凯龙家居艺术设计博览中心位于上海市浦东新区金桥核心商务区，总建筑面积超 21 万平方米，成为浦东地区最大、最高端的家居广场。国际建筑设计大师保罗・安德鲁的设计则是最浓墨重彩的一笔，蜂巢的纹理元素表达勤劳的人们对家的向往和渴望，建筑曲线以流水般的形态包容着各类空间。

夜景照明设计依托建筑大师非凡的设计以及个性化的幕墙结构，同时契合“艺术设计博览中心”的名称主题，营造优雅迷人的艺术气息。灯具全部采用隐藏式安装在幕墙蜂巢结构背后，通过背投光的形式将墙面照亮并形成间接光剪影效果。通过光束角的控制，使面光源形成相对细腻的像素，结合建筑大气磅礴的展示面，构成了一幅堪称完美的精致画卷。夜晚来临，静态的云石玻璃结构给予整个照明效果骨架和支撑，鲜艳的橙色是否让你闻到了蜂蜜的香甜？动态的蜂巢立面千变万化，静以动立，动以静显，交相辉映，完美流畅的曲线，移步异景，是艺术与科技的最高呈现。

## 3. 实景照片

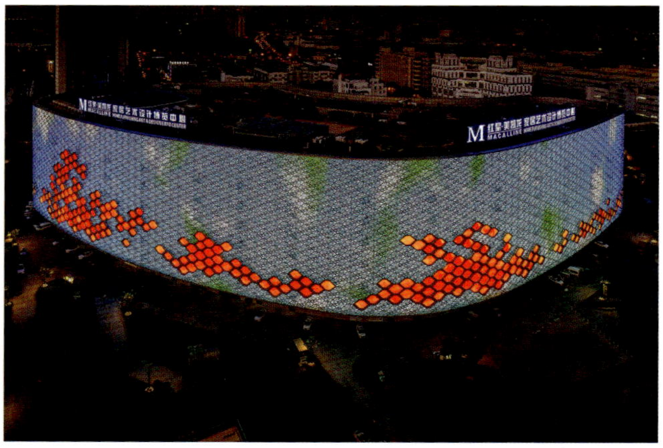

# 国家会展中心（上海）夜景照明工程

**1. 项目简介**

坐落地点：上海市

设计单位：华东建筑设计研究院有限公司

施工单位：上海亚明照明有限公司

获奖情况：第十四届中国照明奖照明工程设计一等奖

**2. 项目详细内容**

中国国际进口博览会的举办是以习近平同志为核心的党中央着眼新时代推进新一轮高水平对外开放做出的一项重大决策，国家会展中心（上海）作为承办这场举世盛会的主场馆自然也成为了人们关注的焦点。

国家会展中心（上海）整体呈现为“四叶草”的形态。照明设计中考虑利用屋面的建筑肌理使整个建筑物在夜晚变幻出“芯”“脉”“形”的意象，使其成为虹桥商务区夜景观的重要标志性元素，整体提高了国家会展中心的空间价值、项目定位。南广场“节气柱”经过精确的照明测算，使人在移动的过程中能感受到“移步异景”的梦幻体验；幕墙立面采用彩色大型穿孔百叶，以“缤纷四季”为主题，透过彩色格栅片的灯光表达打造国家会展中心（上海）的庆典氛围，经过计算机模拟和数十次的现场实验，最终呈现出光影统一、观感自然的照明效果。

整个项目综合采用先进智能控制技术、先进控光技术、先进施工工艺、先进检测设备等，保障了国家会展中心（上海）以一个完美的夜景形态迎接八方来客。

**3. 实景照片**

# 深圳市福田区（联动区域）夜景照明工程

## 1. 项目简介

坐落地点：深圳市福田区

设计单位：北京清华同衡规划设计研究院有限公司

施工单位：深圳市凯铭电气照明有限公司

获奖情况：第十四届中国照明奖照明工程设计一等奖

## 2. 项目详细内容

福田区灯光夜景提升亮化工程，以主体建筑福田中心区 43 栋楼宇建筑、市民广场、广场两侧绿化带及 6 个玻璃盒子形成现场联动的效果。

充分利用城市空间，营造独特的视觉体验。充分利用福田中心区的“U 形”城市空间，以市民广场、莲花山平台等视角为展示界面，沿中轴线两侧楼宇和会展中心进行，形成以市民中心为核心、平安大厦为地标引领的空间布局。共采用近 150 万套 LED 灯具，其中包含 118 万套点光源，国内首创“大小点光源组合”技术，配以激光灯、投光灯等，营造 270°环幕动态式、包围式、沉浸式的独特视觉体验。

大胆优化设计，降低投资用电。国内常规做法 LED 点光源一般是 1 米 6 颗，投资和用电巨大。经技术模拟和反复试验，利用福田中心区的空间特点，在确保效果的前提下，按“远疏近密”的原则，深南大道以南 1 米 3 颗，以北 1 米 4 颗，大量减少光源数量，功率密度远低于国家标准。同时大幅降低了用电量，一场表演（16 分钟）的用电仅 700 千瓦时。

## 3. 实景照片

# 湖北荆门钟祥市莫愁村二期及三期夜景照明工程

## 1. 项目简介

坐落地点：湖北荆门

设计单位：中辰远瞻（北京）照明设计有限公司

施工单位：武汉圣光未来照明科技有限公司

获奖情况：第十四届中国照明奖照明工程设计一等奖

## 2. 项目详细内容

莫愁村位于湖北省钟祥市，是距离市中心仅6千米的一个文化旅游综合体。景区的夜景照明在设计公司未介入之前已经完成了一部分，但是并没有达到预期的效果。新的设计采用了传统灯笼形式的照明集成系统，集合了自发光、下照光和投光灯具，其中自发光系统采用低功率光源，起到装饰性照明作用的同时又保证了灯笼的表面亮度不会过高；下照光系统的蝙蝠翼配光为路面提供了基础照明；投光灯对周围建筑立面进行针对性照亮。整个村落的照明系统是由灰空间的二次反射和投光系统共同构成的。以上照明系统可以保证一个平稳的照明结果，在此基础上，设计团队在景区内制高点和其他一些节点增加了全彩的灯光效果，并且区分了平日和节日的照明场景，在特定时期开启。

## 3. 实景照片

# 西安市创业咖啡街区夜景照明工程

## 1. 项目简介

坐落地点：陕西省西安市

设计单位：浙江天韵建筑设计有限公司

施工单位：深圳市凯铭电气照明有限公司

获奖情况：第十四届中国照明奖照明工程设计一等奖

## 2. 项目详细内容

西安创业咖啡街区拓展建设项目亮化工程，本次街区包括三个组团，分别是安吉巷组团、嘉会巷组团、光德路组团，三个组团构成一个统一体。

（1）安吉巷组团街道总长约 330 米，单体建筑 13 栋。安吉巷整体定位：小而美的文化商业街区，夜晚灯光色调以暖光为主，营造休闲、文艺、小资的休息创业空间。

（2）嘉会巷组团街道总长约 300 米，单体建筑 9 栋。嘉会巷整体定位：网红时尚艺术街区、灯光色调整体暖色、温馨宜人、色彩丰富、动静结合。

（3）光德路组团以建筑亮化为主，共有 7 栋建筑。光德路组团定位：商务办公，科技主题街，灯光表现大气简洁，又不失科技元素。

项目定位：科技、人文、艺术、创意、商业与城市空间融合的创业街区，为全球的优秀创业者们提供更具开放性、包容性、公共性和聚落特质的服务平台及环境氛围，将发展为独具魅力的创业者聚集地，带动城市更新、产业提升、国际化发展。

## 3. 实景照片

# 贵州独山净心谷景区夜景照明工程

## 1. 项目简介

坐落地点：贵州省独山县影山镇

设计单位：横店集团浙江得邦公共照明有限公司

施工单位：横店集团浙江得邦公共照明有限公司

获奖情况：第十四届中国照明奖照明工程设计一等奖

## 2. 项目详细内容

贵州独山净心谷旅游区位于贵州省独山县影山镇。南北最大宽度约 17 千米，东西最大长度约 22 千米，总面积 208 平方千米，占独山县总面积的 8.4%。影山镇东临三都水族自治县，南与麻万镇相接，西与都匀市的良亩乡相临，北与都匀市奉合乡交界，是影山文化创始人独山翰林莫与俦的故里，翰林文化、儒家文化、道教文化、佛教文化、布依族文化、水族文化、苗族文化突出。

贵州独山净心谷景区夜景照明工程以创新型灯光装置和灯光秀体现景区科技感及自然文化、民族文化、三教文化的独特性，动静结合营造景区舒适的灯光环境，整体塑造“翰林故里、魅力独山”高品质夜景，打造成多媒体跨平台互动夜游景区。在提升独山净心谷景区夜景照明环境与质量的同时，也提升了景区文化品牌的影响力，从“白天旅游”转向“夜晚旅游”，发展旅游新的增长点，提高了独山净心谷景区的经济效益，促进了夜游经济发展。

## 3. 实景照片

# 南宁市南湖公园环湖景观夜景照明工程

## 1. 项目简介

坐落地点：广西壮族自治区南宁市

设计单位：深圳市金照明科技股份有限公司

施工单位：深圳市金照明科技股份有限公司

获奖情况：第十四届中国照明奖照明工程设计一等奖

## 2. 项目详细内容

作为广西壮族自治区首府，南宁素有“绿城”和“水城”之称，南湖公园位于南宁市老城区中心，所在片区是南宁政治、经济、文化、科技教育和金融中心，是南宁的城市形象名片。公园紧挨南宁市政府和自治区党委办公驻地，园内拥有南宁市最长的环湖步道，是南宁市民日常休闲胜地，也是南宁的城市后花园。

本项目旨在打造高品质的南湖夜晚光环境，以静雅之光塑造南宁城市后花园，让南宁市民在繁华闹市中寻求一隅心灵休憩之所，真正感受到宁静雅致而又富有文化韵味的品质光环境带来的幸福感。

灯光规划对园区灯光亮度进行合理控制，使园区灯光亮度与周边环境形成一定的节奏和秩序感。对园区主要出入口及人流密集处建筑等进行重点灯光打造，构建夜景标识及提高安全性。园区内丰富的亚热带风情园林景观是一大特色，结合植物景观进行疏密有度的灯光布置，营造了舒适的灯光氛围。本项目适度融入民族文化元素，并通过全情景控制模式，实现园区不同应用场景的需求。

## 3. 实景照片

# 温州市瓯江两岸核心段夜景照明工程

## 1. 项目简介

坐落地点：浙江省温州市

设计单位：北京清华同衡规划设计研究院有限公司

施工单位：北京良业环境技术股份有限公司

获奖情况：第十四届中国照明奖照明工程设计一等奖

## 2. 项目详细内容

本项目范围包含七都大桥与东欧大桥之间的13千米瓯江的桥体、两岸建筑、景观、码头、山体，共有建筑109栋、码头5座、桥梁4座，山体秀覆盖面积950万平方米，景观带79万平方米，江心屿70万平方米。项目采用PPP模式。以山秀为引爆点，打造瓯江夜游运营线路，培育1.8千米光影码头商业价值，通过项目建设促进温州夜游经济发展。项目建成后150天运营周期内，游船共接待游客8000人次，1.8千米光影码头平均每天300人次，合计45000人次。另外根据温州市旅游局统计数据，2018年温州市游客住留人数较2017年提高12%，夜游对提高游客的住留量起到了积极作用。项目对促进地块招商、提高地块附加值起到了积极作用。通过运用卫星定位、无人机配合光瀑布架设等先进技术手段，跨专业合作，工人分批，分阶段实施，施工组织合理保证项目顺利亮灯。同时关注市民需求与夜游并重、双线并行、景点共赏的思路。岸边照明采用静谧、雅致的方式，为市民活动提供方便。夜游表演分多模式、精准控制、定期播放，减少了对市民的干扰。

## 3. 实景照片

# 大连市金石滩鲁能希尔顿度假酒店室内照明工程

## 1. 项目简介

坐落地点：辽宁省大连市

设计单位：北京光湖普瑞照明设计有限公司

施工单位：中国建筑第八工程局有限公司

获奖情况：第十四届中国照明奖照明工程设计一等奖

## 2. 项目详细内容

大连金石滩希尔顿度假酒店截然不同的气质，不仅仅是它的位置，更因为它的设计，在白天与夜色下的大自然中所呈现的尊贵氛围，并让顾客在私密中尽享欧洲宫廷贵族般的礼遇。

这个度假酒店是大连浪漫之都的隐秘花园之一。它建造在金石滩国家5A级旅游度假区最核心位置的山坡上，HBA设计师从当地遗留的西洋建筑中汲取了灵感，使其与整个片区西洋风情定位相协调，并凭借着海岸线上突起的制高点这一得天独厚的用地环境，营造出一个被大自然环绕的欧式宫廷花园城堡。

在大连金石滩的希尔顿度假酒店，设计师认为大自然是对人类尊贵感最为原始的馈赠。整个酒店被不同主题花园及自然环绕。进入酒店抵达庭院，光线在明暗亮度对比中，为夜晚抵达的顾客呈现出美好期待的氛围与戏剧性的叙事张力。

坐落在整个度假村的酒店抵达庭院，以温暖光色营造视觉焦点的迎宾水景为顾客营造欧洲古老的礼仪感。

穿过幽暗的景观花园，人们即刻沉浸在宁谧的植物园林中，温暖光色影影绰绰呈现美好的氛围，整个度假村酒店主体呈对称的形式，将中心欧式庭院、酒店大堂、观景台和海岛串联起来，形成中央主轴，客房沿海岸线一侧展开，使得更多的房间能够获得海景视野。

## 3. 实景照片

# 琼海市博鳌田园小镇夜景照明工程

**1. 项目简介**

坐落地点：海南省琼海市

设计单位：豪尔赛科技集团股份有限公司

施工单位：豪尔赛科技集团股份有限公司

获奖情况：第十四届中国照明奖照明工程设计一等奖

**2. 项目详细内容**

为了更好地迎接2018年博鳌亚洲论坛年会的召开，丰富博鳌周边居民的夜间生活，针对从博鳌机场至南海博物馆约30千米道路及沿线主要景观节点进行了夜景亮化打造，其中包括景观照明提升、路灯改造以及控制平台的打造。

整体夜景规划主要分为六大主题区段，分别为：欢迎、旅途、交流、集市、寻觅、融合，将30千米区域沿线景观进行整合归纳；灯光主基调与博鳌地域特色相融合，令自然环境、人文积淀通过灯光在夜色中绽放为设计思路；总体照明架构为“一核、两带、多节点”，其中一核为东屿岛，博鳌亚洲论坛主会场；两带为功能性道路照明；多节点是沿途重要景观照明节点。照明风格上摒弃了繁杂与绚丽的做法，采用相对质朴、自然的手法体现“可观、可居、可游”的田园小镇光环境，局部重点区域动静结合、冷暖呼应、节奏分明，让灯光交融于博鳌小镇的优美风光、人文气质中，令博鳌之夜宁静而舒适，让人回味无穷、流连忘返。

**3. 实景照片**

# 昆明市七彩云南·欢乐世界夜景照明工程

## 1. 项目简介

坐落地点：云南省昆明市

设计单位：上海碧甫照明工程设计有限公司

施工单位：四川亚鑫照明工程有限公司

获奖情况：第十四届中国照明奖照明工程设计一等奖

## 2. 项目详细内容

七彩云南·欢乐世界项目是诺仕达集团倾力打造的具有民族风情的大型主题公园，以古滇文化、地域文化和少数民族文化的唯一性和独特性为出发点，依托云南丰富的自然山水资源，融合康养健身、休闲度假等形成了具有中国特色的新型主题公园。在这里，民族文化与民族团结随处可见，它体现在每一处建筑里，融合在每一个演艺里。通过良好的设计和得力的措施引导，打造出了世纪花海、幻滇奇域、滇军营地、万象部落、霜月寒洲、洪荒秘境、童梦世界七大主题乐园分区共 81 个项目，凭借高科技多媒体互动和惊险体验，给当地安置的 14 个少数民族居民带来了丰富的物质、精神、文化生活。“七彩云南·欢乐世界”自 2018 年 7 月 5 日开业以来，获得了超高的人气和口碑，在 2018 年国庆黄金周以及 2019 年春节期间入园人数连创新高。古滇名城凭借欢乐世界主题公园、古滇湿地公园、养老小镇的“旅游综合体”组合，以单日 33558 人次创造了黄金周单体项目最高入园量。在 2019 年春节期间，大年初一当天就有近 3 万的游客进入欢乐世界园区，日均游客接待量超 2 万人。纵观云南旅游市场，文化主题游、生态游等新型旅游模式成为了市场新宠，云南旅游转型升级效果初显，极大地推动了云南经济效益的提高与城市建设的发展。

## 3. 实景照片

# 烟台市区夜景照明工程（一标段）

**1. 项目简介**

坐落地点：山东省烟台市

设计单位：烟台太明灯饰有限公司

施工单位：烟台太明灯饰有限公司

获奖情况：第十四届中国照明奖照明工程设计一等奖

**2. 项目详细内容**

烟台市区景观照明设计施工一体化工程（一标段）位于山东省烟台市中心区域，包含烟台第一高楼——世贸大厦和天鸿等 11 栋高层建筑，滨海广场整体和广场内沿海沿街主要百年历史红顶建筑群，是烟台市重要的市民工程。

本项目根据烟台城市夜间形象提升及夜游经济发展的需要，以“仙境海岸、鲜美烟台”为主题，以“城市客厅、欢乐之光”为建设理念，通过流光溢彩的夜间照明，在 2019 年春节前，为烟台市民和八方游客献上一份具有烟台城市特色的新春贺礼。

本项目采用了多种类型的特色互动灯具和灯光互动小品，通过智能控制系统和多种感应形式实现人与照明的和谐互动。

本项目建成后，烟台开启海上夜游，广场人流量大增，酒店入住率很高，沿线房地产商业价值大幅提升，得到了当地各级政府领导的高度评价，体现了“以人民为中心的发展思想，增强人民的参与感、获得感、幸福感”。

**3. 实景照片**

# 上海市虹口区北外滩（一期）夜景照明工程

## 1. 项目简介

坐落地点：上海市虹口区

设计单位：上海现代建筑装饰环境设计研究院有限公司

苏州亮尔照明科技有限公司

施工单位：上海亚明照明有限公司

获奖情况：第十四届中国照明奖照明工程设计一等奖

## 2. 项目详细内容

本项目位于上海市虹口区北外滩滨江段，建设内容包括滨江 2.5 千米沿线景观照明、天际线重要建筑照明，以及景观照明集中控制系统的建设。设计在保证黄浦江夜景整体统一协调的同时，主要突出北外滩的航运文化、水文化特色，通过多层次、立体化的夜景效果，塑造北外滩蓬勃发展的态势，整体呈现“水韵北外滩、启航新上海”的夜景意象。方案体现“文化领航、资源整合、存量激活、水墨意蕴、智能互联”的五大设计亮点。设计整合了 8 栋楼宇已有灯具，通过控制系统优化与呈现内容的创作，实现了“2 + 6”的灯光联动效果，成为黄浦江夜游的新亮点。将国客码头用灯光进行激活，通过投射光影旖旎的水波纹，打造出梦幻水影码头的意境。将中国画中特有的艺术着色手法应用于滨江树木照明，树冠用黛青色晕染，树木下部采用暖白光投光，体现了江南的水墨意蕴。通过物联网技术，滨江景观照明均接入集控系统，在使用上和控制上智能化、灵活性、同步性兼具，能满足市级、区级、个体控制的多层面要求，区段的照明管控迈入了智能互联的新层次。

## 3. 实景照片

# 仪征市综合体育馆夜景照明工程

## 1. 项目简介

坐落地点：江苏省仪征市

设计单位：浙江大学建筑设计研究院有限公司

施工单位：上海新炬机电设备有限公司

获奖情况：第十四届中国照明奖照明工程设计一等奖

## 2. 项目详细内容

本项目建筑面积3.7万平方米，是一个多功能的体育馆，兼具城市重要赛事和市民体育锻炼的功能。在这样一个大型的体育公园背景下，体育馆作为其中唯一的大型且有相当视觉力度的建筑体，将承担更重要的城市角色。

照明设计遵循建筑体的角色担当，以“城市”礼盒为概念，犹如一个漂亮的礼盒，向城市和居民献礼。并贴合体育工艺，结合运动要求，选择恰当的照明灯具，合理布置，控制好照度，规避眩光，营造安全、舒适的运动环境。

照明设计还尊重建筑师的理念，将仪征综合体育馆打造成一个晚间晶莹剔透的礼盒，由内而外，通透匀净，熠熠生辉。我们始终坚持，公共空间照明重点在于舒适不张扬，照明氛围在于精致有序并富有内涵。

因此，灯具被隐藏在陶棍的幕墙结构上，保证建筑物美观的同时，并向上均匀地洗亮幕墙。我们选择可以准确表达陶棍颜色的3000K暖白色，同时给人带来温暖、亲切的感受。在体育馆的大台阶上，我们在扶手下暗藏了灯带，提供了舒适的功能照明。在入口的灰空间及室内通道，采用有趣的发光砖来做引导性照明。

## 3. 实景照片

# 厦门星际酒吧舞台灯光吊挂工程

## 1. 项目简介

坐落地点：福建省厦门市

设计单位：浙江大丰数艺科技有限公司

施工单位：浙江大丰实业股份有限公司

获奖情况：第十四届中国照明奖照明工程设计一等奖

## 2. 项目详细内容

STELLAR 星际酒吧位于厦门思明区明发商业广场内，整个项目采用未来科技打造四维空间理念，利用整体宽阔空间，在 1500 平方米的娱乐空间内有 15 米无遮拦挑空，设计上万种造型变化，带来从未体验过的异次元空间。

舞台机械吊挂分为椭圆星系、星云穿梭、战舰降临三部分。①“椭圆星系”由 12 道可升降且自由翻转的椭圆半环拼接成 5 个椭圆。机械五环的自由翻转可形成震撼的三维星系效果。②“星云穿梭”由 12 块可平移升降翻转的机械大屏组成，大屏最大尺寸宽为 2. 5 米、长为 8 米。③“战舰降临”是一艘长 9 米、宽 4 米的机械飞船位于 party 区中心上空，与 DJ 台垂直，它在“椭圆星系”内垂直穿梭，也可自由翻转。

在这样的顶级舞美空间里，配置了 1000 余台专业舞台灯具、600 余平方米的 LED 高清 P4 全彩显示屏、6800 块定制光源模块、1710 台定制单点光源、280 台定制光源阵列，各部位均有相应的灯光及 LED 屏幕，可灵活多变按需求组合，可拼接任意形状的光感，带来千变万化的空间视觉效果，以达到万丈光芒爆亮全场的效果。

## 3. 实景照片

# 《归来·三峡》大型实景旅游演出项目

## 1. 项目简介

坐落地点：重庆市奉节县白帝城景区

设计单位：北京星光影视设备科技股份有限公司

施工单位：北京星光影视设备科技股份有限公司

获奖情况：第十四届中国照明奖照明工程设计一等奖

## 2. 项目详细内容

《归来·三峡》大型实景旅游演出项目位于重庆市奉节县白帝城景区的长江江面上。演出以夔门、瞿塘峡、白帝城为背景，以中华诗词为主线和根基，通过声光电等高新技术呈现方式，让观众在古诗词的引领下，通过通俗易懂的讲解，形成新的中国传统文化体验。《归来·三峡》秉承生态环保理念，对“水”元素的创新利用与展示是项目的亮点之一。除演出地点位于瞿塘峡外，演员的绝大多数表演也都在水上完成，演出全程处处可见对“水”元素的尊重与创造性处理。在建设方面，作为全球罕有的大型内河水上演艺项目，《归来·三峡》具有水上工程体量大、技术复杂、自主创新程度高等特征。其中，观众浮台长111.6米、宽34米，面积3800平方米，可同时容纳1738名观众；演出浮台长160.8米、宽54米，面积8600平方米。

## 3. 实景照片

# 汉江朝宗演艺项目《知音号》大型演艺船灯光系统

## 1. 项目简介

坐落地点：湖北省武汉市

设计单位：湖北光影空间系统工程有限公司

广州彩熠灯光股份有限公司

施工单位：湖北光影空间系统工程有限公司

广州彩熠灯光股份有限公司

获奖情况：第十四届中国照明奖照明工程设计一等奖

## 2. 项目详细内容

《知音号》作为全球首部漂移式多维体验剧，整个演出在长江上第一艘以 20 世纪 30 年代风格打造的大型主题演艺轮船上完成，分上下三层，长 120 米、宽 22 米、高 15 米，共 98 个舱室，每个场景均按戏剧场景精心打造，船上中央大厅气势恢宏，由一层贯通到三层。另外，设计与装修风格完全仿造 20 世纪 30 年代的江上轮船，灯光、桌椅等 100 多种道具均是仿古造型，营造出真实的时代效果和舞美效果，有“移动的博物馆”之美称。

整个灯光系统控制了 3100 多个功率不同的灯光设备，75% 的灯具使用低压调光模块进行控制，灯光控制系统采用光纤网络主信号双备份，即主干网络为光纤信号，采用热备份网络信号，双智能交换机同时工作，如运行过程中一个处理器出现故障，系统自动将有故障的处理器挂起，另一处理器继续工作，不影响信号指令执行，保证系统安全可靠地工作。在使用 3 年的过程中没有出现过系统故障。

## 3. 实景照片

# 第四篇 地区照明建设发展篇

# 北京城市照明建设与发展（2018—2019）

梁红柳[1] 宋军[1] 徐华[2] 王政涛[2]
（1. 北京市城市管理委员会 2. 北京照明学会）

北京市城市照明工作坚持以习近平新时代中国特色社会主义思想为指导，精细做好城市照明日常保障，共同创造首都人民的幸福、美好生活，促进了城市安全、舒适、健康、可持续的人居环境建设，成绩显著。高标准开展天安门广场及周边景观照明提升工作，精心组织北京市城市副中心行政办公区城市照明建设和保障工作，全力开展全市无灯路问题治理工作，全面开展农村公共照明调研及制定规范，有序开展二环路、三环路等景观照明改造提升等。

## 一、高标准做好重大庆祝活动景观照明提升工作

### 1. 天安门广场周边建筑景观照明提升工程

根据新中国成立 70 周年庆祝活动总体安排，北京市城市管理委员会照明处组织实施了天安门广场周边主要建筑景观照明提升工程，涉及天安门城楼、人民大会堂、国家博物馆等 6 个业主单位，共计 11 个单体建筑。这些景观整体烘托出了天安门广场地区庄严、恢弘、整饬、喜庆的夜景氛围，图 1 ~ 图 5 即为其中几个景观的夜间照片。

图 1 天安门城楼（北京清华同衡规划设计研究院有限公司提供）

图 2 人民大会堂（北京清华同衡规划设计研究院有限公司提供）

### 2. 中轴线传统轴线部分照明景观提升

北京中轴线的传统轴线部分结合申请联合国文化遗产，部分项目进行了景观照明提升，中轴线北部奥运中心部分结合国庆 70 周年庆祝活动进行了景观照明提升。图 6 ~ 图 8 为其中部分景观改造后的夜景照片。

## 二、着力解决功能照明问题，推动全市路灯问题专项整治工作

### 1. 100 条“无灯路”路灯建设民生实事任务进展顺利

为解决群众夜晚出行照明问题，北京市城市管理委员会照明处通过前期大量调查摸底工作，会同十六个区确定 100 条

图 3　国家博物馆（北京富润成照明系统工程有限公司提供）

图 4　国家大剧院（北京良业环境技术有限公司提供）

“无灯路”路灯建设任务清单，并于 2019 年 3 月 27 日下发《关于落实 2019 年“无灯路”路灯建设民生实事任务的通知》，持续督促、检查各区按照任务清单抓紧推进工作落实。2019 年 4～10 月，坚持每周一次专项督导统计，不断推进建设任务按清单有计划开展，并于 10 月 29 日下发通知《关于加快推进 2019 年“无灯路”路灯建设民生实事任务的通知》。2019 年 11 月 10 日后，每日沟通协调推进任务落实，目前 100 条实施任务中已完成路灯设施建设并亮灯的道路有 81 条，其余 19 条正处在路灯设施施工阶段，将于近期陆续完工并亮灯。

**2. 大力推动全市路灯问题专项整治**

遵照市领导关于“开展两灯专项整治”的指示，会同各区、各相关单位制定《关于北京市路灯问题专项整治工作方案》。北京市城市管理委员会照明处 2019 年 2 月 21 日向各区城市管理委员会下发《关于加快推进解决道路照明“有路无灯”“有灯不亮”问题的通知》，部署排查整治工作。2019 年 3 月 1 日，召开全市照明管理工作会，传达市领导指示精神，

图 5　正阳门（北京良业环境技术有限公司提供）

图 6　天坛（清华大学建筑设计研究院、北京平年照明技术有限公司提供）

预先部署了 2019 年路灯问题专项整治工作方案，3 月 15 日经市政府批准印发《关于北京市路灯问题专项整治工作方案》。之后，积极督促各区按照专项整治方案要求推进工作，同时与市委督查室紧密联系，进行两次座谈，沟通相关工作进展情况。

按照“路灯问题”专项整治工作的总体部署，目前全市“有路无灯”道路已完成路灯设施建设并亮灯的有 177 条，另有 36 条无灯路正处在路灯设施施工阶段，剩余部分正在有序推进施工前准备工作，并将于 2019 年年底全部完成。另外全市“有灯不亮”道路已修复亮灯 40 条，剩余 4 条正在施工修复中。

图 7　景山公园（寿皇殿建筑群）景观照明（北京平年照明技术有限公司张帆摄影）

图 8　奥运瞭望塔（北京良业环境技术有限公司提供）

## 三、北京市城市副中心行政办公区城市照明建设和保障

2019 年 1 月 10 日晚，中国共产党北京市委员会（简称北京市委）和北京市人民政府（简称北京市政府）牌匾从位于市中心的原址摘下，第二天即 1 月 11 日上午，北京市委、市政府、北京市人民代表大会常务委员会（简称北京市人大）、人民政治协商会议北京市委员会（简称北京市政协）四大班子在位于通州区的新址揭牌。北京市委、市人大常委会、市政协办公区在城市副中心北、东、西三面呈品字形排列，北京市政府办公区位于市委办公区北侧。北京市城市副中心景观照明秉承“庄重、绿色、智慧”理念，满足外事活动、重大节假日和重大活动景观照明的需要，已完成了一期景观照明建设（见图 9），规范了运行保障流程和工作要求。

图 9　北京城市副中心夜景（北京良业环境技术有限公司提供）

## 四、有序开展市属景观照明建设、提升和改造

### 1. 推动长安街（建国门至复兴门）景观照明提升改造

东长安街 6 号、12 号、西单广场和西单图书大厦 4 个单位等做了景观照明提升改造工程。

### 2. 开展二环、三环路等景观照明建设改造项目

包括二环路 4 座立交桥景观照明项目，三环路国贸桥、三元东桥、燕莎桥景观照明建设项目；方庄小区、天宁寺桥、天安门广场松树彩灯等景观照明设施拆装项目。

## 五、北京世园会景观照明建设

2019 年中国北京世界园艺博览会（简称 2019 北京世园会或北京世园会）是经国际园艺生产者协会批准，由中国政府主办、北京市承办的最高级别的世界园艺博览会，是继云南昆明后第二个获得国际园艺生产者协会批准及国际展览局认证授权举办的 A1 级国际园艺博览会。2019 年 4 月 29 日～2019 年 10 月 7 日，2019 年中国北京世界园艺博览会在中国北京市延庆区举行，展期 162 天，参展方遍布欧洲、北美、非洲、拉美、大洋洲和亚洲。以“绿色生活 美丽家园”为主题，以“让园艺融入自然，让自然感动心灵”为理念，园区呈现“一心、两轴、三带、多片区”的总体格局，景观照明为北京世园会增添了光彩（见图 10 和图 11）。

## 六、编制景观照明管理和农村地区照明建设相关导则规范

### 1. 修改制定《北京市景观照明管理意见》

按照住房和城乡建设部《关于加强城市景观照明管理意见的通知》的要求，结合北京市实际工作，通过会议和发函形式，向北京市住房与城乡建设委员会、规划和自然资源委员会、发展和改革委员会和财政局征求意见，进一步修改完善，形成了《关于北京市加强城市景观照明管理的意见》（送审稿）。

图 10　北京世园会夜景（中国建筑设计研究院有限公司提供）

图 11　北京世园会演艺中心（北京良业环境技术有限公司提供）

**2. 组织编写《农村地区公共照明技术导则》**

根据各区村庄公共照明设施摸底调查情况，完善基础台账和治理计划，组织《农村地区公共照明技术导则》编写工作，通过征求各部门和各区意见，经专家评审修订后，正式印发执行。

**3. 组织编写《北京城市景观照明规划设计导则》**

对北京市“十三五”规划期间城市照明规划目标进行细化、量化，从市、区、街道层面进行分区、分类，从亮度、光色、动态指标上进行规划控制，从照明主题氛围、图示手法等具体做法给出更形象直观的效果示意，从照明方式、灯具选择等角度，给出具体建议。

**4. 组织编写国家标准《室外照明干扰光限制规范》、《室外照明干扰光测量规范》**

**5. 发布 GB/T 35626—2017《室外照明干扰光限制规范》，并于 2018 年 7 月 1 日实施；《室外照明干扰光测量规范》已完成送审稿。**

## 七、精细做好城市照明建设，保障重大活动及日常生活

**1. 全力做好新中国成立 70 周年系列演练保障**

2019 年 9 月 7 日、14～15 日、21～22 日配合三次全流程演练，与联欢活动进行合光调试，处室全体人员及有关单位共 20 人彻夜值守，全力确保“万万无一失”。并根据中央、北京市领导指示，进行控制眩光、调整方案和路灯杆接电整治等工作。配合中央电视台宣传和备播拍摄，4 次组织中心城区景观照明进行重点和定点保障。

**2. 组织做好重大节日和重大活动城市照明保障**

组织全北京市城市照明设施，完成春节、“两会”、“世界园艺博览会”、“亚洲文明大会”、五一、端午、中秋等重大节假日和重大活动保障。参加“地球一小时”北京主场活动，组织全市景观照明设施参与熄灯活动。

**3. 提高巡查检修灵敏性和准确率**

充分利用现代化的道路照明运行维护手段，提高路灯故障报告的准确度和抢修人员的灵敏性，缩短熄灯时间，提高亮灯率。

**4. 扎实开展城市照明设施的安全检查和隐患排查工作**

在各区和各运行维护单位做好日常检查排查的基础上，及时组织全市城市照明设施专项安全检查和隐患排查工作，梳理隐患苗头，建立整改清单，明确各级责任。

# 上海市黄浦江两岸景观照明建设

陈玮炜

（上海市市容景观事务中心）

2018 年 11 月 5 日，首届中国国际进口博览会（简称进博会）在上海召开。为了办好首届进口博览会，上海举全市之力加强城市精细化管理，做好城市服务保障，打造城市靓丽景观，全市市容、市貌焕然一新。作为精细化管理的重点工作、服务保障的重要对象、城市景观的主要载体，上海的景观照明、特别是黄浦江两岸（见图 1、图 2）的景观灯光经过全线改造、全面升级，在进博会期间全新亮相、大放异彩，点亮了上海之夜的美轮美奂，点燃了四方来客的厚谊深情，让世人为之惊叹，让世界为之惊艳。

## 一、璀璨浦江，魅力上海

上海这座长期领中国改革开放风气之先的滨海之城，终于又一次迎来了成为世界瞩目的高光时刻。荣耀的背后，既有厚积薄发的历史必然，又有精益求精的现实选择，还有追求卓越的未来梦想。

## 二、上海的景观照明发展历程

罗马不是一天建成的，上海的景观照明发展历经 30 年，实现了从无到有、从有到优的历史性大跨越。作为我国最早开始规模化发展景观照明的城市之一，在 19 世纪 80 年代末，上海对南京路商业街进行了霓虹灯店招改造，并在外滩万国建筑群首次引进了大功率气体放电灯进行泛光照明，到 20 世纪二三十年代，上海已经享有“东方不夜城”的美誉。新中国成立后，上海景观照明的发展在相当长的一段时间内停滞不前。1989～1992 年，上海景观照明处于初创阶段，在全国改革开放的大背景下，为了发展城市观光旅游业，通过以商养灯、以灯促商的形式重启景观照明建设，让“夜上海”重新亮了起来。1993～1996 年，上海景观照明进入拓展阶段，围绕“四点四线”建设目标，全市建成约 40 公里的“景观灯光

图 1　“万国建筑，百年故事”的老外滩

图 2　深度融合传统与现代的北外滩

路线”。1997 ~ 2010 年，上海景观照明进入全面发展阶段，以第八届全运会、APEC 会议、六国峰会、世博会等重大会议和重要活动为契机，以“浦江辉映”“星光灿烂”“窗口形象”三大工程为主要抓手，在全市建成近 100 公里的“景观灯光路线”。2012 年至今，上海景观照明进入增量提质阶段，对全市景观照明进行总规划、总布局，全面推进、突出重点、凸显特色，力争打造精品。

## 三、打造世界一流的夜景灯光工程

上海因“不夜城”而驰名中外，但近年来，区域灯光建设“冷热”不均的矛盾比较突出；“城市过亮”导致光污染、能耗高的问题普遍存在；陆家嘴地区、黄浦江两岸的灯光在整体性和均衡性方面也有欠缺。为了改变现状，推动景观照明体系实现质的飞跃，2017 年，上海 30 年来首部景观照明专业规划——《上海市景观照明总体规划》发布实施。规划彻底打破了行政分区概念，以上海特有的人文、地域特色为基础，统筹夜景布局、亮度色温、动态照明、彩光应用、光污染控制等涉及景观照明品质全方位因素，建立了上海景观照明规划体系，并首次将景观照明区域分为核心区域、重要区域、发展区域、一般区域及禁设区域，勾勒出“一城多星”“三带多点”的城市夜景整体形象。从此，在建设世界一流城市夜景的漫漫征途中，上海也有了“指南针”和“作战图”。

## 四、进博会经验

不积小流，难成江海。进博会上，上海的夜景灯光之所以能技惊四座（见图 3、图 4），是因为千千万万的景观照明建设者脚踏实地、一丝不苟地检查、校对、调试每一个方案、每一盏灯泡、每一颗按钮，面对时间紧、任务重、困难多的严峻形势，高强度、快节奏是他们的工作“标配”，临近开幕，24 小时“连轴转”是他们的工作“常态”。台上一分钟，台下十年功，正因为事无巨细地作了万全的准备，才能在短短四个月内，完成了 14 余万套灯具、5 万多米灯带、600 余套控制终端等安装调试任务，实现了黄浦江两岸 20 公里岸线、388 栋重要建筑、16 座码头和 4 座跨江大桥的景观灯光提升改造，以及黄浦江两岸景观照明集中控制系统建设，才使得经典、海派、时尚、繁华的浦江夜景受到了市民及国内外游客的广泛好评。

图 3　极具现代感与时尚感的小陆家嘴

图 4　“诉说”工业文明的杨浦滨江

## 五、未来展望

荣耀属于过去，未来必须拼搏。未来，上海将以习近平新时代中国特色社会主义思想为指导，深入贯彻落实习近平考察上海重要讲话精神，按照市委、市政府的要求，围绕建设卓越的全球城市，抓住进博会等重大活动举办契机，着力建设国内领先、国际一流的夜景灯光，着力打造靓丽的城市名片，推动“东方不夜城”焕发出新的生机。

# 南京市城市照明建设与可持续发展（2016—2018）

沈　茹
（南京照明学会）

近三年南京市着重打造新南京、新图景，打造“一带一路”节点城市、长江经济带门户城市、长三角区域中心城市和国家创新型城市即“四个城市”定位，发展创新型、服务型、枢纽型、开放型、生态型“五型经济”，逐步把南京市建设成为经济繁荣、和谐宜居、生态良好、富有活力、特色鲜明的现代化城市，城市照明建设依托南京山水相间的自然形态，彰显文化古都、滨江城市、人文绿都的风貌特色，通过科学系统地规划引导，城市照明建设实现了可持续发展。

## 一、南京城市照明建设概况

为彰显城市形象，南京市制定实施了《主城区夜景照明提升三年计划》，该计划结合南京城市特质，围绕长江、秦淮河、玄武湖、明城墙、道路系统等，建立“一江一河一湖两环多节点”的夜景照明立体构架，打造气势磅礴的“最南京”城市夜景形象。

三年提升计划按照市政府的统筹安排，2016 年在梳理主城区夜景照明框架的基础上，选取了 8 项工程先期实施，具体为：①赛虹桥立交、双桥门立交、纬七路高架沿线；②南京南站北广场及落客平台、玉兰路；③南京站南广场及落客平台；④玄武湖、九华山；⑤秦淮河示范段；⑥鼓楼广场；⑦南京城墙全线（含城门（楼））；⑧纬三路立交、江北大道高架沿线。选取的载体主要为具有南京特色的风貌区域，通过夜景照明的实施，打造成为南京首批的“夜景名片”，起到良好的城市形象展示作用。

2017—2018 年按照总体计划的要求加速推进，选取了一批城市主干道、旅游路线、交通枢纽、商贸集聚区集中进行夜景照明提升，构建城市夜景照明的骨架，全方位、多角度的展示城市风貌，并规划深度体验夜游路线，点亮“夜间经济”。通过系统的灯光布局设计，总体形成“三轴两带三节点”的夜景格局，南北向的城市主干路展示了南京“人文绿都”、“文化古都”、“滨江城市”的主要风貌；滨江，滨河打造成为夜游体验带，促进城市夜间经济发展；两座立交桥和一个商圈成为特色营造、品质凸显的重要节点。

## 二、南京城市主要照明工程建设成效

### （一）道路篇——全面展示城市形象

通过对南京市南北向重要的三条主干道路及沿线建筑的统一设计实施，向居民及游客全面展示“宜居宜业”的城市形象。

#### 1. 城东干道

城东干道地位重要，同城西的虎踞路共同构成虎踞龙盘之势。建设范围从南京火车站到晨光立交桥全长约 10km，设计定位为打造立体的夜景画卷，全方位地展示南京“人文绿都”的风貌。创新性地打造局部的夜景并以此形成具有丰富空间纵深的画卷，以道路上重点打造的建筑作为中心，与对侧建筑或景观区域构成冷暖错落、交相辉映的夜景画面，并可以形成整体变化。

#### 2. 城西干道

城西干道设计范围分为南北两段：北段北起四平路长江大桥，南至定淮门大街；南段北起定淮门大街，南至赛虹桥立交，全长共计 7km。城西干道北段是体现大桥记忆的城市文脉，南段是展示南京“山水城林”城市形象的景观长廊。设计主题为“光韵夜廊道，古今显华章”。通过明暗有序的照明设置，针对传统和现代建筑设置不同风格的光色和照明手法，表现区域内以文化、艺术为特点的古城之美，又不失大气现代的都市繁华景象的夜间氛围。赛虹桥立交及周边照明效果如

图 1 所示。

图 1　赛虹桥立交及周边照明效果

**3. 江东路**

江东路位于南京主城西部，是贯通河西地区南北的交通主动脉，是南京滨江城市现代风貌的展示窗口。实施范围北起定淮门大街，南至应天大街，全长共计 5km。道路两侧业态醇熟，立面统一有序，高度连续起伏不大，视线内画面整齐而有节奏。通过景观照明建设提升，打造体现“生态、人本、智慧、高效”的城市夜景名片和滨江文化地标（见图 2 和图 3）。

夜景照明在统一而又丰富的照明基调的基础上，注重观景者的参与体现，打造体现技术与艺术相结合的区域互动，建立独有特色的街景形象。

图 2　江东路照明效果

图 3　应天大街高架照明效果

**4. 凤台南路**

凤台南路位于南京主城南部，是连接主城和雨花台区的重要通道。“印象·南京”是南京道路网络夜景照明的设计主题，将金陵山水画卷赋予每个重要篇章，凤台南路作为本次画卷的一个重要段落，其夜景照明的立意主题是毗邻的赛虹桥立交的“山、水、城、林”延续（见图 4）。

夜景照明一方面通过照明手法让立交与周边深厚的历史载体得以相互印证，使城市独有的景观历史的记忆得以彰显，让城市文脉得以延续；另一方面更将其作为现代城市中的重要节点，创造区域照明的亮点，感受光影的神奇魅力。

图 4　凤台南路立交及周边照明效果

**（二）滨水篇——深度体验南京文化**

集中打造南京极负盛名的玄武湖周边、秦淮河风光带、长江风光带的夜间形象，除了展示滨水特色以外，采用新理念、新技术解读地域文化，使其成为能够深度体验南京文化的夜游路线，促进夜间旅游发展。

**1. 秦淮河**

选取秦淮河流经南城外的西（清凉门桥—丰台桥）、南（雨花桥—凤台桥）两段，以游船画舫为载体，打造夜游示范段，影映古老城墙和现代文明建筑的交相辉映的古城新韵景象（见图 5）。

图 5　秦淮河风光带照明效果

南（雨花桥—凤台桥）段的南岸 3 公里岸边安装投光灯营造周边绿植的光影层次。西（清凉门桥—丰台桥）段全长 4 公里，照明以“水墨丹青画秦淮”为主题，突出“最南京”的城市印记，打造“人在画中游”的意境。照明手法以水墨画的补色对比、复色晕染、光与影等方式，描绘秦淮文化中富有特色的“哓雾复霏霏”、“烟笼寒水月笼沙”美景。

7 座桥梁从清凉门桥、凤凰铁桥为起笔点题，凤台桥为落笔呼应，形成抑扬顿挫、动静结合、主次分明的画卷（见图 6）。清凉门桥起笔点题，采用尊重其本体的蓝色光，与桥腹的暖黄色光形成对比；凤凰铁桥为人行桥，用白光打在桥拱上，用来致敬秦淮分月白色的月光，将光带藏在扶手上，并设置传感器与行人产生互动；汉中门桥弱笔陈述，和建邺路桥用灯光塑造有节奏韵律的灯光；水西门桥高潮升华，将特色护栏式一条通透灵动的光带，在水系周边设置喷雾系统，将整个桥梁节点打造成梦幻水岸；集庆门桥通过彩虹水帘的打造，形成震撼的场景；凤台桥落笔呼应：护栏和桥腹形成两个层次的光色，蓝色和黄色形成对比。

图 6　秦淮河风光带照明效果

## 2. 玄武湖

基于玄武湖载体特征和照明现状分析，提出相应的照明提升策略：

（1）考虑到极佳的视看角度和超高的人气，将玄武湖东侧边界的城市建筑形成的界面作为照明展示城市形象的载体，西侧则作为展示良好自然风貌和历史人文的载体，打造具有南京特色的夜景名片（见图7）。

图7　夜幕下的玄武湖

（2）强化玄武湖景区内部夜景照明，在提供环湖路、洲岛路基础照明的同时，提升湖心岛的照明形象，通过照明设置形成层次丰富、韵律强烈的整体照明形象，显著提高景区品质（见图8）。

图8　玄武湖照明效果

## 3. 河西滨江示范段

河西滨江示范段是指河西大街至鱼嘴鱼背湿地公园一段，全长约5km。总体思路为“展示与体验结合，宜居与宜游并重”，重点在于：

（1）以天际统一、立面加强、塑造层次为主要手法，呈现一番“灯火万家城四畔，星河一道水中央”的现代都市夜景长卷。

（2）丰富演绎模式：选取“南京眼”步行桥，结合灯光整体控制技术，在特定的时段，建筑灯光联动，用灯光的语言诉说南京城市之大美（见图9）。

整体点线面设计完整，并且有透过“南京眼”看世界、用新地标传达新南京腾飞发展的良好寓意。

## 4. 明城墙

明城墙照明是彰显南京历史文化气息、纪念意义及夜游文化的开放式公共空间特质的照明形象。设计主题为“融城汇水、贯古通今”，用“时间”的联系，以“文化”的脉络，将千年历史进行时空的交叠混合；用照明的手法，让历史的文明重新显现，体验超越时空的生活；用山水地域，创造惊艳的演绎秀场，感受光影的神奇魅力（见图10）。

照明意向基于内环沿线空间特征分析，加强对城墙最明显结构特征的强调和刻画，提出照明建设策略：

（1）将内环城墙作为整体元素，以现有照明为基础对城墙代表性的结构增设照明，形成连续的夜景轮廓，塑造城墙在夜间的鲜明形象。利用光影的变化着重体现城门（楼）的特有的人文内涵（见图11），塑造南京的城市个性。

图 9 河西滨江公园照明效果

图 10 明城墙照明效果

（2）强化内环沿线周边旅游景观节点的夜间照明效果，采用新型照明手法让受众身临其境地体验光文化，打造具有南京特色的夜景名片（见图 12）。

## （三）节点篇——营造南京特色

塑造立交桥和商圈的独特夜间形象，突出节点的重要地位，以强化新庄立交和新街口商圈，弱化中央门立交，形成强弱有序的城市夜间画面节奏感，营造“富有特色”的南京夜景形象。

### 1. 新庄立交

新庄立交地处南京主城东北角，是连接主城和城北、城东极为重要的交通枢纽，是南京井字内环的交通脉络重要的节点。

在细节表现上结合载体紧邻玄武湖、紫金山的特点进行重点照明，选用表现南京“山水城林”中“水”元素的颜色进行演绎，与南京自然人文景观玄武湖一脉相承（见图 13）。

### 2. 中央门立交

中央门立交地处南京主城区北部，位于南京“虎踞龙盘”的交通格局的节点上，是“经六纬九”的重要交通枢纽，也是城北的交通门户。

照明效果首先考虑项目区位特点，将提升照明品质作为第一要务，传递给受众美好、直观的区域印象；其次通过亮度色彩的规划和设计，形成层次丰富的画面；最后将立交的主线进行重点处理，形成视觉中心。

### 3. 新街口地区

新街口位于南京市地理中心区域，是中国著名的商业中心，被誉为“中华第一商圈”。

针对新街口商圈照明存在问题，照明实施：①统一秩序，主次分明；②提升品质，丰富细腻；③突出形象，塑造氛围。重点对德基广场、金陵饭店、中山铜像、工商银行进行提升（见图 14）。

图 11　中华门投影灯光秀

图 12　明城墙上的秦淮灯会

图 13　新庄立交照明效果

图 14　新街口商圈照明效果

新街口商圈照明涉及区域广、重要性高，应通过详细、系统的调研、规划，整体设计来逐步打造。

**4. 南京三大门户窗口**

2016 年，南京站、南京南站首先完成夜景照明提升（见图 15），2017 年作为华东第二大机场，禄口机场也惊艳亮相（见图 16）。南京的三大门户窗口成为“统一于温馨灵动、博爱迎宾寓意”的华彩“明珠”。

图 15　南京南站照明效果

三大门户窗口照明的设置注重营造舒适、惬意、有意境的氛围，注重整个空间的照明品质和内涵提升，注重城市的文化和特色的表现，传递美好、直观的城市印象。

图 16 禄口机场照明效果

**5. 纬三路立交**

纬三路互通位于江北新区，是南京主城连接老山风景区、珍珠泉风景区的一个非常重要的交通景观节点。

景观照明建设效果为“融山水 现未来”（见图 17）。将“山”、“水”元素融合于纬三路交通节点的夜景照明设计中，运用对比、融合的手法营造具有科技感的照明效果，使立交的景观照明极具未来感。以“山”、“水”这一区域意向作为出发点，表现高架桥丰富而有意味的视觉层次。

图 17 纬三路立交照明效果

**6. 扬子江大道立交**

扬子江大道立交是连接主城、建邺新城和江心洲生态岛的重要交通枢纽。立交整体以暖白、浅蓝色作为主要基调，呼应生态岛与建邺新城现代、大气、科技、生态的整体形象。箱梁侧壁选用浅蓝色洗墙灯、桥腹选用暖白色调洗墙灯，通过色彩对比变化塑造盘旋错落的整体形象。

### 7. 夹江大桥

夹江大桥是主城进入生态科技岛必经水上门户节点，通过照明展示桥梁科技感十足的形象（见图 18）。夹江大桥具有极佳的视看条件，通过照明可以形成区域夜景焦点，犹如唯美画卷徐徐展开。主塔采用 RGB 变色投光技术提升桥体在区域中的核心地位，形成视觉焦点。不同高度的桥梁采用不同功率的 LED 投光灯进行整体打亮，塑造桥梁的整体形象。

图 18　夹江大桥照明效果

### 8. 卡子门立交

作为南京城东南方向重要枢纽的卡子门立交，不仅发挥着交通枢纽的作用，同时也是连接主城和雨花台、江宁的快速路。卡子门立交北起双桥门立交，南至郁金香路，全长 2 公里。

卡子门立交照明关注整体，强调引导性，重点表现地域文化特征与视觉辨识（见图 19）。作为双桥门立交与赛虹桥立交的延续，在照明手法上风格也与双桥门立交和赛虹桥立交表现方式一致，以呈现出清晰的轮廓和照明层次，提升整个交通枢纽的照明品质感，给人完整的夜景名片。

图 19　卡子门立交照明效果

## 三、南京市城市照明建设管理现状及针对措施

### （一）南京市城市照明建设管理工作中存在的问题

通过前几年对本市部分代表性建筑及公园绿地的调研，结合城市景观照明学术会议交流的经验以及国际城市景观照明发展趋势分析，南京在城市景观照明建设管理过程中存在法规和相关标准执行不力、市场监管制度不够健全、重建轻管，景观照明表现手法单一，缺乏特色及精品，忽视照明设计的文化品位和与环境的和谐，单纯追求亮度、追求标杆、追求规模、造成光污染等问题。

### （二）南京市城市照明建设管理应对措施

#### 1. 加强对城市照明建设管理工作重要性的认识

近年来，南京市政府对城市照明建设管理工作给予了充分的重视，各相关部门多次颁发相关的政策文件，来保障城市照明建设的持续发展。贯彻执行国家的政策文件，对于城市照明主管部门来说当然是分内之事，但是如果没有各级区县政府的重视、支持和指令，文件的贯彻就是一句空话。只有形成全市一盘棋的思想，才能使城市照明管理工作真正落到实处。

#### 2. 全面推广绿色照明工程、加强照明产品能效标准体系建设

加强宏观指导，建立相关的配套制度和市场监管制度。制定高能效照明工艺、技术、设备及产品的推荐目录，适时公布落后工艺、技术、设备及产品的淘汰目录。切实推进城市照明电器领域能效标识、节能认证工作的开展，尽快建立能效领域的市场准入制度，引导用户使用优质、节能、高效、环保的照明产品，为城市绿色照明提供保障。

#### 3. 重视城市光文化内涵的挖掘与体现

强化城市景观照明规划的指导和引领作用，南京城市景观照明建设，应能映射出南京的文化素质、精神面貌、人文艺术风格与科技水平，通过建设烘托、渲染出南京特有的十朝古都文化内涵，形成具有独特文化特色的景观照明风格，并在一定程度上配合城市文化与时俱进的发展。

#### 4. 景观照明建设发展应体现环境心理学

要以可持续发展为目标，以环境心理学、生态学为基础，以人与自然为核心，以现代化为手段综合协调，通过提高景观照明建设的科学、环保、宜人等特性，满足人们视觉感观和精神需求，产生令人满意的照明效果。

#### 5. 建立南京市景观照明项目的评价体系

景观照明是城市载体在夜晚的重要视觉艺术语言，它是空间氛围的制造者。景观照明作为城市照明的表现形式应该在设计、建设和应用中与城市建设和科技发展同步，更好地塑造城市形象，反映城市的科学理念与管理水平。景观照明项目的建设水平应由评价体系通过项目艺术表现力、科学合理性、经济性（可持续性）加以考量。

#### 6. 城市景观照明建设需要高科技的支持

随着 LED、智能控制技术的发展，为城市景观照明发展提供了保障。要经营好高科技照明资源，促进经济发展，实现高科技照明产业化发展，满足南京景观照明发展的需要，提高城市景观照明的技术水平和科技含量。

#### 7. 理顺城市照明管理体制

坚持建设改造与维护管理并重，进一步理顺完善管理体制。城市照明工程的规划、建设与管理是个系统，是相互关联、不可分割的三个重要环节，如同规划与实施的关系一样，建设与管理也是相互依存的关系。城市照明工程建设既是城市照明管理的基础和依据，建设过程本身也贯穿着管理的要求。

#### 8. 加强城市照明工作日常维护和管理

采用法制化、科学化、现代化的管理手段，对城市照明设施的安全运行、日常维护、节约能源、保护生态等依法进行管理，是充分发挥城市照明工程功能效益的可靠保证，也是城市照明绿色与节能的重要环节。

## 四、南京市夜间经济建设发展

南京近年来也在借鉴提升加快夜间经济建设发展，助推文旅 + 照明产业融合升级。

### （一）南京城市夜景照明夜游规划建设

南京市近年来不断借鉴学习国内外城市经验，加强与周边城市的互动，推动夜间经济和景观照明不断持续发展。2017 年，南京市修编《南京市城市夜景照明专项规划》，立足现状、远瞻 2035 年，提出了打造“夜金陵”夜间经济品牌的目标。专项规划与南京市城市总体规划 2035 相协调，是国内首次将夜景照明专项规划提升到与城市主体规划同步编制的举措。

经过三年的努力，南京市城市照明原有的呈点线状散布、整体空间架构不够清晰的格局得到优化，城市夜景照明框架已基本成型，呈现出南京“山水城林”的夜景风貌特色。根据夜间游船观光需要，对秦淮河东五华里、西五华里河段树木绿植进行调整，保证景观照明效果。夜间景观照明有效延长了夜间活动时间，提高了设施使用率，吸引了夜间游客。下

一步，南京将进一步打造凸显城市印象和地域文化的景观照明，在城市夜景照明架构基本形成的基础上，以新街口、夫子庙——老门东片区为重点，更加突出中山陵、玄武湖、明城墙、长江滨江沿线，打造彰显富有南京特色的城市夜间形象。

### （二）加强南京夜游经济研究

2017 年，南京市政府办公厅出台了《关于加快推进夜间经济发展的实施意见》，积极推动夜游经济发展。目前南京夜游经济大致分为商旅观光、特色餐饮、购物休闲三大主导功能，主要集中在中心城区。2018 年，各重点区域积极提升照明景观，集聚人流、提升品质，形成有代表性、有知名度的夜游集聚区域。近年来，随着秦淮河东五华里、门东历史文化街区照明工程完工，夜游秦淮品质进一步提升，已成为南京特色名片。江宁区百家湖 1912 街区突出夜间休闲特色，与商圈内景枫 kingmo、江宁金鹰错位互补，吸引了大量周边甚至主城区消费者，其中国际人士占消费比例显著上升。栖霞区仙林金鹰二期开业后，沿湖景观照明进一步提升，成为周边居民休闲购物的好去处。玄武区对红庙街区改造提升，突出餐饮特色，打造夜间美食一条街。

同时，推动形成“食、游、购、娱、体、演”等在内的多元夜游消费市场，各类夜间经营业态快速发展，各夜间经济发展重点区域纷纷引进酒店民宿、品牌餐饮、风味小吃、便利购物、休闲健身等业态，促进昼间经济的有效延伸。下一步，南京将结合全国步行街改造提升试点和省级商业步行街创建工作，推进全市夜游经济发展。着力提升夜景照明建设水平、促进产业联动发展、完善基础设施配套，鼓励更多文化、娱乐、展览、体育场所延长夜间开放时间，开展配套活动，吸引夜间人流，形成南京夜游经济地标，打造“夜金陵”品牌。

### （三）加强南京夜游项目建设引导

夜间文化旅游活动，是夜间经济的重要组成部分，既满足本地居民对日益增长的美好生活需要，又能抓住游客观光休闲的需求。近年来，南京市夜间旅游不断拓展，较为成熟的夜游区域有夫子庙景区、新街口商圈、南京 1912、百家湖商圈、河西青奥轴线等，旺季人气居高不下。这些区域夜间照明环境和品质都得到有效提升。

随着文旅融合发展，夜间演艺活动不断丰富。秦淮灯会是首批国家级非物质文化遗产，有“天下第一灯会”和“秦淮灯彩甲天下”的美誉，2018 年第 32 届秦淮灯会累计吸引观灯群众近亿人次。大报恩寺报恩盛典演出，2018 年累计接待观众 4 万人次，实现演艺收入 360 万元，同比增长 10%。江宁区汤山奥特莱斯举办为期两个月的舞马演出，中山陵景区、江宁方山、牛首山分别组织森林音乐节、音乐狂欢节、跨年演出等活动，拉动景区夜间消费。剧场类演出市场消费规模大幅提升，都取得了较好的效果。

下一步，南京将学习借鉴其他城市发展夜间经济的做法，丰富夜游项目，结合春赏花、夏亲子、秋登高、冬温泉等系列南京文化旅游节特色，打造独具魅力的夜间旅游和照明产品。根据市场需求，鼓励更多有条件的景区开放夜间旅游，打造夜间光环境，吸引更多的夜间游客。持续提升夜间演艺水平，整合现有文化演艺和旅游演艺资源，梳理并精选一批优质景区演艺、音乐节、音乐会等产品，不仅满足南京市民，更要留住外地游客，用优秀的文化展演赢得市场。完善夜宿金陵服务体系，培育南京住宿品牌产品，完善景区住宿配套，新推出一批精品文化酒店、都市和乡村民宿。

### （四）加强南京夜游项目创新技术手段应用

近年来，南京夜间景观照明方面完成整体提升建设，起到了推动技术创新、促进文化与科技融合的作用。2018 年，在明城墙上尝试建立了大型的灯光演绎秀，探索了夜游项目的新技术应用。

下一步，将继续做好夜景照明工作，形成规划科学、设计合理、实施精细、管理有效、控制统一、养护全面、运行平稳、节能环保、绿色低碳的城市照明。进一步提升秦淮灯会水平，办好以青奥轴线等片区为主的充满现代气息的艺术灯光秀，展现南京城市律动和青春活力。通过更加凸显本地自然风貌和人文历史、更具创新技术手段的景观照明产品，采用水幕、激光、投影、建筑照明、雾森等特效，塑造浸入式亮化景观体验空间，进一步促进城市活力和绿色生态发展。

## 五、结束语

总之，城市照明正朝着“自然、秩序、文化、科技、智能”化的方向发展。政府方面纷纷把目光聚焦城市照明建设运营，夜间经济发展，以全局眼光、国际视野、精品意识谋划城市夜景开发的发展蓝图和目标方向。坚持人性化光环境设计理念，加强城市照明智能控制和管理，要让照明回归基本面需求，促进景观照明健康、高效、安全、科学、可持续的发展，实现“用光创造价值”的初心。

## 参考文献

[1]《南京市城市总体规划（2011—2020）》.
[2]《南京市城市照明专项规划（2006—2020）》.
[3]《南京市城市总体规划（2017—2035）》（在编）.
[4]《南京市国民经济和社会发展第十三个五年规划》.

# 青岛市夜景照明建设回顾

曹志岩
（青岛市城市管理局）

自2017年9月以来，青岛市大力开展“美丽青岛三年行动”，将城市夜景亮化提升作为重要内容，全市迅速掀起亮化规划建设的热潮，累计完成3937栋建筑、20余座桥梁（高架路）、10余座公园广场、50余公里海岸线的亮化提升。城市夜景作为时尚美丽青岛一道最靓丽的风景，提升了城市形象，改善了城市环境，增添了市民的获得感、幸福感，群众满意度调查高达97%。

## 一、亮化城市，提升城市知名度

青岛市第12次党代会确定把“宜居、幸福、创新、国际”作为共同构筑未来青岛现代化城市的美好蓝图，把“宜居环境更美”作为今后五年青岛的目标之一。围绕这一目标，市委和市政府作出“美丽青岛三年行动”的决策部署，对12大项城市环境实施全面整治提升，着力让青岛成为“本地人自豪、外地人向往”的美丽海滨城市。

### （一）一个科学合理的策划方案奠定实施基础

青岛市城市管理局始终把城市亮化作为城市管理的重要内容，扎实研究推进城市亮化规划建设和管理工作。为把准脉搏，自2015年10月以来，即开始了亮化提升的筹备工作，青岛市城市管理局立即形成《青岛市夜景亮化集中建设行动工作方案》，提出重点打造“旅游观光、休闲购物”两条夜景亮化主线，形成“一带六片、五大商圈”的夜景亮化布局的建议，得到了市政府的高度认可。并根据市政府提出的“多角度观景、全域性整体提升，重点刻画海岸线轮廓和湾区特征，打造独具青岛特色夜景在短期内不落后”的一系列要求，进行了修改完善，很快转入实质性实施程序，争取了时间，明确了方向，理清了思路。

### （二）一支坚强有力的领导班子统筹全局、运筹帷幄

在“美丽青岛三年行动”的领导机制下，由青岛市城市管理局牵头，从城市规划、物业管理、质量监督、路灯、供电等部门抽调骨干力量，并从全局范围内选派部分党员干部组成夜景亮化提升行动指挥部，统筹指挥、科学调度，技术指导、监督检查全市亮化提升工作。根据任务进度安排和需要，先后组成了综合协调、规划设计、技术指导、工程建设、群众工作、监督检查等专项工作组，分工协作，具体落实规划设计、技术标准、制度机制、协调联络、工程质量、督查督办等工作，坚强有力地指挥推进全市亮化提升工作。

### （三）一套行之有效的机制为亮化提升保驾护航

为保障亮化提升有条不紊顺利实施，全市亮化提升按照“市级主导、区级主战、社会参与”的原则组织实施，重点项目、重点区域、重点建筑由国有企业投资建设。市级统一编制总体策划性规划方案，各区政府、各责任单位进行深化设计，策划方案编制单位进行全程审核把关和质量把控。建立专家库，组成顾问团队，为亮化提升提供智力支持。建立灯具产品库，发布灯具市场信息价格，把控灯具品牌质量，稳定灯具市场。从住房和城乡建设部调取照明施工企业资料，遴选出40家全国双甲企业，推荐给全市亮化提升项目作为工程招标的参考依据。在全国范围内遴选出8家具有相应资质的检测机构，组成产品检测机构库，推荐各项目选择使用。

### （四）一批实力强劲的企业单位在亮化提升建设中脱颖而出

经统计，本次青岛亮化提升，总体策划设计、各区域的专项总体设计均是近年来承接过大型城市亮化提升设计、综合实力突出的设计院来实施的；绝大部分项目均由“双甲”甚至“三甲”企业中标实施，浮山湾核心区、奥帆中心、青岛湾等重点项目都是由保障过APEC、G20、金砖峰会等夜景提升经验的企业来实施的。在灯具产品上，通过品牌征集、现场试灯、价格限定、产能要求、质量检测等一系列措施，让品牌响、质量好、产能高、信誉优的企业优先成为了产品供应商。一批有实力、有信誉的企业为上合组织青岛峰会作出了积极贡献，同时也在项目中不断积累经验，得到了长足的发展。

## 二、独具城市印记的夜景规划

青岛的亮化提升如何避免千城一面，青岛的夜景如何独具魅力，这是作为城市管理者最纠结的地方，也是设计师最难

以把握和突破的地方。青岛作为最宜居幸福的城市，其最大的特点是“山海城湾”的自然禀赋，是“红瓦绿树、碧海蓝天”的秀美风光，是中西交融的历史文化，是高度发展、包容开放的国际化城市形象。城市夜景亮化的规划建设旨在把青岛的独有特色通过光来表达，让城市的特征在夜晚得以重现，具体做法如下：

### （一）反复调研论证，方案优中选优

为编制全市亮化提升总体规划方案，指挥部先后考察学习了杭州、厦门、深圳等城市亮化提升经验，充分借鉴南昌、武汉、福州、海口等近年来在亮化方面卓有成就城市的建设成果，公开邀请、征集全国范围内有实力的设计企业单位参与青岛市亮化提升的规划方案策划。由此确定了全市亮化提升的总体策划方案，该方案继承和保护“山海相依、欧韵风情”的传统风貌格局，突出自然景观和地方特色，在提升城市整体夜景环境、刻画城市肌理的基础上，注重在亮化中注入城市文化，以青岛独有的文化特色打造国内一流夜景“城市名片”，将地域元素与高科技手段相结合，彰显青岛丰厚的文化底蕴和现代时尚。以浮山湾中心区为核心，以城市路网和海岸线为肌理，连接区域内重要场所，形成“一带一核心、两重点、三片区、十二线”的架构，整体构建光彩飘带、山水城港、星光璀璨的夜景亮化大格局。

### （二）全市一部规划，实施到底

以全市亮化提升总体策划方案为指导，强力推进全市总体策划方案的落地实施。各区、各相关单位围绕总体规划、策划方案，组织编制本区域、本项目的深化（初步）设计方案。在总体策划方案编制单位的技术支持下，联合相关部门、相关专家逐个方案研究论证、审核把关，重点区域、重点项目、重点建筑由规划设计组和设计师深入现场，逐个节点、逐个细节地指导设计。坚持在符合总规则要求下，成熟一个批复一个原则，先后审核批复方案 31 个，确保深化方案基本符合总体提升要求，保证了全市亮化提升效果的整体性、有序性、和谐性。

### （三）设计施工一体，效果图是验收的唯一标准

全市亮化提升项目主推 EPC 模式，坚持设计施工一体化，使设计和施工紧密结合、相互促进，让设计始终参与工程建设全过程，提升了设计理念的可操作性。将设计效果图作为工程效果验收的唯一标准，完工一个项目，立即组成验收小组，对照批复的方案效果，一个楼不错过，一个点不放松，逐个检查验收、整改完善，保证设计效果的真正落地见效。

## 三、举办峰会对亮化工程既是挑战，也是机遇

上海合作组织青岛峰会不期而遇，给青岛的准备时间非常短暂，给亮化提出的任务异常艰巨。有挑战也是发展的机遇，有困难才有进取的动力。

### （一）试点先行，多点开花，迅速调动全市亮化提升的动力

大规模组织城市亮化提升，青岛经验不足，全国可参照的样板不多。根据市政府意见，确定了先选取一条特征明显、要素齐全的主干道作为试点，先行实施亮化提升的方案。经过 1 个月的奋战，全市第一条成规模、有体系的夜景大道顺利完成，100 余栋高层、多层、住宅、公共建筑组成的金光灿烂的繁华商业街区呈现在眼前。在成功试点基础上，各区、各单位有了信心和方向，迅速转入工程建设阶段。从城阳到市南，从西部到东部，从西海岸到高新区，全市亮化项目像雨后春笋一样，多点开花，先后点亮。城市夜景一天一个变化，一天更比一天精彩。

### （二）紧抓重点，攻坚克难，核心区亮化始终发挥领头羊作用

浮山湾核心区亮化提升工程是本次规划建设的重点项目，地处青岛政治经济中心，紧邻峰会举办地，既是夜景环境保障的重点区域，又担负着灯光焰火艺术表演的重任。区域内是综合亮化景观的提升，涉及建筑 245 栋，其中超高层 90 栋、200 米以上的 22 栋、海岸线 3.5 公里、公园广场 7 座、喷泉两处。项目承担单位不畏艰辛、不讲条件，攻坚克难，能打必胜，充分体现了一个国有企业的社会责任担当。为攻克核心区这块硬骨头，指挥部抽点精兵强将组成现场指挥部，建立一整套运行高效的管理制度。委托 4 家监理企业，具体监督管理施工现场的质量和安全。委托专业的造价咨询机构，跟踪评审控制项目投资。项目从初步方案的编制、施工图的审核到灯具选型等各个环节，由现场指挥部、甲方和总体规划策划方案编制单位全程严格审核把控。组成专门工作小组，分赴各个产品厂家，抓生产、督进度，确保产品按期运抵现场。2018 年 2 月上旬即实现了部分亮灯，楼体灯光秀项目实现 22 栋建筑初步联动演绎；4 月底基本完工，并调试运行；5 月底完全达到配合文艺演出的功能要求。自施工到峰会结束，不到 200 天的时间，共完成 325 万盏灯具的安装任务，创造了亮化工程的奇迹。

### （三）倒排工期，跟踪督办，如期保质完成亮化提升任务

在时间紧、任务重、困难多的情况下，指挥部对全市亮化提升任务目标进行梳理，倒排工期，通过计划管控、现场检查和文件督办等方式，督促各项目按计划推进。及时排忧解难，对项目中遇到的各类困难问题，想方设法出主意、找对策，协调破解各个难题。先后下发多个安全生产文件，联合建设、公安消防、安全监督等部门，深入每个施工现场，检查安全文明施工、高空作业、消防和用电安全，全市亮化提升项目做到了安全无重大责任事故发生。项目完工亮灯后，立即赶赴现场，逐个建筑、节点检查验收，核对效果，提出意见督促整改，确保工程质量和亮化效果。2018 年 4 月底基本完成

全市亮化提升的既定目标任务，提升工作基本结束，超额保质完成了工作任务。中央、省市领导多次视察，均给予充分肯定。

### （四）全员发动，持续作战，确保演出任务和环境保障圆满成功

为确保峰会任务的顺利完成，指挥部牵头制定了夜景亮化应急服务保障工作方案，对亮化设施运行和配合文艺演出可能发生的各类问题进行梳理，分门别类地制定策略，完善措施。为确保设施的信息安全，省、市公安和网络安全部门全程跟踪指导亮化集中控制系统建设，使项目成为国内首个取得信息安全三级防护认证的照明控制系统。自 2018 年 5 月 17 日起，现场指挥部每天组织分要素演练，定期进行全元素演练，并自 6 月 1 日起转入实质应急服务保障阶段，全员全要素按照实战要求，持续操练、磨合，每天工作时间超过 15 个小时。在参战人员众志成城团结协作下，峰会保障和文艺演出期间亮化设施和应急服务保障工作做到了零故障、零失误，受到党和国家领导人、中央筹备委员会和省、市领导的高度赞扬。

## 四、美丽夜景城市，运行管理的常态化、长效化更重要

后峰会时代，青岛的夜景亮化何去何从，是峰会的一时之举，还是常态化运行，面对各方面的疑问，自峰会结束以来，全市亮化设施依然高效有序地运行，城市夜景环境一直还在不断地改进和完善，未来还会有更多的精彩期待。

### （一）立法先行，依法管理

在开展夜景亮化提升的同时，同步推进了《青岛市夜景照明管理办法》的制订工作，让景观照明有法可依，有据可查。市规划部门也在推进城市设计工作，将夜景照明作为城市设计的重点组成部分，并正在制订《青岛市建筑立面管理办法》，对新建建筑的亮化设计、建设作出明确规定，坚持实施后将会有效减少政府集中投资亮化的责任和资金压力，使城市夜景环境伴随城市规划设计品位的不断提升，会愈加完善，健康发展。

### （二）常态运行，精细管理

峰会后，本着保障环境、节约环保与减少扰民并重的原则，优化亮灯时间，规范表演类项目的运行。编制了夜景观景的导览图，为游客和市民观景赏灯提供便利条件。目前，正在积极研究推进《青岛市夜景亮化常态化运行管理制度》的制订工作，对启闭管理、模式设置、灯光表演、运行维护等常态化亮灯运行进行规范。

### （三）商业运作，长效管理

夜景亮化是旅游行业不可分割的部分，青岛城市亮化一个重要目的就是开发旅游经济，创造夜游景点，带动夜景经济的整体快速发展。2018 年以来，仅春节、清明、五一、端午四个假期，青岛就接待游客 1600 余万人，同比增长 23%。城市夜景发挥至关重要作用，根据联通大数据推算，仅浮山湾区域灯光秀表演期间观景的外地联通用户就达 43600 余人，五四广场区域三天涌进 12 万余名游客。根据市政府安排，部分亮化设施已启用了商业广告运作的探索，端午节期间青岛啤酒品牌迎合世界杯在楼体上播放的 40 秒“豪门盛宴”广告再次引爆眼球，成为新晋网红视频。探索挖掘夜景亮化商业价值，青岛啤酒、招商银行等夜景亮化广告引发网络聚焦，引领亮化与广告结合的新潮流。未来，包括浮山湾楼体灯光秀在内的诸多具有成像功能的亮化设施，将成为产品信息新的发布平台，为城市夜景亮化商业化可持续运作探索一条新的路径。

图 1 ~ 图 4 为几张有代表性的青岛市夜景照明图。

图 1

图 2

图 3

图 4

# 杭州城市夜景照明三十年的回顾与思考

韩明清
（浙江大学城市学院城市管理研究中心）

夜景照明，在杭州习惯称之为“亮灯工程”。作为全国闻名的风景旅游城市，杭州早在 1990 年 9 月，已于西湖柳浪闻莺公园建了一座大型湖面彩色灯光喷泉，标志着杭州的“亮灯工程”正式启动。杭州亮灯工程三十年，也是中国夜景照明三十年发展的缩影，当然，由于杭州起步早且存在特殊情形，因此在政府主导的中国城市夜景照明发展进程中，处于排头兵地位，起着示范作用。纵观杭州夜景照明，可以分为四个阶段：起步阶段（1990—2002），腾飞阶段（2003—2008），下滑阶段（2009—2014），拓展阶段（2015—今）。

## 一、起步阶段（1990—2002）

这十余年，景观照明行业从无到有，慢慢形成，没有照明设计，后期出现了夜景照明效果图，对建筑和环境载体的表达还仅仅处于“亮起来”的水平（见图 1）。

图 1　西湖夜景照明（2002）

继 1990 年柳浪闻莺公园灯光喷泉闪亮登场之后，1996 年，杭州市开始实施以“绿”和“亮”为主要内容的城市美化工程，并成立了杭州市形象工程领导小组及办公室（市亮灯办）。市亮灯办牵头，把环西湖一带区域望湖楼、湖畔居、西泠印社、浙江省博物馆等楼台亭阁点亮。1999 年，为迎接国庆五十周年，延安路、庆春路、解放路等主要道路也亮了起来。

2002 年的西湖亮灯采用的手法很简易，树木悬挂长串的彩灯或满天星，中式传统建筑清一色用灯带勾勒轮廓，视觉效果美感严重缺乏。特别是西湖，整体偏黑，只看到远远的斑驳亮点，更像是灯塔，夜游西湖只能靠猜亮点来判断它是什么景点。

2002 年 5 月，杭州市委、市政府调整了杭州市形象工程领导小组及办公室（此时也称之为杭州市亮灯工程领导小组及办公室）的人员构成，调入具备设计专业教育背景的干部担任办公室领导职务，保障决策和执行的专业化水平。这为下一阶段的发展起到了奠定基础的作用。

## 二、腾飞阶段（2003—2008）

这一阶段是在杭州确立了“环境立市”战略之后，亮灯工程作为提升城市环境品质的重要内容，结合西湖综合保护与整治工程和城市道路环境综合整治工程，持续六年，政府每年投入一亿多用于亮灯工程建设，成为中国投入夜景照明建设最大的城市。同时一系列管理体制、机制和政策法规的完善及亮灯工程的规划建设与管理的成熟和沉淀，让杭州在 2011 年建设部组织的全国评比中名列第一。但伴随巨额投入和行业日渐成熟，不同的管理区域，也出现了最好的西湖和最坏的运河并存的鱼龙混杂的状况。

因此，当时明确杭州亮灯的目标不仅仅是“亮起来”，而且要“美起来”、更要“雅起来”。由此，开启了杭州夜景亮灯新篇章。

2003 年国庆，在短短一年不到的时间内，杭州结合西湖综合保护与利用工程，推出了一批夜景照明工程，如新湖滨、两堤三岛及西湖东望天际线 43 栋大楼等工程。此外还有中河高架、河坊街、和平广场等城市重要区域或节点亮灯。在新亮灯理念指导下，勾勒古建筑的表现方式废止了，取而代之的是用“面光”展示中式建筑飞檐翘角的结构美；绿树用绿光照射的手法废止了，取而代之的是追求灯光显色性而把绿化植物的形象在夜间还原。灯光效果综合运用借景、对景、剪影、落影等多种中国造园艺的手段，或亮或暗、或明或淡，打造一幅实景的“水墨江南”画卷（见图 2），尽管当年西湖夜景照明实施范围只是两堤三岛和新湖滨，但与以往表现手法完全不同，形成的西湖之夜顿时让人眼前一亮、耳目一新。

图 2　西湖断桥夜景照明（2003）

尤其是 2003 年 10 月中旬，杭州举办了“国际城市照明论坛”，200 多位国内照明界专家，20 多位国际照明界的大咖们汇聚杭州，泛舟西湖，畅谈感受，全新的西湖夜景受到海内外专家一致赞赏。“船在湖上行，人在画中游”，我们用光绘就了一幅实景水墨江南图，让西湖美景在夜间延伸，让游客感受到夜间西湖别样风韵。

从此，杭州率先在国内提出全新理念：亮灯工程不是浪费钱财、涂脂抹粉的形象工程，而是聚集夜间人气、激发夜间消费、拉动夜间经济、促进现代服务业发展的一个抓手！16 年后的今天，当“夜间经济”出现在北京、上海等政府文件中时，恐怕唯有熟知杭州夜景照明发展历史的人，才会有穿越感吧！

2003 年，西湖局部亮灯获得成功之后，杭州市亮灯办朝着“发展灯光经济，打造亮灯产品”的“亮灯梦”乘风破浪、扬帆起航，结合西湖综合保护与整治工程、运河综合保护与整治工程、西溪湿地综合保护与整治工程、钱江新城城市道路综合整治工程，持续开展了亮点专项工程建设。

在西湖，2004 年推出了宛如水墨画的宝石山亮灯（见图 3），这是国内第一个，也是规模最大效果最好的山体亮灯，影响深远；2005 年杭州完成了环西湖孤山景区、钱王祠景区、城隍阁景区亮灯工程；2006 年完成龙井八景、吴山景区亮灯工程；2007 年完成了伍公山亮灯工程。

运河综合整治与保护委员会按照把运河打造为水上黄金旅游通道的要求，高起点地编制运河夜景照明总体规划。2005 年，国内外四家单位来杭州为运河献计献策，他们是清华大学规划院、深圳大学建筑设计院、美国 BPI 照明设计公司、英

图 3　宝石山夜景照明（2004）

国 Lighting Design 照明设计公司。清华和 BPI 的概念规划方案脱颖而出。遗憾的是，在规划落地阶段，由于建设单位的无知，低价引进非专业设计人员，导致规划落空，使得 2007 年国庆运河首次亮灯与期望效果相差太远，遑论水上黄金旅游通道！之后运河集团又邀请了法国一个叫罗杰的照明设计师重新设计，7000 多万的一期工程全部拆除，重新投入近 1 个亿，2008 年国庆第二次“闪亮登场”。罕见的“青”色光环境首次出现在城市公共空间，在极个别的称赞外是一边倒的反对声，成为城市照明领域中“皇帝的新装”（见图 4）。尽管如此，运河获得当年 LUXI 组织的“城市·灯光·人”奖第二名。

图 4　运河实景照明效果（2008）

2005 年国庆随着一期综合整治与保护工程的结束，以生态之光野趣之光为主题的西溪湿地一期（见图 5）亮起来了，为打造西溪湿地夜游奠定了基础。

在钱江新城，亮灯配合新建建筑在逐步建设中，杭州大剧院亮起来了，市民中心也亮起来了……据杭州市 2007 年统计局社会调查显示，在城市管理的“洁化、绿化、亮化、序化”中，市民对“亮化”满意度最高，达到 96.8%！

2008 年，对杭州的夜景亮灯来说，又是一个重要的年份。一个以西湖、运河、钱塘江（钱江新城）为骨架，以城市重要商圈 230 多栋大楼亮灯为补充的“3 + X”杭州城市夜景景观框架体系正式成型。

图 5 西溪湿地建筑群夜景照明（2005）

这一年年初，杭州市委、市政府办公厅联合下发了一个重要文件《关于加快杭州亮灯工程建设的若干意见》，在“发展灯光经济，打造亮灯产品”目标的指引下，经过几年努力，对即将成型的亮灯工程提出了更高的要求——“国内领先，世界一流”！

杭州市财政安排了有史以来最高额度的 8000 万亮灯专项资金，启动了西湖核心景区亮灯工程整改完善提升工程、钱江新城城市阳台亮灯工程、运河亮灯工程、主城区道路亮灯工程。随着建设规模的迅速扩大，长效管理变成了制约亮灯工程的瓶颈，为加强亮灯工程批后监管和设施运行管理，还批准成立常设专业的亮灯管理机构：城管办增加内设的亮灯管理处和外设事业机构亮灯监管中心。

这一年国庆，钱江新城城市阳台亮起来了。钱江新城核心区亮灯，要参照香港维多利亚港和上海外滩，即白天是特色景点，夜晚是老百姓的乐园（见图 6）。

图 6 不夜新湖滨夜景照明（2008）

2008 年 9 月 30 日，钱江新城核心区对外开放，当晚市民广场、杭州大剧院、城市阳台、杭州国际会议中心等建筑灯火通明、竞相辉映，“日月同辉”也首次亮相。至此，钱江新城亮灯呈现出规模效应。

2008 年国庆，西湖核心景区整改完善工程结束。西湖核心景区在之前逐年建设基础上，2008 年针对夜景观边界不清晰且南线有暗区、近人尺度有眩光、能耗高、设施损害严重、尾巴工程、路灯不协调等六大问题，创新招投标模式，短短一年不到的时间内，高水平地完成了西湖核心景区的夜景照明整改完善提升工程（见图7和图8）。

图7　翠光亭夜景照明（2008）

图8　长桥夜景照明（2008）

由于大量采用了高性能的灯具，光色干净舒适，景观元素彼此亮暗有致，整体视觉效果更加富有诗情画意（见图9）。同时，能耗也大幅下降，例如西湖南线整改提升前后，能耗从 587 千瓦下降到 231 千瓦，降幅达 60%，但亮度却大幅提升。

图9 光之形树之意（2008）

西湖游船使用了 LED 小射灯后，亮度不变，能耗降幅达 80%。2008 年的 11 月，国际照明委员会副主席、澳大利亚悉尼大学 WARREN 教授带团来杭州访问，夜游西湖后，非常惊叹于西湖照明视觉效果（见图 10）及技术支撑。

图10 梵灯禅意小瀛洲夜景照明（2008）

## 三、下滑阶段（2009—2014）

2008 年杭州形成了 3 + X 的夜景观框架体系后，也即西湖、运河、钱江新城及城区重要节点和 324 栋单体建筑后，进入稳定状态。整体以修修补补为主，夜景照明建设投入从每年 1 亿，迅速下滑到平均每年 2 千万左右。由于长效管理滞后，缺字断亮问题、有灯不亮问题、灯坏不修问题等不断出现。到 2011 年，时任杭州市委书记黄坤明（今中宣部部长）指出“厦门夜景不错，杭州夜景亮化还有很大的提升空间”；老市委书记王国平则直截了当：“杭州市的亮灯水平退步了，退到二三线城市水平了”。虽然之前忙忙碌碌了一阵子，结果是乏善可陈。

## 四、拓展阶段（2015 至今）

为了迎接 G20 峰会，杭州开展了街容环境提升工程，夜景照明是五项内容之一。从 2015 ~ 2016 年连续两年的集中整治提升，3 + X 的夜景照明空间结构再一次重生（见图 11、图 12），且亮的量增加近一倍！在钱江新城媒体立面震撼的视觉效果成为全球聚焦的亮点之余，也让人产生了过犹不及之感：西湖过满，意境打折；钱江过杂，品质打折；运河过花，档次更低。未来杭州夜景照明该向何方？

杭州是幸运的。2015 年春节，党中央确定在杭州举办 G20 峰会。这是中国的荣耀，更是杭州的荣耀，如何通过展示杭州城市形象来向世界展示中国发展水平，夜景亮化无疑是重要的一个方面。很快，杭州市政府就推出了“3 + 33 + 54”灯光亮化项目计划，也就是围绕 3 个重要区域、33 个入城口、54 条道路沿线开展亮灯工程的整改、完善、提升、补充工

图 11　运河夜景照明（2016）

图 12　北山路夜景照明（2016）

程。特别是借势发力，钱江新城亮灯工程实现了升华（见图 13）——把南昌赣江两岸的新型灯光形式，即主题灯光媒体立面引入杭州。33 栋大楼建筑表皮安装了 70 万盏 LED 灯，G20 峰会期间，它让全球聚焦杭州，聚焦钱江新城，把中国特有的灯光形式展示在世界面前，极大增强了我们大国的自豪感和东方文化的自信心。新城灯光引爆了新城夜间旅游，作为国家 4A 级景区的城市阳台，游客数由原来的 500 人次/天增加到 50000 人次/天，高峰达到 70000 人次/天，灯光的魅力实在令人惊叹！就连灯光效果俗不可耐的运河，来看夜景的市民和游客也呈现大幅上涨态势。

图 13 钱江新城夜景照明（2016）

## 五、结语和思考

三十年来，杭州一直是中国城市夜景照明的样板。杭州夜景照明腾飞阶段的西湖，一直被模仿，从未被超越；拓展阶段的 G20 引爆全国城市夜景照明大比拼，那是更大范围的模仿。杭州三十年来的夜景照明发展轨迹显示，从无到有、从亮到美，然而在美之后，本应向"雅"升级，结果变成了从美到"满"、从美到"花"，我们遗憾的发现，城市夜景品质，并不会随着时间的积累而提升，也不会随着技术的进步而进步，恰恰相反，时间的累积极有可能引起"破窗效应"，技术的进步也能让建筑、街道、城市发"疯"。因此，反思一下会发现，最具决定性的关键要素是管理。十九大报告已经明确，要从数量型的发展模式转向质量型的发展模式，要"努力推动高质量发展，创造高品质生活"。如何让城市照明走上高质量、高品质的发展之路？必须要回归专业，简单地说就是要专业的人做专业的事。问题的根源出自设计，从根源上要区分照明设计和光环境设计是两个专业领域。照明设计属于技术设计范畴，如同建筑结构设计；光环境设计属于空间艺术设计范畴，如同建筑设计。夜景照明属于光环境设计，但是几乎所有的项目都是照明设计师在做设计，无法保障从亮到美，更无法保障从美到雅。光环境设计需要的专业背景是建筑设计、城市规划与设计、环境设计、景观设计或室内设计。

三十年杭州夜景照明经验教训也表明，隔行如隔山，回归专业，这是结束乱象的起点。

# 天津市城市夜景照明工程技术标准修编与城市照明管理规定解读

何秉云
（天津市照明学会）

## 一、引言

2017～2018 年，天津市城市照明建设有了进一步的发展。为了适应需要，进一步提高规范化、法治化、持久化的管理水平，根据天津市城乡建设委员会关于下达《天津市城市景观照明工程技术规范》编制计划复审修编的指示精神，《天津市城市夜景照明工程技术标准》主编单位组织编委对原规范进行了修编。同时，市政府也出台了《天津市城市照明管理规定》，于2018年12月18日经天津市人民政府第36次常务会议通过，市长张国清签署，自2019年3月1日起施行。两部具有法律效力的文件，为天津市城市照明工程实施及维护、管理提供了保证。本文进行简要解读。

## 二、原《天津市城市景观照明工程技术规范》修编

### （一）技术规范修编的意义及重要性

#### 1. 修编是城市夜景照明总体发展形势的需要

随着社会经济的不断发展和城市环境的日益改善，城市夜景照明的功能作用越来越受到各级政府和人们的普遍重视。夜景照明给城市带来勃勃生机和活力，营造了浓厚的城市整体文化氛围，既是城市经济实力的象征，也是城市建设管理水平和现代化程度的体现。建设城市的夜晚景观，是展示城市的特色、促进商业和旅游业的繁荣和迈向国际化都市的“硬件”条件之一。城市夜景照明灯光建设也是社会经济发展到一定历史阶段的必然，已经成为重要的环境资源，与城市经济发展同步迈入一个新的历史阶段。近些年来，随着人们生活水平的提高，对物质生活及身边的环境提出更高的要求，城市夜景观的二次塑造已成为了当今智慧城市建设和文明发展的重要内容。特别是LED新技术、新产品、智能控制的出现，使夜游经济价值、社会价值、信息传播价值已经凸现，促使技术规范随之修编更新。

#### 2. 修编是天津市城市夜景照明灯光建设发展形势的需要

随着天津城市夜景照明水平的不断提高，修编再塑和美化了城市形象，为城市注入新的生机和活力，呈现出强烈的时代气息，展示了津城丰厚的文化底蕴，也充分体现出城市的建设成就和管理水平。

（1）修编背景

自2004年天津市建委审批实施后，《天津市城市景观照明工程技术规范》（DB29-71-2004）成为我国第一个有关城市夜景照明工程技术的规范，填补了国内将夜景照明作为系统工程制定完整技术规范的空白。几年来规范的实施在天津市城市景观照明工程建设中，起到了重要作用，使工程设计、施工技术等相关人员有章可循、有法可依，确保了安全舒适、节约能源、减少光污染等工程质量及艺术效果，为实现城市照明可持续发展提供了科学的考核依据，也对城市夜景光文化建设和夜晚经济都起到了积极的促进作用。使天津市夜景照明建设更加科学化、标准化、规范化，2014年在中国照明学会中国照明奖评选中荣获城市夜景建设一等奖。

（2）现状问题

然而，在城市夜景迅速崛起和发展的过程中，也存在建设队伍过多、过乱，建设队伍技术人员基本素质较低、专业水平不足因素，从而导致一些照明工程配光分布不合理、色彩搭配不协调、浪费电能、光污染超标及火灾、触电等安全隐患等问题。

（3）规范修编延误

此《天津市城市景观照明技术规范》的修编自2006年开始至今已经延误了几个年头，期间由于天津市市容和园林管理委员会的机构变动和改组、灯光服务信息中心更名、工作人员的调整和变动、以及重视程度不够，工作未能有效衔接，造成修编申报工作延误至今。因此，修编已迫在眉睫。

### （二）修编工作介绍

#### 1. 立项时间

为了使规范内容更加全面、严谨、规范，可行性更强，使城市景观照明工程建设工作有法可依、有章可循，更加适应飞速发展的照明新技术、新产品、新的管理模式，天津市夜景灯光建设管理中心于2018年7月18日，委托天津市照明学会承担《天津市城市景观照明工程技术规范》的再次修编工作。

#### 2. 编制研究过程

（1）成立了有关专家组成的编写组

编写组成员14人，王立雄（中国照明学会副理事长、天津市照明学会理事长、天津大学教授）任组长。成员包括：何秉云（中国照明学会常务理事、天津市照明协会常务副理事长秘书长、高级工程师）、王爱英（天津大学建筑学院博士后）、李伟（天津城建大学教授、副院长）、孙绍国（天津市城市规划建筑设计院总工程师、高级工程师）、袁景玉（河北工业大学教授）、袁志霞（天津市灯光建设管理中心工程师）、宋彦明（天津津彩工程设计咨询有限公司高级照明设计师）、张明宇（天津大学教授）、于娟（天津大学建筑学院研究员）、边小庆（天津大学建筑学院讲师）、张毅（天津市拓达伟业技术工程有限公司中级照明设计师）、张树清（天津华彩信和电子科技集团股份有限公司中级照明设计师）、李正印（天津中海营能源科技发展有限公司高级工程师）。

本标准的制定工作还得到了天津大学、天津大学建筑规划设计院、河北工业大学、天津城建大学、天津津彩工程设计咨询有限公司、天津市拓达伟业技术工程有限公司、华彩信和电子科技集团股份有限公司、天津中海营能源科技发展有限公司、天友建筑设计有限公司、天津医大眼科医院、天津华汇工程建筑设计有限公司、天津市电视技术研究所、天津宏润景观照明装饰设计公司等相关单位的支持。

（2）制定了编写组工作任务：

进行编写前期的调研工作。

完成技术规范的文字条文及条文说明的编写工作。

对初稿和送审稿的修改与完善工作。

完成《天津市城市景观照明工程技术规范》的排版、校对工作。

项目完成时间 2018 年 11 月 30 日之前。

（3）制定了时间进度安排：

2018 年 8 月上旬，编写单位广泛征求意见。

2018 年 8 月下旬，专家组汇总意见，进行文字处理。

2018 年 9 月下旬，讨论修改稿。

2018 年 10 月中旬，完成定稿和并报批。

2018 年 11 月下旬，天津市住房和城乡建设委员会评审会。

（4）主要工作过程及起草人所做的工作

主要工作过程如下：

调研实测：在编制过程中通过广泛调研，借鉴了国内外相关标准和工程实践经验。调研考察了青岛、上海、北京、深圳等城市夜景照明的实践情况，参加了中国照明学会、中国照明电器协会及地方组织的研讨会，学习了经验，分析了不足。

研讨解析：根据当前节能、环保的新要求，参照公布的建设部行业标准和国家标准，并总结天津市照明工程实施中出现的问题。

考虑天津地区的地理环境、建筑分布及结构状况、墙面质地、材质、风格、气候特征等相关情况，根据天空大气质量透明率等综合因素，对相关技术数据进行实测、分析计算。

修编报审：多次召开讨论会、论证会，并广泛进行了意见征求、汇总。经过认真复审，专家组形成了该规范修编的一致意见。最后，参照工程标准编写规定的要求，规范编写格式，进行修改并报审。

## （三）主要修编内容

### 1. 主要修编内容

本规范的主要内容包括：总则、术语、基本规定、照明设计、照明节能、光污染控制、供配电与安全、施工、检测及验收、管理与维护共 9 章，及两个附录、本标准用词说明、引用标准名录共十三个部分。

### 2. 修订的主要内容

（1）将《天津市城市景观照明工程技术规范》中“景观”改为“夜景”；“规范”改为“标准”。

（2）章节节构调整。删去“城市景观照明规划”、“设备”、“特种照明”、“配电”四章；将“施工”、“检测及验收”两章合并为“施工、检测及验收”一章；增加了“照明节能”、“光污染控制”、“供配电与安全”、“管理与维护”。

（3）将主办单位“天津市夜景灯光建设管理中心”调整为“天津市市容园林服务中心”。因为该单位已于 2006 年 7 月，经天津市机构编制委员会批准更名。

（4）增加、统一了定量化控制指标，如将亮度单位改为“$cd/m^2$”；

（5）增加了光源、镇流器应符合相应能效标准规定的能效限定值，宜采用达到节能评价值的产品。

（6）增加更符合国家关于电网公共连接点谐波水平的规定：增加对室外灯具供电线路的防雷措施；增加中性线过载保护的内容；补充改善功率因数的具体要求。

（7）“测试设备可用经定标的亮度计或经认定的适当仪器”改为“测试应用经标定的亮度测试设备”，并增加了测试方法及设备等内容条款。

（8）将灯具、光源设备，并入照明设计一章中；增加了 LED 新产品技术的规定。

（9）“管理与维护”一章中，增加了“资料管理”的内容。

## （四）标准的地方特色及先进性

（1）体现了以人为本、节约能源、控制光污染及保护生态环境的精神。规定了在天文观测、航空管制区域，不得使用探照灯、大功率投光灯、空中玫瑰、激光灯等向天空投射。并规定了建筑立面不宜采用建筑媒体立面照明方式；靠近居住区的公共建筑不应采用建筑媒体立面照明方式，居住建筑严禁采用建筑媒体立面照明方式。国家规范所指定的条款和技术数据，虽有一些借鉴意义，但不能满足天津市地方的实际情况。

（2）该标准根据人眼的视觉特点及节能的要求，在全国照明领域率先提出了以亮度值作为建筑物主体照明量的控制指标及在不同环境亮度下的限定值，更具有科学性。

（3）根据天津典型天气及大气污染状况，考虑了远距离投光及观看时亮度的衰减，给出了光源所需功率的修正值。

根据人的观感，城市空中悬浮粒子对远距离投光及远距离眺望下亮度的影响，针对天津作了测试调查并提出了不同距离下的修正值。充分考虑了本地区的地理环境、建筑分布及结构状况、墙面质地、材质、风格、气候特征等相关情况，根据天空大气质量透明率等综合因素，对相关技术数据进行实测、分析计算，具有科学性、实用性、指导性，并突出地域特点，有的放矢，更有效地满足地方执行的效果。

（4）首次提出室外夜景照明自动控制可采用通过总线式智能照明控制方式控制、通过光传感器和时间开关，由光、时调控设备分别或共同控制；通过时间开关，由定时控制设施控制的低压接口控制三种方式。

（5）率先提出夜景照明工程的艺术效果验收。规定应符合设计要求，设计中确立照度、亮度、光污染等技术数据和技术指标的项目，应经过标定的检测仪器、器具进行数据测量，用技术数据进行视觉效果评价。并要求应按照工程平面图确定照明方式、确定的灯位和安装角度进行验收。方式具体，具有可操作性。

（6）该标准中技术内容科学合理、可操作性强，与现行国家、行业及天津市地方相关标准相协调，对规范城市景观照明工程建设工作、提高城市景观照明工程建设成果水平具有重要作用。对建筑物、构筑物、特殊景观元素、商业街、广场、公园、广告及标识等景物的景观照明设计、施工、验收与维护做出了科学合理的规定。在条款制定中，在历史风貌建筑和公园/自然风景区等景观照明设计、照明节能、光污染控制、供配电与安全、施工、检测及验收、管理与维护等几方面，提出了适宜于天津市的技术措施，具有显著的地方特色。

（7）该标准认真总结长期夜景照明工程设计、施工、管理的实践经验和科研成果，对规范城市灯光建设工作，提高夜景照明灯光质量效果、工程质量成果水平和运维管理具有重要作用。也为天津市新建、改建和扩建的城市景观照明工程的设计、施工、验收与维护提供了依据。

### （五）专家评审意见

天津市住房城乡建设委员会委托天津市绿色建筑促进发展中心组织有关专家对《天津市城市景观照明工程技术规范》（修订）送审稿进行专家评审，专家组听取了编制组的汇报，审查了标准送审稿并进行质询，形成评审意见如下：

（1）该规范编制符合工程建设标准编写规定、送审资料齐全，符合评审要求。

（2）该规范在编制过程中通过广泛调研，借鉴国内外相关标准和工程实践经验，提出了适用于天津市的技术要求。

（3）该规范内容科学合理，可操作性强，对规范和提高城市夜景照明工程建设质量和运维管理具有重要指导作用。

专家组建议该标准在天津市尽快推广应用。一致同意通过送审稿审查，同意编制组根据专家意见修改完善后报天津市住房城乡建设委员会审批发布。

## 三、《天津市城市照明管理规定》解读

### （一）背景和意义

《天津市城市照明管理规定》是在2012年12月13日颁布的第57号市人民政府令基础上进行修订的。随着经济社会发展水平的不断提高，人民群众对城市照明规划建设和维护管理的标准要求越来越高，以前此规定的一些条款已经不能满足美丽天津建设需要。

本次修订旨在使得城市照明不但要美起来，还要精细化管起来，在立法层面上提供更加充分的管理依据和制度保障。解决在新建和改建上业主阻挠施工、景观照明规划、控制管理等需要解决的制约瓶颈问题。需要借鉴兄弟城市的先进经验，固化我市的成熟做法，用立法的方式加以解决。

### （二）《天津市城市照明管理规定》在立法思路上最主要的特点

（1）责任更加明确。包括市、区两级人民政府的职责，市、区两级城市照明行政主管部门的职责和规划、建设等相关政府部门的职责，在城市照明管理体制机制上实现了突破。

（2）管理规范更加科学，更加符合实际。

总体来说，这次修订《天津市城市照明管理规定》，既是以政府规章的形式对城市照明规划、建设、运行、维护和监督管理进行规范，也是贯彻落实习近平总书记关于“城市管理要像绣花一样精细”指示要求和建设美丽天津的实际举措。

### （三）《天津市城市照明管理规定》修订的主要内容

#### 1. 明确了政府和部门管理职责，理顺和完善了城市照明管理体制机制

《天津市城市照明管理规定》总则中明确规定了市、区两级人民政府应当加强对城市照明工作的领导，确保资金投入、专款专用，保障城市照明工作健康发展，这从根本上确立了两级人民政府对城市照明工作的领导职责。以前的规定没有明确区级城市照明管理部门，造成各区行政主管部门上下不一致，使得城市照明管理工作存在上下不对接、体制不顺畅问题，市级管理部门难以有效履行全市城市照明监督管理职能。新的《天津市城市照明管理规定》明确了市、区城市照明行政主管部门职责，解决了区级城市照明管理部门缺失问题，理顺和完善了城市照明管理体制机制。

**2. 明确了充实、完善功能照明内容**

原《天津市城市照明管理规定》对功能照明设施的设置范围仅限于城市道路、广场、车站、居住区等，随着经济社会发展和城市化进程的加速推进，城市功能照明设施不断增加，新《天津市城市照明管理规定》明确规定了城市道路、隧道、居住区、公园、广场等场所及其他无功能照明可能存在安全隐患的公共场所都应当设置功能照明设施。

**3. 明确了城市照明维护运行责任**

天津市城市照明采取的是建、管分离体制，由于衔接上的问题，部分照明设施存在着事实上的管理缺失和缺位问题。新规定对政府投资建设和非政府投资建设的不同区域的各类照明设施的维护运行管理主体分别进行了明确规定，这样就缕清了各类照明设施的维护运行管理责任，确保所有设施都有人管、管到位。

**4. 提高了城市照明智能化管理水平**

天津市城市照明设施量比较多，目前全市共有路灯功能照明设施 24 万基，灯具 35.6 万盏，中心城区景观照明设施 1386 余栋（处），灯具保有量 121.78 万盏（米）。为了更好地做好全市众多城市照明设施的监督管理工作，结合智慧城市建设的需要，新规定明确规定了本市城市照明实行信息化智能化管理，城市照明行政管理部门要建立智能管理平台，对全市各类城市照明设施进行智能化监控和管理。《天津市城市照明管理规定》已于 2018 年 12 月 18 日经市人民政府第 36 次常务会议通过，现已公布，自 2019 年 3 月 1 日起施行。

**（四）《天津市城市照明管理规定》中的主要内容**

《天津市城市照明管理规定》共 5 章 47 条，包括总则、规划和建设、维护运行管理、法律责任、附则五个部分。

**1. 明确了城市照明的范畴**

明确城市照明大体上分功能照明和景观照明两大块。其中第三条明确规定了城市照明是指城市道路、隧道、广场、公园、公共绿地、河道、名胜古迹以及其他建筑物、构筑物的功能照明和景观照明，并特别指出景观照明是指在户外通过人工光以装饰和造景为目的的照明。并指出城市照明设施是指包括灯杆、灯具以及配电室、变压器、配电箱、地上及地下管线、工作井、监控系统、节能系统等设备和附属设施。

**2. 明确了城市照明的设置要求**

指出照明设施不能随意设置。第十四条在原规定的基础上增加了两项原则要求：①功能照明设施应当减少使用多种型号、多种材质的灯具和异型灯具，方便日后运营维护；②景观照明设计需积极向上、美观大方。

**3. 对社会单位和个人在城市照明管理中提出要求**

城市照明管理不仅仅是政府部门、维护单位的责任，同时也是每一位市民朋友的责任。

第二十九条规定了不得对功能照明设施实施以下行为：在功能照明设施上刻画、涂污；向功能照明设施射击或者投掷物体；在功能照明设施安全距离范围内堆放杂物、挖掘取土、倾倒腐蚀性物品或者危险废物；依附功能照明设施搭棚建房；擅自改变、移动、拆除功能照明设施；擅自操作功能照明开关设施；擅自利用功能照明设施架设管线、安装其他设施；其他可能影响功能照明设施正常运行的行为。

第三十八条规定了不得对景观照明设施实施以下行为：擅自调整、拆改纳入全市统一控制系统的景观照明设施控制设备；设置影响景观照明设施正常开启的控制系统或者设备；故意遮挡景观照明设施或者从事其他影响景观照明效果的行为。

如果违反上述规定，都会按照这个规定及其他法律法规追究相应责任，希望广大市民朋友遵守法律法规规定，共同爱护保护好城市照明设施。

**（五）实施规定的保障措施**

《天津市城市照明管理规定》已自 2019 年 3 月 1 日起施行，这标志着天津市城市照明管理工作将迈进一个依法治理的新阶段。

为了进一步推动落实，采取以下措施：

（1）建立健全区级城市照明管理体系，确保编制到位、人员到位，保证市区两级主管部门的上下联通、匹配衔接。

（2）解决历史遗留问题，杜绝“失养”“失管”现象。通过调查摸底，目前全市路灯建设未移交项目共有 216 项，将主动推动建设部门、施工单位和属地管理部门开展攻坚会战，协调建设方与接收方按照相关规定、财政政策及时办理移交接管手续，有效解决历史遗留问题，消除管理空白盲区。

（3）落实好“四同步”，确保新建路灯设施交接顺畅。新《规定》在原来“三同步”（同步设计、同步施工、同步交付使用）的基础上增加了“同步验收”的规定，目的就是为了解决有些建设项目因照明设施验收滞后导致有灯不亮问题，加大建设期的协调力度，确保照明设施与建设项目同时投入使用。

（4）提高城市照明的精细化管理水平。采取措施，实施网格化管理，研究制定新的交接办法，把所有城市照明设施都明确到管理部门、管理单位、管理人员头上，确保管理责任横向到边、纵向到底，全覆盖、无盲区。

（5）制定有关配套文件。正在抓紧制定《天津市道路照明设施建设移交接管实施细则》和《天津市路灯设施建设运行技术标准》。随着工作的需要，还将制定一系列配套性文件，确保新《规定》贯彻执行落地生根。

# 深圳市景观照明建设发展（2017—2018）

吴春海[1]、梁峥[2]、吴潇逸[2]
（1. 深圳市灯光环境管理中心；2. 中国城市规划设计研究院）

2018 年，为庆祝改革开放 40 周年和深圳经济特区成立 38 周年，在《深圳市城市照明专项规划（2013—2020）》（以下简称“专项规划”）以及深圳各区照明分区与详细规划的指导下，以“一线两点”（一线指深南大道，两点指福田中心区和后海中心）为重点，深圳市各区先后启动了景观照明提升工程。照明建设的重点主要针对城市重要道路两侧建筑与绿化、主干道上的桥梁、核心区广场围合界面、城市绿地公园等，实现“先锋都市、光润鹏程”的总体目标，体现活力、缤纷的夜景意向。在福田中心区、后海人才公园，设置两处灯光秀观演场所，以体现深圳改革开放以来的建设成果为主题内容，弘扬了特区发展建设的创新精神和成就，丰富了深圳市民夜晚的文化生活，带动了市内夜间旅游经济，取得了良好的社会经济效益。

## 一、照明规划实施情况

在《深圳市城市照明专项规划（2013—2020）》的指导下，罗湖区、宝安区、大鹏新区等先后编制完成城市照明分区与详细规划，为 2018 年的照明建设实施做好了前期准备。得益于此，完成规划编制的城区在较短的时间内，能有条不紊地完成照明建设实施任务。

### 1. 罗湖区灯光区域详细规划

罗湖区灯光区域详细规划提出“缤纷罗湖、人文罗湖、鼎新罗湖”的规划目标，针对重要街道、建筑、节点，分类型提出详细的亮度、光色、动态等控制指标要求，指导下一阶段照明方案设计与实施建设工作。

深南东路作为“六大重点片区”之一，列入一期建设计划。对深南东路沿线建筑进行了照明深化设计，严格按照规划对各建筑单体提出的亮度、光色、动态等控制指标要求落实。深南东路、笋岗东路、人民公园路沿线景观绿化，依据规划要求坚持只用暖白光照明，局部广场用彩色光照明，仅在核心区域的地标建筑采用了动态表达。

在罗湖“金三角”金融商业核心区灯光景观照明提升工程中，主要对罗湖口岸片区、东门老街商业片区、国贸人民南片区、城市主干道两侧楼宇进行了照明提升，以沿街建筑立面为依托，跟随城市形象大道天际线，匹配城市更新方向与罗湖区发展定位，用灯光提升公共空间品质与使用体验，打造三横四纵视觉一体化。

### 2. 宝安区城市照明详细规划

宝安区城市照明详细规划提出了“梦幻宝安·湾区明珠”的规划定位，在最大程度上平衡宝安区夜间的生态需求、市民活动需求以及形象展示需求。强调暗夜保护、公共空间的夜景照明提升以及特色鲜明的夜景名片建设。转变了早期夜景建设中存在的“重视建筑景观照明建设”、“轻视公共空间照明建设”的建设意识，强调以人为本的民生建设，将公众的夜间活动空间放在规划建设的首要位置。在暗夜保护区之外，通过“三轴两带、三核多中心”的夜景规划，科学的亮度、光色、动态控制，最终以期通过区域差异化的规划设计指引及控制，形成八个“城市级夜景名片”、十个“区域级夜景名片”，最终实现构建“粤港澳大湾区东岸夜景新地标”的规划目标。

该规划将宝安中心区、碧海片区、大铲湾片区、机场片区、大空港片区、前海湾至大空港滨海带、宝安大道沿线、107 国道沿线、广深高速沿线、茅洲河生态景观带以及十个街道中心区中的载体建设成熟区以及已经启动设计、建设的城市新区作为近期建设的重点。

### 3. 大鹏新区城市照明分区规划及重点区域详细规划

在“生态大鹏”照明定位指引下，以生态绿色和暗夜保护为理念，梳理夜间山海景观和城市风貌的关系，强化重要滨海界面和特色滨海小镇的夜景塑造，充分体现夜景与人、城市、自然环境和谐发展，营造出大鹏新区绿色生态的滨海旅游新城区夜景，建立生态暗夜保护区，实现“生态新大鹏、滨海新夜景”的规划目标。景观照明规划近期实施范围包括葵涌文化广场、大鹏新区管委会建筑群、双拥码头、南澳广场、较场尾片区、大鹏文化广场等。

## 二、城市重点要素景观照明建设

### 1. 深南大道

深南大道是深圳市最重要的城市综合功能景观轴，此次夜景照明设计中，加强夜景灯光与人文相结合，在公共空间中加强与人互动的科技未来之光，形成传达深圳发展的重要窗口，体现现代感。通过沿路景观的夜景打造和建筑照明的串联，形成立体空间的连续感，呈现繁华时尚的现代都市感，展现深圳充满活力、生机的繁荣气象。

罗湖段实施范围由红岭路至新秀立交，全长约 3.9km。沿线 70 处建筑形态丰富，年代特征鲜明，沿线楼宇不具备形成连续媒体立面的营造条件，且不具备良好的大型建筑群媒体立面观看视距。因此，在照明设计中，结合建筑的形态特征及结构、材质等条件，因地制宜地选择照明手法，通过简洁的照明设计强化出建筑本身的形象特征。整体以暖白光为主色调，以黄、白光的合理搭配，局部重点高层建筑允许使用彩色光，在保证沿线建筑夜景整体效果协调统一的同时，丰富画面层次，整体以静态照明为主。罗湖段夜景照片如图 1 所示。

图 1　深圳市深南大道罗湖段夜景照片

福田段东起红岭路，西至侨城东路，建设包括了沿街建筑和绿化的景观照明，以及华强北街道两侧建筑、地面绿化和构筑物的景观照明，共包含建筑 147 栋。福田段的景观照明设计主要为组团式营造，重点打造了红岭路口、市委周边、华强北、车公庙、竹子林等片区楼宇组团。同时对道路两侧绿化带进行了景观照明提升，在补充沿线人行道及绿道功能照明不足的同时，又起到了景观装饰作用。从城市尺度、街道尺度及近人尺度考虑，以人的体验感受为出发点，提高城市光环境水平为目标，进行了全方位的设计，实施后效果达到设计预期目标（福田段夜景照片见图 2）。

图 2　深圳市深南大道福田段夜景照片

南山段东起侨城东路，西至宝安大道，沿路67栋建筑，包括华侨城、科技园、南头等片区，通过建筑和绿化灯光配合，整合沿路万象新天地、科技园等已有灯光，营造科技、人文的夜景格调。

**2. 福田中心区**

在福田中心区建设了联动灯光项目，项目以市民中心周边楼宇和开放公共空间为载体和展示界面，形成以市民中心为核心、平安大厦为地标统领的独具特色的夜景景观格局，以先进的智能控制手段和创新的视觉表现手法，打造具有区域特色的数字化夜景精品（福田中心区夜景照片见图3和图4）。参与联动灯光表演的建筑物共有43处，以及5个开放的公共空间。

图3　深圳市福田中心区夜景照片1

图4　深圳市福田中心区夜景照片2

**3. 后海人才公园**

后海人才园通过先进的智能控制手段与创新视觉演绎，以人才公园为视角，以华润悦府、三湘海尚、蔚蓝海岸等21个小区天际线为背景，联动华润春笋大厦、深圳湾一号、阿里中心等23处城市建筑群楼体灯光，加上舞台灯、激光灯、音乐系统等衬托配合，多层次展现南山的无限魅力。后海人才公园夜景照片如图5所示。

图 5　深圳市南山区后海人才公园夜景照片

**4. 宝安区海滨广场**

宝安区海滨广场通过周边建筑媒体立面主题灯光与海滨广场文创灯光结合，带给市民一场灯光盛宴。海滨广场文创灯光有超萌可爱的海洋生物和栩栩如生的森林动物，灯光给孩子们打造了一座奇幻的童话王国，120 多棵树形成了 10000 多平方米的音乐森林，通过文化、科技与创意的结合，让灯光绚烂绽放。海滨广场夜景照片如图 6、图 7 所示。

图 6　深圳市宝安区海滨广场夜景照片 1

图 7　深圳市宝安区海滨广场夜景照片 2

# 第五篇　国际资料篇

# 国际照明委员会（CIE）第29届大会报告及论文目录

会议时间：2019年6月14日～2019年6月22日
会议地点：美国华盛顿特区

| Paper No. | Author（s） | Title |
|---|---|---|
| OP01 | Klej A，et al | FLICKER（PSTLM）AND STROBOSCOPIC EFFECT（SVM）-LIGHT MEASUREMENTS IN PHOTOMETRICAL LABORATORIES. SIGNIFY DEVELOPED SETUP AND VALIDATION METHOD |
| OP02 | Thorseth A，et al | MEASURING AND COMPARING WAVEFORMS OF TEMPORAL LIGHT MODULATION |
| OP03 | Wang L L，et al | THE VISIBILITY OF THE PHANTOM ARRAY EFFECT UNDER OFFICE LIGHTING CONDITION |
| OP04 | Veitch J | COGNITIVE AND EYE MOVEMENT EFFECTS ON VIEWERS OF TEMPORAL LIGHT MODULATION FROM SOLID-STATE LIGHTING |
| OP05 | Ma C，Ou L | AN INITIAL STUDY OF COLOUR APPEARANCE IN VIRTUAL REALITY |
| OP06 | Zhu Y，Luo M R | MODELLING OF SIMULTANEOUS CONTRAST EFFECTS USING MEMORY COLOUR MATCHING METHOD TO REVISE THE CIECAM16 COLOUR APPEARANCE MODEL |
| OP07 | Li C J，et al | MODELLING COLOUR APPEARANCE FOR UNRELATED COLOURS BASED ON CAM16 |
| OP08 | Phung T H，et al | APPLYING AN IMAGE COLOUR APPEARANCE MODEL FOR SIMPLE SELF-LUMINOUS SCENES |
| OP09 | Ronald Gibbons | EVALUATING THE LIGHTING LEVELS，SURROUND RATIO AND UNIFORMITY IN AN LED LIGHTED ENVIRONMENT |
| OP10 | Voelker S | NEW WAYS TO ACHIEVE CLIMATE AIM IN ROADWAY LIGHTING |
| OP11 | Fotios S | WHICH METRICS ARE NEEDED TO SPECIFY GOOD LIGHTING FOR PEDESTRIANS? |
| OP12 | Fotios S，et al | THE INFLUENCE OF ROAD LIGHTING ON CYCLIST NUMBERS AND SAFETY |
| OP13 | Gerloff T，et al | LUMINOUS INTENSITY COMPARISON BASED ON NEW STANDARD LAMPS WITH LED REFERENCE SPECTRUM |
| OP14 | Timo Dönsberg | CONSTANT-VOLTAGE DRIVEN TEMPERATURE STABILIZED LUMINOUS FLUX LED STANDARD LAMP WITH E27 BASE |
| OP15 | Ferrero A，et al | DEFINITION OF A SPECTRAL MISMATCH INDEX FOR SPECTRAL POWER DISTRIBUTIONS |
| OP16 | Lv X，Luo M R | LED SIMULATORS FOR THE REPRODUCTION OF THE NEW CIE STANDARD LED SOURCES |
| OP17 | Zong Y，et al | STANDARD LEDS WITH SUPERIOR LONG-TERM STABILITY |
| OP18 | Tsung-Hsun Yang | SPECTRAL DISTRIBUTION OF TYPICAL WHITE LED AS A FUNCTION OF CCT |
| OP19 | Udovicic L，et al | LIGHT AND BLUE-LIGHT EXPOSURES OF DAY WORKERS N SUMMER AND WINTER |
| OP20 | Schierz C | IS LIGHT WITH LACK OF RED SPECTRAL COMPONENTS A RISK FACTOR FOR AGE-RELATED MACULAR DEGENERATION（AMD）? |
| OP21 | Chen C Y，et al | INFLUENCE ON HUMAN SLEEP OF DYNAMIC LIGHTING |
| OP22 | Sliney D | RETINAL EXPOSURE ASSESSMENT-HORIZONTAL OR VERTICAL ALPHA IRRADIANCE OR ILLUMINANCE? |

（续）

| Paper No. | Author (s) | Title |
|---|---|---|
| OP23 | Miller C C, et al | INNOVATIVE APPROACHE TO COMBAT HEALTHCAREASSOCIATED INFECTIONS USING STANDARDS DEVELOPED THROUGH INDUSTRY AND U. S. FEDERAL COLLABORATION |
| OP24 | Figueiro M G, et al | NOCTURNAL MELATONIN SUPPRESSION BY ADOLESCENTS AND ADULTS FOR DIFFERENT LEVELS, SPECTRA, AND DURATIONS |
| OP25 | Xu Q,<br>Luo M R | EXTENSION OF COLOUR DIFFERENCE FORMULAE FOR HDR APPLICATIONS |
| OP26 | Lu T,<br>Ou L | INFLUENCE OF COLOUR ON VISUAL CONSPICUITY: TAKING SUBWAY ROUTE MAPS AS AN EXAMPLE |
| OP27 | Jost S, et al | A COLOUR GRAPHIC FOR REAL COMPLEX SCENES: APPLICATION TO LED ILLUMINANTS |
| OP28 | Tsai B K, et al | NOT ALL 60Hz AC ELECTRICITY IS THE SAME-COMPLICATIONS IN MEASURING SOLID-STATE LIGHTING PRODUCTS |
| OP29 | Miller C C, et al | SOLID-STATE LIGHTING MEASUREMENT ASSURANCE PROGRAM SUMMARY WITH ANALYSIS OF METADATA |
| OP30 | Konjhodzic D | EVALUATION OF BLUE LIGHT HAZARD |
| OP31 | Knoop M, et al | APPROACH TO ANALYSE SEASONAL AND GEOGRAPHICAL VARIATIONS IN DAYLIGHT ILLUMINANTS |
| OP32 | Gentile N, et al | ENERGY SAVING POTENTIAL FOR INTEGRATED DAYLIGHTING AND ELECTRIC LIGHTING DESIGN VIA USERDRIVEN SOLUTIONS: A LITERATURE REVIEW |
| OP33 | Dong Y J,<br>Zhang X | STUDY ON THE EFFECTS OF AROUSLA LIGHTING OF DORMITORY ON COLLEGE STUDENTS' SLEEP QUALITY, ALERTNESS AND MOOD IN SUMMER |
| OP34 | Soto Magán V E,<br>Andersen M | HOW TO ASSESS ALERTING EFFECTS OF DAYLIGHT AT THE WORKPLACE? LEARNINGS FROM SEMI-CONTROLLED STUDIES |
| OP35 | Bao W,<br>Wei M | EFFECT OF LIGHT LEVEL ON COLOR PREFERNECE AND SPECIFICAITON OF LIGHT SOURCE COLOR RENDITION |
| OP36 | Babilon S,<br>Khanh T Q | A NEW METRIC FOR MEMORY COLOUR PREFERENCE EVALUATION IN LIGHTING APPLICATIONS-EXPERIMENTS, MATHEMATICAL DEFINITION, AND COMPARISON WITH OTHER COLOUR RENDERING INDICES |
| OP37 | Bodrogi P, et al | SEMANTIC INTERPRETATION OF THE CIE 2017 COLOUR FIDELITY INDEX |
| OP38 | Matusiak B,<br>Arbab S | TOWARD COLOUR RENDERING METHOD OF WINDOW GLASS |
| OP39 | Sekulovski D, et al | EXPLORING THE PLEASANT SIDE OF GLARE IN THE LED ERA |
| OP40 | Viula R,<br>Hordijk T | TESTING THE PREDICTIVE POWER OF VISUAL DISCOMFORT FROM GLARE METRICS IN THE NEARWINDOW AND NEAR-WALL ZONES OF THE DAYLIT CLASSROOM ENVIRONMENT |
| OP41 | Pierson C, et al | DISCOMFORT GLARE CUT-OFF VALUES FROM FIELD AND LABORATORY STUDIES |
| OP42 | Giovannini L, et al | ANNUAL EVALUATION OF DAYLIGHT DISCOMFORT GLARE: STATE OF THE ART AND DESCRIPTION OF A NEW SIMPLIFIED APPROACH |
| OP43 | Iodice M, et al | TESTING EXPERIMENTAL METHODS FOR DISCOMFORT GLARE INVESTIGATIONS |
| OP44 | Iwata T, et al | EEFFECTS OF LUMINANCE DISTRIBUTION AND VIEW ON EVALUATION OF DISCOMFORT GLARE FROM WINDOWS |
| OP45 | Johannes Ledig | PRINCIPLE LIMITATIONS OF NEAR-FIELD GONIOPHOTOMETER MEASUREMENTS |

（续）

| Paper No. | Author（s） | Title |
| --- | --- | --- |
| OP46 | Pan J，et al | SPATIAL LIGHT DISTRIBUTION CHARACTERIZATION AND MEASUREMENT OF LED HORTICULTURAL LIGHTS |
| OP47 | Alexander Kokka | COMPARISON OF THE FISHEYE CAMERA METHOD WITH GONIOPHOTOMETERS FOR MEASURING RELATIVE ANGULAR INTENSITY DISTRIBUTIONS OF LIGHT SOURCES |
| OP48 | Dumortier D，et al | ONE YEAR OF USE OF A LIGHT DOSIMETER |
| OP49 | Diakite A K，Knoop M | A DATA-DRIVEN COLORIMETRIC ANALYSIS OF THE CIE STANDARD GENERAL SKIES |
| OP50 | Chi D A，Brembilla E | USING RADIANCE TO ESTIMATE TRANSMITTED SOLAR RADIATION ENERGY FOR THIN PERFORATED SCREENS |
| OP51 | Baumgartner H，et al | FAILING MECHANISMS OF LED LAMPS |
| OP52 | Martin G，et al | FROM MEASUREMENTS TO STANDARDISED MULTIDOMAIN COMPACT MODELS OF LEDS USING LED EDATASHEETS |
| OP53 | Hegedüs J，et al | MULTI-DOMAIN CHARACTERIZATION OF COB LEDS |
| OP54 | Hemphälä H，Olivik H | A NEW METHOD FOR EVALUATING THE VISUAL ENVIRONMENT |
| OP56 | Dehoff P | REVISION OF THE INTERNATIONAL STANDARDS OF LIGHTING OF INTERIOR WORKPLACES |
| OP57 | Wu Z F，et al | NONLINEARITY OF PHOTODETECTOR USING LASER FACILITY |
| OP58 | Porrovecchio G，et al | LONG-TERM SPECTRAL RESPONSIVITY STABILITY OF PREDICTABLE QUANTUM DETECTORS |
| OP59 | Eppeldauer G P，et al | PYROELECTRIC STANDARDS FOR SPECTRAL AND BROADBAND RESPONSIVITY MEASUREMENTS FROM 210 NM TO 3000NM |
| OP60 | Bullough J D，et al | INTEGRATING RESEARCH ON SAFETY PERCEPTIONS UNDER PARKING LOT ILLUMINATION |
| OP61 | Wu J，Yang B | WHAT TYPES OF VISUAL ENVIRONMENT CAN REDUCE THE PERCEPTION OF NOISE IN URBAN RESIDENTIAL DISTRICT? |
| OP62 | Chapman M | LED STREET LIGHTING AND LIGHT POLLUTION-A CASE STUDY IN SOUTH EAST AUSTRALIA |
| OP63 | Shao R D，et al | EXPERIMENT OF LIGHTING ENVIRONMENTS IN WARD FOR BLOOD CANCER PATIENTS BASED ON VR TECHNOLOGY |
| OP64 | Hao L X，Cao Y X | EVIDENCE-BASED RESEARCH AND APPLICATIONS OF A THERAPEUTIC LIGHTING SYSTEM ON CIRCADIAN RHYTHM AND MOOD REGULATION FOR CHINESE PATIENTS |
| OP65 | Figueiro M G，et al | LIGHT，ENTRAINMENT，AND ALERTNESS：A CASE STUDY IN OFFICES |
| OP66 | Kozaki M，et al | RESEARCH ON THE RANGE OF PLEASANT DARKNESS AND BRIGHTNESS IN RESTAURANTS：DISCUSSION ON AGE FACTOR |
| OP67 | Tóth D N，Szabó F | INVESTIGATION OF HUMAN CENTRIC LIGHTING IN INDUSTRIAL ENVIRONMENT IN MULTIPLE ASPECTS-BIOLOGICAL EFFECT AND USERS'PREFERENCE |
| OP68 | Kawashima Y，Ohno Y | VISION EXPERIMENT ON VERIFICATION OF HUNT EFFECT IN LIGHTING |
| OP69 | Ohno Y，et al | VISUAL EVALUATION OF CIE 2015 CONE FUNDAMENTALBASED 10℃ OLOUR MATCHING FUNCTIONS FOR LIGHTING APPLICATIONS |
| OP70 | Huang H P，et al | UNIQUE HUE JUDGMENTS UNDER LIGHT SOURCES WITH DIFFERENT CHROMATICITIES |
| OP71 | Wang Y，et al | PROPOSAL OF A NEW WHITENESS FORMULA BASED ON CAM16-UCS |

（续）

| Paper No. | Author（s） | Title |
|---|---|---|
| OP72 | Muzet V，et al | OPTIMIZATION OF ROAD SURFACE REFLECTIONS PROPERTIES AND LIGHTING：LEARNING OF A THREE-YEAR EXPERIMENT |
| OP73 | Saint-Jacques E，et al | EVALUATION OF THE PERFORMANCE OF A ROAD SURFACE GONIOREFLECTOMETER |
| OP74 | Iacomussi P，Rossi G | INFLUENCE OF MATERIAL CHARACTERIZATION IN THE DESIGN OF TUNNEL LIGHTING INSTALLATIONS |
| OP75 | Greffier F，et al | USE OF AN IMAGING LUMINANCE MEASURING DEVICE TO EVALUATE ROAD LIGHTING PERFORMANCE AT DIFFERENT ANGLES OF OBSERVATION |
| OP76 | Zuber R，Ribnitzky M | COMBINED OUT OF RANGE AND IN BAND STRAY LIGHT CORRECTION FOR ARRAY SPECTRORADIOMETERS |
| OP77 | Zong Y，et al | CALIBRATION OF SPECTRORADIOMETERS USING TUNABLE LASERS |
| OP78 | Smid M，et al | THE DESIGN AND DEVELOPMENT OF A TUNABLE AND PORTABLE RADIATION SOURCE FOR IN SITU SPECTROMETER CHARACTERISATION |
| OP79 | Zhao W Q，et al | PHOTOMETER SPECTRAL RESPONSE MEASUREMENT USING OPO TUNABLE LASER |
| OP80 | Schneider P，Sperling A | AN UNCERTAINTY ANALYSIS OF PHOTOMETRIC RESPONSIVITY BASED ON SPECTRAL IRRADIANCE RESPONSIVITY |
| OP81 | Tomi Pulli | GENERAL TOOL FOR ESTIMATING EFFECTS OF UNKNOWN CORRELATIONS ON SPECTRAL INTEGRALS |
| OP82 | Rajaram Bhagavathula | UNDERSTANDING DRIVER VISUAL PERFORMANCE BY EXAMINING DISTRIBUTIONS OF DETECTION DISTANCES |
| OP83 | Donners M，et al | ILLUMINATION REQUIREMENTS FOR GAZE PERCEPTION |
| OP84 | Chen C-H，et al | THE VISIBILITY STUDIES OF DYNAMIC ROAD-LIGHTING ON A FOGGY ROAD |
| OP85 | Joanne Wood | THE EFFECT OF DIFFERENT HEADLIGHT TECHNOLOGIES ON VISUAL PERFORMANCE AT NIGHT-TIME |
| OP86 | Rajaram Bhagavathula | APPLICABILITY OF VISUAL PERFORMANCE MODELS TO NIGHTTIME DRIVING |
| OP87 | Wu C，et al | VISUAL COMFORT EVALUATION METHOD AND PREDICTION MODEL RELATING TO DISCOMFORT GLARE：A MOCK-UP STUDY OF LUMINOUS ENVIRONMENT IN AIRPLANE COCKPIT |
| OP88 | Rabal A M，et al | WHAT IS THE TRUE WIDTH AND HEIGHT OF THE SPECULAR PEAK ACCORDING THE LEVEL OF GLOSS? |
| OP89 | Cauwerts C，et al | COLORIMETRIC ACCURACY OF HIGH DYNAMIC RANGE IMAGES FOR LIGHTING RESEARCH |
| OP90 | Ye C H，et al | TEST METHOD OF LUMINANCE DYNAMIC RANGE FOR HDR CAMERA WITH CMOS IMAGE SENSOR |
| OP91 | Oskari Pekkala | SETUP FOR CHARACTERISING THE SPECTRAL RESPONSIVITY OF FABRY-PÉROT-INTERFEROMETERBASED HYPERSPECTRAL CAMERAS |
| OP92 | Raza A，et al | SIMPLIFIED HYPERSPECTRAL CAMERA CALIBRATION FOR ACCURATE RADIOMETRIC MEASUREMENTS |
| OP93 | Li L，et al | THE DEVELOPMENT OF PORTABLE CALIBRATION LIGHT SOURCE AND TEMPERATURE CORRECTION ALGORITHM FOR IN-SITU RADIOMETER |
| WP02 | Schwarcz P | REVIEW AND PROPOSALS FOR UPGRADE OF METRICS OF USEFUL LIFIETIME OF PROFESSIONAL LED LUMINAIRES |

（续）

| Paper No. | Author (s) | Title |
|---|---|---|
| PP01/PO053 | Royer M, Whitehead L | SPECTRAL CHARACTERISTICS INFLUENCING THE METAMERIC UNCERTAINTY INDEX |
| PP02/PO031 | Oh S, et al | HUE PERCEPTION AND NEUTRALNESS OF A SMARTPHONE DISPLAY UNDER DIFFERENT SURROUND CONDITIONS |
| PP03/PO007 | Gu C, Ou L | VISUAL IMPRESSIONS OF PAIRED PATTERNS-TAKING WALLPAPER PATTERNS AS AN EXAMPLE |
| PP04/PO049 | Veitch J A, Martinson C | DETECTION OF THE STROBOSCOPIC EFFECT UNDER LOW LEVELS OF THE STROBOSCOPIC VISIBILITY MEASURE |
| PP05/PO026 | Mizokami Y, et al | CHANGE IN THE APPEARANCE OF OBJECTS ACCORDING TO THE RATIO OF DIRECT AND DIFFUSIVE LIGHT |
| PP06/PO076 | Kawashima Y, Ohno Y | QUANTIFYING PERCEIVED CHROMA CHANGES BY HUNT EFFECT IN LIGHTING |
| PP07/PO058 | Lin T H, et al | SHADE-FREE TEXTURE ACQUISITION FOR 3D SCANNING SYSTEM |
| PP08/PO064 | Tony Bergen | FLASH OBSERVATION AT THRESHOLD OF VISION USING A FOUR ALTERNATIVE FORCED CHOICE EXPERIMENT |
| PP09/PO073 | Godo K | INVESTIGATION OF LED-BASED COMPACT TRANSFER STANDARD SOURCE FOR LUMINANCE MEASUREMENT |
| PP10/PO090 | Roman Dubnicka | GONIOSPECTRORADIOMETRY OF ROAD LIGHTING LUMINAIRES IN RESPECT OF MESOPIC PHOTOMETRY |
| PP11/PO062 | Janne Askola | NATURAL AND ACCELERATED AGEING OF ORGANIC LED PANELS USING SPECTRALLY DISPERSED |
| PP12/PO071 | Alejandro Ferrero | TESTING SPARKLE MEASUREMENT CAPABILITIES OF NATIONAL METROLOGY INSTITUTES |
| PP13/PO082 | Poikonen T, et al | FUTURE PHOTOMETRY BASED ON SOLID-STATE LIGHTING PRODUCTS |
| PP14/PO083 | Elliott T, Davis W | IMPACT OF LUMINANCE DISTRIBUTION ON PERCEPTION OF THE SHAPE OF ARCHITECTURAL SPACES |
| PP15/PO088 | Wang S | PRELIMINARY RESEARCH ON MATHEMATIC MODEL OF EYE'S ADAPTATION LUMINANCE |
| PP16/PO084 | Ge K, et al | EFFECT OF VISUAL DISTRACTION ON ANXIETY IN WOMEN DURING THE FIRST STAGE OF LABOR |
| PP17/PO087 | Umemiya N, Qiao W | DIFFERENCES OF LIGHT ENVIRONMENT EVALUATION BETWEEN ELDERLY AND YOUNG PEOPLE |
| PP18/PO086 | Lin J, Westland S | EFFECT OF INTENSITY OF SHORT-WAVELENGTH LIGHT ON SUBJECTIVE AND OBJECTIVE ALERTNESS |
| PP19/PO085 | Kage H, et al | EXPERIMENTAL STUDY ON ILLUMINANCE DISTRIBUTION IN THE TASK AND BACKGROUND AREA OF OPEN-OFFICE LIGHTING |
| PP20/PO024 | Lu Y, et al | ASSESSING THE PROPORTIONS AND CCT OF DIRECT/INDIRECT LIGHTING IN A REAL LIT OFFICE |
| PP21/PO089 | Akashi Y, et al | LIGHTING REQUIREMENTS FOR ADAPTIVE DRIVING BEAM (ADB) TO IMPROVE TARGET VISIBILITY WHEN ONCOMING HEADLIGHT GLARE EXISTS |
| PP22/PO091 | Dubnicka R, et al | MEASUREMENT OF OBTRUSIVE LIGHTING OF OUTDOOR LIGHTING INSTALLATIONS |

（续）

| Paper No. | Author (s) | Title |
|---|---|---|
| PP23/PO094 | Muzet V, et al | TOWARDS AN OPTIMIZATION OF URBAN LIGHTING THROUGH A COMBINED APPROACH OF LIGHTING AND ROAD BUILDING ACTIVITIES |
| PP24/PO096 | Talon D, et al | IMPACT OF THE SPECTRUM OF LIGHT ON VISIBILITY IN ROAD TUNNELS |
| PP25/PO093 | Pimkamol Mattsson | ENERGY EFFECTIVE OUTDOOR LIGHTING FOR VISUALLY IMPAIRED PEDESTRIANS |
| PP26/PO092 | Eric Li | IMPACT OF ROADWAY LIGHTING ON DRIVER BEHAVIOR AT FREEWAY RAMP LOCATIONS |
| PP27/PO097 | Valetti L, Pellegrino A | ANALYSIS AND DESIGN APPROACH FOR A NOCTURNAL IMAGE OF THE CULTURAL LANDSCAPE |
| PP28/PO095 | Rossi G, Iacomussi P | THE VEILING LUMINANCE IN TUNNEL LIGHTING INSTALLATION |
| PP29/PO098 | Llenas A, et al | TESTING THE USE OF SPECTRALLY TUNABLE LIGHTING SYSTEMS TO IMPROVE COMFORT, ALERTNESS AND SLEEP QUALITY IN INDOOR WORKING ENVIRONMENTS |
| PP30/PO099 | Price L, et al | CIRCADIAN LIGHT EXPOSURES OF SHIFT WORKING NURSES |
| PP31/PO198 | Hirakawa S, et al | EVALUATION METHOD OF DISCOMFORT GLARE OF LED TUNNEL INTERIOR LIGHTING |
| PO001 | Akizuki Y, Osumi M | IMPROVEMENT OF COLOR APPEARANCE OF URETHANE SKIN SAMPLES BY USING COMPUTER COLOR MATCHING METHOD |
| PO002 | Ayama M, et al | COLORIMETRIC VALUES OF IMAGE SKIN COLOR IN THE WHOLE FACE AND CHEEK PART, AND THEIR RELATION TO SUBJECTIVE EVALUATION |
| PO003 | Cao DW, et al | STUDY OF TARGET VISIBILITY ON THE ROAD WITH DRIVING AS WORKLOAD |
| PO004 | Chinazzo G, et al | COGNITIVE PERFORMANCE EVALUATION UNDER CONTROLLED DAYLIGHT LEVELS AT DIFFERENT INDOOR TEMPERATURES |
| PO005 | Durmus D, Davis W | EVALUATION OF HUE SHIFT FORMULAE IN CIELAB AND CAM02 |
| PO006 | Fujiwara T, et al | THRESHOLD METRIC CHROMA OF IMAGES FOR CHROMATIC PERCEPTION |
| PO008 | Peter Hanselaer | EXPLORING THE MICHAELIS-MENTON FORMULA FOR APPEARANCE MODELLING |
| PO009 | Stijn Hermans | EVALUATING BRIGHTNESS AND GLARE PERCEPTION OF SELF-LUMINOUS STIMULI |
| PO010 | Hidaka E, et al | DEVELOPENT FOR THE OPTIMUM DISPLAY COLOURS ON ROAD INFORMATION BOARDS WITH CONSIDERATION FOR COLOUR VISION BARRIER FREE |
| PO011 | Yejin Hong | COLOUR APPEARANCE MATCH UNDER TWO LIGHTINGS HAVING DIFFERENT LUMINANCE LEVELS |
| PO012 | Almustanyir A, Hovis J | TRICHROMATIC AND DICHROMATIC COLORIMETRIC ANALYSES OF THE FARNSWORTH-MUNSELL D-15 COLOR VISION TEST |
| PO013 | Zheng Huang | THE IMPACT OF GENDER AND OBJECT COLOUR ON THE PREFERRED COMBINATION OF ILLUMINANCE AND COLOUR TEMPERATURE |
| PO014 | Xi Y H, et al | COLOUR DIFFERENCE DISCRIMINATIONS OF YOUNG AND OLD OBSERVERS BASED ON DIFFERENT DISPLAYS |
| PO015 | Iwata M | STUDY ON THE RELATIONSHIP BETWEEN PREFERRED ILLUMINANCE AND CORRELATED COLOUR TEMPERATURE OF LED LIGHTING FOR VISUALLY CHALLENGED PEOPLE-FOR FAMILY GATHERING |
| PO016 | Jiang X, Yang B | PEDESTRIANS TEND TO LOOK AT SCENES WITH HIGHER LUMINANCE AND GREATER SALIENCY AT NIGHT |
| PO017 | Kageyama S, et al | KANSEI EVALUATION OF THE RED OBJECT IMAGES USING DIFFERENT RED PRIMARIES |

（续）

| Paper No. | Author (s) | Title |
|---|---|---|
| PO018 | Kamei M, et al | EFFECT OF DIRECT GLARE OF LED FLOODLIGHT ON CATCHING A MOVING OBJECT |
| PO019 | Kawame K, et al | REPRESENTATIVE COLOR OF THE WHOLE-FACE IMAGE AND ITS RELATION TO FINISH-UP IMPRESSION |
| PO020 | Kongbuntud K, et al | HYBRID WHITE LED STREET LIGHT FOR MESOPIC VISION |
| PO021 | Lee C-S, et al | CHROMATIC DEPENDENCE OF THE CONTRAST SENSITIVITY FUNCTION OF THE PHANTOM ARRAY EFFECT |
| PO022 | Zhuang Y X, Lin Y D | ASSESSING LIGHTING APPRAISAL, PERFORMANCE, PHYSIOLOGICAL COMPONENTS IN OFFICE WORK |
| PO023 | Hou D, Lin Y | EFFECTS OF CRI AND GAI ON EMOTION AND WORK PERFORMANCE IN OFFICE LIGHTING |
| PO025 | Qiang Liu | BEST LIGHTING FOR JEANS: OPTIMISING COLOUR PREFERENCE, COLOUR DISCRIMINATION AND COLOUR CONSTANCY |
| PO027 | Mukai K | RELATIONSHIP BETWEEN COLOUR RENDERING INDICES AND SUBJECTIVE COLOUR DIFFERENCES |
| PO028 | Nagy B V, et al | CHROMATIC ADAPTATION EFFECTS AND LIMITS OF AMBIENT ILLUMINATION SPECTRAL CONTENT |
| PO029 | Urbin A, et al | OBSERVING THE EFFECT OF CHROMATIC ADAPTATION ON COLOUR DISCRIMINATION UNDER DIFFERENT VIEWING CONDITIONS |
| PO030 | Nishikawa M, Hirate K | A STUDY ON COMPREHENSIBILITY OF INFORMATION OF INDUCTION SIGNS: DEGREE OF INFORMATION SEPARATION IN SIGNBOARDS |
| PO032 | Or K H | ISN'T COLOUR VISION AN ILLUSION? |
| PO033 | Michael Royer | REVIEW OF EXPERIMENTS ON SUBJECTIVE QUALITIES OF COLOUR RENDITION |
| PO034 | Takashi Sakamoto | VISIBILITY OF HANDRAILS UNDER 500 LUX AND 0.5 LUX FLUORESCENT LIGHT: SUITABLE RAILINGCOLOURS FOR ELDERLY PEOPLE |
| PO035 | Renzo Shamey | ON DETERMINING UNIQUE HUES FOR OBJECT STIMULI |
| PO036 | Kevin Smet | LUXPY: A PYTHON PACKAGE FOR COLOUR AND LIGHTING SCIENCE |
| PO037 | Li J, et al | PILOT STUDY ON COLOUR MATCHING ACCURACY USING DIFFERENT PRIMARIES |
| PO038 | Li J, et al | PILOT STUDY ON COLOR MATCHING ACCURACY USING DIFFERENT PRIMARIES |
| PO039 | Kevin Smet | IMPACT OF BACKGROUND FIELD SIZE AND CORNEAL ILLUMINANCE ON THE DEGREE OF CHROMATIC ADAPTATION |
| PO040 | Ma S, et al | REAL VS RENDER: COLORIMETRIC AND PERCEPTUAL ACCURACY USING A REAL AND RENDERED CORNELL BOX WITH HEAD-MOUNTED DISPLAY VIRTUAL REALITY |
| PO041 | Kevin Smet | COLORIMETRIC ACCURACY OF A SIMULATION OF THE LIGHTING IN A REAL TUNNEL USING A PHYSICAL BASED RENDERER AND USING DIALUX |
| PO042 | Tachikawa Y, et al | MEASUREMENTS OF INTRAOCULAR STRAYLIGHT, VISUAL SENSITIVITY, AND DISCOMFORT GLARE FOR YOUNG AND ELDERLY OBSERVERS |
| PO043 | Takahashi H, Watanabe S | EFFECTS OF LIGHT COLOUR ON WORK EFFICIENCY AND ALERTNESS |
| PO044 | Teunissen K, et al | APPLICATION OF CIE 13.3-1995 WITH ASSOCIATED CRIBASED COLOUR RENDITION PROPERTIES |

（续）

| Paper No. | Author (s) | Title |
|---|---|---|
| PO045 | Toyota T, et al | A QUANTITATIVE VISUAL EVALUATION METHOD FOR INVEHICLE OPTICAL DEVICES BY LIGHTING SIMULATION |
| PO046 | Vinh Q T, et al | COLOUR PREFERENCE IS DEPENDENT ON COLOUR TEMPERATURE, CHROMA AND ILLUMINANCE LEVELS-EXPERIMENTS AND ANALYSIS |
| PO048 | Szabó F, et al | EXPERIMENTAL STUDY ON CHEMICAL AND COLORIMETRIC CHANGES OF ART MATERIALS BY LED IRRADIATION |
| PO050 | Vik M,<br>Vikova M | WHITENESS FORMULA BASED ON CIECAM02 AND THEIR TEXTILE APPLICATION |
| PO051 | Vikova M, et al | DESIGN OF ALTERNATIVE WARNING SIGN AND PEDESTRIAN CONSPICUITY |
| PO052 | Minchen Wei | INVESTIGATION OF EFFECT OF CCT AND LUMINANCE OF ADAPTING FIELD ON DEGREE OF CHROMATIC ADAPTATION VIA MEMORY COLOUR MATCHING |
| PO054 | Wang M, et al | DEVELOPMENT OF WHITENESS INDEX FOR FACIAL COLOUR |
| PO055 | Zou N, et al | THE IMPACT OF LIGHTING SOURCE AND CALLIGRAPHY FONTS ON THE DEGREE OF PREFERENCE OF CHINESE CALLIGRAPHY WORKS |
| PO056 | Cui F,<br>Hirate K | QUANTIFICATION OF VISUAL ENVIRONMENT RECALL RATIO OF OMNIDIRECTIONAL VIRTUAL REALITY (VR) |
| PO057 | Andrea Kim | COLOUR EFFECTS IN THE RENDERING OF MIXED-REALITY SCENES |
| PO059 | Tanaka M, et al | PHYSICAL INDICES FOR REPRESENTING MATERIAL PERCEPTION WITH REGARD TO GLOSSINESS, TRANSPARENCY, AND ROUGHNESS |
| PO060 | Alexandra Tran | DYNAMIC LIGHTING FACILITATED BY COMPUTER VISION |
| PO061 | Viula R,<br>Hordijk T | A METHOD FOR ESTIMATING FISHEYE LENS' FIELD-OFVIEW ANGLE AND PROJECTION FOR HDR LUMINANCE CAPTURE |
| PO062 | Janne Askola | NATURAL AND ACCELERATED AGEING OF ORGANIC LED PANELS USING SPECTRALLY DISPERSED ULTRAVIOLET EXPOSURE |
| PO063 | Basic N, et al | SPATIALLY RESOLVED MEASUREMENTS OF DIFFUSE REFLECTANCE |
| PO064 | Tony Bergen | FLASH OBSERVATION AT THRESHOLD OF VISION USING A FOUR ALTERNATIVE FORCED CHOICE EXPERIMENT |
| PO065 | Cooksey C, et al | REFERENCE DATA SET AND VARIABILITY STUDY FOR HUMAN SKIN REFLECTANCE |
| PO066 | Csuti P,<br>Szabó F | DETECTOR BASED PHOTOMETRIC CALIBRATION OF GONIOPHOTOMETERS |
| PO067 | Dekker P, et al | MAINS OPERATED LED BASED TRANSFER SOURCE FOR LUMINOUS FLUX SCALE REALISATION AND DISSEMINATION |
| PO068 | Ferreira Junior A F G | OPTICAL PARAMETERS COMPARISON OF DENTISTRY OPERATION LIGHTS |
| PO069 | Alejandro Ferrero | VISUAL SCALE DEFINITION FOR GRAININESS TEXTURE BY APPLYING MULTIDIMENSIONAL SCALING |
| PO070 | Alejandro Ferrero | CHARACTERIZATION OF BYKO-SPECTRA EFFECT LIGHT BOOTH FOR DIGITAL SIMULATION IN A RENDERING TOOL |
| PO071 | Alejandro Ferrero | TESTING SPARKLE MEASUREMENT CAPABILITIES OF NATIONAL METROLOGY INSTITUTES |
| PO072 | Gao C, et al | CACULATION OF CCT AND Duv BASED ON POLYNOMIAL UP TO THIRD ORDER |
| PO074 | Hegedüs J, et al | A STEP FORWARD IN LIFETIME MULTI-DOMAIN MODELLING OF POWER LEDS |

（续）

| Paper No. | Author (s) | Title |
|---|---|---|
| P0075 | Liu H, et al | EXTENDED WAVELENGTH LED FOR RADIOMETRICAL AND PHOTOMETRICAL CALIBRATION |
| P0077 | Kruisselbrink T, et al | CEILING-BASED LUMINANCE MEASUREMENTS: A FEASIBLE SOLUTION? |
| P0078 | Ledig J, et al | DETECTOR POSITIONING SYSTEM WITH SIX DEGREES OF FREEDOM FOR THE EXTENSION OF A PHOTOMETRIC BENCH |
| P0079 | Lindén J, et al | BEAT FLICKER-A TEMPORAL LIGHT ARTEFACT DUE TO MULTIPLE SOURCES OF TIME MODULATED LIGHT |
| P0080 | Minoru Minoru | SPECTRAL SUPRALINER BEHAVIOR OF SILICON PHOTODIODES WITH OVER-FILLED ILLUMINATION |
| P0081 | Nakazawa Y, et al | DEVELOPMENT OF A COMPACT-SIZE STANDARD LED FOR SPHERE-SPECTRORADIOMETER IN 2PI GEOMETRY |
| P0100 | Nikanenka S V, et al | COMPACT REFERENCE UV-LEDS SOURCES WITH CONICAL DIFFUSE REFLECTOR |
| P0101 | Osumi M | EVALUATION WAY OF EFFECT COATINGS APPLYING GONIO-PHOTOMETRIC SPECTRAL IMAGING |
| P0102 | Merelle T, et al | DOES A SINGLE LED BIN REALLY REPRESENT A SINGLE LED TYPE? |
| P0103 | Sanchez Junior O, et al | CHARACTERIZATION OF THE INTENSITY DISTRIBUTION IN RETROREFLECTIVE ADHESIVES WITH NEAR FIELD GONIOPHOTOMETRY |
| P0104 | Schneider T, et al | AGEING PROPERTIES OF DEUTERIUM LAMPS USED IN CALIBRATIONS OF UV SPECTRORADIOMETERS |
| P0105 | Schneider T, et al | EXTRAPOLATION OF PHOSPHOR CONVERTED WHITE LED SPECTRA BEYOND THE VISIBLE WAVELENGTH RANGE |
| P0106 | Shichi W, et al | EVALUATION OF THE INFLUENCE OF AN INTEGRATING SPHERE INTERNAL STRUCTURE ON TOTAL LUMINOUS FLUX MEASUREMENT |
| P0107 | Shin D-J, et al | REFERENCE RADIOMETER IN A DUAL-PHOTODIODE DESIGN FOR CALIBRATION OF UVA IRRADAINCE METERS |
| P0108 | Hiroshi Shitomi | OPTIMIZATION OF BARIUM SULFATE COATING FOR AN INTEGRATING SPHERE BY MEANS OF SPECTROPHOTOMETRIC ANALYSIS |
| P0109 | Suzuki H, et al | A MEASUREMENT METHOD OF SPATIAL ILLUMINANCE DISTRIBUTION FOR AN OUTDOOR STADIUM MAKING USE OF A QUADCOPTER |
| P0110 | Udovicic L, Janßen M | PHOTOBIOLOGICAL SAFETY OF COMMON OFFICE LIGHT SOURCES |
| P0111 | Alwyn Williams | APPLICATION OF THE EFFECTIVE INTENSITY CONVOLUTION METHOD FOR THE CALCULATION OF FLASH DURATION |
| P0112 | Ye S, et al | THE INFLUENCE OF PARTICULATE MATTER CONCENTRATIONS ON SPECTRAL POWER DISTRIBUTION |
| P0113 | Yamauchi Y, et al | EFFECTS OF NON-UNIFORM SPATIAL RESPONSE DISTRIBUTION FUNCTIONS OF INTEGRATING SPHERE ON THE TOTAL LUMINOUS FLUX MEASUREMENT OF PANEL LIGHT SOURCE |
| P0114 | Yan J Y, et al | LED FILAMENT STANDARD LAMPS FOR TOTAL LUMINOUS FLUX AND LUMINOUS INTENSITY |
| P0115 | Yang S, et al | STUDY OF THE SIZE-OF-SOURCE EFFECT (SSE) ON THE CALIBRATION OF SPECTRAL RADIANCE STANDARDS |
| P0116 | Zhuang X, et al | MEASUREMENT AND ANALYSIS ON TABLE LAMPS WITH DIMMING AND TONING FUNCTIONS |

（续）

| Paper No. | Author (s) | Title |
|---|---|---|
| PO117 | Aries M, et al | STUDENTS IN GOOD MOOD APPEAR SLOWER AND LESS ACCURATE: A PILOT STUDY INVESTIGATING DYNAMIC LIGHTING IMPACT ON STUDENTS' PERCEPTION AND PERFORMANCE |
| PO118 | Bartseva A, et al | MUSEUM LIGHTING IN RUSSIA: STATE OF THE ART |
| PO119 | Juliano Beraldo | WINDOW PROPORTION AND DAYLIGHT IN BUILDINGS: THE USE OF GOLDEN SESSION AS A DESIGN AID |
| PO120 | Aizenberg J, Budak V | LIGHT SCIENCE IS NOT ONLY SCIENCE OF LIGHTING: THEORETICAL BASES AND APPLICATION AREA |
| PO121 | Chang J, Ou L | PREFERENCE AND VISUAL IMPRESSION OF HUMAN FACES LIT IN VARIOUS DIRECTIONS |
| PO122 | Chung Y, Ou L | EFFECTS OF LIGHTING ON VISUAL IMPRESSIONS OF A MEETING ROOM IN VIRTUAL REALITY |
| PO123 | Deroisy B, et al | ENDURANCE TEST ON PHOTOMETRIC PERFORMANCE FOR FIRST GENERATION LED LUMINAIRES |
| PO124 | Erdem Atılgan L, et al | AN ANALYSIS OF LED DRIVER PERFORMANCE USING TRIAC AND DC LINK DIMMING |
| PO125 | Köseoğlu C, Erdem Atılgan L | AN INVESTIGATION OF A19 LED RETROFIT LAMPS IN THE TURKISH MARKET |
| PO126 | Qing F, et al | STUDY ON THE TRESPASS THRESHOLD OF STATIC LIGHT TRESPASS ON INDOOR ACTIVITIES OF RESIDENTS |
| PO127 | Sokol N, et al | DAYLIGHT WITHIN A ROOM IN THE EYES OF ARCHITECTURE STUDENTS |
| PO128 | Goven T, Laike T | PREFERRED COLOUR TEMPERATURES OF AMBIENT LIGHT AT DIFFERENT LIGHT LEVEL SETTINGS |
| PO129 | Hao L X, Wang T Y | EXPERIMENTAL RESEARCH OF DYNAMIC LIGHTING SCHEMES ON IMPROVING THE NEGATIVE EMOTION OF LOW VISION PATIENTS |
| PO130 | Yuan Y, et al | HUMAN VISUAL RESPONSE TO OFFICE LIGHTING THROUGHOUT THE DAY |
| PO131 | Kato M | INFLUENCE OF COLOR TEMPERATURE AND INTERIOR REFLECTANCE ON SPATIAL BRIGHTNESS DEMAND |
| PO132 | Kobav M, Močnik N | INTEGRATION OF DAYLIGHT IN SCHOOLS AND KINDERGARTENS |
| PO133 | Lin Y, et al | AN EXPERIMENTAL STUDY OF THE LIGHTING FOR NONE NATURAL LIGHT OFFICE SPACE BASED ON NON-VISUAL BIOLOGICAL EFFECTS |
| PO134 | Gang Liu | EXPLORATION AND RESEARCH ON VISUAL COMFORT MODEL OF NATURAL LIGHTING ENVIRONMENT IN COLLEGE CLASSROOMS |
| PO135 | Long J | VISUAL DISCOMFORT ASSOCIATED WITH CEILING LUMINAIRES: OBSERVATIONS, TRENDS AND CHALLENGES 2009—2018 |
| PO136 | Matsumoto, S. et al. | AN INVESTIGATION OF ANNUAL DAYLIGHTING METRICS FOR RESIDENTIAL HOUSES |
| PO137 | Barbara Matusiak | TOWARDS NEW DESIGN OF LASER CUT ACRYLIC PANELS FOR WINDOWS |
| PO138 | Naomi Miller | PRACTICAL CONSIDERATIONS FOR AN EFFECTIVE FLICKER METRIC |
| PO139 | Miller N | TOP EFFICACY PERFORMERS: THE QUALITY TRADEOFFS IN LED LUMINAIRES |
| PO140 | Miyake H, et al | EFFECTS OF LIGHTING ON PERCEPTION OF SPACIOUSNESS |

（续）

| Paper No. | Author（s） | Title |
|---|---|---|
| PO141 | Mochizuki E，Maehara Y | GLARE FROM WINDOW CONSIDERING TIME FLUCTUATION AND TYPES OF TASK |
| PO142 | Wang X J，et al | A NOVEL METHOD TO EVALUATE DYNAMIC LIGHTING ENVIRONMENT THAT MEASURES VISUAL AND NONVISUAL PERFORMANCE IN ARCHITECTURE SPACES |
| PO143 | Xi Mou | CHINESE HIGH SCHOOL LIGHTING DESIGN TO IMPROVE STUDENT'S VISUAL AND NONVISUAL PERFORMANCE |
| PO144 | Nordman B | LIGHTING CONTROL USER INTERFACE STANDARDS |
| PO145 | Ohki C，et al | FAÇADE DESIGN OPTIMIZATION BASED ON ENERGY USAGE，GLARE，AND VIEW USING RADIANCE AND NEWHASP |
| PO146 | Okamoto T，et al | CASE STUDIES OF A THREE-DIMENSIONAL EXPRESSION OF COLOURED LIGHT FLOW USING VOLUME PHOTON MAPPING |
| PO147 | Okuda S，Okajima K | PREFERABLE LIGHTING FOR APPEARANCE OF WOMEN'S FACIAL SKIN |
| PO148 | Shimizu Y，et al | A STUDY ON THE APPROPRIATE CONTRAST OF LUMINANCE BETWEEN PAINTINGS AND WALL SURFACES IN MUSEUMS |
| PO149 | van Duijnhoven J，et al | OFFICE WORKER'S SATISFACTION WITH THE LIT ENVIRONMENT |
| PO150 | Vissenberg M，et al | ROBUST UNIFIED GLARE RATING EVALUATION FOR REAL LIGHTING INSTALLATIONS |
| PO151 | Wu Y T，et al | BUILDING INFORMATION MODELING BASED ARCHITECTURAL LIGHT EMITTING DIODE LIGHTING DESIGN：A PROPOSAL |
| PO152 | Lei Wang | THE STUDY OF LED LIGHTING DAMAGE TO PAPER RELICS |
| PO153 | Wu T，et al | COMFORT SUBJECTIVE EVALUATION OF DIFFERENT READING MEDIUM UNDER THE ILLUMINATION ENVIRONMENT IN LIBRARY READING ROOM |
| PO154 | Yamaguchi H，et al | DEVELOPMENT OF GENERIC COLORIMETRY SYSTEM FOR EVALUATION OF LIGHTING ENVIRONMENT |
| PO155 | Yao Y，Zhang X | A PRELIMINARY EXPLORATION OF DAYLIGHTING SIMULATION IN CHINESE TRADITIONAL SIHEYUAN WITH WINDOW PAPER |
| PO156 | Yonekura Y，et al | VALIDATION OF THE SPATIAL BRIGHTNESS ESTIMATION FORMULA IN OFFICES WITH WINDOWS |
| PO157 | Yoshizawa N，et al | EXAMINATION OF THE APPLICATION RANGE OF THE AVERAGE LUMINANCE FOR ESTIMATING SCENE BRIGHTNESS |
| PO158 | Zhao J P，et al | RESEARCH ON LIGHTING POWER DENSITY AND ENERGYSAVING TECHNIQUES OFSPORTS LIGHTING |
| PO159 | Boucher V，et al | DYNAMIC GLARE EVALUATION ALONG A ROUTE |
| PO160 | Bouroussis C，et al | OPTIMIZATION OF TUNNEL LIGHTING CONTROL BY REAIMING OF THE EXTERNAL L20 LUMINANCE METER |
| PO161 | Bullough J D，Skinner NP | INVESTIGATION OF STROBOSCOPIC EFFECTS FROM CHROMATIC FLICKER |
| PO162 | Bullough J D，et al | INFLUENCE OF LIGHT LEVELS ON VISIBILITY FOR SAFETY AT AUTOMATED TELLER MACHINE FACILITIES |

（续）

| Paper No. | Author（s） | Title |
|---|---|---|
| PO163 | Chasseigne R，et al | LIGHT POLLUTION ANALYSIS USING HI-RESOLUTION NIGHT AERIAL LIGHTING MAPS |
| PO164 | Wen C-H，et al | GLARE ASSESSMENT FOR LOW-REFLECTION DISPLAY DEVICES |
| PO165 | Hsu S W，et al | ROAD LIGHTING MEASUREMENTS BY AN EQUIPPED VEHICLE |
| PO166 | Corell D，et al | TOOL FOR ANALYSIS OF TUNNEL LIGHTING BASED ON VISUAL PERFORMANCE AND VISUAL COMFORT |
| PO167 | Dubnicka R，et al | INTERPOLATION METHODS OF I-TABLES OF ROAD LIGHTING LUMINAIRES |
| PO168 | Burino Junior E C，et al | LIGHTING，QUALITY AND ARTIFICIAL INTELLIGENCE |
| PO169 | Fotios S. et al | WHAT ARE YOU LOOKING AT? TESTING NANCY'S RULES FOR PEDESTRIAN INTERACTIONS |
| PO170 | Gao Y P，et al | LED APPLICATION IN HELICOPTER COCKPIT LIGHTING |
| PO171 | Novak T，et al | MODELLING OF LARGE LIGHT SOURCES RADIATION TO THE UPPER HEMISPHERE-OBTRUSIVE LIGHT |
| PO172 | Novak T，et al | SMART POLYGON AT VSB-TU OSTRAVA 24 H/DAY USING OF PUBLIC LIGHTING NET |
| PO173 | Ronald Gibbons | IMPLICATIONS OF LIGHT SOURCE SELECTION IN A NIGHT TIME ENVIRONMENT |
| PO174 | Hagiwara T，et al | DEVELOPMENT OF PRO-BEAM ROAD LIGHT |
| PO175 | Ikeda Y，et al | EFFECTIVE LIGHTING FACTORS FOR IMPROVING VISIBILITY OF FALLEN OBJECTS ON THE ROAD IN EXPRESSWAY TUNNELS |
| PO176 | Jägerbrand A | EVALUATION BETWEEN ENERGY EFFICIENCY，ECOLOGICAL IMPACT AND THE COMPLIANCE OF REGULATIONS OF ROAD LIGHTING |
| PO177 | Karasawa Y，<br>Wada H | STUDY ON IMPROVEMENT OF LOW POSITION ROAD LIGHTING INSTALLATIONS IN A POOR VISUAL RANGE |
| PO178 | Kishimoto S，et al | TUNNEL INTERIOR LIGHTING FOR SAFETY IN TWO-WAY TRAFFIC |
| PO179 | Larsen P J，et al | VISIBILITY IN SMOKE-EVACUATION LIGHTING IN TUNNELS |
| PO180 | Fotios S，<br>Liachenko<br>Monteiro A | UNIFORMITY PREDICTS PEDESTRIAN REASSURANCE BETTER THAN AVERAGE ILLUMINANCE |
| PO181 | Lindgren M，et al | CHARACTERIZATION OF REFLECTIVITY AND GEOMETRY FOR SOFT CAR TARGETS |
| PO182 | Fotios S，et al | HAZARD DETECTION：TESTING THE CAVEATS OF PREVIOUS STUDIES |
| PO183 | Meng Y，<br>Yang B | CORRELATING THE PARAMETERS OF COMMERCIAL SIGNAGE IN URBAN AREAS AND VISUAL COMFORT OF PEDESTRIANS |
| PO184 | Buyukkinaci B，et al | EFFECT OF BACKGROUND LUMINANCE CALCULATION METHOD ON VL VALUE |
| PO185 | Sermin Onaygil | CALCULATION OF ENERGY SAVINGS FOR A SAMPLE ROAD USING LED CONTROL SYSTEMS AND REAL TRAFFIC DATA |
| PO186 | Pak H，<br>Lee C-S | VISIBILITY IMPROVEMENT BY CCT TUNABLE LED HEADLAMP UNDER THE ADVERSE WEATHER CONDITIONS |
| PO187 | Pattanapakdee K，<br>Chotigo S | EXPERIMENTAL INVESTIGATION OF PAVEMENT LIGHT REFLECTION CHARACTERISTICS IN WET CONDITIONS |
| PO188 | Link Powell | REVIEW OF THE COLOUR SHIFT AND ATTENUATION OF SIGNAL LIGHTS OVER LONG DISTANCE |
| PO189 | Li W，et al | MODELING REFLECTION PROPERTIES OF ROAD SURFACES BY DATABASE METHOD |

（续）

| Paper No. | Author (s) | Title |
|---|---|---|
| PO190 | Skarżyński K | THE BALANCE BETWEEN VISUAL EFFECT AND ENGINEERING CORRECTNESS IN ARCHITECTURAL LIGHTING |
| PO191 | Szabó F, et al | REAL ENVIRONMENT RESEARCH LABORATORY WITH LIGHT POLLUTION OPTIMIZED STREET LIGHTING LUMINAIRES |
| PO192 | Valpreda F, et al | INNOVATIVE DESIGN AND METROLOGICAL APPROACHES TO SMART LIGHTING |
| PO193 | Yong Yang | THE INFLUENCE OF VEHICLE HEADLIGHT SOURCES ON THE RETROREFLECTIVE OPTICAL PROPERTIES OF TRAFFIC SIGNS |
| PO194 | Prikupets L, et al | PHOTOBIOLOGICAL RESEARCHES-A WAY TO OPTIMIZE LED'S PLANT LIGHTING |
| PO195 | Ehrismann C, et al | COMPARISON OF THE EFFECTS OF BRIGHT CHROMATIC STIMULI OF EQUI-LUMINANCE AND EQUI-RADIANCE ON THE PUPIL LIGHT REFLEX AND INVESTIGATION OF THE PERFORMANCES OF BLUE-GREEN BANDPASS SUNGLASSES |
| PO196 | Cai J Q, et al | MECHANISM STUDY OF LIGHT-INDUCED VISUAL FATIGUE BASED ON PHYSIOLOGICAL PARAMETERS AND EVALUATION METHOD CONSTRUCTION |
| PO197 | Chen C Y, et al | THE RESPONSES OF THE AUTONOMIC NERVOUS SYSTEM ON HUMANS WHEN WORKING WITH DIFFERENT LED LIGHTING CONDITIONS |
| PO199 | Dias M V, et al | A NEW WEARABLE DEVICE FOR MEASURING PUPILAR ILLUMINANCE AND EVALUATE DISCOMFORT GLARE |

# 2017—2019 年 CIE 出版物目录

1. CIE S 025-SP1/E：2019 Test Method for OLED Luminaires and OLED Light Sources.
2. CIE 235：2019 Optical Measurement of LED Modules and Light Engines.
3. CIE 234：2019 A Guide to Urban Lighting Masterplanning.
4. ISO/CIE 11664-1：2019 Colorimetry-Part 1：CIE standard colorimetric observers.
5. ISO/CIE 11664-3：2019 Colorimetry-Part 3：CIE tristimulus values.
6. ISO/CIE 11664-4：2019 Colorimetry-Part 4：CIE 1976 L * a * b * colour space.
7. ISO/CIE 17166：2019 Erythema reference action spectrum and standard erythema dose.
8. ISO/CIE 20086：2019 Light and lighting—Energy performance of lighting in buildings.
9. ISO/CIE 22012：2019 Light and lighting—Maintenance factor determination—Way of working.
10. CIE 233：2019 Calibration, Characterization and Use of Array Spectroradiometers.
11. CIE 232：2019 Discomfort Caused by Glare from Luminaires with a Non-Uniform Source Luminance.
12. CIE 231：2019 CIE Classification System of Illuminance and Luminance Meters.
13. CIE 018：2019 The Basis of Physical Photometry, 3rd Edition.
14. CIE 083：2019 Guide for the Lighting of Sports Events for Colour Television and Film Systems, 3rd Edition.
15. CIE 140：2019 Road Lighting Calculations, 2nd Edition.
16. CIE 230：2019 Validity of Formulae for Predicting Small Colour Differences.
17. ISO/CIE 8995-3：2018 Lighting of Work Places-Part 3：Lighting Requirements for Safety and Security of Outdoor Work Places.
18. CIE S 026/E：2018 CIE System for Metrology of Optical Radiation for ipRGC-Influenced Responses to Light.
19. CIE 198-SP2：2018 Determination of Measurement Uncertainties in Photometry, Supplement 2：Spectral measurements and derivative quantities.

20. CIE 015：2018 Colorimetry，4th edition.
21. CIE 229：2018 Groundwork for Measurement of Effective Intensity of Flashing Lights.
22. CIE 228：2018 Grey-Scale Calculation for Self-Luminous Devices.
23. CIE x044：2017 Proceedings of the Conference on"Smarter Lighting for Better Life" at the CIE Midterm Meeting 2017.
24. CIE 150：2017 Guide on the limitation of the effects of obtrusive light from outdoor lighting installations，Second Edition.
25. CIE 227：2017 Lighting for Older People and People with Visual Impairment in Buildings.
26. CIE 226：2017 High-Speed Testing Methods for LEDs.
27. CIE 225：2017 Optical Measurement of High-Power LEDs.
28. CIE 224：2017 CIE 2017 Colour Fidelity Index for accurate scientific use.
29. CIE 223：2017 Multispectral Image Formats.
30. CIE 222：2017 Decision Scheme for Lighting Controls in Non-Residential Buildings.

（宫寅慧）

# 第六篇 照明工程企事业篇

# BPI 照明设计有限公司

## 一、公司简介

BPI 是国际上成立较早的主要的灯光设计顾问公司之一。公司从 1966 年创始至今，一直活跃在照明设计领域。目前公司由 5 位合伙人、120 余位专业设计师组成，在纽约、上海、北京、成都、深圳、杭州、新加坡、首尔皆设有办公室。

在照明工程设计和项目管理领域，BPI 均有着卓越的经验，已经在世界多地完成了超过 5000 个工程案例。小到珠宝店、小型公寓照明，大到城区照明规划、城市综合体和交通枢纽照明，都包含在该公司的服务范围之内。

BPI 在 2003 年进入中国后，以国际先进的设计理念和服务意识，很快在中国照明设计领域确立了领导者的地位。先后参与了颐和园灯光规划、首都博物馆展示照明顾问等富有挑战性的项目。在商业地产领域，该公司先后承接北京国贸三期（CWTC Ⅲ）、北京中信大厦、上海会德丰广场、上海中心（室内部分）、沈阳恒隆广场等知名项目的照明设计和顾问工作。并完成了众多五星级酒店的灯光设计，例如北京国贸三期国贸大酒店、北京索菲特大饭店、广州利兹·卡尔顿酒店、三亚瑞吉酒店。这些项目展现了 BPI 在解决新问题方面从人文及设计角度出发，所展现出来的革新的设计理念和完善的解决方案。

多年的设计经验使 BPI 能卓有成效地将其作品的建筑外观与它的设计完美融合，在过去的 50 余年里，BPI 的客户群体以及所获得的奖项可以证明他们所设计项目的成绩。这些奖项体现了专业人士及客户对 BPI 的认可。

## 二、案例分享

**经典案例 1：天津现代城照明工程**

天津现代城地处天津市和平区中央商务区的核心地段，包括建筑面积 14 万平方米、88 层 339 米高的写字楼和建筑面积 8 万平方米、48 层 209 米高的四季酒店及公寓。

高耸的写字楼具有现代摩登的外形，笔直挺拔的东西立面与双曲变化的南北立面之间形成一道优美的弧线，建筑外观照明的灵感即来源于此，希望充分利用弧线来表达建筑造型的特点和各个立面幕墙材质的变化。带有竖向装饰翼板的东西立面采用极窄角度投光灯照明，投光瞄准点设定在建筑顶部；南北立面幕墙采用半隐框构造，平滑的表面更适合采用具有丰富变化的照明方式，因此选择利用幕墙竖框安装小功率点光源，使整个立面形成一个整体，并在建筑顶部自然过渡。

LED 点光源的表现力通过自动控制系统得以实现，日常的灯光效果犹如漂浮在半空的云彩，节假日和特殊时间段可以随时编辑更贴近主题的图案。为了强调两种幕墙连接处的弧线，经过与建筑师的反复讨论，此处幕墙材质由玻璃更改为铝板，成为光线的良好载体。线形灯具隐蔽安装在铝板凹槽之内，通过调光控制，形成一条力道十足的抛物线，犹如一把利刃划破苍穹，成为建筑夜景的记忆点。

本项目入围2019英国LDA照明设计奖、2019地产设计大奖，并通过LEED金奖认证。

**经典案例2：广州侨鑫国际金融中心照明工程**

侨鑫国际金融中心位于广州珠江新城核心商务区，是一个集甲级写字楼、高端酒店式服务公寓和商业零售于一身的大型综合体。这座智能化建筑由SOM设计，包括一栋45层的办公主塔楼以及18层的辅楼。项目建成后，开发商侨鑫集团也将其总部迁至大楼内。

侨鑫国际的主塔楼具有极富辨识度的外观，独特的建筑语言也成为了建筑照明的天然载体。大楼的各层平面并非完全重叠，而是渐次向上略有收缩。这使得各处的飘檐都不尽相同：上下层的间距以及挑出的距离各有不同的尺寸。这些飘檐共同组成了整栋大楼流畅而独特的外观造型，也给照明设计师带来了不小的挑战。

最大的挑战来自于飘檐本身。照亮飘檐必须有光源射向其表面，而飘檐表面的铝板虽非镜面，但仍会产生明显的光源镜像。

照明设计师解决了这个难题。灯具分布的更均匀，而在光源表面同时增加了柔光透镜，降低了光源发光点的表面亮度。这些看似细微的改动汇集在一起，发挥了巨大的作用，最终消除了铝板表面的反射镜像。1.5万套灯具的协同工作，充分表达了建筑的美感。

**经典案例3：北京世园凯悦酒店照明工程**

北京世园凯悦酒店选址在素有“夏都”之称的北京延庆区，是延庆第一家标准五星级的度假酒店。酒店依山偎水，毗邻世界园艺博览会园区及长城景区。室内设计师的设计灵感来源于自然山水，以“绿色生活”为主题，采用“山、水、花、鸟”等元素作为主线，将其融入酒店的设计细节中，每一处都蕴藉着对自然的巧思，引领宾客走进一方锦绣天地。

酒店大堂以“山岭”为设计主题，上升的屋脊围合成一个大气高耸的空间。为了突出大堂空间的丰富层次，照明设计使用大量的间接光融入到温暖的木质、蜿蜒起伏的石材肌理之中。结合使用需求，屋脊中央设置的可调角筒灯为大堂提供了唯一的水平面照明，并为在空中恣意伸展的艺术品提供重点照明，灯具的角度和防眩设施都经过严格的把控。接待台背景墙上柔和的灯光隐藏在山影之间，尽显层峦叠嶂的视觉效果。

在斜面屋脊的延展之下，大堂吧形成一个相对独立的空间，有别于前场大堂的恢宏开阔，大堂吧的灯光氛围更为温馨、私密，近人尺度的落地灯和台灯成为这一区域照明的主角。细微之处，光影在自然材料中温柔过渡，为空间的转换带来微妙的感官体验。

徜徉在世园凯悦酒店，从壮阔的“大山大水”到细致的“花草丛林”，从倾泻而下的灯光瀑布到摇曳斑驳的光影故事，目之所及之处，自然之美从未远离。设计师基于对自然的理解和尊重，演绎不经意间的时空流转，勾画出一处充满意趣的世外桃源。

**经典案例 4：深圳深业上城 CEEC 照明工程**

CEEC 全名为“中国国际消费电子展示中心”，由国家工信部与深圳市合作共建，除了承载中国版 CES 的风向标意义外，这里将依托现代化的常设场馆和全球顶级的厂商搭建出一处 365 天全天候永不落幕的展交平台。

外立面的照明内敛含蓄。每个窗框都设置了背板，柔和的光将整个窗户打亮，不同尺寸的窗户结合可以明暗变化的缓慢动态的灯光效果，让建筑的夜间形象稳重中又带一丝灵动。

考虑到电子产品快速更新的周期特性，CEEC 的室内使用的是有高灵活性的轨道灯，其轨道巧妙地嵌入方形格栅天花侧边，和天花系统成为一体。DALI 系统运用可寻址控制到每一个灯具。

室内另一特色是“去物料化”，天花、地面、墙面、门，包括灯具都大量运用了同一种物料——铝合金。金属往往给人“硬”“冷”之感，但是在 CEEC 室内，却并没有冰冷的感受。这得益于照明设计中，部分区域暖色温的应用，以及灯光对局部 U 形玻璃通透感的塑造。

本项目获得 The LIT Design Awards™ 鼓励奖。

经典案例 5：澳门 MGM COTAI Macau 照明工程

作为美高梅在中国的最新发展项目，MGM COTAI Macau（澳门美狮美高梅酒店）已于 2019 年 2 月开业。品牌一直致力于打造极致的娱乐体验，MGM COTAI Macau 将重新定义人们欣赏艺术与娱乐的方式。

酒店建筑的外观犹如一个优雅的首饰盒般引人注目，其内部则以崭新的科技和精美绝伦的设计为宾客带来娱乐和艺术的双重体验。

面积达 8000 多平方米的视博广场是本项目中最具标志性的空间之一，其顶部由一个长达 140 多米的异形天窗覆盖。这是本项目中最主要的娱乐空间，照明设计师用戏剧化的照明手法吸引人们前来。

酒店大堂是另一个极具标志性的空间。波浪形的金色珠帘被整合在天花轨道中的灯带和两道珠帘之间的筒灯照亮，灯光在珠帘上形成的鱼鳞形光斑强调出珠帘的材质以及天花的流线造型。

本项目的大堂空间获得 The LIT Design Awards™ 鼓励奖。

# 豪尔赛科技集团股份有限公司

## 一、公司简介

豪尔赛科技集团股份有限公司创立于2000年，总部位于北京，在上海、天津、重庆、湖北等地设有分公司或子公司，是一家集设计、研发、施工、运维为一体的集团化科技照明公司。

豪尔赛是国内首批拥有住房和城乡建设部颁发的“照明工程设计专项甲级资质”和“城市及道路照明工程专业承包壹级资质”的公司，并具备“喷泉水景处理景观喷灌喷雾加湿设计施工甲级证书”。豪尔赛一直秉承“诺德、精进、沉淀、托付”的企业核心价值观和“夯实基础、注重实效”的经营理念，坚守“唯实、唯信、唯公”的企业训条，怀揣“锻造国际化团队，铸就世界级企业”的公司愿景，践行“推动光文化发展，为创造更舒适的光环境而不懈努力”的企业使命。经过近20年的辛勤耕耘，如今，一个具有鲜明特点且充满活力与希望的专业化、国际化的照明企业——豪尔赛，已枝繁叶茂。

长城内外，豪尔赛人用低碳的理念和精湛的工艺让无数的楼堂馆所、街景路桥光彩夺目，争奇斗艳；风景名胜、文化旅游、特色小镇、灯光表演、民俗风情等全域旅游大放异彩。

大江南北，豪尔赛人用智慧和感恩的双手点亮了万家灯火，谱写了一曲曲跳动的音符和感人的乐章，推动了夜游经济的迅猛发展。

## 二、案例分享

**经典案例1：重庆市黔江区濯水古镇景区夜景照明工程**

项目地址：重庆市黔江区东南部阿蓬江畔

建设单位：重庆市黔江区旅游投资开发有限公司

设计单位：豪尔赛科技集团股份有限公司

施工单位：豪尔赛科技集团股份有限公司

获奖情况：第十三届中照照明奖一等奖

濯水古镇景区位于重庆市黔江区濯水镇内，盛于宋朝，是渝东南最负盛名的古镇之一。古镇内部街巷格局保留较为完整，以吊脚楼融合徽派建筑风格为主，其中横跨两江的风雨廊桥为其主要景点之一，廊桥融合了亭、台、塔、阁，形态丰富、绵延起伏、气势恢宏。

纵观濯水古镇景区整体夜景，基调鲜明、壮观大气、场景丰富、特色突出，且白天与夜晚呈现了迥然不同的视觉效果。内街夜景感受静谧祥和，灯光将视觉焦点集中在建筑立面和脚下，让游客能够慢下来，细细品味千年古镇之悠长；沿江夜景感受浓郁风情，注重灯光与江面的倒影关系，通过不同色温去突显土家族吊脚楼与徽派建筑马头墙的差异及特质。濯水景区的最大亮点为风雨廊桥，廊桥屋顶采用金色光均匀洗亮，宛若一条金龙腾飞于江面，通过合理的布灯及适宜的光色有机地将四段风格迥异的区段融为一体，而在顶层飞檐的下侧采用高显色性暖色温灯光洗亮下层飞檐屋面，微妙的色温变化丰富了细节层次，同时又将两侧可自由开合的雕花木窗照亮，夜晚在廊桥内部行走时，或信步闲逛，或驻足欣赏，灯光再次将廊桥的建造技艺、美学价值、人文精神加以强调与提升。

**经典案例 2：西安万众国际夜景照明工程**

项目地址：西安市雁塔区曲江池南路

建设单位：陕西万众地产有限公司

设计单位：豪尔赛科技集团股份有限公司

施工单位：豪尔赛科技集团股份有限公司

获奖情况：第十三届中照照明奖二等奖

西安万众国际项目位于曲江池畔，周边以古建筑居多，作为区域内唯一的现代建筑，需要更为时尚活力的光色来带动本区域的整体氛围，光影与水影的联动交织，使之成为曲江池畔璀璨闪耀的“水晶之塔”；丰富变化的灯光场景，既能描述城市的岁月沉淀，也昭示着所蕴含的无限活力。

万众国际的“山形”建筑结构布局，扩展了曲江池遗址公园阅江楼方向的视野，日景非常巧妙地将现代建筑融入环境。照明设计着重考虑对建筑语言在夜间的延续，将内立面的引力、外立面的张力在夜幕降临之时进行释放，既能融于整体，又能自我绽放。建筑顶部通过内透的灯光，将三座塔楼塔尖的晶莹质感进行完美展现；建筑立面通过直接光和间接光两种差异化的手法，于虚实之间营造千年古都的梦幻夜景。

万众国际之于古城西安，代表着现代与传统之间的融合，既是传统文化的传承，也是现代文明的升华，充分表达了城市的进步与包容。夜景恰恰利用了灯光的灵活性和延展性，用流动的光影贯穿古今，以特定的色彩符号表达文化，与观者对望，共城市遐想。

**经典案例 3：天津奥林匹克体育中心夜景照明工程**

项目地址：天津市南开区宾水西道

建设单位：天津市体育局

设计单位：栋梁国际照明设计（北京）中心有限公司

施工单位：豪尔赛科技集团股份有限公司

获奖情况：第十三届中照照明奖二等奖

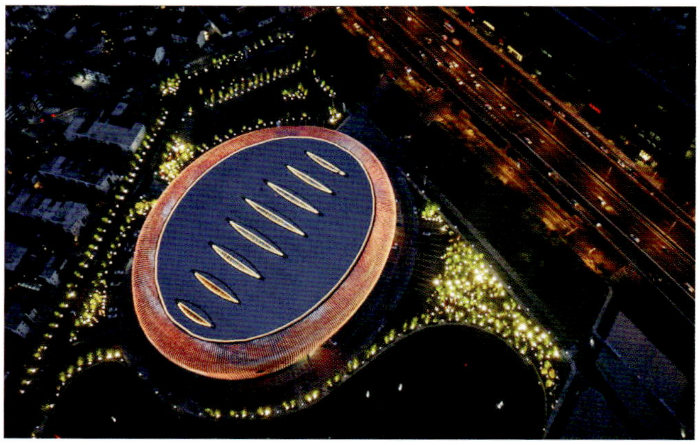

天津市奥林匹克中心位于市区西南部，东临卫津南路，西临水上西路，南临凌水道，北临宾水西道，包括一座大型体育场、一座水上运动中心、一座国际体育交流中心以及已建成的天津市体育馆，其中体育场外观圆润，被市民亲切地称为“水滴”。

天津奥体中心的夜景照明由体育场馆照明及景观照明两部分组成，体育场的建筑材质由玻璃幕墙和金属屋面构成，立面通过点光源的排列，令灯光在夜间绽放出璀璨的光彩。动态的场景模式既能展现天津城市的深厚底蕴，也能表达竞技体育的激烈精彩。顶部造型利用点和线两种形式进行勾勒，有助于使大型活动航拍视点的视觉完整，通过立体打造，一座光之水滴浮现于水面。景观照明以水为核心，以树木为延展，水中喷泉的活力灯光，树木的静态表达，在园区内相映成趣，结合功能性照明，巧妙地利用重点照明强化景观流线，形成照明的引导效应。

2017 年 8 月 27 日，第十三届全运会在天津市奥林匹克中心隆重开幕，夜景灯光作为开幕式的重要组成部分，以其魅力光影、缤纷色彩、眩目动态，为全运会锦上添花，也为体育场馆的照明设计提供了新的思路。

**经典案例 4：博鳌田园小镇夜景照明工程**

项目地址：海南省琼海市博鳌镇

建设单位：琼海市城市管理局

设计单位：豪尔赛科技集团股份有限公司

施工单位：豪尔赛科技集团股份有限公司

获奖情况：第十四届中照照明奖一等奖

为了更好地迎接 2018 年博鳌亚洲论坛年会的召开，丰富博鳌周边居民的夜间生活，对从博鳌机场至南海博物馆约 30 千米道路及沿线主要景观节点进行了夜景亮化打造，其中包括景观照明提升、路灯改造以及控制平台的打造。

整体夜景规划主要分为六大主题区段，分别为：欢迎、旅途、交流、集市、寻觅、融合，将 30 千米区域沿线景观整合归纳。灯光主基调与博鳌地域特色相融合，令自然环境、人文积淀通过灯光在夜色中绽放为设计思路。总体照明架构为“一核、两带、多节点”，其中“一核”为东屿岛，博鳌亚洲论坛主会场，“两带”为功能道路照明，“多节点”是沿途重要景观照明节点。照明风格上摒弃了繁杂与绚丽的做法，采用相对质朴、自然的手法体现“可观、可居、可游”的田园小镇光环境，局部重点区域动静结合、冷暖呼应、节奏分明，让灯光交融于博鳌小镇的优美风光和人文气质中，令博鳌之夜宁静而舒适，让人回味无穷、流连忘返。

**经典案例 5：上海海昌海洋公园夜景照明工程**

项目地址：上海市浦东新区南汇新城

建设单位：上海海昌极地海洋世界有限公司

设计单位：豪尔赛科技集团股份有限公司

施工单位：豪尔赛科技集团股份有限公司

获奖情况：第十四届中照照明奖二等奖

上海海昌海洋公园是以极地海洋为主题的娱乐休闲公园，整体园区的夜景照明是一种主题灯光的氛围，让游客从现实世界中剥离出来，亲历一种前所未有的神奇、欢乐、梦幻般的极地旅程。通过照明的构图、色彩的选择以及音乐氛围的烘托，让游客们“情随心动，极地寻梦”，寻海洋世界之梦，寻极地极光之梦，寻神秘动物之梦，在游园过程中认知海洋、热爱海洋、保护海洋——有梦、有爱、有快乐！

园区的照明按照园区游乐规划主要分为入口人鱼湾、热带世界、极地世界不同区域灯光打造；采用多层次、多样化的照明手法，打造夜景主题灯光氛围，营造一种身临其境的游园感受。园区的整体灯光利用 LED 联动控制技术，可根据园区不同运营模式需求进行亮灯，可分为表演模式、平常模式、闭园模式等多种开启方式，最大程度地实现灯光的观赏性、可控性及经济性。

# 北京清华同衡规划设计研究院有限公司

## 一、公司简介

北京清华同衡规划设计研究院有限公司（以下简称“清华同衡”）是清华大学下属的全资国企，是清华控股旗下以城市研究、城乡规划设计咨询与人居环境工程技术研发为主业的成员企业，拥有城乡规划、土地利用规划、建筑设计、风景园林、文物保护勘察设计、旅游规划等多项专业资质。依托清华大学的综合学科与产业优势，通过城乡规划设计咨询，致力于开展国家与地区宏观发展政策研究，以及具体的人居环境建设工程的技术研究与实施，为国家部委、各级政府部门、企业等提供研究和咨询服务。

北京清华同衡规划设计研究院光环境研究所是清华大学从事照明行业综合服务的专业团队，公司以“用光共创价值”为理念，从艺术、技术和组织三个维度，为照明规划（总规、控规、详规）、照明设计（建筑、景观、室内）、广告规划、技术咨询、检测等照明产业链各环节提供优化及综合解决方案。

光环境研究所目前在国内已完成照明项目千余项，是《城市照明建设规划标准》等多项国家、地方、行业标准的主编单位。获国际级、国家级、省部级照明奖项百余项。主要业绩包括北京、广州等70余个照明总规；北京长安街、深圳福田中心（改革开放40周年）等近300个照明详规；南昌一江两岸（首个世界吉尼斯）、杭州钱江新城（G20）等大型滨水照明项目；奥运瞭望塔、广州新中轴、雁栖湖山水（“一带一路”）、温州山水秀（世界吉尼斯）等100余个景观照明项目；天安门城楼、国家博物馆、国家大剧院等近300个建筑照明项目；APEC主会场，武汉、杭州等火车站，多处万达茂的主题公园及水乐园等室内项目。

## 二、案例分享

**经典案例1：助力城市发展建设**

1）天安门广场地区景观照明提升：天安门城楼形象独特，是政治、传统建筑文化的代表形象。设计综合考虑夜间视觉美学的提升，兼顾考虑照明设施对白天景观的影响，通过主观评价方法，制定合理色彩、亮度分布指标。根据现场苛刻的安装条件，进行灯具针对性研发，在达到亮度、色彩指标的同时，又能消除眩光，满足视觉舒适需要。

天安门广场地区景观照明提升

2）北京国家大剧院外立面照明设计：国家大剧院位于北京市中心天安门广场西侧，是中国国家表演艺术的最高殿堂。原室外灯具自2009年11月投入使用至今已有8年，系统老化严重，灯具配件陆续出现故障，灯光效果已经无法保障重大活动。2018年启动室外景观照明系统升级改造项目。本项目对现状问题专业解析，提升策略做到有的放矢，对金属反射效果进行虚拟现实的真实模拟，提高方案的准确性，并提供全过程技术咨询服务，为效果落地护航。

3）奥运区空间光影秀：为了更好地向世界展现首都风貌、朝阳特色，助力“一带一路”峰会、“亚洲文明论坛”以及新中国成立 70 周年等庆典活动，北京市朝阳区以规划为统筹，开展了景观照明建设工作。总体策划以北中轴作为行进起点，“祥云中轴，渐入锦绣”为夜色主题，塑造迎宾的仪式感，循序渐进地引导来宾与游客进入奥运区，观赏一场空间环绕的“奥运区空间光影秀”。

光影秀的内容可定制，为“一带一路”峰会迎宾献礼、为祖国国庆时分共贺、为百姓生活增添色彩、为传统节日弘扬文化……光影助力城市宣传需求与文化旅游经营、并融于民生夜生活，成为打卡地。越来越多的百姓和游客来这里享受夜生活，许多人把奥运瞭望塔作为背景悦动欢唱，小孩子追逐光影下的彩色泡泡，人们跳广场舞的笑脸在光影变幻中显现，大草坪上人们举起相机记录美好时光……此情此景，“一塔一路，山水联动”联动的是空间，联动的是情感，联动的是美好生活。

北京国家大剧院外立面照明设计

奥运区空间光影秀

**经典案例 2：营造居民幸福生活**

1）漳州市区“一江两岸四桥”夜景工程：项目范围以南山桥为观景轴心，包含周围视线可及的寺庙、住宅、大型场馆 95 栋，景观园林及 4.6 千米沿江岸线、跨江桥体等。本项目不追逐炫目刺激的视觉效果，用朴素的理念寻找当地人最本真的需求，用灯光阐释生态宜居的城市特质。回归以人为中心，以人的活动为研究对象的思路，低投入打造“生态 +”共享空间，用光的节制、用彩的节制、投入的节制，成为促进夜间人的活动、盘活新区地块价值的典型代表案例，打造宜居城市精品，也表达了“绚烂之极归于平淡”之意境。

漳州市区“一江两岸四桥”夜景工程

2）深圳福田中心区夜景照明设计：深圳是一座年轻而富有活力的国际大都市，福田中心区作为全市的核心区域，深南大道和城市中轴在这里交汇，是政治、商务、文化的核心。在改革开放 40 周年庆之际，打造一场灯光演绎秀。本项目是全国首个利用“大小点光源组合”技术形成多栋建筑表演的项目，并根据观赏点视线分析、视看角度、视看距离，对灯珠功率、间距、疏密进行精细的推敲，控制造价和耗电量。同时，避免对天空的光污染，通过采用精准控光技术减少对人和地面交通的光干扰。该项目让活动重归城市，让市民共享空间，唤起民众对城市的归属感与自豪感。

3）济南一环一湖及明湖秀照明设计：济南城市风貌“山泉湖河城”，格局清晰，是国家历史文化名城、首批中国优秀旅游城市。“泉城夜宴”通过泛舟行、明湖秀、夜逍遥三个篇章，带领人们游赏“四面荷花三面柳，一城山色半城湖”，既要欣赏到泉城独特的历史韵味、泉水灵动和人文故事，还要领略一场激滟的视觉盛宴；把居民、游客带入到流连忘返的夜色休闲中。济南明湖水秀是目前全国最大的水舞秀工程，也是济南大明湖、环城公园夜景规划的主体项目。是一场汇集喷泉、喷火、喷雾、矩阵光毯、表演大船、升降亭台、投影激光，以及以上所有项目的基础和动力装置、控制系统和软件、音响系统、投影机房等景观元素综合演绎的视听体验和综合水秀。

深圳福田中心区夜景照明设计

济南一环一湖及明湖秀照明设计

人们不仅能够白天欣赏古建筑的风貌，在夜晚也能够观其颜、品其韵，甚至追忆千年之前的故事。照明设计将河流、泉水、岸线、植物、游船、桥体等有机结合，营造出优美、舒适、安全、生态的城市夜间活动系统，真正将泉城深厚历史文化和独特资源禀赋展示出来，切实提升市民的体验感和自豪感，对改善济南投资环境和民生水平有着重要意义。

**经典案例3：拉动城市夜间旅游**

1）西安古城墙照明灯光秀：西安古城墙具有600多年历史，是保存最完整的古代城垣，拥有18座城门。依托宽阔的护城河和环城公园作为观赏点，光影秀精准地挖掘出西安悠久历史所蕴含的文化核心，戏剧化颠覆城墙日常视觉印象，在古老城墙上描述西安独有特色的同时，向全世界展现了中华文化之美。西南城角运用走马灯意向，融合传统剪纸艺术，转出了陕西历史文化博物馆的剪影，带出了一场《嗨皮陕博》，设计利用圆形转角的独特属性，使用了裸眼3D效果、让文吏俑、女立俑、马球图、鎏金银竹节铜熏炉等翩翩起舞、活灵活现，让原本静止在展台上的博物馆镇馆之宝们“活起来”。通过年轻化的创新创意形式，让中华民族宝贵的文化遗产走进更多人的视野，为其注入鲜活的时代气息，成为民间生活的有生命力的流传。往年，冬季是西安旅游的淡季，在城墙光影秀、大雁塔实景演出等一系列的文化活动的联合下，西安在2019的春节假日迎接了旅游的新爆点，共接待游客1652.39万人次，同比增长30.16%，实现旅游收入144.78亿元。

2）武汉军运会项目：“创军人荣耀，铸世界和平”，2019年10月18日第七届世界军人运动会在武汉召开，武汉张开怀抱喜迎八方来客。武汉两江四岸项目工程整体覆盖两江（长江、汉江）四岸，共包括近千栋建筑、5座核心桥梁、27千米景观岸线、42个码头、67艘趸船、龟蛇二山、黄鹤楼、电视塔等重要旅游景点。打造出江城特有的人文艺术景观带，吸引了国内外众多游客。武汉市文化和旅游局10月7日发布消息称，今年国庆长假期间，共接待游客2262万余人次，同比增长10.89%，实现旅游收入125.99亿元，同比增长15.43%，其中，提档升级后的长江灯光秀备受瞩目，三镇江滩日均接待游客50万人次，峰值达70万人次。长江游船累计接待游客37.54万人次，同比增长8.8%。借助中新网等直播平台，有超过2238万网友观看国庆文旅活动，游客对武汉旅游总体印象的满意率为99.41%。此外，有近20万游客走上武汉长江大桥、杨泗港长江大桥，推动了武汉旅游与桥文化的融合发展。他们用镜头记录下一座座跨越长江天堑的大桥壮美景观，为城市发展点赞。

西安古城墙照明灯光秀

武汉东湖是中国水域面积最大的城中湖，同时是国家5A级旅游景区，拥有着世界级绿道。东湖最大的特点就是“大”，它拥有着大景观、大气魄。设计紧紧围绕“楚韵山水，描金东湖”的独特夜景基调展开。项目实施后，根据湖北省旅游委的统计，2018年第二季度的游客数量达到484.6万人，同比2017年增长了34%；风景区旅游收入到达1.36亿，同比2017年增长了21.4%。东湖成为“人气流量王”和新一批“网红打卡”景点。

3）温州市瓯江两岸核心段亮化夜游PPP项目：市政府为了减少项目初始投资，减少财政压力，保证照明后期的持续健康运营，依托夜游建设，盘活夜间经济，项目采用PPP模式，以山秀为引爆点，打造瓯江夜游运营线路，培育光影码头商业价值，通过项目建设促进温州夜游经济发展。项目建成后10个月运营周期内，游船共接待游客9000人次，船票收益折算一年约800万。另根据温州市旅游局统计数据，2018年温州市游客住留人数较2017年提高12%，夜游对提高游客的住留量起到积极作用。项目对促进地块招商，提高地块附加值起到积极作用。项目核心亮点山秀与CBD商务区隔江相望，2018年中旬沿江几个地块拍卖流标，2019年初二次拍卖中所有地块都溢价拍出，其中一个地块溢价到20%以上。

武汉两江四岸景观照明项目

武汉东湖生态旅游风景区照明规划与设计

温州市瓯江两岸核心段亮化夜游PPP项目

# 陕西天和照明设备工程有限公司

## 一、公司简介

陕西天和照明设备工程有限公司成立于2000年，是集专业照明设计、灯光秀创意实施、大型照明工程施工、照明智能化控制为一体的综合性照明企业，国家级高新技术企业，AAA级企业综合信用等级。已取得我国照明行业最高等级"双甲"资质——"照明工程设计专项甲级"和"城市及道路照明工程专业承包一级"。公司拥有ISO9001质量管理、ISO14001环境管理、OHSAS18001职业健康安全管理三大体系认证证书，知识产权管理体系认证证书，拥有多项专利，是中国照明学会西北地区唯一的常务理事单位，中国照明集成商联合会理事单位，中国建筑金属结构协会喷泉水景委员会会员单位，发起创立陕西省照明学会并连任三届副理事长单位。

天和照明主要从事城市照明规划与设计、高科技互动灯光秀、文旅和特色小镇照明规划与设计、建筑泛光照明、园林景观照明、五星级酒店照明、大型商业综合体照明、市政道路照明、文物古建筑保护性照明，以及各种不同建筑、环境照明的智能化控制。

天和照明成立以来专注照明事业，历经20年的积淀，综合实力不断增强。公司拥有行业一流的设计能力和工程施工能力，完成了多个国家重点照明工程。已设立成都分公司，重庆、兰州、银川、乌鲁木齐等办事处，业务遍及大江南北，在西部地区和全国享有良好的企业声誉。

近年来，凭借出色的专业能力，公司在各类国家级和行业奖项评比中屡获殊荣。包括中国照明学会2011~2015年度"金手指"奖"十大优秀照明设计工程公司"金奖；2017年度"金手指"奖"十大影响力照明工程公司"；第七届中照照明奖"优秀提名奖"；第十届中照照明奖"照明工程设计二等奖"；第十一届中照照明奖"照明工程设计二等奖"；第十二届中照照明奖"照明工程设计三等奖"；第十三届中照照明奖"照明工程设计三等奖"；2012年阿拉丁中国照明工程公司百强评选"综合百强奖"；陕西省照明学会"照明工程设计评比特等奖""先进单位""诚信单位"等称号。

## 二、案例分享

**经典案例1：郎酒人和洞泛光照明工程**

四川郎酒集团有限责任公司人和藏酒洞位于古蔺县二郎镇天宝洞藏酒核心区域。洞体为长条形的石钟乳溶洞，与天、地宝洞首尾相连，相互拱卫，连成全球最大的天然藏酒溶洞群。在高处俯瞰，人和洞像是三条大鱼衔尾而进，偕同寓意"天地人和，生生不息"。

作为郎酒集团倾力打造的高端个人定制藏酒的藏酒洞，洞内照明区域分步道照明、两个中部大空间照明和端头水景区照明几大板块。设计师针对郎酒人和洞的自然结构和使用特征，创立了简约大气又彰显奢华的设计方案，用灯光把溶洞的自然环境和藏酒容器完美结合，不但将人和洞的神秘、开阔、幽深的特点表现出来，而且达到了酒香绵延，典雅尊贵的效果。目前，人和洞已经成为具有藏酒和观光两大功能的个性藏酒洞体。

入口
诗圣台
四明台
左相台
玉树台
醉禅台
诗仙台
五斗台
夏郊台
春庭台
冬室台

秋舟台

诗仙台
Shixian Tai

**经典案例 2：临潼区亮化示范街建设工程**

临潼地处关中平原中部，南依骊山，东邻渭南高新技术产业开发区，西邻浐灞生态区和新筑国际港务区，北邻阎良国家航空产业基地，全区总面积 915 平方千米。

临潼自周秦到汉唐一直为京畿之地。著名的历史典故“骊山烽火戏诸侯，褒姒一笑值千金”“项庄舞剑，意在沛公”都发生在这里。临潼是世界第八大奇迹——秦始皇陵兵马俑所在地；是唐玄宗李隆基和杨贵妃恩爱缠绵、凄美爱情故事的发生地；是“西安事变”张学良、杨虎城将军对蒋介石实行兵谏的地方……历经千年岁月的洗礼，临潼因其厚重的历史文化，成为西安旅游的经典名片。

西安市临潼区亮化示范街建设工程包含：陕鼓大道、秦唐大道、秦陵南路沿街绿化带人行道亮化工程、沿街楼体亮化工程、标志性建筑物亮化工程。设计风格、表现手法力争能够真正体现临潼特色，尽显临潼景城相融，秦唐文化交相辉映的亮化风格和基调。旨在依托区域内特色街区、商圈及夜市等，形成人气相对集中的夜游经济消费节点，重点培育夜游经济产业，带动辐射周围的特色夜游消费街区，用光助力临潼成为全域性文化旅游城市。

# 天津市华彩信和电子科技集团股份有限公司

## 一、公司简介

天津华彩信和电子科技集团股份有限公司成立于2001年2月，是一家集旅游文化创意、城市夜景规划、城市照明设计、高新技术产品研发、工程施工、售后服务、国际品牌代理业务于一体的专业照明集团。主营业务以中国领先照明解决方案的提供商为定位，致力于为客户提供一站式全方位照明服务。

华彩信和具有国家城市及道路照明施工壹级资质、照明设计甲级资质、国家发改委批准的合同能源管理节能服务资格；是国家认定的高技术型企业，拥有自主知识产权专利22项；是国家863计划天津行业领头单位，并参与了多项国家、地方、行业标准的制定；是中国照明学会理事单位之一，同时也是照明计量与控制专业委员会的落户单位；公司持续11年贯彻执行国际质量管理体系；2009年获得国家注册商标的批准，提供的照明解决品牌方案受到国家法律保护。

华彩信和实施项目遍布全国，并多次获得鲁班奖、中照奖等奖项，分公司遍布北京、上海、江苏、安徽、内蒙古、海南、湖北、云南、四川等省市自治区。

华彩信和综合实力雄厚，聘请了国内外的优秀设计师作为专业高级顾问，通过每年委派设计师赴法国、德国进行国际照明学术交流，与国际众多照明专家及专业品牌产品供应商长期共赢发展合作，确保集团拥有着先进的照明技术、产品、方案。严格执行包含全面预算、过程管控、成本核算的先进信息技术管理系统，以新手段、新服务形式将社会资源、产业资源、创意资源、资本资源优化整合，采用PPP等多种建设模式提升城市夜晚经济，打造国际化旅游城市新形象。

## 二、案例分享

**经典案例1：成都露天音乐公园夜景照明工程**

成都露天音乐公园位于成都市区北部新城，是天府绿道的重要节点。公园总占地面积39.5万平方米，建设内容包括主舞台、景观绿化、运动设施、水体、光彩照明及相关附属工程。成都露天音乐公园内设国内顶级露天音乐演艺场地及城市音乐主题公园，标志着一座以露天音乐广场为主题的地标性城市公园项目即将投入运营。

设计师：王振伟、蒋鑫

设计单位：天津市华彩信和电子科技集团股份有限公司

施工单位：天津市华彩信和电子科技集团股份有限公司

业主单位：成都兴西华建设管理有限公司

本项目为成都露天音乐公园，位于北三环三段北侧，西侧与北星大道相邻，北侧紧邻熊猫大道西段，交通条件便捷。本次设计为全区域的光彩照明设计（不包含主舞台），包括10处建筑物。音乐公园以文态、形态、生态、业态，四态合一，展现历史传承城市形象中心绿地休闲文化。灯光主题：凤舞流光，展现传统文化历史与现代的交融；时尚乐潮，展现最现代最时尚的音乐交流圣地。整体园区按建筑及景观的重要性区分为三个灯光节点等级，以等级划分区别灯光表现方式及亮度，从而呈现出灯光层次，以景观、文化方案为基础将整个园区划分为三个灯光区域。

**经典案例 2：成都西郊河综合改造示范工程夜景照明专项设计**

“自然天成，美丽富庶，天府之国，生生不息，”国家中心城市是成都城市发展的新起点，成都明确将以“三城三都”为载体，塑造别样精彩的成都标识。西郊河作为天府绿道范围内锦江绿道重要水系夜游示范区，承载着天府锦城旅游公交线路诸多重要景点，同时覆盖寻香道综合提升规划所涉及的全部区域。西郊河规划范围从槐树街至二环路清水河桥，全长 7.4 千米。根据《成都中心城区景观照明专项规划》目前已实施基础照明，照明现状可满足功能性照明需求，但由于河道蜿蜒曲折，层次丰富，且承载着城市规划中的众多景区，因此有必要在现有照明基础上，对建筑、岸线进行灯光丰富提升，并对核心景区进行灯光秀打造。

设计师：王振伟、蒋鑫

设计单位：天津市华彩信和电子科技集团股份有限公司

施工单位：天津市华彩信和电子科技集团股份有限公司

业主单位：成都兴西华建设管理有限公司

整体方案分为建筑群组、堤岸景观带、桥梁三大类载体，组成空间形态架构。建筑：每个建筑群组照明提取文化主题，结合整体动态与静态的夜景灯光，表达组团建筑的群体意向；堤岸：沿河两岸形成灯光河岸线，桥梁突出特色，用灯光展现人文历史，塑造成都现代风貌；桥梁：优化照明方式，突出桥梁特色，提升整体效果，兼顾观者舒适度。

# 上海光联照明有限公司

## 一、公司简介

上海光联照明有限公司成立于1999年，是一家专业的LED灯具及控制系统研发、生产、销售为一体的高科技企业；是为建设单位、照明顾问、照明工程单位提供综合解决方案的LED灯具和系统集成供应商；且属于国家高新企业单位及上海科技小巨人企业。

光联照明拥有一支经验丰富、技术过硬的研发和技术团队，具备很强的LED景观照明灯具开发能力及城市景观照明控制系统研发能力；公司生产的产品涵盖LED的柔光管系列、线形灯系列、点光源系列、投光灯系列以及LED灯具控制设备等系列产品，其中自主研发生产的线形灯系列产品以及控制设备和控制软件以运行稳定、经久耐用、功能新颖、更新升级易操作、售后维护简便等优势，在重要地标项目、大型城市景观照明项目都得到了各方的高度评价，并获得了诸多的荣誉，其中六次获得国家级照明奖中照奖一等奖，这都是光联人在近二十年专业户外景观照明领域坚持精耕细作，充分吸收成功经验与失败教训的最好证明，未来光联照明将一如既往，在前行的路上不骄不躁、不卑不亢。

## 二、案例分享

**经典案例1：北京通盈中心洲际酒店建筑景观照明**

北京三里屯通盈中心洲际酒店地处三里屯商圈的核心位置，紧邻三里屯SOHO，与三里屯太古里、三里屯酒吧街隔路相望。

通盈中心建筑外立面是独特的蜂窝状结构，为更好地还原建筑结构特点，特制的LED全彩线条灯具沿着蜂窝状结构嵌入式安装在幕墙装饰凹槽内，白天的隐蔽性较好，为了尽可能保持灯光良好的连续性，光联8500多套定制灯具一共整合成近70种长度规格，最长的一种为2.953米，这给灯具的可靠性能带来了很大的挑战。灯具采用CREE全彩三合一贴片光源，通过德国拜耳抗紫外线PC3103混光板将光扩散，最终获得较为均匀的发光效果，考虑到三里屯SOHO建筑群就在通盈中心的西侧，故有意降低了功率配置，有效控制灯光对周边建筑的污染。

项目荣获第十二届中照照明工程设计奖二等奖。

**经典案例 2：上海金桥红星美凯龙家居艺术设计博览中心光艺术作品**

项目位于上海市浦东新区金桥地区金藏路 58 号，依托建筑大师非凡的设计以及个性化的幕墙结构，同时契合“艺术设计博览中心”的名称主题，营造优雅迷人的艺术气息。灯具全部采用隐藏式安装在幕墙蜂巢结构背后，通过背投光的形式将墙面照亮并形成间接光剪影效果。通过光束角的控制，使面光源形成相对细腻的像素，结合建筑大气磅礴的展示面，构成了一幅堪称完美的精致画卷。

项目荣获第十四届中照照明工程设计奖一等奖。

# 南京市路灯管理处

## 一、公司简介

南京市路灯管理处成立于1955年，隶属于南京市城市管理局。因事业单位体制改革，2005年起，进行资源整合，施行企业化、一体化运作。2011年起，加快企业转型步伐，主动投身市场，引领转型发展新优势。拥有城市道路照明工程专业承包一级资质、照明工程设计专项甲级资质，通过了ISO9001质量管理体系、OHSAS18001职业健康安全管理体系、ISO14001环境管理体系三项认证，是3A级资信企业。主要负责南京城市照明设施建设、运行、维护工作，并对外承接城市照明规划、设计、施工、智能化集中监控管理业务，业务内容涵盖：城市照明专项规划设计；道路、住宅区及室外公共空间等功能照明设计与施工；构筑物、建筑物、公园、公共绿地、住宅区等景观照明设计与施工。打造了一批以南京明城墙景观亮化、南京青奥文化体育公园景观亮化为代表作，有着时代意义的国家、省、市重点工程和精品工程，业务范围覆盖南京，辐射全国。

## 二、案例分享

**经典案例1：南京城墙夜景照明工程**

南京城墙夜景照明工程于2014年启动。实施过程秉承着“以人为本，保护先行”的原则，采用了综合泛光照明手法，充分考虑城墙本体保护的需求，最大限度地减少人为痕迹，坚持“不打孔、不落钉”的实施原则，以立杆安装方式为主，少数区段根据实际情况采用地面支架安装或者与现有功能灯的灯杆进行并杆安装的方式。量身定制的光色和照明效果使得夜间的城墙更具含蓄隽永的气质，实现了“融城汇水，贯古通今”的设计意图，同时加强了对城墙特性的强调以及对地域文化的解读，如在不影响城墙结构的前提下设置定制灯具强调城墙最具代表性的结构细节，增强可记忆性；同时在城墙上的人行道路设置了功能照明，保证夜游的安全性。为了庆祝2019年“第33届秦淮灯会”，2019年春节前，又对城墙的核心区段（西干长巷—东干长巷）集中进行了夜景照明的再次提升，强化出“秦淮意向”这个核心旅游资源，更集中展示了新时代下南京城市的全新形象与魅力。

**经典案例 2：南京玄武湖景区夜景照明工程**

玄武湖东枕紫金山，西靠明城墙，隔望南京站，毗邻鸡鸣寺、九华山；山水城林融于一体，人文历史源远流长，是最具南京特色的旅游景点之一，也是市民最爱休闲娱乐的户外场所之一。玄武湖夜景照明实施是在景区保护模式、景区展示模式下，循序渐进、分期分批实施的，旨在呈现出“平面见格局，立面见层次，贯古通今，明暗有序，动静相宜”的夜间画面。

**经典案例 3：南京长江路夜景照明工程**

长江路为东西走向，长 1821 米，宽 43 米，是南京市一条重要的历史文化走廊，也是南京市非常有特色的旅游文化街。夜景照明工程从彰显道路的特色出发，以地域文化宣传为核心，以道路系统形象展现为特色，在满足宏观、中观、微观三个尺度上视看需求的同时，营造出“点线面结合”的立体城市夜间风貌。更以富有特色的标识性场景、路径，结合夜间游赏感知体验的需求，打造出主题突出、感受丰富的夜游路线，显著增强对长江路的空间感知和认同感。

**经典案例 4：南京市中华门光影秀工程**

南京中华门光影秀的演绎主题为“印象南京，雅颂金陵”，时长为 12 分钟，分为“金陵变迁，金陵人文，金陵风情，金陵流彩”四个篇章，从地域历史、社会文化、民风民俗、现代成就四个方面展示南京。表演以群众喜闻乐见的欢快氛围娓娓道来，并选用南京秦淮灯会的 logo“荷花灯”为主线串联整个表演。首先通过南京城墙的变迁过程以小见大反映出城市的总体进程，内容从南京猿人到东吴石头城再过渡到东晋建业城，最后重点再现了明朝中华门建立的全过程；其次介绍了南京具有代表性的文化元素，如云锦、昆曲、文人墨客、剪纸、“金陵十二钗”等；接着以小花灯游秦淮灯会的所见所闻为基础重点介绍南京的风土人情，包括酒肆茶楼、秦淮小吃、白局表演等；最后的篇章则升华主题，加强艺术化处理，聚焦表现了南京各个时代的地标建筑物，如夫子庙大成殿、长江大桥、江苏大剧院、紫峰大厦等，突出表现改革开放四十年来所取得的伟大成就，弘扬社会正能量，共庆新中国 70 周年华诞。同时在方案中充分考虑现场的实际情况，尊重城墙建筑的文物保护要求，提高载体系统的安全可靠性，兼顾项目实施区域日间环境的景观协调性，保证了项目实际运行时视觉效果的观赏性与体验性的全面落实。

# 第七篇　附录

# 第十三届中照照明奖照明工程设计奖获奖名单（室外/路桥）

| 申报项目 | 申报单位 | 等　级 |
|---|---|---|
| 赤峰市环城高速夜景照明工程（PPP项目） | 龙腾照明集团有限公司 | 一等奖 |
| 太原市摄乐桥主桥夜景照明工程 | 中辰照明//山西富康照明科技有限公司 | 二等奖 |
| 鄂州市凤凰大桥夜景照明工程 | 武汉金东方智能景观股份有限公司 | 三等奖 |
| 长沙市万家丽路高架桥夜景照明工程 | 湖南金安交通设施亮化景观建设有限公司 | 三等奖 |
| 天津市狮子林桥夜景照明工程 | 天津中海营能源科技发展有限公司 | 三等奖 |
| 盐城市内环高架沿线（盐城南入口）夜景照明工程 | 杭州银龙实业有限公司//盐城市城南新区房屋征收和城市管理局//浙江永尚光电有限公司 | 三等奖 |
| 上海市浙江路桥大修工程 | 上海领路人照明工程有限公司//上海市政工程设计研究总院（集团）有限公司 | 三等奖 |
| 长沙市黄花综保区道路照明工程 | 湖南耐普恩科技有限公司//湖南大学设计研究院有限公司 | 优秀奖 |

# 第十三届中照照明奖照明工程设计奖获奖名单（公园、广场）

| 申报项目 | 申报单位 | 等　级 |
|---|---|---|
| 重庆市黔江区濯水景区夜景照明工程 | 豪尔赛科技集团股份有限公司 | 一等奖 |
| 福建华安二宜楼灯光实景演绎剧工程 | 中国市政工程华北设计研究总院有限公司//横店集团浙江得邦公共照明有限公司//华安县人民政府 | 一等奖 |
| 福州市闽江两岸、西湖公园夜景照明提升改造工程 | 浙江城建规划设计院有限公司//福州市户外广告和灯光夜景建设管理办公室//北京新时空科技股份有限公司//宝德照明集团有限公司//佛山市银河兰晶照明电器有限公司 | 一等奖 |
| 北京市颐和园夜景照明工程 | 北京市颐和园管理处//天津大学建筑设计研究院//深圳市高力特实业有限公司//北京平年照明技术有限公司 | 一等奖 |
| 汉中市“汉山传奇”原创山体音乐灯光数字展演 | 南郑县城市建设投资开发管理委员会办公室//利亚德（西安）智能系统有限责任公司//杭州罗莱迪思照明系统有限公司 | 一等奖 |
| 北京市雁栖湖环湖夜景照明工程 | 北京清华同衡规划设计研究院有限公司//北京良业环境技术有限公司 | 一等奖 |
| 即墨市南关等十四村（居）危旧房（棚户区）夜景照明工程 | 北京中辰筑合照明工程有限公司//北京华清安地建筑设计有限公司 | 二等奖 |
| 济南市“一湖一环”景观照明规划设计 | 北京清华同衡规划设计研究院有限公司 | 二等奖 |
| 乐山市三江环境夜景照明工程 | 四川普瑞照明工程有限公司//利亚德照明股份有限公司//北京清控人居光电研究院有限公司 | 二等奖 |

（续）

| 申报项目 | 申报单位 | 等级 |
|---|---|---|
| 西藏林芝鲁朗国际旅游小镇夜景照明工程 | 深圳市大晟环境艺术有限公司 | 二等奖 |
| 西安市白鹿原文化产业基地夜景照明工程 | 陕西大地重光照明科技有限公司 | 二等奖 |
| “西安年，最中国”主会场大唐不夜城夜景照明工程 | 西安明源声光电艺术应用工程有限公司 | 二等奖 |
| 贵州都匀经济开发区梦都文化旅游创意产业园（一期）秦汉城夜景照明工程 | 深圳市明之辉建设工程有限公司 | 三等奖 |
| 凯里市下司古镇夜景照明工程 | 深圳市达特照明股份有限公司//深圳市卓明光电有限公司 | 三等奖 |
| 福建沙县城市公园夜景照明工程 | 福建工大建筑设计院//福建通联照明有限公司//上海光联照明有限公司 | 三等奖 |
| 柳州市卡乐星球主题乐园夜景照明工程 | 深圳上筑艺术设计有限公司 | 三等奖 |
| 南昌八一广场及周边建筑夜景照明工程 | 北京清华同衡规划设计研究院有限公司//江西南昌旅游集团有限公司文化旅游项目管理分公司//北京新时空科技股份有限公司//上海光联照明有限公司 | 三等奖 |
| 遵义市务川自治县夜景照明工程 | 北京必成创景景观艺术有限公司 | 三等奖 |
| 哈尔滨万达乐园夜景照明工程 | 长春为实照明科技有限公司//万达文化旅游规划研究院 | 三等奖 |
| 南京市秦淮风光带东水关公园夜景照明工程 | 南京朗辉光电科技有限公司 | 三等奖 |
| 韩城市司马迁祠景区核心区夜景照明工程 | 深圳市方向照明有限公司 | 三等奖 |
| 湘西自治州民族文化广场夜景照明工程 | 湖南亮典照明科技有限公司 | 三等奖 |
| 汕头市内海湾南岸夜景照明一期（山体及鸡心屿）夜景照明工程 | 广东中筑天佑美学灯光有限公司 | 三等奖 |
| 浙江嘉善新西塘水街水幕灯光夜景照明工程 | 北京清华同衡规划设计研究院有限公司//广州拓火科技有限公司 | 优秀奖 |
| 厦门方特东方神画主题公园夜景照明工程 | 惠州雷士光电科技有限公司//深圳市方向照明有限公司 | 优秀奖 |
| 遵义市赤水河谷旅游公路夜景照明工程 | 重庆天骏照明工程有限公司//重庆美益添照明设计有限公司 | 优秀奖 |
| 厦门市白鹭洲音画视界演绎秀 | 栋梁国际照明设计（北京）中心有限公司//北京新时空科技股份有限公司 | 优秀奖 |
| 杭州市西湖湖中三岛夜景照明工程 | 杭州西湖风景名胜区湖滨管理处//浙江城建规划设计院有限公司//杭州大胜照明工程有限公司//杭州中恒派威电源有限公司//杭州星耀照明科技有限公司//浙江永尚光电有限公司 | 优秀奖 |
| 烟台市福莱山公园一、二期夜景照明工程 | 烟台太明灯饰有限公司 | 优秀奖 |
| 东莞市麻涌镇华阳湖夜景照明工程 | 深圳市千百辉照明工程有限公司 | 优秀奖 |
| 三亚海棠湾亚特兰蒂斯水上乐园夜景照明工程 | 安徽辉采科技有限公司 | 优秀奖 |
| 2017 年中国灯都（古镇）灯光文化节夜景照明工程 | 浙江贸泰照明工程有限公司 | 荣誉奖 |

# 第十三届中照照明奖照明工程设计奖获奖名单（室外/街区）

| 申报项目 | 申报单位 | 等级 |
| --- | --- | --- |
| 厦门市重点片区夜景照明设计 | 栋梁国际照明设计（北京）中心有限公司 | 一等奖 |
| 咸阳市渭城北平街夜景照明工程 | 重庆大学 | 一等奖 |
| 烟台市滨海夜景照明工程 | 烟台太明灯饰有限公司 | 一等奖 |
| 上海市杨浦区南段滨江核心区夜景照明工程 | 上海罗曼照明科技股份有限公司 | 一等奖 |
| 潮州一江两岸夜景照明工程 | 中国美术学院风景建筑设计研究总院有限公司//福建通联照明有限公司//广州达森灯光股份有限公司//上海光联照明有限公司 | 一等奖 |
| 西安市浐灞生态区夜景照明工程（EPC 项目） | 深圳市千百辉照明工程有限公司 | 二等奖 |
| 宁波市中山路沿线夜景照明工程 | 浙江华展工程研究设计院有限公司//上海光联照明有限公司//飞利浦照明（中国）投资有限公司 | 二等奖 |
| 杭州市临平迎宾路两侧（新望江梅路—世纪大道）夜景照明工程 | 乐雷光电技术（上海）有限公司//杭州佰影数字科技有限公司（动画设计）//杭州蓝天风景建筑设计研究院有限公司//浙江伟达园林工程有限公司//杭州大邦城建工程有限公司 | 二等奖 |
| 萍乡市安源新区夜景照明工程（EPC 项目） | 深圳市金照明实业有限公司 | 二等奖 |
| 北京市怀柔城区及联络线周边夜景照明工程 | 利亚德照明股份有限公司 | 二等奖 |
| 宁波市东部新城宁东路、宁穿路、河清路夜景照明工程 | 浙江永麒照明工程有限公司 | 二等奖 |
| 福州市上下杭历史文化街区夜景照明工程 | 福州市规划设计研究院//福州博维斯照明设计有限公司 | 二等奖 |
| 赣州市南康区城区夜景照明工程 | 苏州中明光电有限公司//上海市园林工程有限公司 | 二等奖 |
| 上海市十六铺地区（中山东二路以东）夜景照明工程 | 上海罗曼照明科技股份有限公司 | 二等奖 |
| 贵州双龙航空港经济区夜景照明工程 | 广东中筑天佑美学灯光有限公司//央美光成（北京）建筑设计有限公司 | 二等奖 |
| 合肥市政务区夜景照明工程 | 安徽派蒙特环境艺术科技有限公司//浙江城建规划设计院有限公司//惠州雷士光电科技有限公司 | 二等奖 |
| 北京市中关村步行街（食宝街）夜景照明工程 | 中科院建筑设计研究院有限公司//光耀东方集团//北京通方联合环境科技有限公司//广州凯图电气股份有限公司 | 三等奖 |
| 盘锦市双台子区城区夜景照明工程 | 深圳市金照明实业有限公司//航天建筑设计研究院有限公司 | 三等奖 |
| 北京市延庆城区夜景照明工程 | 北京清华同衡规划设计研究院有限公司//北京市延庆区城市管理委员会//同方股份有限公司//北京金时佰德技术有限公司 | 三等奖 |
| 鄂尔多斯市东胜区中心城区夜景照明工程 | 上海罗曼照明科技股份有限公司 | 三等奖 |

（续）

| 申报项目 | 申报单位 | 等级 |
| --- | --- | --- |
| 赤峰市新区夜景照明工程（PPP项目） | 利亚德照明股份有限公司//北京新时空科技股份有限公司 | 三等奖 |
| 广州市增城区增江河两岸夜景照明工程 | 江苏创一佳照明股份有限公司//深圳市世纪光华照明技术有限公司 | 三等奖 |
| 湖南怀化舞水河西岸线夜景照明工程 | 江苏现代照明集团有限公司 | 三等奖 |
| 商洛市区国家级水利风景区夜景照明工程 | 陕西天和照明设备工程有限公司 | 三等奖 |
| 石嘴山市大武口区城区重要区域夜景照明工程 | 深圳市达特照明股份有限公司//深圳市卓明光电有限公司 | 三等奖 |
| 玉环市城区夜景照明工程 | 深圳市金照明实业有限公司 | 三等奖 |
| 合肥市政务文化新区匡河夜景照明工程 | 安徽派蒙特环境艺术科技有限公司//浙江城建规划设计院有限公司//惠州雷士光电科技有限公司 | 三等奖 |
| 衢州市环信安湖区域及城市范围夜景照明工程 | 上海复旦规划建筑设计研究院 | 三等奖 |
| 温州市龙湾区夜景照明工程（EPCO） | 浙江省机电设计研究院有限公司 | 三等奖 |
| 贵州荔波县城至大小七孔集散中心夜景照明工程 | 深圳市达特照明股份有限公司//深圳市卓明光电有限公司 | 三等奖 |
| 九江市两湖沿岸及长虹大道夜景照明工程 | 浙江城建规划设计院有限公司//九江市市政公用设施管理局 | 优秀奖 |
| 自贡市檀木林街及解放立交桥夜景照明工程 | 中辰照明 | 优秀奖 |
| 亳州市城区夜景照明工程 | 深圳市金照明实业有限公司//福建省建筑设计研究院有限公司 | 优秀奖 |
| 2016年长春市旧城改造夜景照明提升工程（一期）夜景照明工程（一标段：长春市人民大街、南湖大路景观轴） | 山东清华康利城市照明研究设计院有限公司 | 优秀奖 |
| 泰安市泮河及泰山水系（泮河大街-长城路段）夜景照明工程 | 杨刚建设集团有限公司 | 优秀奖 |
| 平湖市南市新区夜景照明工程 | 浙江环艺电力照明工程技术有限公司 | 优秀奖 |
| 杭州市西湖区城市道路夜景照明工程 | 杭州蓝天风景建筑设计研究院有限公司//杭州市西湖区城市管理局//常州格林照明股份有限公司//浙江鸿远科技有限公司 | 优秀奖 |
| 烟台市福山区内夹河西岸夜景照明工程 | 烟台太明灯饰有限公司 | 优秀奖 |
| 安丘市青云湖和大汶河部分地段夜景照明工程 | 山东清华康利城市照明研究设计院有限公司 | 优秀奖 |
| 四川省甘孜州泸定县城区城乡夜景照明工程 | 深圳市凯铭电气照明有限公司 | 优秀奖 |
| 湖州市吴兴区旄儿港沿河夜景照明工程 | 浙江欧锐杰照明科技有限公司//湖州市城市规划设计研究院//湖州市政工程有限公司 | 优秀奖 |
| 西安市莲湖区夜景照明工程（西二环、西二环延伸段）EPC项目 | 龙腾照明集团有限公司 | 优秀奖 |
| 荆门市象山大道夜景照明工程 | 常州市城市照明工程有限公司 | 优秀奖 |

（续）

| 申报项目 | 申报单位 | 等　级 |
|---|---|---|
| 呼和浩特市赛罕区重点道路、河道景观夜景照明工程 | 广东中筑天佑美学灯光有限公司//山东万得福装饰工程有限公司 | 优秀奖 |
| 汕头市时代广场夜景照明工程 | 安徽派蒙特环境艺术科技有限公司//中国美术学院风景建筑设计研究总院有限公司 | 优秀奖 |
| 四平市紫气大路等城市主要街区夜景照明工程 | 深圳市达特照明股份有限公司//深圳市卓明光电有限公司 | 优秀奖 |
| 安庆市城区夜景照明工程（标段二） | 滨和环境建设集团有限公司 | 优秀奖 |
| 厦门市重点片区夜景照明工程 | 栋梁国际照明设计（北京）中心有限公司//龙腾照明集团有限公司//无锡照明股份有限公司//深圳市达特照明股份有限公司//山东万得福装饰工程有限公司//深圳市恒明星照明有限公司//北京新时空科技股份有限公司//深圳市金照明实业有限公司//深圳市千百辉照明工程有限公司//江苏承煦电气集团有限公司//利亚德照明股份有限公司//豪尔赛科技集团股份有限公司//同方股份有限公司 | 中国照明学会特别奖 |

# 第十三届中照照明奖照明工程设计奖获奖名单（室外/单体）

| 申报项目 | 申报单位 | 等　级 |
|---|---|---|
| 厦门国际会展中心夜景照明工程 | 深圳市千百辉照明工程有限公司 | 一等奖 |
| 中国国际贸易中心三期夜景照明工程 | 北京富润成照明系统工程有限公司 | 一等奖 |
| 郑州市绿地中央广场夜景照明工程 | 河南新中飞照明电子有限公司//栋梁国际照明设计（北京）中心有限公司 | 一等奖 |
| 上海新华红星国际广场5号楼夜景照明工程 | 上海艺嘉照明科技有限公司//上海光联照明有限公司 | 一等奖 |
| 长沙市梅溪湖国际文化艺术中心夜景照明工程 | 深圳市凯铭电气照明有限公司//上海碧甫照明工程设计有限公司 | 一等奖 |
| 上海外滩国际金融中心夜景照明工程 | 上海新炬机电设备有限公司//上海碧甫照明工程设计有限公司 | 一等奖 |
| 上海市世纪大道SN-1地块商业&塔楼夜景照明工程 | 上海中天照明成套有限公司//上海陆家嘴金融贸易区开发股份有限公司 | 二等奖 |
| 宁波市宁波银行总部大厦夜景照明工程 | 浙江永麒照明工程有限公司 | 二等奖 |
| 宜昌市三峡大坝渲染照明工程 | 三峡枢纽建设运行管理局//上海新建设建筑设计有限公司//上海莱奕亭照明科技股份有限公司//乐雷光电技术（上海）有限公司 | 二等奖 |
| 苏州市苏州中心夜景照明工程 | 上海碧甫照明工程设计有限公司//浙江永通科技发展有限公司//上海莱奕亭照明科技股份有限公司 | 二等奖 |
| 天津市西青宾馆夜景照明工程 | 天津津彩工程设计咨询有限公司 | 二等奖 |
| 天津市奥林匹克体育中心夜景照明工程 | 豪尔赛科技集团股份有限公司//栋梁国际照明设计（北京）中心有限公司 | 二等奖 |
| 杭州市华润酒店夜景照明工程 | 深圳市金照明实业有限公司//上海碧甫照明工程设计有限公司 | 二等奖 |

（续）

| 申报项目 | 申报单位 | 等级 |
|---|---|---|
| 西安市万众国际大厦夜景照明工程 | 豪尔赛科技集团股份有限公司 | 二等奖 |
| 开封市博物馆、规划展览馆夜景照明工程 | 中国建筑西北设计研究院有限公司建筑装饰与环境艺术所光环境艺术研究中心 | 二等奖 |
| 大连市东方水城（二期）夜景照明工程 | 中科院建筑设计研究院有限公司 | 二等奖 |
| 聊城市东阿阿胶访客中心夜景照明工程 | 黎欧思照明（上海）有限公司//东阿阿胶股份有限公司//安徽普照照明环境工程有限公司 | 二等奖 |
| 东莞市华为南方工厂夜景照明工程 | 深圳市金照明实业有限公司//莱亭迪赛（天津）灯光设计有限公司 | 三等奖 |
| 南京市禄口机场夜景照明工程 | 南京路灯工程建设有限责任公司//广州市雅江光电设备有限公司 | 三等奖 |
| 南京市江苏大剧院泛光照明工程 | 同方股份有限公司//江苏库玛工程设计咨询有限公司 | 三等奖 |
| 莆田市世界妈祖文化论坛永久性会址夜景照明工程 | 莆田中建建设发展有限公司//中建照明有限公司//杭州罗莱迪思照明系统有限公司 | 三等奖 |
| 敦煌丝绸之路国际会展中心夜景照明工程 | 山东万得福装饰工程有限公司 | 三等奖 |
| 沈阳市龙湖·天宸原著夜景照明工程 | 沈阳新正和电子有限公司 | 三等奖 |
| 武汉市东湖公共服务中心夜景照明工程 | 武汉金东方智能景观股份有限公司 | 三等奖 |
| 深圳市鹏瑞深圳湾一号广场夜景照明工程 | 利亚德照明股份有限公司 | 三等奖 |
| 南宁市万达嘉华度假酒店夜景照明工程 | 万达文化旅游规划研究院有限公司//深圳普莱思照明设计顾问有限责任公司 | 三等奖 |
| 北京市长安街电报大楼夜景照明工程 | 北京清华同衡规划设计研究院有限公司//北京星光裕华照明技术开发有限公司 | 三等奖 |
| 西安市迈科商业中心夜景照明工程 | 陕西天和照明设备工程有限公司//关永权照明设计公司（TKLC） | 三等奖 |
| 十堰市寿康·华悦城夜景照明工程 | 浙江省欧锐杰照明科技有限公司//北京宁之境照明设计有限责任公司//武汉中恒盛工程有限公司 | 三等奖 |
| 银川大阅城（一期）夜景照明工程 | 北京嘉禾锦业照明工程有限公司 | 三等奖 |
| 厦门市中航紫金广场夜景照明工程 | 深圳市金照明实业有限公司 | 三等奖 |
| 武汉市汉江区顶琇西北湖 A 地块夜景照明工程 | 武汉艺科景观工程有限公司 | 三等奖 |
| 高邮市文化体育休闲公园夜景照明工程 | 龙腾照明集团有限公司 | 优秀奖 |
| 合肥市政务区天珑广场夜景照明工程 | 安徽派蒙特环境艺术科技有限公司 | 优秀奖 |
| 成都希顿国际广场夜景照明工程 | 四川省原朗照明设计有限公司 | 优秀奖 |
| 贵阳市观山湖区夜景照明工程 | 深圳市金照明实业有限公司//浙江城建规划设计院有限公司 | 优秀奖 |
| 杭州市天都城——埃菲尔铁塔夜景照明工程 | 浙江环艺电力照明工程技术有限公司 | 优秀奖 |
| 湖州市金源大厦夜景照明工程 | 浙江亚星光电科技有限公司 | 优秀奖 |
| 苏州市丰隆城市中心夜景照明工程 | 上海莱奕亭照明科技股份有限公司//TOKYO SHOMEI CONSULTANT Inc 有限会社东京光景照明设计 | 优秀奖 |

（续）

| 申报项目 | 申报单位 | 等　级 |
|---|---|---|
| 西安市绿地中心 A 座夜景照明工程 | 上海莹通照明工程有限公司//上海福思照明设计有限公司 | 优秀奖 |
| 成都市 339 天府熊猫塔夜景照明工程 | 上海城市之光灯光设计有限公司/上海新炬机电设备有限公司（联合申报） | 优秀奖 |
| 阳朔戏楼泛光照明工程 | 北京生光谷科技股份有限公司 | 优秀奖 |
| 保利时代 K18 地块夜景照明工程 | 武汉欣鹏环境艺术工程有限公司 | 优秀奖 |

# 第十三届中照照明奖照明工程设计奖获奖名单（室内）

| 申报项目 | 申报单位 | 等　级 |
|---|---|---|
| 上海漕河泾科技绿洲 1 号楼室内照明工程 | 飞利浦照明（中国）投资有限公司 | 一等奖 |
| 国家奥林匹克体育中心体育场场地照明工程 | 玛斯柯照明设备（上海）有限公司//豪尔赛科技集团股份有限公司 | 一等奖 |
| 厦门国际会议中心室内照明工程 | 北京市建筑设计研究院有限公司（第一建筑设计院）//北京太傅光达照明设计有限公司 | 一等奖 |
| 《南京大屠杀史实展》室内照明工程 | 清华大学//北京天图设计工程有限公司 | 二等奖 |
| KEEY-BUS 智能照明体验馆室内照明工程 | 上海企一灯光设计有限公司 | 二等奖 |
| 江苏海澜集团马术博物馆收藏馆室内照明工程 | 北京科可瑞照明设计有限公司 | 二等奖 |

# 第十三届中照照明奖照明工程设计奖获奖名单（演出场所）

| 申报项目 | 申报单位 | 等　级 |
|---|---|---|
| 湖南 1400$m^2$ 演播厅吊挂系统改造项目 | 广东华晨影视舞台专业工程有限公司 | 一等奖 |
| 大型实景沉浸体验魔幻光影秀《满秀》 | 北京中视光影灯光设计有限公司 | 一等奖 |
| 山东广播电视台融媒体平台建设项目 | 山东广播电视台//北京星光影视设备科技股份有限公司 | 一等奖 |
| 河北广播电视台全媒体演播室建设项目 | 河北广播电视台//河北捷图照明科技发展股份有限公司 | 二等奖 |
| 江西婺源大型山水实景演出《梦里老家》 | 北京金色之光文化传媒有限公司//江西婺源翼天文化旅游股份有限公司 | 二等奖 |
| 苏州电视台 350 新闻演播室 | 苏州广播电视台 | 二等奖 |
| 常德穿紫河文化旅游项目 | 广州市浩洋电子股份有限公司 | 二等奖 |

（续）

| 申报项目 | 申报单位 | 等级 |
|---|---|---|
| 天津广播电视台电视剧场舞台灯光工程 | 天津广播电视台//浙江大丰实业股份有限公司 | 二等奖 |
| 河北广播电视台 800 演播室灯光吊挂及配电系统 | 河北广播电视台//北京北特圣迪科技发展有限公司 | 三等奖 |
| 深圳广电集团融合新闻中心演播室灯光系统项目 | 深圳市广播电影电视集团//广东华晨影视舞台专业工程有限公司 | 三等奖 |
| 成都市广播电视台公共频道标清转高清项目三号演播室灯光系统总集成 | 成都市广播电视台//佑图物理应用科技发展（武汉）有限公司 | 三等奖 |
| 遵义市广电新闻中心 1200 平方米演播室综合项目 | 北京星光影视设备科技股份有限公司 | 三等奖 |
| 信阳广播电视台演播中心升级改造 | 湖北光影空间系统工程有限公司 | 三等奖 |

# 第十四届中照照明奖教育与学术贡献奖获奖名单

| 申报项目 | 申报单位（申报人） | 主要完成单位 | 等级 |
|---|---|---|---|
| GB/T35626—2017 室外照明干扰光限制规范 | 北京照明学会 | 北京照明学会 | 一等奖 |
| 基于 LED 的脆弱文物低损伤照明研究 | 天津大学 | 天津大学 | 一等奖 |
| 《照明设计——从传统光源到 LED》 | 复旦大学 | 《照明设计——从传统光源到 LED》编写组 | 一等奖 |

# 第十四届中照照明科技创新奖获奖名单

| 申报项目 | 申报单位 | 等级 |
|---|---|---|
| 金黄光 LED 照明光源 | 南昌大学国家硅基 LED 工程技术研究中心 | 一等奖 |
| 反射式轨道射灯 | 惠州雷士光电科技有限公司 | 一等奖 |
| ROLEDS 数字光色系统（1.0） | 杭州罗莱迪思照明系统有限公司 | 一等奖 |
| 汉斯（HANS）组合灯具系统（2.0） | 罗姆尼光电系统技术（广东）有限公司 | 一等奖 |
| KEEY-BUS 智能照明控制系统 | 上海企一实业（集团）有限公司 | 一等奖 |
| 互灵物联智慧物联网云平台 | 浙江互灵物联科技有限公司 | 二等奖 |
| 内防眩全彩 SP2006 系列 LED 投光灯 | 上海夏仑光电技术有限公司 | 二等奖 |
| 景观灯具用一体化连接技术 | 浙江捷莱光电科技有限公司 | 二等奖 |
| 恩佐投光灯 | 佛山市银河兰晶照明电器有限公司 | 二等奖 |
| LED 立体折面组合模块灯 | 深圳市沐梵照明有限公司 | 二等奖 |
| 无频闪、低谐波 D116X 筒灯系列 | 乐雷光电（中国）有限公司 | 二等奖 |
| 盛莲系列多功能景观路灯 | 济南三星灯饰有限公司 | 二等奖 |

（续）

| 申报项目 | 申报单位 | 等级 |
| --- | --- | --- |
| LED 大空间照明应用新技术 | 长春希达电子技术有限公司 | 二等奖 |
| L06 精灵系列 LED 投光灯 | 浙江欧锐杰照明科技有限公司 | 二等奖 |
| 一种沉浸式光影艺术装置——“洞见” | 重庆大学建筑城规学院//四川美术学院//深圳市金照明科技股份有限公司//深圳市铭豪科技有限公司//山地城镇建设与新技术教育部重点实验室 | 二等奖 |
| “EKK”变形金刚系列 LED 投光灯 | 宁波易秀光电技术有限公司 | 二等奖 |
| 高效防眩光 LED 平板照明系统 | 苏州大学//苏州维旺科技有限公司 | 三等奖 |
| 大功率智能投光灯 | 浙江晶日科技股份有限公司 | 三等奖 |
| C1072 星空 LED 点光源及其控制系统 | 乐雷光电（中国）有限公司 | 三等奖 |
| 高效稳定 LED 可嵌入式光源模组关键共性技术和标准化研究及产业化 | 广东光阳电器有限公司 | 三等奖 |
| 智能广场灯 | 浙江互灵物联科技有限公司 | 三等奖 |
| 智慧路灯数字化管理系统 | 合肥大明节能科技股份有限公司 | 三等奖 |
| 节能型户外照明用 LED 灯 | 浙江博上光电有限公司 | 三等奖 |
| T5 局部全般台灯 | 深圳市远润欣电子有限公司 | 三等奖 |
| 演播室精细的布光系统 | 广东华晨影视舞台专业工程有限公司 | 三等奖 |
| 智能太阳能庭院灯—光之伞 | 济南三星灯饰有限公司 | 三等奖 |
| 智慧庭院灯—J171 | 济南三星灯饰有限公司 | 三等奖 |
| LED 像素灯 PX2C | 大峡谷照明系统（苏州）股份有限公司 | 三等奖 |

# 第十四届中照照明奖照明工程设计奖获奖名单（室外/路桥）

| 申报项目 | 申报单位 | 等级 |
| --- | --- | --- |
| 上海市杨浦大桥夜景照明工程 | 上海罗曼照明科技股份有限公司//上海市政工程设计研究总院（集团）有限公司//上海同音照明设计有限公司 | 一等奖 |
| 台州市台州湾大桥夜景照明工程 | 浙江永通科技发展有限公司//浙江台州市沿海高速公路有限公司//杭州久久建设工程有限公司//浙江城建规划设计院有限公司//宁波贝泰灯具有限公司 | 一等奖 |
| 丹东市中朝友谊桥、断桥夜景照明工程 | 北京良业环境技术股份有限公司 | 二等奖 |
| 上海市申字形高架（延安路高架、南北高架）夜景照明工程 | 华东建筑设计研究院有限公司//上海同钦环境艺术有限公司//江苏宏洁机电工程有限公司//上海光联照明有限公司 | 二等奖 |
| 秦皇岛市大汤河桥夜景照明工程 | 天津大学建筑设计研究院//秦皇岛成灿照明工程有限公司 | 二等奖 |
| 上海市卢浦大桥夜景照明工程 | 上海市政养护管理有限公司//上海市政工程设计研究总院（集团）有限公司//上海莱奕亭照明科技股份有限公司//上海同音照明设计有限公司 | 二等奖 |
| 宁波市梅山春晓大桥夜景照明工程 | 浙江永麒照明工程有限公司//上海市政工程设计研究总院（集团）有限公司 | 三等奖 |
| 扬州市城市南部快速通道道路照明工程 | 龙腾照明集团有限公司 | 三等奖 |

（续）

| 申报项目 | 申报单位 | 等级 |
|---|---|---|
| 武汉市江汉四桥（京汉大道至琴台大道）夜景照明工程 | 武汉金超盛光电有限公司//中铁大桥勘测设计院集团有限公司 | 三等奖 |
| 贵州省遵义市人民路道路照明工程 | 遵义市汇川区城市建设投资经营有限公司//慧光智城（深圳）智慧科技有限公司//重庆天骏照明工程有限公司 | 三等奖 |
| 遵义市习水县产城大道道路照明工程 | 重庆大学建筑城规学院//山地城镇建设与新技术教育部重点实验室//重庆市得森建筑规划设计研究院有限公司 | 三等奖 |
| 青岛市机场高速公路及青银高速公路青岛段夜景照明工程 | 龙腾照明集团有限公司 | 三等奖 |
| 漯河市漯河新区牡丹江路沙河大桥夜景照明工程 | 漯河新区投资发展有限公司//安徽派蒙特环境艺术科技有限公司//勤上光电股份有限公司//河南新中飞照明电子有限公司 | 三等奖 |
| 上海市静安区南北高架夜景照明工程 | 上海瑞逸环境设计有限公司//上海电力安装第二工程有限公司//上海莱奕亭照明科技股份有限公司//江苏恒绿建设工程有限公司 | 三等奖 |

# 第十四届中照照明奖照明工程设计奖获奖名单（公园、广场）

| 申报项目 | 申报单位 | 等级 |
|---|---|---|
| 琼海市博鳌田园小镇夜景照明工程 | 豪尔赛科技集团股份有限公司//和易通（厦门）信息科技有限公司 | 一等奖 |
| 拉萨市大昭寺夜景照明工程 | 西藏朗明机电技术股份有限公司//清华大学（建筑学院） | 一等奖 |
| 婺源县文化广场及相邻路段夜景照明工程 | 龙腾照明集团有限公司//婺源县城市建设投资发展有限公司//广州市珠江灯光科技有限公司//江苏品正光电科技有限公司 | 一等奖 |
| 昆明市七彩云南欢乐世界夜景照明工程 | 上海碧甫照明工程设计有限公司//四川亚鑫照明工程有限公司//乐雷光电（中国）有限公司 | 一等奖 |
| 湖北荆门钟祥市莫愁村二期及三期夜景照明工程 | 中辰远瞻（北京）照明设计有限公司//钟祥万僖文化旅游开发有限公司 | 一等奖 |
| 贵州独山净心谷景区夜景照明工程 | 横店集团浙江得邦公共照明有限公司 | 一等奖 |
| 南宁市南湖公园环湖景观夜景照明工程 | 深圳市金照明科技股份有限公司 | 一等奖 |
| 上海市海昌极地海洋公园夜景照明工程 | 豪尔赛科技集团股份有限公司 | 二等奖 |
| 苏州市华谊兄弟电影世界夜景照明工程 | 筑映照明设计（上海）有限公司//上海中天照明成套有限公司 | 二等奖 |
| 济南市“明湖秀”综合水秀夜景照明工程 | 北京清华同衡规划设计研究院有限公司//同方股份有限公司 | 二等奖 |
| 南京市秦淮区十里秦淮（东五华里）夜景照明工程 | 江苏创一佳照明股份有限公司//深圳市世纪光华照明技术有限公司 | 二等奖 |

（续）

| 申报项目 | 申报单位 | 等　级 |
|---|---|---|
| 2018 中国灯都（中山古镇）国际灯光文化节夜景照明工程 | 浙江贸泰照明工程有限公司 | 二等奖 |
| 亳州市南湖公园夜景照明工程 | 同方股份有限公司//亳州市文化旅游发展有限责任公司 | 二等奖 |
| 浙江永康市园周村夜景照明工程 | 北京科可瑞照明设计有限公司 | 二等奖 |
| 安顺市西秀区夜景照明工程 | 利亚德（成都）文旅科技有限公司//利亚德照明股份有限公司//中辰远瞻（北京）照明设计有限公司 | 二等奖 |
| 长影海南生态文化园中国区夜景照明工程 | 浙江城建规划设计院有限公司//安徽辉采科技有限公司 | 二等奖 |
| 延安市圣地河谷金延安西街夜景照明工程 | 陕西大地重光照明科技有限公司 | 二等奖 |
| 溧阳市宋团护城河夜景照明工程 | 北京清华同衡规划设计研究院有限公司//溧阳市城市管理局//天目照明有限公司 | 二等奖 |
| 秦皇岛市山海关古城、山海关景区夜景照明工程 | 天津中海营能源科技发展有限公司 | 二等奖 |
| 央视春晚珠海分会场夜景照明工程 | 惠州雷士光电科技有限公司//上海现代建筑装饰环境研究院有限公司//惠州雷士照明工程有限公司//四川光美照明工程有限公司 | 三等奖 |
| 鹰潭市（信江两岸）夜景照明工程 | 神州交通工程集团有限公司//北京清华同衡规划设计研究院有限公司 | 三等奖 |
| 成都市天府广场夜景照明工程 | 中国建筑西南设计研究院有限公司 | 三等奖 |
| 南充市嘉陵江“一江两岸”夜景照明工程 | 南充市住房和城乡建设局//中国五冶集团有限公司//北京清华同衡规划设计研究院有限公司//深圳市广宁股份有限公司 | 三等奖 |
| 福州城区 4 标段夜景照明工程 | 江苏承煦电气集团有限公司 | 三等奖 |
| 南平市延平区夜景照明工程 | 北京良业环境技术股份有限公司 | 三等奖 |
| 黄石市环磁湖景观带夜景照明工程 | 武汉金东方智能景观股份有限公司 | 三等奖 |
| 盐城市区内环快速路（一环五射）沿线两侧夜景照明工程 | 盐城市城市管理局//上海复旦规划建筑设计研究院有限公司//东京光景照明设计有限会社//浙江华展工程研究设计院有限公司//上海现代建筑装饰环境设计研究院有限公司 | 三等奖 |
| 青岛市银川西路（市南区界内）夜景照明工程 | 山东清华康利城市照明研究设计院有限公司//　青岛市南投资有限公司 | 三等奖 |
| 吉安市吉水县城滨江片区夜景照明工程 | 深圳市凯铭电气照明有限公司 | 三等奖 |
| 青岛市城阳区二期（正阳中路沿线区域）夜景照明工程 | 无锡照明股份有限公司 | 三等奖 |
| 青岛市西海岸新区夜景照明工程 | 深圳市名家汇科技股份有限公司//北京清华同衡规划设计研究院有限公司 | 三等奖 |
| 汕尾市区品清湖环湖夜景照明工程 | 深圳市标美照明设计工程有限公司 | 三等奖 |

# 第十四届中照照明奖照明工程设计奖获奖名单（室外/单体）

| 申报项目 | 申报单位 | 等级 |
|---|---|---|
| 曲阜孔子国际文化交流中心一期夜景照明工程 | 山东清华康利城市照明研究设计院有限公司 | 一等奖 |
| 青岛市奥林匹克帆船中心及国家会议中心夜景照明工程 | 中国建筑设计研究院有限公司//清华大学建筑设计研究院有限公司//青岛旅游集团有限公司//惠州雷士光电科技有限公司//利亚德照明股份有限公司 | 一等奖 |
| 福建省漳州三馆（博物馆、艺术馆、规划展示馆）夜景照明工程 | 北京清控人居光电研究院有限公司//北京新时空科技股份有限公司//漳州市城市建设投资开发有限公司 | 一等奖 |
| 上海市红星美凯龙家居艺术设计博览中心夜景照明工程 | 上海艺嘉照明科技有限公司//上海光联照明有限公司 | 一等奖 |
| 国家会展中心（上海）夜景照明工程 | 华东建筑设计研究院有限公司//上海亚明照明有限公司 | 一等奖 |
| 仪征市综合体育馆夜景照明工程 | 浙江大学建筑设计研究院有限公司//上海新炬机电设备有限公司 | 一等奖 |
| 绍兴饭店夜景照明工程 | 浙江大学建筑设计研究院有限公司//杭州罗莱迪思照明系统有限公司//绍兴饭店 | 二等奖 |
| 桐乡市乌镇阿丽拉酒店夜景照明工程 | 上海碧甫照明工程设计有限公司 | 二等奖 |
| 北京市望京中航资本大厦夜景照明工程 | 中科院建筑设计研究院有限公司//豪尔赛科技集团股份有限公司 | 二等奖 |
| 杭州市千岛湖安麓酒店夜景照明工程 | 黎欧思照明（上海）有限公司 | 二等奖 |
| 深圳市平安金融中心夜景照明工程 | 北京良业环境技术股份有限公司 | 二等奖 |
| 南宁市园博园建筑夜景照明工程 | 浙江瑞林景观工程有限公司 | 二等奖 |
| 上海市兴业太古汇夜景照明工程 | 上海中天照明成套有限公司 | 二等奖 |
| 杭州市博地世纪中心夜景照明工程 | 浙江环艺电力照明工程技术有限公司 | 二等奖 |
| 深圳市金港商务大厦夜景照明工程 | 深圳市金照明科技股份有限公司 | 二等奖 |
| 西安市陕西历史博物馆夜景照明工程 | 北京清华同衡规划设计研究院有限公司//西安市雁塔区建设局//陕西恒星电气工程有限公司//杭州罗莱迪思照明系统有限公司 | 二等奖 |
| 江门市保利云上西棠夜景照明工程 | 儒视照明设计（上海）有限公司 | 二等奖 |
| 武汉市中铁桥梁科技大厦夜景照明工程 | 豪尔赛科技集团股份有限公司 | 二等奖 |
| 天津市国际金融中心夜景照明工程 | 上海碧甫照明工程设计有限公司 | 二等奖 |
| 上海市科技大学新校区景观塔夜景照明工程 | 华东建筑设计研究院有限公司 | 三等奖 |
| 天津市塘沽海洋高新区拓展区楼宇夜景照明工程 | 天津大学建筑设计研究院 | 三等奖 |
| 天津市乐宾百货夜景照明工程 | 天津津彩工程设计咨询有限公司 | 三等奖 |
| 常州市爱琴海购物公园奥特莱斯夜景照明工程 | 上海艺嘉照明科技有限公司//上海光联照明有限公司 | 三等奖 |
| 三亚市阳光金融广场夜景照明工程 | 上海碧甫照明工程设计有限公司 | 三等奖 |

（续）

| 申报项目 | 申报单位 | 等　级 |
|---|---|---|
| 西安市 SKP 商业综合体夜景照明工程 | 陕西大地重光照明科技有限公司 | 三等奖 |
| 连云港市新海新区新世界文化城文化活动中心夜景照明工程 | 江苏赛瑞科技有限公司 | 三等奖 |
| 北京市城奥大厦（OS-10B 地块办公商业楼）夜景照明工程 | 陕西中洋建设工程有限公司//光说故事（北京）文化创意有限公司//罗莱迪思照明技术（北京）有限公司//北京城奥置业有限公司 | 三等奖 |
| 泰州市高港区龙凤堂文体中心夜景照明工程 | 常州德荣光电科技有限公司 | 三等奖 |
| 深圳市海上世界文化艺术中心夜景照明工程 | 深圳市捷士达实业有限公司 | 三等奖 |
| 广州市侨鑫国际金融中心夜景照明工程 | 上海碧甫照明工程设计有限公司 | 三等奖 |
| 延安机场航站楼夜景照明工程 | 中国建筑西北设计研究院有限公司建筑装饰与环境艺术工程设计研究院光环境艺术研究中心 | 三等奖 |
| 南京南站夜景照明工程二期 | 南京路灯工程建设有限责任公司 | 三等奖 |
| 广州市周大福金融中心夜景照明工程 | 广东虹雨照明工程建设有限公司 | 三等奖 |

# 第十四届中照照明奖照明工程设计奖获奖名单（室外/街区）

| 申报项目 | 申报单位 | 等　级 |
|---|---|---|
| 上海市虹口区北外滩（一期）夜景照明工程 | 上海现代建筑装饰环境设计研究院有限公司//上海亚明照明有限公司//苏州亮尔照明科技有限公司 | 一等奖 |
| “美丽青岛行动”浮山湾核心区夜景照明工程 | 栋梁国际照明设计（北京）中心有限公司//豪尔赛科技集团股份有限公司//北京新时空科技股份有限公司//同方股份有限公司//深圳市千百辉照明工程有限公司//青岛市政空间开发集团有限责任公司//青岛市市政建设发展有限公司 | 一等奖 |
| 深圳市深南大道东段（上海宾馆—地王大厦）夜景照明工程 | 深圳市千百辉照明工程有限公司//中规院（北京）规划设计公司//栋梁国际照明设计（北京）中心有限公司//深圳市灯光环境管理中心//北京清美道合景观设计有限公司 | 一等奖 |
| 烟台市区夜景照明工程（一标段） | 烟台太明灯饰有限公司//栋梁国际照明设计（北京中心有限公司） | 一等奖 |
| 深圳市福田区（联动区域）夜景照明工程 | 深圳市凯铭电气照明有限公司//北京清华同衡规划设计研究院有限公司//中国城市规划设计研究院//深圳市福田区城市管理和综合执法局//深圳市灯光环境管理中心//深圳市爱克莱特科技股份有限公司//天健集团 | 一等奖 |
| 西安市创业咖啡街区夜景照明工程 | 杭州大胜照明工程有限公司//中机工程有限公司//杭州勇电照明有限公司//浙江永尚光电有限公司 | 一等奖 |
| 温州市瓯江两岸核心段夜景照明工程 | 北京清华同衡规划设计研究院有限公司//北京良业环境技术股份有限公司//深圳爱克莱特科技股份有限公司 | 一等奖 |

（续）

| 申报项目 | 申报单位 | 等级 |
|---|---|---|
| 上海市浦东黄浦江沿岸（一期）夜景照明工程 | 上海市浦东新区生态环境局//上海致力诚建设工程有限公司//上海建工一建集团有限公司//上海市政工程设计研究总院（集团）//上海罗曼照明科技股份有限公司 | 二等奖 |
| 绍兴市越城区镜湖梅山江（一期）夜景照明工程 | 浙江大学建筑设计研究院有限公司//浙江新欣景观建设工程有限公司 | 二等奖 |
| 云南芒市城区夜景照明工程 | 北京良业环境技术股份有限公司 | 二等奖 |
| 上海市浦东新区世纪大道夜景照明工程 | 上海罗曼照明科技股份有限公司 | 二等奖 |
| 青岛市崂山区海尔路等周边道路夜景照明工程 | 浙江城建规划设计院有限公司//浙江永麒照明工程有限公司//青岛市崂山区环卫园林总公司 | 二等奖 |
| 唐山市世园会核心区夜景照明工程 | 中国美术学院风景建筑设计研究总院有限公司//福建通联照明有限公司//唐山世园投资发展有限公司 | 二等奖 |
| 苏州市环古城河健身步道（三期）夜景照明工程 | 苏州市城市照明工程公司//无锡照明股份有限公司//悉地（苏州）勘察设计顾问有限公司 | 二等奖 |
| 九江市八里湖夜景照明工程 | 无锡照明股份有限公司//北京良业环境技术股份有限公司 | 二等奖 |
| 中国大运河常州城区段夜景照明工程 | 常州市城市照明工程有限公司//北京清控人居光电研究院有限公司 | 二等奖 |
| 重庆市万州区一江两岸夜景照明工程 | 中科院建筑设计研究院有限公司 | 二等奖 |
| 深圳市福田区市民中心及周边建筑夜景照明工程 | 深圳市达特照明股份有限公司//北京清华同衡规划设计研究院有限公司 | 二等奖 |
| 上饶市中心城区部分道路及一江两岸夜景照明工程 | 利亚德照明股份有限公司//北京清华同衡规划设计研究院有限公司 | 二等奖 |
| 西安市高新区迎宾道路夜景照明工程 | 广东中筑天佑美学灯光有限公司 | 二等奖 |
| 山东德州市太阳能小镇夜景照明工程（不含专家公寓及后勤楼） | 北京新时空科技股份有限公司//无锡照明股份有限公司 | 二等奖 |
| 淮北市相山区隋唐运河古镇·运河古镇一期夜景照明工程 | 安徽派蒙特环境艺术科技有限公司 | 三等奖 |
| 重庆市长嘉汇弹子石老街夜景照明工程 | 黎欧思照明（上海）有限公司//重庆凯圣广告有限责任公司 | 三等奖 |
| 深圳市深圳湾广场夜景照明工程 | 深圳市大晟环境艺术有限公司//利亚德照明股份有限公司//深圳市名家汇科技股份有限公司//中建照明有限公司 | 三等奖 |
| 杭州市萧山区新湾街道盛凌路、人民路、新宏路夜景照明工程 | 杭州博上盛鑫能源科技有限公司//浙江城建规划设计院有限公司 | 三等奖 |
| 靖州苗族侗族自治县飞山苗乡侗族旅游精品路线建设项目（一期）夜景照明工程 | 深圳市恒明星照明有限公司 | 三等奖 |
| 江西省横峰县中国工农红军学校-第五分校旧址夜景照明工程 | 广州市元色照明设计有限公司 | 三等奖 |
| 合肥市高新区蜀峰湾公园夜景照明工程 | 中铁合肥建筑市政工程设计研究院有限公司//安徽普照照明环境工程有限公司//合肥高新城创建设投资有限公司 | 三等奖 |
| 常德市桃花源景区秦谷夜景照明工程 | 江苏创一佳照明股份有限公司//深圳市世纪光华照明技术有限公司 | 三等奖 |
| 南京市外秦淮河夜景照明工程 | 南京路灯工程建设有限责任公司 | 三等奖 |

# 第十四届中照照明奖照明工程设计奖获奖名单（室内/体育场馆）

| 申报项目 | 申报单位 | 等级 |
| --- | --- | --- |
| 曲阜尼山圣境大学堂室内照明工程 | 上海艾特照明设计有限公司//上海中天照明成套有限公司//乐雷光电技术（上海）有限公司 | 一等奖 |
| 大连市金石滩鲁能希尔顿度假酒店室内照明工程 | 北京光湖普瑞照明设计有限公司 | 一等奖 |
| 菏泽市秦建置业展示中心室内照明工程 | 北京光湖普瑞照明设计有限公司 | 二等奖 |
| 北京市嘉德艺术中心室内照明工程 | 中辰远瞻（北京）照明设计有限公司//泰康健康产业投资控股有限公司 | 二等奖 |
| 辽宁省浑南体育训练基地体育馆（辽宁体育馆）室内照明工程 | 玛斯柯照明设备（上海）有限公司 | 二等奖 |
| 上海市虹桥艺术中心室内照明工程 | 上海企一灯光设计有限公司 | 二等奖 |
| 福州市古田会馆室内照明工程 | 福州福大节能科技有限公司 | 二等奖 |
| 北京市朗玛峰创投室内照明工程 | 中辰远瞻（北京）照明设计有限公司 | 二等奖 |
| 深圳市平安金融中心办公区室内照明工程 | 北京良业环境技术股份有限公司 | 三等奖 |
| 张家界市茅沿河景区九天洞室内照明工程 | 贵州佑昌专业照明设计工程有限公司//乐雷光电（中国）有限公司//上海领路人照明工程有限公司 | 三等奖 |
| 上海市古北 SOHO 室内照明工程 | 中科院建筑设计研究院有限公司 | 三等奖 |
| 贵阳市南湖子安苑室内照明工程 | 上海企一灯光设计有限公司 | 三等奖 |
| 西安市迈科集团总部办公室室内照明工程 | 上海碧品照明设计中心 | 三等奖 |
| 长沙市君悦酒店室内照明工程 | 上海碧甫照明工程设计有限公司 | 三等奖 |
| 上海市虹桥国际机场 T1 航站楼公共区域室内照明工程 | 善研光电科技（上海）有限公司//华东建筑设计研究院总院 | 三等奖 |
| 重庆市法国水师兵营遗产室内照明工程 | 上海碧甫照明工程设计有限公司 | 三等奖 |
| 深圳市南山博物馆展览陈列（数字博物馆）室内照明工程 | 深圳市光概念照明有限公司 | 三等奖 |

# 第十四届中照照明奖照明工程设计奖获奖名单（演出场所）

| 申报项目 | 申报单位 | 等级 |
| --- | --- | --- |
| 厦门星际酒吧舞台灯光吊挂工程 | 浙江大丰数艺科技有限公司//广州市珠江灯光科技有限公司 | 一等奖 |
| 归来·三峡大型实景旅游演出项目 | 北京星光影视设备科技股份有限公司 | 一等奖 |

（续）

| 申报项目 | 申报单位 | 等级 |
|---|---|---|
| 江汉朝宗演艺项目大型演艺船灯光系统 | 湖北光影空间系统工程有限公司//广州彩熠灯光股份有限公司 | 一等奖 |
| 江苏大剧院歌剧院灯光系统工程 | 浙江大丰实业股份有限公司 | 二等奖 |
| 常德电视台演播厅设备及配套用房提质改造 | 湖南明和科技工程发展有限公司 | 二等奖 |
| 广东广播电视台广电二期大楼全媒体新闻演播中心灯光系统 | 广东广播电视台、广州斯全德灯光有限公司 | 二等奖 |
| 上海世茂深坑酒店灯光项目 | 广州市浩洋电子股份有限公司 | 二等奖 |
| 天水广播电视台电视综艺演播厅扩建改造项目 | 天水广播电视台//广东华晨影视舞台专业工程有限公司 | 二等奖 |
| 世界首部高塔光影秀《巅峰震撼》 | 北京中视光影灯光设计有限公司//广州市欧玛灯光设备有限公司 | 三等奖 |
| 重庆国际马戏城舞台灯光设备采购及安装工程 | 湖南明和科技工程发展有限公司 | 三等奖 |
| 泰州盐税博物馆户外墙体3D裸眼投影灯光秀 | 浙江大丰实业股份有限公司 | 三等奖 |
| 承德《鼎盛王朝．康熙大典》 | 广州市珠江灯光科技有限公司 | 三等奖 |
| 250m$^2$ 全媒体高清直播演播室建设项目 | 贵州广播电视台 | 三等奖 |
| 国网湖北省电力有限公司电力科学研究院2018年第三批设备材料采购项目 | 湖北光影空间系统工程有限公司 | 三等奖 |

# 2016—2018年照明设计师名单

## 高级照明设计师名单

| 2016年 | | | | | | | | | | | |
|---|---|---|---|---|---|---|---|---|---|---|---|
| 曾　艳 | 常　乐 | 陈　朝 | 陈丽娟 | 陈连喜 | 陈宁达 | 陈　茜 | 程　一 | 仇多利 | 崔晓光 | 党春岳 | 肖万强 |
| 邓来凤 | 邓姗姗 | 邓云山 | 杜彬彬 | 杜学智 | 段玉良 | 方　方 | 方　勇 | 房　晶 | 高　枫 | 高　璐 | 耿　磊 |
| 顾小娟 | 顾　艳 | 郭　瑞 | 何淑芳 | 胡　波 | 胡　华 | 黄　岗 | 黄建平 | 黄　磊 | 黄思远 | 黄　旭 | 黄祖国 |
| 贾金玉 | 贾彦彬 | 贾玉秋 | 姜安东 | 姜丽娜 | 蒋钦莉 | 孔　铁 | 李灿波 | 李　刚 | 李　华 | 李进才 | 李丽娟 |
| 李伟利 | 李　颜 | 李艳维 | 梁　多 | 梁喜程 | 刘　博 | 刘　诚 | 刘剑英 | 刘丽民 | 刘笑达 | 马　驰 | 孟山山 |
| 潘　龙 | 彭光远 | 秦少雷 | 邱铄铃 | 任伟贡 | 邵丹华 | 邵维斌 | 沈梅荣 | 盛大兴 | 舒　彬 | 宋香中 | 眭加辉 |
| 孙志禹 | 覃　文 | 谭冬良 | 汤　建 | 唐　莉 | 汪　成 | 王德林 | 王　静 | 王　军 | 王　蕾 | 王庆明 | 王永成 |
| 王　昭 | 王正武 | 王志胜 | 韦绍博 | 魏　伟 | 文　章 | 吴鸿浩 | 吴　杰 | 吴生海 | 吴玉玺 | 吴赵平 | 吴宗萍 |
| 宿方波 | 徐　晶 | 徐震环 | 闫云磊 | 杨超艺 | 杨晶琎 | 杨　军 | 杨　敏 | 杨士保 | 杨　秀 | 杨一剑 | 姚振华 |
| 叶成敏 | 易铁铮 | 尤宏晔 | 于进寿 | 余小燕 | 岳锋召 | 张才金 | 张红云 | 张慧琳 | 张俊峰 | 张李成 | 张　丽 |
| 张　林 | 张清海 | 张少平 | 张曙光 | 张太宝 | 张孝忠 | 张　昕 | 张　勇 | 张在友 | 赵俊波 | 赵彦为 | 赵占河 |
| 甄密肖 | 郑志伟 | 周海霞 | 周　浩 | 朱理东 | 朱伟松 | 佐伯军 | | | | | |

（续）

| | | | | | | | | | | | |
|---|---|---|---|---|---|---|---|---|---|---|---|
| 2017 年 | | | | | | | | | | | |
| 白　桦 | 陈　斌 | 陈万为 | 陈玉梅 | 程　光 | 楚　钢 | 崔自创 | 戴晓春 | 单剑辉 | 邓国安 | 邓清云 | 邓小宇 |
| 丁建设 | 窦国荣 | 杜贝贝 | 段新林 | 冯方纵 | 冯嘉璐 | 冯　筝 | 高　枫 | 高　军 | 郭　洪 | 郭传勇 | 韩　硕 |
| 韩建强 | 郝燕萍 | 贺晓阳 | 贺勇强 | 胡庾煊 | 胡远华 | 黄　炜 | 贾志刚 | 蒋青颖 | 蒋王伟 | 金若斌 | 赖悦欣 |
| 李　银 | 李　媛 | 李红双 | 李明海 | 李永山 | 梁成茂 | 梁志锋 | 廖伟雄 | 林祥军 | 刘　诚 | 刘　勤 | 刘伯虎 |
| 刘建军 | 刘万华 | 刘小元 | 刘晓静 | 龙文锋 | 马　晔 | 马海燕 | 马俊杰 | 牛盛楠 | 潘建彬 | 彭辞香 | 钱小东 |
| 秦培斌 | 曲伟天 | 饶卫东 | 任喜福 | 沈　俊 | 沈云霞 | 施胜利 | 石汉学 | 宋　申 | 宋彦明 | 苏文婷 | 唐　明 |
| 唐秋宝 | 田　丰 | 童　峻 | 万林亮 | 王崇彩 | 王春芝 | 王东阳 | 王　恩 | 王立军 | 王　利 | 王　岳 | 王志军 |
| 危　俊 | 翁彬良 | 邬海燕 | 吴　磊 | 吴洪波 | 伍煜标 | 肖长辉 | 薛力生 | 薛小琳 | 闫宏伟 | 杨　晰 | 杨　铁 |
| 杨松柏 | 叶世琴 | 易清申 | 殷　鹏 | 尹　君 | 喻恒波 | 袁　斌 | 岳存泽 | 张　婧 | 张　丽 | 张　璐 | 张　燕 |
| 张切强 | 张瑞明 | 张曙光 | 张小俊 | 张勋勇 | 张长坤 | 章　徽 | 章明喜 | 赵　妍 | 赵广超 | 赵占河 | 周　蕾 |
| 周梁燕 | 周宇锋 | 朱　芳 | 朱伟凯 | 朱云鹏 | 左超强 | | | | | | |
| 2018 年 | | | | | | | | | | | |
| 鲍颖慧 | 蔡　琰 | 蔡启东 | 蔡义鑫 | 曹鹏程 | 曹钰涛 | 曹月群 | 曾　静 | 曾存良 | 陈　聪 | 陈鹤翔 | 陈连飞 |
| 陈少华 | 陈玮炜 | 陈新立 | 陈业军 | 陈育坤 | 程伊路 | 崔　波 | 戴赫男 | 戴军历 | 戴小娟 | 邓智敏 | 丁文俊 |
| 丁依蓉 | 董丛苇 | 杜　星 | 段三龙 | 范红艳 | 冯纪君 | 冯盛斌 | 傅创业 | 傅靓荷 | 甘今路 | 高　军 | 高　锐 |
| 高科宏 | 辜　红 | 谷艳明 | 郭　捷 | 郭平安 | 韩天飞 | 何　杰 | 何辉勇 | 黄　涛 | 黄新永 | 黄远辉 | 黄云峰 |
| 姜振鹏 | 金纹青 | 景向连 | 亢　飞 | 郎　凤 | 李　波 | 李　川 | 李　强 | 李　耀 | 李　勇 | 李洪丽 | 李慧芳 |
| 李文立 | 李星帅 | 李永文 | 梁国军 | 凌　琛 | 刘　兵 | 刘　海 | 刘　旭 | 刘　毅 | 刘姗娅 | 刘天应 | 刘映岩 |
| 刘远声 | 吕贵儒 | 马　腾 | 穆道中 | 欧阳锋 | 潘波丞 | 潘展昭 | 彭小东 | 皮朝辉 | 邱伟元 | 曲秋良 | 饶炼琴 |
| 戎海燕 | 桑健全 | 尚　勇 | 尚淑芹 | 石海啸 | 宋峦琦 | 粟世荣 | 孙　萍 | 孙亚娟 | 唐守林 | 陶　文 | 童　莉 |
| 万　虹 | 万　丽 | 万　霞 | 王　丹 | 王　东 | 王　聚 | 王　鹏 | 王　瑞 | 王　焱 | 王　洲 | 王春育 | 王敬义 |
| 王俊杰 | 王连山 | 王全权 | 王声亮 | 王树栋 | 王铁军 | 王文韬 | 王新巧 | 王宇宏 | 王志军 | 文　姣 | 肖淑玲 |
| 徐　辉 | 徐凯歌 | 徐玲芳 | 徐其华 | 徐志亮 | 许有志 | 严　冲 | 颜世华 | 杨　建 | 杨　建 | 杨　杰 | 杨　银 |
| 杨　勇 | 杨　跃 | 杨晓峰 | 杨治国 | 杨忠进 | 姚　斌 | 姚永胜 | 叶　青 | 叶东航 | 叶顺平 | 叶志瑶 | 殷晓曦 |
| 尹　念 | 尹子君 | 尤申友 | 俞荣华 | 袁伟铭 | 岳秋翔 | 詹先东 | 詹先锋 | 张　耿 | 张　贵 | 张　会 | 张　洁 |
| 张　静 | 张　静 | 张　可 | 张　振 | 张井卫 | 张连德 | 张庆强 | 张小慧 | 张小胜 | 张永锋 | 张占军 | 张哲纲 |
| 郑春玲 | 郑永义 | 钟玉明 | 周　亮 | 周　鹏 | 周建军 | 朱　峰 | 朱　炜 | 朱进国 | 朱静雅 | 朱松阳 | 朱万龙 |
| 朱　江 | 朱伟江 | 朱文强 | 朱文英 | 祝　兵 | 邹晓龙 | | | | | | |

## 中级照明设计师名单

| | | | | | | | | | | | |
|---|---|---|---|---|---|---|---|---|---|---|---|
| 2016 年 | | | | | | | | | | | |
| 白　斌 | 白艳茹 | 白　迎 | 柏春连 | 包路宁 | 鲍颖慧 | 毕华娟 | 蔡让越 | 曹二飞 | 曹甫升 | 曹　玲 | 曹旖旎 |
| 曹治平 | 曾黎军 | 陈　刚 | 陈建云 | 陈琪玲 | 陈　茜 | 陈维恒 | 陈卫兵 | 陈文相 | 池海娟 | 戴志松 | 邓　涌 |
| 邓志强 | 丁德标 | 丁　闽 | 董盛杰 | 杜常州 | 段　宏 | 范江炜 | 范　旭 | 封海啸 | 冯汉卿 | 高广斌 | 高　键 |
| 高　伟 | 耿圣鉴 | 顾　斌 | 郭　洪 | 郭尚一 | 郭万成 | 郭　赟 | 郝江龙 | 郝　田 | 何林南 | 何　乔 | 贺喜胜 |
| 胡　博 | 胡洪义 | 胡晓芳 | 胡志勇 | 华　炜 | 黄　健 | 黄江华 | 黄景联 | 黄思骐 | 黄醒图 | 霍　烨 | 揭　峰 |
| 隽永富 | 雷龙波 | 李从兵 | 李国华 | 李海龙 | 李花贵 | 李　江 | 李连启 | 李林惠 | 李　朋 | 李　平 | 李硕果 |
| 李　涛 | 李　薇 | 李亚宁 | 李　勇 | 李苑宁 | 梁　铭 | 梁馨翘 | 林柏楠 | 林界平 | 林　利 | 林明生 | 林沛祥 |
| 林琴珍 | 刘国祥 | 刘　俊 | 刘　琳 | 刘　学 | 刘再湘 | 刘紫进 | 鲁瑞武 | 罗　芳 | 罗小号 | 罗泽权 | 马成龙 |
| 马　锟 | 马　璐 | 马敏洁 | 马　斯 | 马欣欣 | 马雪峰 | 毛　丹 | 梅家明 | 孟德鑫 | 明中秋 | 牟斐斐 | 宁　云 |

（续）

| | | | | | | | | | | | |
|---|---|---|---|---|---|---|---|---|---|---|---|
| 2016 年 | | | | | | | | | | | |
| 欧阳晓军 | 欧阳志方 | 彭 景 | 邱立志 | 任 风 | 任伟贡 | 任喜福 | 石宝卫 | 石 磊 | 时铭涵 | 宋利丹 | 孙朝纲 |
| 孙 辉 | 孙 慧 | 孙江志 | 孙井飞 | 孙姗姗 | 孙伟兰 | 孙以红 | 谭玉林 | 陶智敏 | 童小青 | 万 俊 | 王爱军 |
| 王保龙 | 王朝群 | 王琮月 | 王 丹 | 王 根 | 王佳星 | 王 凯 | 王 亮 | 王 培 | 王 瑞 | 王声亮 | 王 骁 |
| 王有明 | 文路方 | 吴见駷 | 吴丽青 | 吴 南 | 吴 燕 | 喜 安 | 夏仕留 | 肖吉利 | 肖雨露 | 肖知明 | 谢 丹 |
| 谢 倩 | 谢胜春 | 谢艳梅 | 辛坤坤 | 邢尚红 | 熊高强 | 熊 虎 | 徐雪娜 | 徐延磊 | 徐正山 | 许 平 | 薛进奎 |
| 薛友成 | 杨 春 | 杨 帆 | 杨光圳 | 杨 姣 | 杨 杰 | 杨松柏 | 杨小刚 | 杨 旸 | 杨志营 | 尧鸿超 | 尧鹏飞 |
| 姚文兵 | 姚 欣 | 尹 娜 | 尹小艳 | 尤伯文 | 尤海栋 | 游清桂 | 於思蓓 | 余奥林 | 余瓖娫 | 余 英 | 俞 海 |
| 禹楚胜 | 袁晓化 | 臧 鹏 | 詹廷东 | 张 遒 | 张 彩 | 张 俊 | 张璐玮 | 张 倩 | 张思美 | 张晓芳 | 张雅婷 |
| 张益铭 | 张越超 | 赵恒达 | 赵 双 | 赵 桢 | 郑春玲 | 郑丽芳 | 郑 婷 | 郑先雪 | 周津羽 | 周 益 | 朱龙轩 |
| 朱仁强 | 祝德硕 | 庄 智 | | | | | | | | | |
| 2017 年 | | | | | | | | | | | |
| 王 珏 | 刘 安 | 刘春生 | 孙琦雅 | 李曼曼 | 余 英 | 陈奇波 | 胡世鸽 | 袁大双 | 唐献甫 | 谌孜妍 | 彭红卫 |
| 覃 兵 | 鲁积军 | 谭 敏 | 文 杨 | 白欣欣 | 朱子岸 | 朱文安 | 朱正练 | 向 荣 | 刘敏健 | 苏泽峰 | 李兴东 |
| 肖鹏举 | 吴 赟 | 余志江 | 张守飞 | 张春华 | 陈吉祯 | 陈 宇 | 林春喜 | 林炳渠 | 明玉生 | 徐晓东 | 裴 林 |
| 熊 力 | 潘淑军 | 瞿晓冬 | 邓 飞 | 石 军 | 邬海燕 | 吴茂元 | 吴景民 | 何延森 | 何 迪 | 何 鹏 | 辛 辉 |
| 张勋龙 | 陈振文 | 青小波 | 郑翔炜 | 胡哲延 | 夏宗勤 | 钱小东 | 席 丽 | 黄 莉 | 彭香花 | 董发群 | 黄小川 |
| 李怀林 | 黄立志 | 莫世富 | 邓明才 | 廖桂龙 | 李振龙 | 蓝启贵 | 李春源 | 覃子钊 | 陈祖云 | 何柳涛 | 蒋湘斌 |
| 麦永斌 | 王甘兴 | 黄 彬 | 韦 杰 | 黄 蓉 | 吕 婧 | 顾礼民 | 陆思敏 | 刘玉鑫 | 曾凡宇 | 赖彬源 | 田茂媚 |
| 谢志清 | 李 冲 | 梁 宇 | 马海锋 | 王 彬 | 邓青霞 | 史玉旭 | 付 宇 | 付海岚 | 冯谷萌 | 刘 羽 | 刘斐斐 |
| 李 杨 | 杨 渊 | 吴 薇 | 张志馨 | 张朝显 | 张瑞明 | 赵 闯 | 胡兴隆 | 秦 腾 | 袁珂浩 | 郭海洋 | 崔亚如 |
| 楚星星 | 赖清锋 | 王 斌 | 王凤君 | 史华光 | 刘 芸 | 刘川琪 | 刘林峰 | 米俊卓 | 苏 琴 | 苏德明 | 李志雄 |
| 杨 妹 | 杨博超 | 吴志刚 | 何平英 | 何赛男 | 余 娜 | 张二平 | 陈 德 | 欧阳锋 | 周 静 | 胡玲玉 | 俞国兵 |
| 唐 俊 | 唐 鑫 | 陶 林 | 黄艳芝 | 崔茂振 | 彭文科 | 曾 蔚 | 瞿西水 | 于祥明 | 付 饶 | 朱丽施 | 朱硕夫 |
| 刘志新 | 刘志磊 | 刘俊嵩 | 刘 勇 | 刘 颖 | 纪同宪 | 李双喜 | 李 霖 | 杨 斌 | 杨 熹 | 邹锡文 | 宋春东 |
| 张 贵 | 张清江 | 张雁滨 | 周 岩 | 郑玉城 | 郎国良 | 赵 旭 | 赵志男 | 赵恩礼 | 姜大鹏 | 索庆雨 | 黄耀伟 |
| 常 亮 | 王志强 | 刘会银 | 江 浩 | 祁世会 | 杨 静 | 张 湘 | 陈 舒 | 孟德聪 | 桑建军 | 梁鸿就 | 董潇亚 |
| 舒晓静 | 魏正平 | 袁 月 | 徐 强 | 焦 阳 | 丁士勇 | 刘 东 | 吴 磊 | 詹大鹏 | 刘 诚 | 郝燕萍 | 刘希伟 |
| 叶 筠 | 于国帅 | 孙 宁 | 刘晓芹 | 张 聪 | 陆 晨 | 浦佳骏 | 吴 芳 | 杨 霖 | | | |
| 2018 年 | | | | | | | | | | | |
| 陈进福 | 漆 鑫 | 安焕芝 | 白魏魏 | 包志浩 | 蔡 迪 | 蔡年章 | 蔡启东 | 蔡圣坤 | 蔡晓曦 | 蔡仲明 | 曹 政 |
| 曹根翔 | 曹继军 | 曹琴琴 | 曹沁云 | 曹文超 | 曹艳华 | 曹月勤 | 曹智慧 | 曾 萍 | 曾纯恩 | 曾建敏 | 曾申霞 |
| 曾跃华 | 柴林波 | 车德清 | 车媛媛 | 陈 彬 | 陈 红 | 陈 剑 | 陈 锴 | 陈 鹏 | 陈 强 | 陈 群 | 陈 舒 |
| 陈 伟 | 陈 欣 | 陈 英 | 陈爱荣 | 陈昌焚 | 陈超权 | 陈华巧 | 陈会伟 | 陈景涛 | 陈景召 | 陈俊元 | 陈眉华 |
| 陈奇彪 | 陈 琼 | 陈秋澄 | 陈若愚 | 陈思蒙 | 陈思州 | 陈廷儒 | 陈巍巍 | 陈祥华 | 陈晓峰 | 陈姚龙 | 陈以德 |
| 陈以铁 | 陈迎迎 | 陈永斌 | 陈永华 | 陈永军 | 陈宇昊 | 陈贞飞 | 陈志刚 | 陈宗能 | 程 潇 | 程丽丽 | 仇浪友 |
| 仇于勇 | 崔 波 | 代诚章 | 党 博 | 邓行平 | 邓慧武 | 邓林芳 | 邓松林 | 邓晓宇 | 邓轩逊 | 丁 超 | 丁 浩 |
| 丁智强 | 丁祝元 | 董 强 | 董建宇 | 窦鹏飞 | 杜林林 | 杜文磊 | 端木慧泉 | 段远刚 | 樊宝宝 | 范远麒 | 方 芳 |
| 方宝珠 | 冯 健 | 冯 桐 | 冯国忠 | 冯立铎 | 冯晓慧 | 冯孝勇 | 冯亚鹏 | 冯自明 | 凤保国 | 付益国 | 傅光华 |
| 傅俊晓 | 傅夏姣 | 高 上 | 高 翔 | 高 昕 | 高德平 | 高家志 | 高笠源 | 高逸昕 | 葛海容 | 耿志鹏 | 龚婷婷 |
| 龚泽兴 | 顾 琳 | 郭春明 | 郭怀增 | 郭金山 | 郭祥见 | 郭新阳 | 郭亚青 | 郭月华 | 韩 哲 | 韩晓雅 | 韩银海 |
| 郝秀芳 | 何 红 | 何 鹏 | 何广飞 | 何和山 | 何礼堂 | 何乃清 | 何清艳 | 何姝平 | 何跃东 | 何志强 | 贺乃丹 |

（续）

| 2018 年 | | | | | | | | | | | |
|---|---|---|---|---|---|---|---|---|---|---|---|
| 贺圣华 | 洪其瀚 | 洪婷婷 | 洪细旋 | 侯耀华 | 侯智强 | 候若冰 | 胡　勇 | 胡二芳 | 华海峰 | 黄　超 | 黄　河 |
| 黄　健 | 黄　伟 | 黄　颖 | 黄爱国 | 黄朝阳 | 黄殿予 | 黄冬丹 | 黄飞兰 | 黄海平 | 黄立勇 | 黄树益 | 黄雪松 |
| 黄尧卿 | 季明星 | 姜　莉 | 姜　雄 | 姜彦冰 | 姜正军 | 蒋天容 | 焦军飞 | 金海光 | 金尚俊 | 康珍珍 | 柯斌捷 |
| 孔德敏 | 雷　波 | 雷少锋 | 雷耀忠 | 黎志强 | 李　兵 | 李　丹 | 李　浩 | 李　换 | 李　解 | 李　婧 | 李　静 |
| 李　丽 | 李　苗 | 李　铭 | 李　琴 | 李　新 | 李　旭 | 李　阳 | 李　翊 | 李　勇 | 李超峰 | 李传芳 | 李传辉 |
| 李传奇 | 李东旭 | 李谷仨 | 李贵明 | 李環宇 | 李金福 | 李君华 | 李庆环 | 李卫佺 | 李吴皓 | 李小楠 | 李宜明 |
| 李轶群 | 李袁雄 | 李月宏 | 李占娄 | 李兆飞 | 李致伟 | 梁　芬 | 廖　洮 | 廖春辉 | 林　逸 | 林青云 | 林志杰 |
| 刘　超 | 刘　凡 | 刘　娟 | 刘　凯 | 刘　莉 | 刘　泉 | 刘　涛 | 刘　宇 | 刘伯龙 | 刘博文 | 刘德均 | 刘德强 |
| 刘国栋 | 刘宏伟 | 刘洪洋 | 刘吉义 | 刘建华 | 刘钱龙 | 刘少锋 | 刘世海 | 刘松生 | 刘文锋 | 刘稳稳 | 刘新新 |
| 刘雪平 | 刘燕辉 | 刘一蕾 | 刘贻汪 | 刘毅飞 | 刘应龙 | 刘宇希 | 刘志强 | 柳　洁 | 柳子文 | 龙康琴 | 楼朝杰 |
| 楼露萍 | 卢　灿 | 芦文虎 | 鲁　俊 | 鲁令梅 | 陆　宇 | 陆永华 | 罗　顺 | 罗伟锋 | 罗晓波 | 骆　红 | 骆远强 |
| 吕　希 | 吕桂都 | 吕金秀 | 麻宇力 | 马　靖 | 马　骏 | 马　力 | 马　明 | 马　月 | 马　玥 | 马东辉 | 马玉杰 |
| 毛大林 | 毛家良 | 梅　捷 | 梅　茂 | 孟　洋 | 孟令川 | 缪军益 | 倪文博 | 年立志 | 聂　磊 | 聂　玮 | 聂崇帆 |
| 聂其鹏 | 牛建涛 | 潘　宇 | 潘冬冬 | 潘天俊 | 彭　辉 | 彭兵特 | 彭苑文 | 齐长胜 | 秦　章 | 秦德顺 | 秦冬冬 |
| 屈栋玉 | 饶丽霞 | 任乐平 | 任艳梅 | 邵　凯 | 邵子敏 | 沈　菲 | 沈　洋 | 沈雪妍 | 盛　鸣 | 盛亚兰 | 施丽华 |
| 石　锋 | 史华光 | 史天鹏 | 史永立 | 舒　军 | 宋国斌 | 宋林成 | 苏勇魁 | 隋永扬 | 孙　峰 | 孙　慧 | 孙　逊 |
| 孙林根 | 孙祥双 | 孙银娟 | 谈小塘 | 谭　政 | 汤　丽 | 汤琴琴 | 唐　坚 | 唐小琳 | 唐小明 | 唐正雄 | 唐志杰 |
| 田雪维 | 田院平 | 佟祁轩 | 万　霞 | 万海斌 | 万越祥 | 汪连舟 | 汪晓波 | 汪正州 | 王　成 | 王　聪 | 王　刚 |
| 王　刚 | 王　刚 | 王　辉 | 王　会 | 王　剑 | 王　蕾 | 王　萌 | 王　伟 | 王　翔 | 王　艳 | 王　震 | 王佰强 |
| 王柏林 | 王常岭 | 王晨曦 | 王创权 | 王二菊 | 王复刚 | 王海龙 | 王晗博 | 王佳杰 | 王建新 | 王利峰 | 王利明 |
| 王玲玲 | 王凌冠 | 王留萍 | 王培培 | 王秋香 | 王胜利 | 王世海 | 王树兵 | 王水拨 | 王松柏 | 王文科 | 王文涛 |
| 王宪明 | 王笑天 | 王心楠 | 王亚昕 | 王岩松 | 王燕平 | 王毅波 | 王永昌 | 王悦民 | 王振中 | 王治达 | 韦冬妹 |
| 魏　燕 | 温华卿 | 吴　丹 | 吴　军 | 吴　丽 | 吴　倩 | 吴　琼 | 吴　雁 | 吴保骏 | 吴晨艳 | 吴妃四 | 吴芙丹 |
| 吴海明 | 吴华秉 | 吴建群 | 吴强强 | 吴珊珊 | 吴巍巍 | 吴伟伟 | 吴晓宇 | 吴永飞 | 伍　勇 | 伍科先 | 武铭蕊 |
| 夏　磊 | 向　磊 | 向雪松 | 项莹莹 | 肖秀清 | 肖云俊 | 谢久亮 | 谢丽清 | 谢俐俐 | 谢蕊蕊 | 谢晓勇 | 谢永坚 |
| 熊　晶 | 熊　忠 | 熊德生 | 熊章杰 | 熊珠清 | 徐　杰 | 徐　威 | 徐　莹 | 徐华斌 | 徐佳鸯 | 徐捧月 | 徐素云 |
| 徐霞青 | 徐小丁 | 徐珍君 | 徐志亮 | 许　丽 | 许亚雷 | 薛　宇 | 闫　冬 | 严海军 | 严九龙 | 严志立 | 颜育高 |
| 阳红杰 | 杨　涛 | 杨　建 | 杨　杰 | 杨　莉 | 杨　棚 | 杨　阳 | 杨　宇 | 杨　哲 | 杨大勇 | 杨华超 | 杨淮玲 |
| 杨杰孺 | 杨秋灵 | 杨世阳 | 杨志猛 | 杨仲达 | 杨子贤 | 尧　乐 | 姚　刚 | 姚　佳 | 姚德松 | 姚小波 | 叶　芳 |
| 叶成曼 | 叶连讯 | 叶玮樑 | 易　敏 | 应　飞 | 尤传烨 | 尤荣强 | 于　姣 | 于标兴 | 于双双 | 于志安 | 余润环 |
| 俞　谊 | 喻苗英 | 袁阳虎 | 岳姗姗 | 宰海明 | 翟玉明 | 詹先梅 | 张　程 | 张　栋 | 张　慧 | 张　健 | 张　磊 |
| 张　良 | 张　乔 | 张　涛 | 张　滔 | 张　钊 | 张　哲 | 张海伟 | 张和平 | 张建华 | 张津潭 | 张静妹 | 张克福 |
| 张丽敏 | 张苗苗 | 张少晖 | 张守平 | 张天玲 | 张文斌 | 张晓霞 | 张雅澜 | 张宇梁 | 张元明 | 章军明 | 赵海丰 |
| 赵敏芳 | 赵瑞铎 | 赵柱春 | 郑　芬 | 郑　捷 | 郑　军 | 郑　敏 | 郑　毅 | 郑莉莉 | 郑卫开 | 郑肖丽 | 钟　英 |
| 钟荣毅 | 钟土基 | 钟伟兰 | 钟永科 | 周　杰 | 周　靓 | 周　强 | 周　雁 | 周丹阳 | 周发辉 | 周军艳 | 周童童 |
| 周智林 | 朱　杰 | 朱　伟 | 朱碧琳 | 朱春飞 | 朱海宝 | 朱景根 | 朱书成 | 朱文峰 | 朱文亮 | 朱锡勇 | 朱小兵 |
| 朱燕南 | 朱　云 | 祝长玲 | 宗路光 | 邹　辉 | | | | | | | |

## 助理照明设计师名单

| | | | | | | | | | | | |
|---|---|---|---|---|---|---|---|---|---|---|---|
| 2016 年 | | | | | | | | | | | |
| 刘 卓 | 龙 飞 | 龙 健 | 卢 顺 | 卢星宇 | 鲁 俊 | 陆 飞 | 陆 雷 | 陆 卫 | 陆泳桦 | 鹿凤仙 | 罗 浩 |
| 罗志军 | 罗紫薇 | 骆志刚 | 吕鸿亮 | 吕建平 | 吕金秀 | 吕 婧 | 马金华 | 马 滔 | 马天顺 | 马雪峰 | 毛大林 |
| 毛 迪 | 莫德芳 | 莫逸梦 | 聂 玮 | 宁书霞 | 农谭军 | 潘冬冬 | 庞文娟 | 彭严敏 | 秦克辉 | 邱恩辉 | 区淑平 |
| 任 伟 | 商 彪 | 沈 菲 | 施林江 | 石鎧銘 | 石 永 | 时水保 | 史本辉 | 舒国强 | 宋瑛泽 | 宋子菡 | 苏德明 |
| 孙 慧 | 孙尚鹏 | 孙惟洁 | 孙再往 | 谭 勉 | 汤嘉华 | 唐金海 | 唐永纲 | 陶淑霞 | 田 柱 | 万 全 | 王佰强 |
| 王佳杰 | 王建新 | 王 健 | 王立豪 | 王廉贺 | 王淑君 | 王 肃 | 王兴强 | 王永昌 | 王悦民 | 王泽民 | 魏鸿超 |
| 魏增武 | 温静媚 | 吴 超 | 吴 果 | 吴 昊 | 吴家麒 | 吴绵杰 | 吴少蕾 | 吴世冬 | 吴湘锜 | 吴永洋 | 吴柱坤 |
| 武雁翔 | 夏昌毅 | 夏瑞杰 | 夏世辉 | 夏泽源 | 向 坤 | 谢更生 | 谢衍刚 | 辛 辉 | 徐胡建 | 徐素娟 | 徐素云 |
| 徐文会 | 徐霞青 | 许大胜 | 薛永强 | 闫怀振 | 严亚文 | 颜志明 | 杨 波 | 杨 波 | 杨 丹 | 杨 力 | 杨 露 |
| 杨 孟 | 杨启帆 | 杨显忠 | 杨 阳 | 杨志刚 | 杨子萱 | 叶成曼 | 叶连君 | 叶连讯 | 叶协超 | 易诗灵 | 易伟樵 |
| 殷 洁 | 尹陈铧 | 尤晓霞 | 于丹丹 | 余本贵 | 余 洁 | 余帅帅 | 余晓欣 | 袁新栋 | 臧令伟 | 张爱庆 | 张 彪 |
| 张 超 | 张德伦 | 张 骥 | 张建华 | 张津维 | 张亮帅 | 张林枫 | 张 琳 | 张 娜 | 张 楠 | 张 鹏 | 张 强 |
| 张三永 | 张 涛 | 张 涛 | 张文生 | 张永森 | 张云云 | 张志超 | 赵阿静 | 赵 静 | 赵 俊 | 赵力平 | 赵丽丽 |
| 赵 倩 | 赵曙辉 | 赵 云 | 赵云峰 | 郑巨鸿 | 钟明珠 | 钟泽原 | 周翠云 | 周辉海 | 周纪军 | 周良敏 | 周炜卿 |
| 周喜彦 | 周毅波 | 周子贤 | 朱俊强 | 朱立东 | 朱 敏 | 朱文亮 | 朱筱婷 | 朱 毅 | 诸葛蓓蕾 | 庄文乐 | |
| 2017 年 | | | | | | | | | | | |
| 安 杰 | 白 健 | 包玲玲 | 包宗燕 | 毕文英 | 蔡苗苗 | 蔡树益 | 操 箐 | 曾锡隆 | 曾正余 | 陈 慧 | 陈 杰 |
| 陈 磊 | 陈 涛 | 陈 秀 | 陈 艳 | 陈 寅 | 陈春林 | 陈和平 | 陈起梁 | 陈斯明 | 陈晓权 | 陈砚秋 | 陈艳洪 |
| 程斌祥 | 程传超 | 邓丽娟 | 邓奕剑 | 丁林龙 | 丁云峰 | 窦艳涛 | 杜芳菲 | 冯超冕 | 冯晶晶 | 付运建 | 高 蒙 |
| 高王贝克 | 高智泉 | 苟文龙 | 顾婷婷 | 郭 灿 | 郭转君 | 韩 波 | 韩 伟 | 黄杰斌 | 黄今铄 | 黄庆宝 | 回显富 |
| 季如波 | 江子龙 | 景艳红 | 康世平 | 柯 钊 | 赖书江 | 兰 婷 | 雷 艳 | 李 俊 | 李 磊 | 李 琴 | 李 松 |
| 李 杨 | 李 永 | 李白叶 | 李红霞 | 李建洋 | 李桐桐 | 李祎凡 | 廖小芳 | 林焕喜 | 林丽萍 | 林利红 | 林明维 |
| 林小龙 | 林志豪 | 凌良飞 | 刘 辰 | 刘 虹 | 刘 鹏 | 刘 鹊 | 刘 涛 | 刘 训 | 刘 勇 | 刘爱武 | 刘德华 |
| 刘海林 | 刘海梅 | 刘力炜 | 刘利民 | 刘屈泽 | 刘文博 | 刘潇洋 | 刘轩玮 | 卢献棒 | 卢小林 | 陆小飞 | 罗 翔 |
| 罗圣兵 | 骆学兵 | 吕静洁 | 吕庆武 | 马俊杰 | 马开阳 | 马美雄 | 马小琴 | 毛 卓 | 毛云国 | 闵建强 | 牛有青 |
| 农林威 | 潘 艳 | 潘武鑫 | 彭 芳 | 彭 露 | 彭国良 | 彭窈嘉 | 彭院辉 | 彭珍华 | 钱家豪 | 钱小刚 | 乔 萍 |
| 邱玲玲 | 任天宝 | 阮鑫婷 | 上官玲琪 | 沈敏芸 | 沈琪琪 | 沈志强 | 宋 艳 | 宋 燕 | 宋军才 | 宋志朋 | 汤辰阳 |
| 陶雅芳 | 田应坚 | 童华华 | 汪续宗 | 王 刚 | 王 帅 | 王 艳 | 王 宇 | 王翠玲 | 王海桥 | 王红娟 | 王红霞 |
| 王建华 | 王金辉 | 王鹏辉 | 王为国 | 王温雨 | 王文博 | 王晓龙 | 王亚云 | 王懿衡 | 文 鸽 | 吴神繁 | 吴燕峰 |
| 吴杨风 | 夏 艳 | 夏林钰 | 夏小薇 | 徐 明 | 徐华斌 | 徐楠坤 | 徐瑞琴 | 徐英杰 | 薛 超 | 薛 云 | 薛立秦 |
| 杨 亮 | 杨 武 | 杨 旭 | 杨 云 | 杨妮娜 | 姚 祥 | 姚光升 | 叶圣渊 | 尹 程 | 尹鹏博 | 尹世阳 | 尤奥特 |
| 于胜团 | 余 洁 | 郁璐璐 | 袁 飞 | 詹德琴 | 张 红 | 张 榕 | 张 颖 | 张铤根 | 张海洋 | 张建文 | 张静静 |
| 张 毅 | 张清超 | 张晓玲 | 张叶奇 | 张治宏 | 赵 盼 | 赵秀新 | 赵旭东 | 郑 芬 | 郑爱庭 | 郑书雄 | 郑祥冬 |
| 周 超 | 周菲菲 | 周祥祥 | 周晓斌 | 周晓蓉 | 朱 霞 | 朱兰英 | 朱丽玲 | 朱小华 | 朱彦娜 | 朱珠兴 | 朱追端 |
| 邹海华 | | | | | | | | | | | |
| 2018 年 | | | | | | | | | | | |
| 艾俊青 | 鲍家玉 | 卜瑞甫 | 蔡桂华 | 蔡清江 | 曹 慧 | 曹 帅 | 曹达俊 | 曹小翠 | 曾惠东 | 曾建勇 | 曾英芝 |
| 曾泽聪 | 曾昭斌 | 查兰顺 | 查振金 | 常德山 | 陈 晨 | 陈 慧 | 陈 俊 | 陈 谋 | 陈 鹏 | 陈 琴 | 陈 彤 |
| 陈兵文 | 陈丁一 | 陈浩天 | 陈洪升 | 陈鸿涛 | 陈 煌 | 陈惠君 | 陈 慧 | 陈佳彬 | 陈家辉 | 陈健铭 | 陈昆良 |
| 陈莉莉 | 陈龙政 | 陈明芳 | 陈慕燕 | 陈善清 | 陈生燕 | 陈仕富 | 陈思秀 | 陈天佑 | 陈天珍 | 陈维凯 | 陈文茹 |

（续）

| 2018 年 | | | | | | | | | | | |
|---|---|---|---|---|---|---|---|---|---|---|---|
| 陈晓萍 | 陈晓燕 | 陈雄伟 | 陈雪申 | 陈雅静 | 陈艺元 | 陈奕隆 | 陈银华 | 陈勇胜 | 陈玉平 | 陈元谈 | 陈泽宇 |
| 陈招瑾 | 陈兆武 | 陈智立 | 陈智兴 | 程　磊 | 程斯林 | 程一翔 | 崔　华 | 戴佳琪 | 戴金笑 | 单　刚 | 单炜佳 |
| 但柏均 | 邓光凡 | 邓红艳 | 邓朋飞 | 邓启华 | 邓艳军 | 丁宇骁 | 董翠翠 | 董翠玲 | 董小兰 | 董晓渝 | 杜　龙 |
| EweYuanQi | 杜兴卫 | 段若帆 | 段泽洲 | 段宗梅 | 樊　伟 | 樊四平 | 范永生 | 方　晴 | 方楚林 | 方少斯 | 房　晨 |
| 冯　滨 | 冯　鑫 | 冯　雪 | 冯丽利 | 冯勇伟 | 冯之彧 | 傅山海 | 甘小明 | 高朋辉 | 郜龙妹 | 葛兰玉 | 葛小虎 |
| 龚　瑾 | 龚　秋 | 龚　巍 | 顾　莹 | 关锦娜 | 关紫昕 | 管郁木 | 郭　扬 | 郭恒金 | 郭俊杰 | 郭亮亮 | 郭潇敏 |
| 郭筱媛 | 郭选民 | 韩　川 | 韩　江 | 韩桂琴 | 韩娇娇 | 韩亮亮 | 韩小兰 | 韩阳超 | 何汗钦 | 何继新 | 何庆林 |
| 何瑞旺 | 何倚昊 | 何宇浩 | 贺先玲 | 胡宏泽 | 胡年平 | 胡鹏程 | 胡艳秋 | 黄　磊 | 黄　鹂 | 黄　婷 | 黄　霞 |
| 黄椿标 | 黄丹丹 | 黄丹红 | 黄德钦 | 黄洪春 | 黄嘉盛 | 黄进飞 | 黄劲飞 | 黄莲华 | 黄龙财 | 黄龙辉 | 黄沛瑶 |
| 黄乔丹 | 黄如婕 | 黄森波 | 黄上总 | 黄顺达 | 黄晚灵 | 黄伟华 | 黄熙祺 | 黄小红 | 黄晓婷 | 黄怡静 | 黄毅斌 |
| 黄云峰 | 黄振宇 | 纪景宗 | 贾莹莹 | 蒯　云 | 江　淹 | 江绪吉 | 江育全 | 姜　蒙 | 姜　威 | 姜　样 | 姜月娥 |
| 蒋　玲 | 金海光 | 金华节 | 金泽波 | 康麒应 | 柯全全 | 孔　帅 | 孔德宇 | 孔广路 | 雷志纲 | 李　聪 | 李　洪 |
| 李　化 | 李　健 | 李　杰 | 李　敏 | 李　鹏 | 李　威 | 李　伟 | 李　艳 | 李　燕 | 李　阳 | 李爱努 | 李传富 |
| 李春利 | 李芬琴 | 李刚瑞 | 李汉米 | 李河生 | 李建波 | 李克元 | 李坤红 | 李丽霞 | 李利双 | 李良磊 | 李孟蕾 |
| 李奇龙 | 李琴棋 | 李盛明 | 李素平 | 李艳林 | 李燕东 | 李谊萍 | 李玉霞 | 李毓菲 | 李智宏 | 历新宁 | 利景彬 |
| 梁　辰 | 梁　萍 | 梁萍 | 梁定河 | 梁友带 | 廖江陵 | 廖钜添 | 林　虹 | 林　利 | 林　睿 | 林承昌 | 林佳颖 |
| 林俊斌 | 林佩宁 | 林荣川 | 林少玲 | 林盛芳 | 林士几 | 林思雨 | 林肃爽 | 林晓乐 | 林晓娜 | 林燕燕 | 林叶烯 |
| 林有文 | 林宇潇 | 林雨欣 | 林跃中 | 林昀 | 林韵诗 | 林震祥 | 刘　荟 | 刘　攀 | 刘　威 | 刘　益 | 刘博楠 |
| 刘春慧 | 刘国超 | 刘国超 | 刘国龙 | 刘焕庆 | 刘继刚 | 刘江华 | 刘梦雪 | 刘明康 | 刘娜娜 | 刘鹏飞 | 刘润生 |
| 刘思含 | 刘思雨 | 刘卫国 | 刘旭升 | 刘宣彤 | 刘亚超 | 刘艳西 | 刘杨杨 | 刘宇航 | 刘玉莲 | 刘志华 | 龙　忆 |
| 龙湖玮 | 卢海生 | 卢火友 | 陆建栎 | 陆祥宇 | 陆亚鹏 | 罗安生 | 罗华露 | 罗威威 | 罗小连 | 罗志文 | 骆红林 |
| 马　洁 | 马　捷 | 马军强 | 马数妹 | 苗莉薇 | 闵园园 | 缪文民 | 牟仕群 | 倪华勇 | 倪如威 | 钮桂林 | 欧立敏 |
| 潘海浪 | 潘莉莉 | 潘　璐 | 潘秀玲 | 潘怡雨 | 彭　程 | 彭子刚 | 蒲志辉 | 戚智浩 | 祁晓力 | 钱　磊 | 钱晓波 |
| 强　斌 | 秦　弈 | 秦　毅 | 秦霭君 | 秦广艳 | 冉光飞 | 任　芳 | 任　凤 | 任　杰 | 任　昕 | 任素丽 | 任新望 |
| 任亚莉 | 荣艳龙 | 茹凯丰 | 邵柏源 | 邵建光 | 沈　峰 | 沈　彦 | 沈冬萍 | 沈瀚杰 | 沈华珍 | 盛江波 | 施敏娟 |
| 舒正林 | 宋佳容 | 宋建军 | 宋军兰 | 宋倩倩 | 苏培元 | 苏倩 | 苏彦彦 | 孙　康 | 孙保平 | 孙常斌 | 孙成成 |
| 孙佳晨 | 孙瑞雪 | 孙晓楠 | 谭　衡 | 谭丕驹 | 谭启秀 | 谭善强 | 谭正谷 | 唐建桦 | 唐言琼 | 陶传军 | 陶小健 |
| 田　新 | 田宏文 | 仝　磊 | 童衬衬 | 童世煌 | 脱　凡 | 万成伟 | 万耀辉 | 汪逸飞 | 汪运才 | 汪重霄 | 汪自豪 |
| 王　博 | 王　飞 | 王　皓 | 王　建 | 王　然 | 王　珊 | 王　威 | 王　欣 | 王　雪 | 王　影 | 王　勇 | 王　柱 |
| 王陈龙 | 王聪章 | 王大风 | 王东明 | 王风妹 | 王华玲 | 王津波 | 王婧宜 | 王珺瑶 | 王楷先 | 王朋亮 | 王　鹏 |
| 王巧巧 | 王树奎 | 王文彪 | 王晓翠 | 王晓佳 | 王心怡 | 王秀合 | 王旭红 | 王亚冬 | 王玉萍 | 王裕廉 | 王元庆 |
| 王志英 | 王忠和 | 王孜瑜 | 韦大敏 | 韦盛耀 | 魏白梅 | 魏冰清 | 魏杰初 | 魏开燕 | 魏雨佳 | 温存朋 | 温文宇 |
| 温宇锋 | 温宇玲 | 翁弘鑫 | 翁建波 | 翁鸣潇 | 翁振说 | 吴　悦 | 吴国军 | 吴国义 | 吴皓玉 | 吴季贤 | 吴姝睿 |
| 吴思倩 | 吴天杰 | 吴银国 | 吴友志 | 吴玉萍 | 吴志强 | 吴志勇 | 吴子杰 | 午虹霞 | 武雪梅 | 夏　天 | 夏昌雷 |
| 肖树燕 | 夏非非 | 夏雍弼 | 夏梓诚 | 肖春发 | 肖诗雨 | 肖雯洁 | 谢　君 | 谢静雅 | 辛　凯 | 邢　涛 | 邢珊珊 |
| 熊东鹏 | 熊加学 | 熊一平 | 熊膺华 | 熊云辉 | 徐　庆 | 徐　硕 | 徐　岩 | 徐东永 | 徐海波 | 徐豪鹏 | 徐宏峰 |
| 徐晓微 | 许　兴 | 许百祥 | 许本根 | 许博伟 | 许昊翔 | 薛　帅 | 薛　晨 | 薛建山 | 严付燕 | 严新强 | 杨　斌 |
| 杨　萃 | 杨　皎 | 杨　娟 | 杨　柳 | 杨　洋 | 杨大钧 | 杨东生 | 杨桂花 | 杨洪清 | 杨剑桥 | 杨　烁 | 杨文娟 |
| 杨先洪 | 杨小兵 | 杨小强 | 杨学婧 | 姚文幼 | 叶　豪 | 叶汉奇 | 叶乃康 | 叶奇泽 | 叶晓瑞 | 易爱娟 | 殷立军 |
| 殷文燕 | 应加建 | 游剑行 | 于　敏 | 于　琴 | 于秋凡 | 余博文 | 余健民 | 余路路 | 俞　俊 | 俞诚科 | 元丽芳 |
| 袁承平 | 袁小燕 | 袁章华 | 张　芳 | 张　飞 | 张　恒 | 张　慧 | 张　杰 | 张　浪 | 张　黎 | 张　靓 | 张　鹏 |
| 张　倩 | 张　智 | 张彩霞 | 张芳艳 | 张国富 | 张　辉 | 张佳敏 | 张嘉宾 | 张静荣 | 张钧钊 | 张丽爽 | 张林丽 |

（续）

| 2018年 | | | | | | | | | | | |
|---|---|---|---|---|---|---|---|---|---|---|---|
| 张启姗 | 张世勇 | 张　文 | 张彦辉 | 张艳平 | 张雨洁 | 张正慧 | 章佳娜 | 招　锋 | 赵　斌 | 赵　芳 | 赵　静 |
| 赵　军 | 赵　鹏 | 赵　琪 | 赵　宣 | 赵　圆 | 赵福焱 | 赵佳祥 | 郑　黎 | 郑超然 | 郑刚刚 | 郑贵华 | 郑海飞 |
| 郑敬焱 | 郑丽倩 | 郑靓颖 | 郑榕荣 | 郑少聪 | 郑　烨 | 郑祖贵 | 钟　鹏 | 周　波 | 周　峰 | 周　洁 | 周　灵 |
| 周　轶 | 周陈霞 | 周传爱 | 周春燕 | 周殿鹏 | 周佳瑞 | 周建文 | 周守荣 | 周庭聪 | 周昕瑜 | 周义钦 | 周　莹 |
| 周云腾 | 周兆文 | 周忠廷 | 朱　慧 | 朱　磊 | 朱晨诗 | 朱晨瑜 | 朱茂井 | 朱兴望 | 祝继鹏 | 卓威威 | 卓泽龙 |
| 邹传灯 | | | | | | | | | | | |

# 2018年中国照明学会新增高级会员名单

| | | | | | | |
|---|---|---|---|---|---|---|
| 陈　云 | 王　辉 | 段　理 | 祝明浩 | 王来彬 | 赵　雪 | 李微微 |
| 万松涛 | 王　波 | 周　鍊 | 李奇峰 | 庄丽丽 | 崔自创 | 阴　磊 |
| 金　珠 | 王　天 | 庞　云 | 郭　菲 | | | |

# 2018年中国照明学会新增团体会员名单

北京岩与科技有限公司
浙江大学建筑设计研究院有限公司
浙江伟达园林工程有限公司
浙江迪生光电股份有限公司
广东柯莱照明电器有限公司
浙江警安科技有限公司
东莞市擎洲光电科技有限公司
华彧（北京）光电技术有限公司
广州市轩士佳电子科技有限公司
佛山南海虹霸电子有限公司
重庆天骏照明工程有限公司
江苏新广联光电股份有限公司
广州高浪电子科技有限公司
嘉兴星创照明工程有限公司
深圳市华竣展览有限公司
路川金域电子（上海）有限公司
杭州贝橙科技有限公司
福建明业新能源科技有限公司
上海越普光电照明科技有限公司
浙江永通科技发展有限公司
浙江省机电设计研究院有限公司
北京新星普德电源技术有限责任公司
浙江六联照明科技有限公司
杭州银龙实业有限公司
河南新中飞照明电子有限公司
武汉恩倍思科技有限公司
杭州优欢照明电器有限公司
深圳市光彩明州照明技术发展有限公司
同辉电子科技股份有限公司
扬州市光宇照明有限公司
上海溢德行工业科技有限公司
上海雷石视听工程有限公司
河北顺鑫光电照明科技有限公司
北京数知科技股份有限公司
江苏绿色照明工程有限公司
慧光智城（深圳）智慧科技有限公司
上海企一实业（集团）有限公司
海南银河之光照明工程有限公司
北京恒瑞创展科技发展有限公司
北京中视光影灯光设计有限公司
江苏亚示照明集团有限公司
江西省中业景观工程安装有限公司
中山市东菱照明科技有限公司
宁波科瑞达电器有限公司
广州市玉轩电子有限公司
北京凌阳伟业科技有限公司
弘凯光电（深圳）有限公司
立塔（上海）照明工程有限公司
上海美特幕墙有限公司
上海品冈照明设计有限公司
宁波朗格照明电器有限公司
深圳特朗达照明股份有限公司

# 2017—2018年照明相关国家标准目录清单

| 标　准　号 | 标准中文名称 |
|---|---|
| GB/T 12454—2017 | 光环境评价方法 |
| GB/T 16895.28—2017 | 低压电气装置 第7-714部分：特殊装置或场所的要求 户外照明装置 |
| GB/T 16915.7—2017 | 家用和类似用途固定式电气装置的开关 第2-6部分：外部或内部标识和照明用消防开关的特殊要求 |
| GB/T 17743—2017 | 电气照明和类似设备的无线电骚扰特性的限值和测量方法 |
| GB/T 24823—2017 | 普通照明用LED模块 性能要求 |
| GB/T 30104.103—2017 | 数字可寻址照明接口 第103部分：一般要求 控制设备 |
| GB/T 33720—2017 | LED照明产品光通量衰减加速试验方法 |
| GB/T 33721—2017 | LED灯具可靠性试验方法 |
| GB/T 33762—2017 | 有机发光二极管（OLED）电视机显示性能测量方法 |
| GB/T 34034—2017 | 普通照明用LED产品光辐射安全要求 |
| GB/T 34075—2017 | 普通照明用LED产品光辐射安全测量方法 |
| GB/T 34428.3—2017 | 高速公路监控设施通信规程 第3部分：LED可变信息标志 |
| GB/T 34446—2017 | 固定式通用LED灯具性能要求 |
| GB/T 34452—2017 | 可移式通用LED灯具性能要求 |
| GB/T 34846—2017 | LED道路/隧道照明专用模块规格和接口技术要求 |
| GB/T 34973—2017 | LED显示屏干扰光现场测量方法 |
| GB/T 35255—2017 | LED公共照明智能系统接口应用层通信协议 |
| GB/T 35259—2017 | 纺织品 色牢度试验 试样颜色随照明体变化的仪器评定方法（CMCCON02） |
| GB/T 35269—2017 | LED照明应用与接口要求 非集成式LED模块的道路灯具 |
| GB/T 35315—2017 | LED行业用氨气处理指南 |
| GB/T 35516—2017 | LED灯罩用光扩散聚碳酸酯 |
| GB/T 35626—2017 | 室外照明干扰光限制规范 |
| GB/T 35846—2018 | 发光二极管照明用玻璃管 |
| GB/T 36005—2018 | 半导体照明设备和系统的光辐射安全测试方法 |
| GB/T 36101—2018 | LED显示屏干扰光评价要求 |
| GB/T 36356—2018 | 功率半导体发光二极管芯片技术规范 |
| GB/T 36357—2018 | 中功率半导体发光二极管芯片技术规范 |
| GB/T 36358—2018 | 半导体光电子器件 功率发光二极管空白详细规范 |
| GB/T 36359—2018 | 半导体光电子器件 小功率发光二极管空白详细规范 |
| GB/T 36360—2018 | 半导体光电子器件 中功率发光二极管空白详细规范 |
| GB/T 36361—2018 | LED加速寿命试验方法 |
| GB/T 36362—2018 | LED应用产品可靠性试验的点估计和区间估计（指数分布） |
| GB/T 36613—2018 | 发光二极管芯片点测方法 |
| GB/T 36876—2018 | 中小学校普通教室照明设计安装卫生要求 |
| GB/T 36896.4—2018 | 轻型有缆遥控水下机器人 第4部分：摄像、照明与云台 |
| GB/T 36949—2018 | 双端LED灯（替换直管形荧光灯用）性能要求 |
| GB/T 36979—2018 | LED产品空间颜色分布测量方法 |
| GB/T 37031—2018 | 半导体照明术语 |
| GB/T 37600.3—2018 | 全国主要产品分类 产品类别核心元数据 第3部分：照明产品 |
| GB/T 37600.8—2018 | 全国主要产品分类 产品类别核心元数据 第8部分：LED电视 |
| GB/Z 34447—2017 | 照明设备的锐边试验装置和试验程序 锐边试验 |

# 《中国照明工程年鉴 2019》编委会名单（按姓氏笔画排序）

| 姓　名 | 工作单位 |
|---|---|
| 丁云高 | 中国照明网 |
| 王　刚 | 上海光联照明有限公司 |
| 王　俊 | 上海麦索照明设计咨询有限公司 |
| 王　勤 | 山东省照明学会 |
| 王立雄 | 天津大学建筑学院 |
| 王京池 | 中央电视台 |
| 王政涛 | 北京照明学会 |
| 王晓英 | 北京照明学会 |
| 王海波 | 南京工业大学 |
| 王培星 | 豪尔赛科技集团股份有限公司 |
| 王锦燧 | 中国照明学会 |
| 曲国军 | 中央电视台制作部 |
| 任伟贡 | 湖南省照明学会 |
| 华树明 | 国家电光源质量监督检验中心（北京） |
| 刘　虹 | 国家发改委能源所 |
| 刘　慧 | 中国计量科学研究院 |
| 刘木清 | 复旦大学电光源研究所 |
| 刘磊实 | 南京市路灯管理处 |
| 江　波 | 中辰照明 |
| 许　楠 | 中科院建筑设计研究院有限公司 |
| 许东亮 | 栋梁国际照明设计（北京）中心有限公司 |
| 阮　军 | 国家半导体照明工程研发及产业联盟 |
| 牟宏毅 | 中央美术学院建筑学院 |
| 严永红 | 重庆大学建筑城规学院 |
| 杜　异 | 清华大学美术学院 |
| 李　农 | 北京工业大学 |
| 李奇峰 | BPI 照明设计有限公司 |
| 李树华 | 天津华彩信和电子科技集团股份有限公司 |
| 李炳华 | 中建国际设计顾问有限公司 |
| 李铁楠 | 中国建筑科学研究院有限公司 |
| 杨　波 | 玛斯柯照明设备（上海）有限公司 |
| 杨文军 | 陕西天和照明设备工程有限公司 |
| 杨春宇 | 重庆大学建筑城规学院、重庆照明学会 |
| 邴树奎 | 中国照明学会 |
| 肖　辉 | 同济大学电子与信息工程学院 |
| 吴　玲 | 国家半导体照明工程研发及产业联盟 |

（续）

| 姓　名 | 工作单位 |
| --- | --- |
| 吴一禹 | 福州大学土木建筑设计研究院、福建省照明学会 |
| 吴宝宁 | 陕西省照明学会 |
| 吴春海 | 深圳市灯光环境管理中心 |
| 吴恩远 | 山东省建筑设计研究院 |
| 何秉云 | 天津照明学会 |
| 汪　猛 | 北京市建筑设计研究院有限公司 |
| 汪幼江 | 上海同音照明设计工程有限公司 |
| 沈　茹 | 南京照明学会 |
| 张　华 | 中国市政工程协会城市照明专业委员会 |
| 张　昕 | 清华大学建筑学院 |
| 张亚婷 | 央美光成（北京）建筑设计有限公司 |
| 陈　琪 | 中国建筑设计研究院有限公司 |
| 陈玮炜 | 上海市市容景观事务中心 |
| 陈海燕 | 北京清华同衡规划设计研究院有限公司 |
| 陈超中 | 国家电光源质量监督检验中心（上海） |
| 陈程章 | 吉林省照明学会 |
| 陈燕生 | 中国照明电器协会 |
| 林延东 | 中国计量科学研究院 |
| 林志明 | BPI 照明设计有限公司 |
| 林若慈 | 中国建筑科学研究院有限公司 |
| 林燕丹 | 复旦大学电光源研究所 |
| 郑炳松 | 中国照明学会、《照明工程学报》 |
| 郑雅琴 | 阿拉丁照明网 |
| 赵建平 | 中国建筑科学研究院有限公司 |
| 赵跃进 | 中国标准化研究院 |
| 郝洛西 | 同济大学建筑与城市规划学院 |
| 荣浩磊 | 北京清华同衡规划设计研究院有限公司 |
| 俞安琪 | 国家电光源质量监督检验中心（上海） |
| 姚　凯 | 河南省照明学会 |
| 袁　樵 | 复旦大学环境科学与工程系 |
| 夏　林 | 同济大学建筑设计研究院（集团）有限公司 |
| 徐　华 | 清华大学建筑设计研究院有限公司 |
| 徐小荣 | 杭州勇电照明有限公司 |
| 徐海松 | 浙江大学 |
| 高　飞 | 中国照明学会、《照明工程学报》 |
| 郭伟玲 | 北京工业大学 |
| 萧弘清 | 台湾科技大学 |
| 常志刚 | 中央美术学院建筑学院 |
| 崔一平 | 东南大学电子工程学院 |
| 梁　峥 | 中国城市规划设计研究院深圳分院 |

（续）

| 姓　名 | 工 作 单 位 |
| --- | --- |
| 梁荣庆 | 复旦大学电光源研究所、上海照明学会 |
| 韩明清 | 浙江大学城市学院城市管理研究中心 |
| 解　辉 | 吉利控股铭泰文旅设计研究院 |
| 窦林平 | 中国照明学会 |
| 臧　峰 | 南京市路灯管理处 |
| 潘建根 | 浙江省照明学会 |
| 戴宝林 | 豪尔赛科技集团股份有限公司 |
| 戴德慈 | 清华大学建筑设计研究院有限公司 |